中文版 Office 2016 大全

刘文香　编　著

清华大学出版社

北　京

内 容 简 介

本书全面、详细地讲解了中文版 Office 2016 的常用办公软件，在介绍基础内容的同时，结合日常工作中遇到的问题通过案例形式详细讲述了工具和命令的使用。

本书分 9 篇，共 30 章，分别介绍了 Office 2016 的操作界面、Word 2016 的文档操作、Excel 2016 工作表的操作、PowerPoint 2016 演示文稿的制作方法、Access 2016 数据库的管理技巧、Outlook 2016 收发邮件的操作、Publisher 2016 出版物的制作方法以及 OneNote 2016 笔记本的使用技巧；最后，通过两个大型案例对 Office 2016 的常用组件进行综合演练。

本书从零开始、图文并茂、讲解细致、循序渐进，适合作为职业院校、大中专院校相关专业的教材或各类计算机培训班的培训教材，也可供计算机初学者和已经具有一定基础并希望深入使用 Office 的用户参考学习。

图书在版编目(CIP)数据

中文版 Office 2016 大全/刘文香编著. —北京：清华大学出版社，2017

ISBN 978-7-302-46811-0

Ⅰ. ①中…　Ⅱ. ①刘…　Ⅲ. ①办公自动化—应用软件　Ⅳ. ①TP317.1

中国版本图书馆 CIP 数据核字(2017)第 052724 号

责任编辑：韩宜波
装帧设计：杨玉兰
责任校对：周剑云
责任印制：杨　艳

出版发行：清华大学出版社

网　　址：http://www.tup.com.cn, http://www.wqbook.com

地　　址：北京清华大学学研大厦 A 座　　　邮　　编：100084

社 总 机：010-62770175　　　　　　　　　邮　　购：010-62786544

投稿与读者服务：010-62776969, c-service@tup.tsinghua.edu.cn

质量反馈：010-62772015, zhiliang@tup.tsinghua.edu.cn

印 刷 者：北京富博印刷有限公司
装 订 者：北京市密云县京文制本装订厂
经　　销：全国新华书店
开　　本：190mm×260mm　　印　张：30　　字　数：727 千字
版　　次：2017 年 5 月第 1 版　　　　　印　次：2017 年 5 月第 1 次印刷
印　　数：1～3000
定　　价：69.00 元

产品编号：069614-01

Microsoft Office 2016 是运行在 Microsoft Windows 操作系统中的一套办公套装软件。Microsoft Office 是一套由微软公司开发的办公软件，而且每一代都有多个版本，每个版本都可以根据使用者的实际需要，选择不同的组件。其中常用的有 Word、Excel、PowerPoint、Access、Outlook、Publisher 和 OneNote。

本书全面、透彻地介绍了 Microsoft Office 2016 中的重要组件。掌握 Office 中各个组件的操作方法，能够全面提高工作效率。考虑到绝大多数初学者的实际情况，本书选取的都是实用内容，并在此基础上进行适当的拓展，以案例的形式为用户展现常用的工具、命令等，激发用户学习兴趣。

相对于同类 Office 书籍，本书具有以下特色。

◎ 完全自学：在本书的基础内容中穿插了常用的实战案例。从最基础的设置与操作入手，由浅入深、从易到难，可以让用户循序渐进地学到 Office 办公系列软件中的各种内容和知识。

◎ 技术指导：在基础的案例中针对技术难点的提示和注意，不仅可以让用户充分掌握该版块中所讲的知识，还可以让用户在实际工作中遇到类似问题时不再犯相同的错误。

◎ 速查手册：可以根据目录方便查到相应的参考内容，寻找相关内容和知识。

◎ 适用广泛：本书内容全面、结构合理、图文并茂、案例丰富、讲解清晰，可以供初、中级用户使用，也可以作为大中专院校相关专业教材用书，还非常适合用户自学、查阅。

本书共分为 9 篇 30 章，其主要内容介绍如下。

Office 篇分两章，其中，第 1 章介绍了初识中文版 Office 2016，主要包括 Office 2016 中的重要组件，如何启动、关闭应用程序，并介绍了查找文件和获取帮助信息等内容。第 2 章介绍中文版 Office 2016 的程序界面，主要包括 Office 2016 的外观、浮动工具栏、功能区的设置等内容。

Word 篇分 7 章，其中，第 3 章介绍了初识 Word 2016 文档操作，主要包括创建新文档、保存和关闭文档、打开已存文档、文档的相互转换及 Word 中的视图和文档视图的基本操作等内容。第 4 章介绍了文档的编辑，主要包括为文档输入内容、编辑文档内容、批注和修订文档、提高文档安全性、快速定位文档以及查找和替换等内容。第 5 章介绍编辑文字和段落的格式，主要包括设置文档的文字格式、设置段落格式、特殊的中文排版、应用样式等操作。第 6 章介绍文档的编排，主要包括文档的页面设置、分栏设置、分页和分节、边框和底纹、页面背景和特殊文档的创建等内容。第 7 章介绍图形和表格的合理安排，主要包括在文档中插入图片、形状、SmartArt 图形、表格的使用等内容。第 8 章介绍页眉、页脚和目录的创建与生成，主要包括文档的页眉页脚、插入页码、生成目录等内容。第 9 章介绍 Word 的其他设置和打印输出，主要介绍设置题注和索引、数据文档和邮件合并、设置文档的打印等内容。

Excel 篇分 7 章，其中，第 10 章介绍使用工作簿和工作表，主要包括 Excel 的用途、了解工作簿和工作表、在工作表中导航、Excel 的功能区选项卡简介、创建 Excel 工作表等内容。第 11 章介绍输入和编辑工作表数据，主要包括数据类型、在工作表中输入文本和值、在工作表中输入日期和时间、修改单元格内容、应用数字格式等内容。第 12 章介绍工作表和单元格区域的操作，主要包括工作表的基础知识、控制工作表视图、行和列的操作、选择单元格和单元格区域、复制或移动单元格、通过名称使用单元格区域和单元格批注等内容。第 13 章介绍公式和函数，主要包括输入公式、审核公式、使用函数计算、在公式中使用单元格引用、在表格中使用公式等内容。第 14 章介绍分析和管理数据，主要包括数据的排序、数据的筛选、创建分类总汇、使用数据分析工具等内容。第 15 章介绍使用图形和图表展示数据，主要包括设计动态图表、图表数据、数据透视表等内容。第 16 章介绍工作表的打印，主要包括页面设置、打印设置等内容。

PowerPoint 篇分 5 章，其中，第 17 章介绍创建演示文稿、幻灯片和文本，主要包括创建新的演示文稿、保存演示文稿、关闭与打开演示文稿、幻灯片的基本操作、在幻灯片中输入文字、设置母版与幻灯片版式等内容。第 18 章介绍添加丰富的幻灯片内容，主要包括使用表格和图表、使用形状、添加 SmartArt 图形、插入并编辑图片、使用声音、使用视频等内容。第 19 章介绍让幻灯片内容动起来，主要介绍设置切换、添加动画、设置幻灯片的交互动作等内容。第 20 章介绍演示文稿的放映，主要包括演示文稿放映前的准备、控制演示文稿放映过程等内容。第 21 章介绍演示文稿的备份、分享与打印，主要包括备份演示文稿、分享演示文稿、打印演示文稿等内容。

Access 篇分 3 章，其中，第 22 章介绍建立数据库，主要包括数据库的概述、创建数据库、表、设置字段属性、创建索引、定义主键等内容。第 23 章介绍数据表，主要包括如何查看数据表、操作数据表、修改数据表、格式化数据表、排序和筛选记录、创建查询和汇总查询等内容。第 24 章介绍窗体、报表和打印，主要包括窗体、报表、设计报表、导入和导出数据、打印报表等内容。

Outlook 篇分两章，其中，第 25 章介绍使用邮件，主要包括创建 Outlook 账户、撰写和发送邮件、阅读和答复邮件、接收邮件、删除邮件等内容。第 26 章介绍管理日常工作，主要包括日历、联系人、任务、日记、便笺等内容。

Publisher 篇介绍了 Publisher 2016 出版物的制作，主要包括使用模板创建出版物、创建空白模板、使用文本和图形、使用表格、添加特殊效果、使用母版页、预览和发送电子邮件等内容。

OneNote 篇介绍了 OneNote 笔记本，主要包括 OneNote 概览、创建笔记本、创建分区、创建页、插入笔记、插入图片或文件、在页面中撰写内容、导出与发送等内容。

综合实战篇分两章，分别通过未来 3 年的销售方案和家长会演示两个大型案例进行综合演练。

本书为用户提供了超值的立体化教学资源包，含高清视频教学、案例素材与效果文件等内容，通过扫二维码进行学习和使用。

本书由甘肃民族师范学院的刘文香老师编著，其他参与编写的人员还有崔会静、冯常伟、耿丽丽、霍伟伟、王宝娜、王冰峰、王金兰、尹庆栋、张才祥、张中耀、赵岩、王兰芳、王芳、冯娟、韩文文、韩林、赵岩、张金忠、王娟等，在此表示感谢。

由于编者水平有限，书中难免有不足和疏漏之处，恳请读者批评指正。

编　者

Contents

目录

Office 篇

Word 篇

目录

Contents

目录
Contents

Excel 篇

目录
Contents

目录
Contents

PowerPoint 篇

目录

Contents

目录
Contents

Access 篇

Outlook 篇

目录
Contents

Publisher 篇

OneNote 篇

综合实战篇

Office

——篇——

Microsoft Office 2016 官方正式版本于 2015 年 9 月 23 日正式发布，这是微软公司发布的全新 Office 办公软件，相比之前的 Office 2013 的变化不是特别大，界面和功能都是微调整，因此属于一次进化版本。

Office 2016 和 Windows 10 的发布时间距离不远，所以这两款软件配合使用起来应该会非常方便、灵活、得心应手。

第1章　初识中文版 Office 2016

Microsoft Office 2016 提供了一组非常全面的应用程序，其中的每个应用程序都是针对特定的工作设计的，是完成相应任务的最佳工具。

本章将简要介绍 Office 2016 中包含的各个应用程序，并讲解在开始使用这些应用程序时需要掌握的技能。

1.1　初识 Office 2016 应用程序

Microsoft Office 提供的应用程序可满足特定的工作和应用任务。在后文将介绍使用哪种 Office 应用程序可以创建文本文档、操作数字、展示想法，甚至与他人沟通。

Microsoft 公司提供了不同版本的 Office 软件套装，包括家庭学生版、家庭商务版和专业零售版。另外，Office 365 订阅服务的一些计划将包含 Office 软件不同版本的许可副本，包括 Professional Plus 版本，其版本随订阅的不同而不同。每个版本中包含的 Office 程序组件都不相同，但所有版本都包含 Word、Excel 和 PowerPoint。因此，用户安装的 Office 版本中可能没有包含本章或后续章节中介绍的某些程序。

本书主要介绍 Office 2016 专业版中的 Word、Excel、PowerPoint、Access、Outlook、Publisher 和 OneNote 应用程序。

1.1.1　Word

在 Office 2016 中，Word 可以实现实时的多人合作编辑，合作编辑过程中，其他人输入的内容能够实时地显示出来。

一直以来，Word 都是最流行的字处理程序。作为 Office 套件的核心应用程序之一，Word 提供了许多便于使用的文档创建工具，同时，也提供了丰富的功能集，用于创建复杂的文档。哪怕 Word 只应用一点文本格式化和一幅图片，也可以使简单的文档变得比只使用纯文本更具有吸引力，如图 1-1 所示。

图 1-1

Word 并不是只能使文档变得美观，它提供的功能还可以方便地增强文档文本，并创建出页眉、页码、注释和公式符号等复杂元素。在后续章节中将详细讨论 Word 的强大功能，其中包括以下 4 种功能。

◎　模板：模板就是起始文档，提供了文档设计和文本格式等。

◎　样式：通过设置提供的文本的应用格式设定组合，可将这种格式保存为一种样式，以便以后或其他文本应用此样式。

◎　表格：添加表格后，可以通过行和列组合成网格，并组织网格文本，对这些文本应用整洁且漂亮的格式。

◎　图片：可以在文档中添加各种类型的图片，使用 SmartArt 功能创建如图 1-2 所示的 SmartArt 的某些布局，甚至允许插入图片。

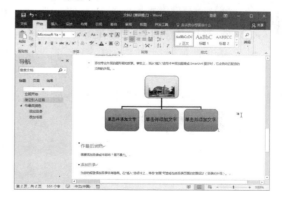

图 1-2

1.1.2 Excel

Excel 是微软公司的办公软件 Office 的组件之一，是由 Microsoft 为 Windows 和 Apple Macintosh 操作系统的计算机而编写和运行的一款试算表软件。Excel 是微软办公套装软件的一个重要组成部分，它可以进行各种数据的处理、统计、分析和辅助决策操作，广泛应用于管理、统计、财经、金融等众多领域。

在 Excel 2016 中，通过创建公式来指定计算的值和计算中使用的数学运算符，可以完成计算。Excel 还提供了函数，即用来执行较复杂计算的预设公式。Excel 不只提供了帮助创建公式和检查公式错误的工具，还提供了许多数据格式化选项，可以使数据更专业、更便于读取。本书后面的章节会详细介绍 Excel 核心知识，其中包括以下 5 种功能。

◎ 工作表：在每个文件中，可以在多个工作表之间划分和组织数据。

◎ 范围：为工作表中一段连续的区域命名，然后就可以通过该名称选择区域，或者在公式中使用该命名，能节省许多时间。

◎ 数值和日期值格式：可通过应用数值格式来告诉 Excel 如何显示某个单元格内容，例如显示多少位小数，是否包含百分号或钱币符号，还可以设置日期格式来显示数据。

◎ 图表：通过在 Excel 中创建图表，可将数据转换为富有意义的图像。Excel 提供了几十种图表类型、布局和格式，以最清晰的方式展示结果。

◎ 专用数据格式：Excel 提供了"条件格式"功能，可以根据选中单元格中的公式的结果或单元格内容对其应用特定的格式，如图 1-3 所示。

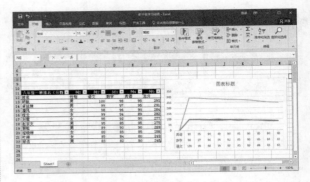

图 1-3

1.1.3 PowerPoint

PowerPoint 是一种幻灯片制作和播放工具，使用它制作的演示文稿，可用于学术交流、产品展示、工作汇报、情况介绍等。如图 1-4 所示为创建的 PowerPoint 幻灯片。通过这种幻灯片的方式，可将要传达的消息划分成更便于受众理解的信息块。

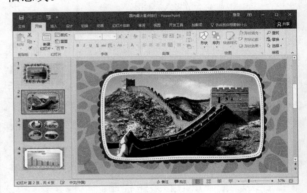

图 1-4

本书后面的章节中将介绍如何创建基本的演示文稿结构，如何在幻灯片中添加信息，以及如何使用 PowerPoint 的其他功能来增强效果，其中包括以下 4 种功能。

◎ 布局、主体和母版：PowerPoint 的这些功能控制着幻灯片中显示的内容、这些内容的编排方式以及所有幻灯片的外观，可快速地重新设计幻灯片或整个演示文稿。

◎ 表格和图表：类似于 Word 和 Excel，PowerPoint 允许通过行和列组成的网格安排信息，获得整洁美观的效果。另外，

PowerPoint 可使用 Excel 来显示图表数据，所以在 Excel 中学习的图表技能有助于在 PowerPoint 中更便捷地使用图表。

◎ 动画和切换：在幻灯片中显示文本或其他项时，可以使它们以特殊方式显示。除了给对象应用动画效果外，还可以应用切换效果，使整个幻灯片以特殊方式显示和消失，例如溶解和擦除。

◎ 实时演示：PowerPoint 提供了几种不同的方法来自定义和控制演示文稿在屏幕上放映时的外观。

在本书后面的章节中，用户可以看到以上讲述的各种功能和效果。

1.1.4 Access

Access 是 Office 系列软件中用来专门管理数据库的应用软件。所谓数据库，是指经过组织的、关于特定主题或对象的信息集合。数据库管理系统分为两类，即文件数据库管理系统和关系型数据库管理系统。Access 应用程序就是一种功能强大且使用方便的关系型数据库管理系统，一般也称关系型数据库管理软件。它可运行于各种 Windows 系统环境中，由于它继承了 Windows 的特性，不仅易于使用，而且界面友好，如今在世界各地广泛流行。它并不需要数据库管理者具有专业的程序设计水平，任何非专业的用户都可以使用其创建功能强大的数据库管理系统。

Access 2016 的基本界面如图 1-5 所示。在后面章节中将介绍 Access 数据库的使用。

图 1-5

1.1.5 Outlook

Outlook 也是 Office 套装软件的组件之一。Outlook 的功能有很多，可以用其收发电子邮件、管理联系人信息、记日记、安排日程、分配任务，具体的介绍和详细操作将在后面的章节中给出。如图 1-6 所示为 Outlook 的基本界面。

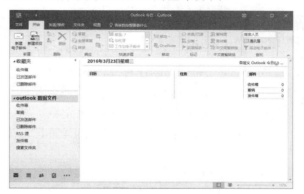

图 1-6

1.1.6 Publisher

Office 套装软件中的 Publisher 是微软公司发行的桌面出版应用软件。它常被人们认为是一款入门级的桌面出版应用软件，能够提供比 Word 更加强大的页面元素控制功能，设计宣传册或海报时可以选用它来进行辅助，但比起专业的页面布局软件，还略逊一筹。如图 1-7 所示为 Publisher 的基本界面。

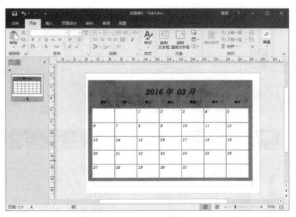

图 1-7

> 文档和出版物之间的界限常常十分模糊，一般可以认为"文档"是使用家中或办公室中的个人打印机打印出来的东西，而"出版物"通常是专业打印的结果。例如，一般都不会使用 Word 来设计要进行专业打印的宣传册，因为许多打印要求更详细的页面设置和设计功能，此时使用 Publisher 可以满足要求。

1.1.7 OneNote

OneNote 是一套自由形式信息获取以及多用户协作工具。OneNote 常用于笔记本或台式机，但更适合用于支持手写笔操作的平板电脑，在这类设备上可使用触笔、声音或视频创建笔记，比单纯使用键盘更方便。

OneNote 可以作为一种电子剪贴簿，用来记录与具体活动或项目有关的笔记、参考资料和文件。当需要用到某个主体或特定项目相关的材料时，可以直接翻到与其相对应的笔记本选项卡。如图 1-8 所示为初次运行 OneNote 的基本界面。在后面的章节中将对 OneNote 进行详细介绍。

图 1-8

1.2 启动应用程序

启动某个 Office 的应用程序时，程序及其工具将加载到计算机的内存中以供使用。

下面将介绍 Office 2016 安装在 Windows 操作系统中之后，如何运行 Office 软件，具体的操作步骤如下。

01 单击桌面左下角的 Windows 图标，弹出"开始"菜单。

02 选择"所有程序"命令，进入"所有程序"菜单。

03 选择 Microsoft Office，在子菜单中可以选择需要的应用程序；只要确定安装成功，就可以在"所有程序"子菜单中找到。

1.3 关闭应用程序

一些 Office 的应用程序允许在任意时刻打开多个文件。所以，必须关闭所有文件后，才能关闭应用程序。关闭应用程序的方法有以下 3 种。

方法一： 按 Alt+F4 快捷键，对应用程序中每个打开的文件重复这个操作。

方法二： 选择程序左上角的"文件"菜单，然后从中选择"关闭"命令，对应用程序中每个打开的文件重复这个操作。

方法三： 单击文件右上角的 ⊠(关闭)按钮，表明希望关闭程序，对应用程序中每个打开的文件重复这个操作。

如果看到如图 1-9 所示的对话框，说明还没有保存对文档所做的修改。单击"保存"按钮以保存修改。

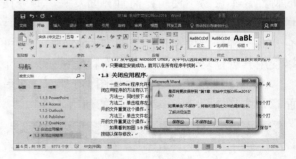

图 1-9

1.4 查找文件

在计算机的硬盘上进行搜索来查找所需的文件，会浪费很多宝贵的时间。

使用 Office 应用程序的"打开"对话框可以搜索文件。打开创建的某个文件的应用程序，其具体操作步骤如下。

01 选择"文件"|"打开"命令，显示如图 1-10 所示的面板。

图 1-10

02 在面板中单击"浏览"按钮，弹出"打开"对话框，在该对话框中可以单击左侧列表中的"计算机"，如图 1-11 所示。

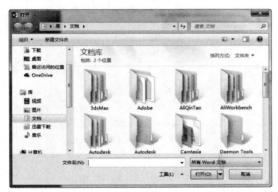

图 1-11

03 在右上角的"搜索文档"文本框中输入文档名称，即可查找出相应的文件和文件夹，如图 1-12 所示。

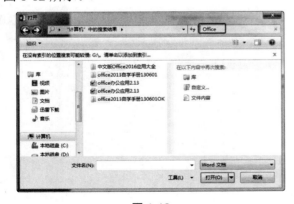

图 1-12

04 搜索到文档后并将其选择，单击"打开"按钮，即可打开搜索到的文档。

> **提示** 如果希望在 Office 应用程序的外部搜索，可以按键盘上的 Windows+F 快捷键，即可弹出搜索面板，输入相应的名称后按 Enter键，即可搜索相应的文件名称，搜索的结果将在视口中显示。

1.5 获取帮助信息

有些程序的用法可能不容易立刻明白，而且因为 Microsoft Office 2016 应用程序的界面经过重新设计，在尝试使用不熟悉的功能时，使用起来可能会感到困惑。如果身边没有一本书，可以求助另一种资源——当前应用程序的"帮助"系统。

在标题栏下方选项卡的后面有一个 告诉我你想要做什么 (操作说明搜索)栏，这也是 Office 2016 的新增功能，在其中输入需要查找的信息后按 Enter 键，出现帮助窗口，如图 1-13 所示。

图 1-13

也可以输入搜索信息，搜索相应内容，如图 1-14 所示。

图 1-14

中文版 Office 2016 大全

1.6 本章小结

　　本章介绍了 Microsoft Office 2016 软件中包含的应用程序，后面的章节将对这些应用程序进行详细的讨论。本章除了介绍 Office 常用应用程序的功能外，还介绍了 Office 的启动和关闭应用

程序。另外，还介绍如何查找需要的文件和如何获取帮助信息。通过对本章的学习，希望用户能够掌握 Office 中应用程序的常用功能。

中文版 Office 2016 的程序界面

Office 2016 程序更新了部分工具，以帮助用户更高效地工作。

Office 2016 保留了 2013 版本中的绝大多数功能界面，其重要改进出现在各个应用程序的不同位置，用户即使已经了解功能区，也会在本书中发现 Office 的许多新东西。本章介绍在任何 Office 应用程序中需要执行的常用操作。

2.1 Office 2016 的外观

最新的 Office 2016 办公套件是微软 Office 365 云服务的最新版本，它已经不仅仅是个单纯的办公软件了，同时更为强调现代办公与团队协作。用微软 CEO 的话来说，Office 2016 的发布标志着 Office 已经从单纯的独立生产工具转变为相互连接的应用与服务。

Office 2016 全新的外观和内置的协作工具，可以帮助用户更快地创建和整理文档资料。用户也可以把文档保存到 OneDrive 中，这样从任何地方都可以访问。全新的 Office 2016 应用支持 40 种国际语言，但要求安装 Windows 7 或更高版本操作系统。

运行 Office 2016 组件中的 Word 应用程序，界面如图 2-1 所示。

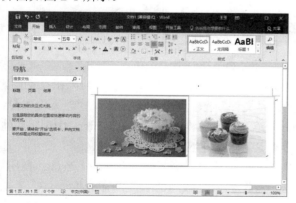

图 2-1

在图 2-1 中可以看到应用程序窗口的标题栏没有以前的三维外观，而有了平面的选项卡和可定制的 Office 背景图像。状态栏也是严格的二维外观，更便于阅读。

在右上角处还显示了登录 Office 应用程序的 Microsoft 账户，以及已赋予该账户的图片。这表示，可以直接在该账户的 OneDrive 中保存和打开文档。

如果想改变 Office 2016 的外观，其具体操作步骤如下。

01 选择"文件"|"帐户"命令，弹出相应的面板，在"Office 主题"下拉列表中可以选择和更换 Office 主题，其中默认的主题为"彩色"，如图 2-2 所示。

图 2-2

02 如图 2-3 所示为选择 Office 的主题为"深灰色"。

图 2-3

下面介绍 Office 应用程序屏幕的几个元素，它们用于创建和改进文档。接下来主要讲述应用程序界面中可用的共有工具。

2.1.1 标题栏

应用程序窗口顶部的标题栏显示了当前文档和程序的名称。除了标识工作文档之外，标题栏还允许控制应用程序窗口的大小。双击标题栏会在最大化和还原状态之间进行切换。

标题栏右端的 3 个应用程序按钮也允许操作窗口的大小。左边的▬(最小化)按钮会把应用程序窗口切换为 Windows 桌面任务栏上的一个按钮。中间的按钮在▢(最大化)和▣(还原)之间切换，其作用与双击标题栏相同。最后，最右端的✕(关闭)按钮，会关闭当前文档和应用程序。如果这是唯一打开的文档，按 Alt+F4 快捷键也会关闭文档窗口。还可以右击标题栏，显示设置窗口大小的命令。如果窗口不是全屏的，则拖动窗口的边框可以重置窗口的大小。

屏幕右上角有一个可单击的▣(功能区显示选项)按钮，用于查看和隐藏功能区。

2.1.2 快速访问工具栏

快速访问工具栏位于标题栏的左侧。在快速访问工具栏中，可以将用户常用的命令收集到一处便于访问的位置。

在默认情况下，快速访问工具栏中有默认的 3 个命令按钮，即保存、撤销和重做，如图 2-4 所示。在当前的快速访问工具栏中，↺(撤销)按钮是不可用的(灰色显示)，除非执行了 Word 的一些操作，该按钮才可以使用。

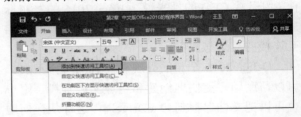

图 2-4

单击快速访问工具栏右侧的▾(自定义快速访问工具栏)按钮，会打开一个下拉菜单，如图 2-5 所示。在该下拉菜单中，通过选中或取消选中命令来打开或关闭快速访问。选择"其他命令"命令可以访问所有的 Word 命令；通过选择"在功能区上方显示"或"在功能区下方显示"命令，可以确定快速访问工具栏是显示在功能区的上方

还是下方。

图 2-5

可在功能区中的任意选项或工具上右击，在弹出的快捷菜单中选择"添加到快速访问工具栏"命令，如图 2-6 所示。即可将该命令添加到快速访问工具栏中，如图 2-7 所示。

如果想将添加的工具从快速访问工具栏中删除，可以在工具上右击，在弹出的快捷菜单中选择"从快速访问工具栏中删除"命令，即可将添加的工具和命令在快速访问工具栏中删除。

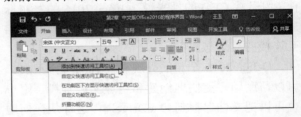

图 2-6

图 2-7

2.1.3 "文件"选项卡

所有 Office 应用程序的"文件"选项卡(又称"文件"菜单)与其他选项卡的行为都稍有不同，因为"文件"选项卡上的设置允许管理文件本身，而不是文件中的内容，更像是 Office 2016 和其他带有菜单界面的应用程序中的"文件"菜单。选择"文件"菜单，会显示所谓的 Backstage 视图。这个视图的内容随当前所选的命令而变化；最初有许多"信息"选项，如图 2-8 所示。这个屏幕

允许浏览和添加文件属性，处理文档的保护、隐藏属性、文档问题和版本。

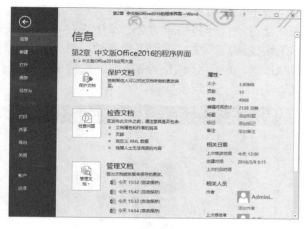

图 2-8

在"文件"菜单左边选择大多数命令(包括"信息""新建""打开""保存""另存为""打印""共享""导出""关闭""帐户"和"选项")，会使屏幕的右窗格显示该类别选项。例如，在 Word Backstage 中选择"帐户"，如图 2-9 所示，就会显示相应的"帐户"选项。

图 2-9

2.1.4 功能区

功能区位于标题栏的下方，设计目的是使用户能够在需要的时候从需要的地方找到需要的工具。选择功能区的一个选项卡，完成特定任务所需的工具就会显示出来。每个功能区选项卡都提供了包含相关命令的组。例如，在几个 Office 应用程序中，选择"设计"选项卡，会找到文件中的文档格式和页面背景命令。在 Word 和 Excel 中，选择"布局"选项卡，会找到设置整个文档的选项。大多数 Office 应用程序都包含"视图"选项卡，用于改变视图、查找其他屏幕设置等。选项卡提供命令按钮、设置的下拉菜单，以及其他格式化选项。

在每个功能区选项卡中看到的内容取决于多个因素：屏幕分辨率、监视器的方向、当前窗口的大小以及是否使用 Windows 显示设置针对低分辨率进行调整等。因此，用户看到的界面可能与本书图示有所区别。如果屏幕设置为高分辨率，就可以一览"开始"选项卡的全貌。用户会看到功能区的整个"开始"选项卡，如图 2-10 所示。

> **提示** 按 Ctrl+F1 快捷键或单击功能区右下角的 ∧ 按钮，可以折叠或展开功能区。也可以双击功能区的一个选项卡来折叠和展开功能区。

要查看功能区上某选项卡的控件或按钮有什么作用，只需把鼠标指针移到其上面，此时会弹出屏幕提示，其中包含该工具的描述信息，如图 2-11 所示。

在"开始"选项卡的底部有"剪贴板""字体""段落""样式"等名称，这些标签称之为命令组，在后面将称其为组。

图 2-10

图 2-11

除了默认的几个选项卡之外，Office 还会根据文档中的当前操作显示与上下文相关的选项卡或子选项卡，如图 2-12 所示插入了图形之后显示的"格式"和"设计"选项卡，这些选项卡被称为上下文选项卡。对于这些上下文选项卡来说要取消它们，只要在其相关对象之外的某处单击即可。

在功能区中每个命令基本都会有相应的快捷键，在 Office 中一些用户把键盘快捷键称为热键。

在不需要时，键盘快捷键是隐藏的。按键盘上的 Alt 键，键盘快捷键就会显示出来，如图 2-13 所示。按下与要显示的功能区选项卡对应的键，系统就会自动执行其相应的命令。如果在屏幕上显示了快捷键后，决定不使用快捷键，只需要再次按 Alt 键，用鼠标单击空白区域，或按 Esc 键，就会从屏幕上删除快捷键。

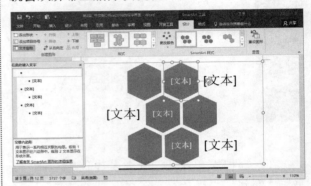

图 2-12

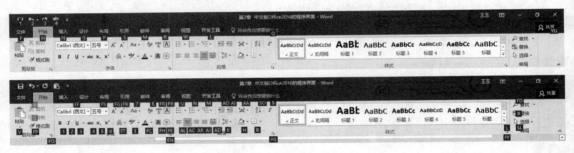

图 2-13

 按 Alt+字母，选择某个功能区的选项卡后，可以按 Tab 键或 Shift+Tab 键，在该选项卡的命令中前后移动。突出显示要使用的命令后，按空格键或 Enter 键即可。

2.1.5 库和实时预览

在 Office 应用程序中，库是由格式结果或预先格式化的文档部分组成的集合。在 Word 中，基本上每组格式结果或文档部分都可以称之为"库"，但应用程序本身不使用"库"表示每个功能集。一些功能集例如 Word 中的项目列表，可成为"库"，选择颜色的下拉列表也可以成为"颜色选择器"。

Word 中的库包括文档样式、主题、页眉、页脚、页面颜色、表格、艺术字、公式和符号等。其他 Office 应用程序包含有自己的库，例如 PowerPoint 中的切换效果和动画库。大多数情况下，单击按钮或下拉箭头，会打开一个库，再单击库选项，会将其应用到选中的文本或对象上。库经常与实时预览功能结合起来。

实时预览功能将突出显示的库选项临时应用到当前文档中选中的部分，用户不需要实际应用格式，就能立即看到结果，如图 2-14 所示。当鼠标指针在不同的库选项之间移动时，文档中选中部分的格式会立即随之发生变化。

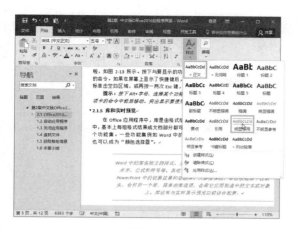

图 2-14

> **注意** 并不是所有的库和格式选项都会产生实时预览，例如 Word 中"页面布局"选项卡中的"页面设置"和"段落"设置就不能产生实时预览效果，使用对话框时，也是无法看到实时预览的。许多对话框都提供了内部的预览面板，而没有 Office 的实时预览功能。

2.1.6 工作区

工作区是写文章的地方，就像一张白纸。工作区里有一个一闪一闪的竖线，称为插入点光标，它指示文字输入的位置。

2.1.7 状态栏

状态栏是位于 Office 应用程序窗口底部的一栏。在 Word 中，状态栏提供了当前文档的 20 多种可选信息。在任意 Office 应用程序中右击状态栏，可以提示其配置选项，如图 2-15 所示。除非在应用程序窗口中的其他位置单击，否则状态栏快捷菜单会一直显示在屏幕上，这样也意味着可以启用和禁用多个选项。

Word 的状态栏不仅会持续更新统计数字，当选择一段文本时，在状态栏左侧它还会显示选中的数字。在其他 Office 应用程序中，状态栏提供了类似的功能。例如，如果在 Excel 中选择带数字的一个单元格区域，状态栏默认会显示这些数字的和。在 PowerPoint 中，状态栏会显示、隐藏要点和备注。

图 2-15

2.2 浮动工具栏

一些 Office 应用程序中的另一个功能是浮动工具栏。浮动工具栏包含一组格式化工具，在第一次选中文本时显示。浮动工具栏并不进行上下文关联，它始终包含一组相同的格式化工具。图形和其他非文本对象没有浮动工具栏。

首次选中文本时，浮动工具栏会显示在鼠标指针的右上方，如图 2-16 所示。如果把鼠标指针移离选项，浮动工具栏就会消失。

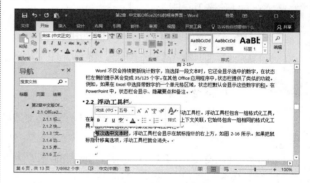

图 2-16

如果认为浮动工具栏妨碍了自己的工作，可以将其关闭。但即使关闭了浮动工具栏，也仍可以右击当前所选文本来显示它。如果要关闭浮动工具栏，首先选择功能区上的"文件"选项卡，再选择"选项"选项，弹出相应的对话框，在左侧的列表框中选择"常规"选项，在右侧的"用户界面选项"选项组中取消选中"选择时显示浮动工具栏"复选框，单击"确定"按钮，应用所做的修改。

2.3 功能区的设置

用户可以选择是否在视图中显示功能区，而不是在"读取模式"下显示。如图 2-17 所示为显示了图(功能区显示选项)按钮，它在 Office 应用程序的某些工作视图下可见，单击其会打开控制功能区显示的选项。

图 2-17

2.3.1 自动隐藏功能区

选择"自动隐藏功能区"选项，将完全隐藏功能区，在屏幕的右上角仅显示 3 个点，单击 ··· 3 个点按钮，将在此临时显示功能区，单击文档内部时，功能区又将自动隐藏起来。

2.3.2 显示选项卡

选择"显示选项卡"选项，将功能区折叠为一行选项卡名称。单击该选项卡，将显示其命令。

2.3.3 显示选项卡和命令

选择"显示选项卡和命令"选项，会恢复功能区的正常功能。

用户可以按 Ctrl+F1 快捷键，或者单击功能区右下角的箭头按钮，将折叠或展开功能区。双击功能区的选项卡，将折叠或展开整个功能区。折叠功能区时，可单击一次任意选项卡，使功能区临时显示出来。此时，右下角有一个带箭头的图钉工具按钮，单击该按钮会展开功能区，使其显示在屏幕上。

2.3.4 向功能区添加命令按钮

有时为了方便快速使用常用工具，可以将自己常用的工具放置到一个选项卡中，以 Word 为例，具体操作步骤如下。

01 在功能区的空白区域右击，在弹出的快捷菜单中选择"自定义功能区"命令，或选择"文件"|"选项"命令，打开"Word 选项"对话框，从左侧的列表框中选择"自定义功能区"选项，如图 2-18 所示。

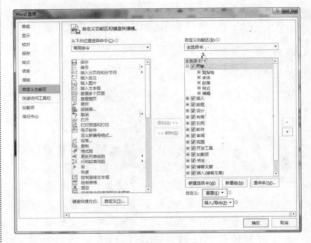

图 2-18

02 在右侧的自定义功能区和键盘快捷键窗格中，单击"新建选项卡"按钮，可以新建一个常用的选项卡。选择新建的选项卡，单击"重命名"按钮，即可对选项卡重新命名，如图 2-19 所示。

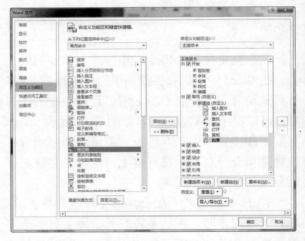

图 2-19

03 将左侧列表框中的常用命令通过单击"添加"按钮添加到右侧新建的选项卡中，如图 2-20 所示。

图 2-20

04 单击"确定"按钮后，添加的常用命令显示在选项卡中，如图 2-21 所示。

图 2-21

除此之外，还可以添加组，将新建的选项卡根据分类整理到不同的组中。

2.4 典型案例——添加快速访问工具

在 2.1.2 节中已经介绍了快速访问工具栏，下面以 Word 为例介绍如何为快速访问工具栏添加常用工具，具体操作步骤如下。

01 选择"文件"|"选项"命令，打开"Word选项"对话框，从左侧列表框中选择"快速访问工具栏"选项，在右侧显示出快速访问工具栏的选项，如图 2-22 所示。

02 在"常用命令"列表框中有常用的命令，选择需要添加到快速访问工具栏中的命令，单击"添加"按钮，将其添加到右侧的列表框中，如图 2-23 所示。

03 单击"确定"按钮，即可将添加的工具显示在快速访问工具栏中，如图 2-24 所示。

图 2-22

图 2-23

图 2-24

2.5 本章小结

本章介绍了更新之后的 Office 2016 的外观，讲述了如何使用各种屏幕控件，包括标题栏、快速访问工具栏、文件选项卡、功能区、库和实时预览、工作区和状态栏等，简单讲述了浮动工具栏，并详细地了解如何显示、隐藏功能区，同时介绍了如何为功能区添加选项卡、组和命令、工具等，希望用户能够熟练掌握界面布局。

Word 篇

　　Word 是 Microsoft 公司的一个文字处理器应用程序，它最初是由 Richard Brodie 为运行 DOS 的 IBM 计算机而在 1983 年编写的。随后的版本可运行于 Apple Macintosh(1984 年)、SCOUNIX 和 Microsoft Windows(1989 年)，并成为 Microsoft Office 的一部分。

　　用户用 Word 软件主要进行编排文档，其打印效果在屏幕上一目了然。Word 的界面中提供了丰富的工具，利用鼠标就可以完成选择、排版等操作。

　　由于 Word 是 Office 中最为常用的应用软件，所以将开篇定义为 Word 的介绍。接下来就带领用户继续学习 Word 强大的文档处理应用。

第3章 初识文档操作

本章作为 Word 的开始章节，首先介绍每次使用 Word 2016 时都会遇到的一些基本技巧。对于初学 Word 的用户而言，本章将轻松地带领学习者们开启 Word 之旅。

用户通过对本章的学习将了解到如何创建文档、保存及关闭文档、重新打开文档，以及如何对 Word 的视图进行调整等内容。

3.1 创建新文档

创建 Word 文档的方法有多种，本节中将介绍其中的 5 种常用方法。

3.1.1 在桌面上创建新文档

为了避免一些存储的操作，我们可以直接在桌面上创建 Word 文档，具体的操作步骤如下。

01 在桌面的空白处右击，在弹出的快捷菜单中选择"新建"|"Microsoft Word 文档"命令，如图 3-1 所示。

02 新建 Word 文档，如图 3-2 所示。新建的文件处于命名状态，可以为新建的文档命名，命名之后按 Enter 键，即可创建完成文档。

图 3-1

图 3-2

3.1.2 在文件夹中创建新文档

在文件夹中创建新文档的方法有以下两种。

方法一：

01 打开"我的电脑"，在需要创建的文件夹中右击，在弹出的快捷菜单中选择"新建"|"Microsoft Word 文档"命令，如图 3-3 所示。

02 创建的新文档处于命名状态，为文件命名，如图 3-4 所示。按 Enter 键即可完成新文档的创建。

图 3-3

图 3-4

方法二：

01 打开需要创建文档的文件夹，从中选择菜单"文件"|"新建"|"Microsoft Word 文档"命令，创建新的文档，如图 3-5 所示。

图 3-5

02 根据自己的需要命名文档即可。

3.1.3 直接创建新文档

启动 Word 2016 应用程序后，Word 自动创建一个名称为"文档 1"的空白文档。如果要创建新的文档，其方法有以下 3 种。

方法一：按 Ctrl+N 快捷键。

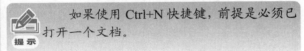
如果使用 Ctrl+N 快捷键，前提是必须已打开一个文档。

方法二：在快速访问工具栏中单击▼按钮，在弹出的下拉菜单中选择"新建"命令，如图 3-6 所示。

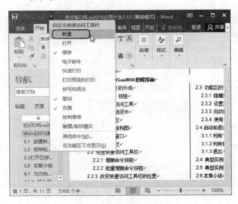

图 3-6

方法三：选择菜单"文件"|"新建"命令，启动并使用"新建"任务窗格，如图 3-7 所示。也可以在启动界面中选择"新建"命令，新建一个文档。

图 3-7

使用前两种方法可以直接创建空白文档"文档 1"，使用第三种方法有比较多的文档类型可以选择。在任务窗格中，可以新建空白文档、模板文档、网页文档、电子邮件等，也可以根据原有文档或模板创建新文档。

3.1.4 快速新建空白文档

在使用 Word 文档时，首先需要创建的是新文档，而新文档主要是以空白文档为前提来进行工作的，在本节中主要介绍如何快速创建新的空白文档。

快速新建空白文档的方法有多种，可以按 Ctrl+N 快捷键，也可以使用快速访问工具栏进行创建，但上述两种方法的局限是要在已打开文档的基础上创建。使用启动界面来创建空白文档的具体操作步骤如下。

01 运行 Word 2016 应用程序，系统自动弹出创建新文档，如图 3-8 所示。

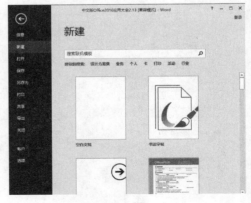

图 3-8

02 单击"空白文档"选项，即可创建新的空白文档，如图 3-9 所示。

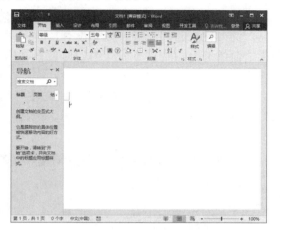

图 3-9

创建空白文档之后，用户可以根据需要来为文档添加相应的内容。

3.1.5 根据模板新建文档

在 Word 2016 中创建的每个新文档(包括空白文档)都基于一个模板，此模板指定了文档的基本格式，如页边距设置和默认文本设置。在创建文档时，Word 将自动应用模板。

如果空白文档不能设置为自己想要的效果，可以根据"新建"任务窗格中的模板新建文档，也可以选择一个合适的模板。

使用模板可以显著减少用在考虑文档版式和格式上的时间。例如，如果需要创建一个字帖，在空白文档的基础上绘制网格太过麻烦，这里就需要模板了。在 Word 中提供了许多模板素材，可以根据自己的需要来选择。

下面以创建书法字帖模板为例，学习如何使用模板，具体操作步骤如下。

01 新建文档，在弹出的"新建"任务窗格中选择"书法字帖"模板文档，如图 3-10 所示。单击即可完成创建。

02 创建后的书法字帖文档如图 3-11 所示。

> 如果用户对提供的模板不满意，通过互联网也可以下载一个自己喜欢的模板。

图 3-10

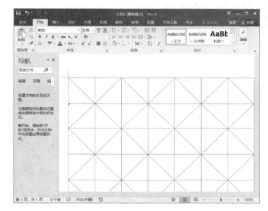

图 3-11

3.2 保存和关闭文档

创建文档之后，对文档进行编辑，最后的步骤将涉及保存和关闭操作。保存则可以将添加的文档内容进行存储。存储之后，对于不需要的文档进行关闭。在本节中将详细介绍如何对文档进行保存和关闭。

3.2.1 文档的保存

第一次保存文档时，应该选择它的保存位置，给文件指定一个有效的文件名称。Word 会根据文档的第一行文本内容给文件提供一个建议名称，但在再次打开文件时，这种文件名称不易查找；所以在存储文件命名时，需要为其提供一个容易记住和方便查找的名称，以便打开进行查阅和修改。

第一次保存文档的具体操作步骤如下。

01 选择"文件"菜单,在弹出的窗格中选择"保存"命令进行保存。如果是初次保存,则会显示另存为信息,选择存储的位置为"这台电脑",如图 3-12 所示。

图 3-12

02 在弹出的"另存为"对话框中选择一个文档的保存位置,为文档命名,单击"保存"按钮即可,如图 3-13 所示。

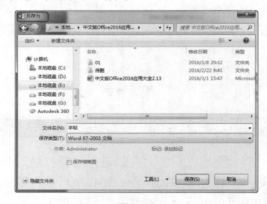

图 3-13

快速保存 Word 文档的方法还有以下两种。

方法一: 在快速访问工具栏中单击 🔲 (保存)按钮。

方法二: 按 Ctrl+S 快捷键。

> **注意** 如果打开了已有的文档并对其进行修改过,又不想覆盖原来的文件,可以选择菜单"文件"|"另存为"命令,以免覆盖原文件。

> **提示** 在编写或修改文档时,一定要及时按 Ctrl+S 快捷键保存文档,以免系统错误关闭导致文件丢失。

3.2.2 设置文档自动保存功能

在对文档进行编辑时,难免会遇到一些突发状况,例如死机、停电等。如果没有及时保存,会让之前的努力白费。下面介绍如何设置文档保存功能,具体操作步骤如下。

01 打开 Word 文档,选择菜单"文件"|"选项"命令,打开"Word 选项"对话框,选择"保存"选项,如图 3-14 所示。

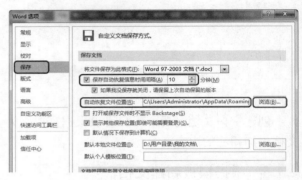

图 3-14

02 通过"保存自动恢复信息时间间隔"选项来设置自动恢复的时间,这里默认的是 10 分钟恢复一次文档。

03 通过设置"自动恢复文件位置"的路径来保存缓存文件,单击"浏览"按钮,可以设置恢复文件的位置。

3.2.3 关闭文档

保存文档后,接着就是关闭文档了。关闭文档时,会将该文档从系统的工作内存中移除。如今计算机功能强大,内存已不再是一个严重问题,但出于其他几个重要的原因,在修改完文档后仍需关闭文档。例如安全隐私的原因,用户可能不愿意让他人在屏幕上看到文档,此时就需要将文档进行关闭。关闭文档也可以降低文件因电源不稳定或系统错误而导致受损的风险。不仅如此,如果没有保存对文档的更改,关闭文档时系统会提醒保存,如图 3-15 所示。根据个人需要,单击"保存""不保存"和"取消"3 个按钮。

关闭文档的方法有以下 3 种。

方法一：单击 Word 窗口右上角的 (关闭)按钮。

方法二：选择菜单"文件"|"关闭"命令。

方法三：按 Ctrl+W 快捷键。

图 3-15

3.3 打开已存文档

用户经常会再次访问以前的工作，进行编辑和修改，例如要对以前使用的 Word 内容进行修改或增删数据。要执行这些操作，需要重新打开以前创建并保存的文档。

3.3.1 在 Word 中打开文档

打开 Word 文档的方法有以下 3 种。

方法一：选择菜单"文件"|"打开"命令，如图 3-16 所示。

大多数 Office 应用程序都会在右侧显示"最近使用的文档"列表，可以在这个列表中锁定或解锁文档，以快速访问它们。

选择打开命令后，在右侧的选项面板中选择文件的所在位置，可以单击"这台电脑"或"浏览"按钮，在弹出的对话框中选择文件在计算机中的位置，选择需要打开的文件，单击"打开"按钮即可，如图 3-17 所示。

图 3-16

图 3-17

方法二：按 Ctrl+O 快捷键。

方法三：双击桌面上的 (计算机)图标，打开计算机中文件所在的位置，找到相应的文件后，双击文件，即可打开。

3.3.2 以副本方式打开文档

以副本方式打开文档可以将一份相同的文档打开为两份。打开文档的目的，往往是为了对文档进行编辑、修改并使用它。在不同的应用场合，文档需要以不同的方式打开。如对于一些重要文档，需要保留一份文档的原件，在文档的副本中对文档进行修改；如果只是查看文档而不需要对文档进行修改，则可以以只读形式打开它。具体操作步骤如下。

01 启动 Word 2016 应用程序，如图 3-18 所示。单击"打开其他文档"按钮。

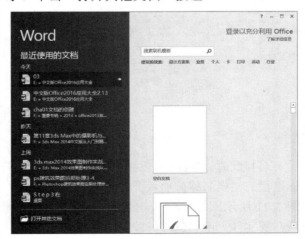

图 3-18

02 显示"文件"菜单,选择"打开"命令,在右侧的列表中单击"浏览"按钮,如图 3-19 所示。

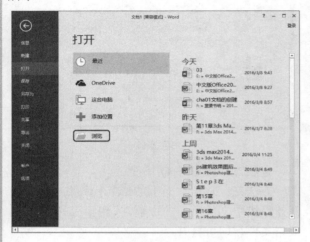

图 3-19

03 在弹出的"打开"对话框中选择需要打开副本的文档,单击"打开"右侧的▼按钮,在弹出的下拉菜单中选择"以副本方式打开"命令,如图 3-20 所示。

图 3-20

04 此时,Word 将以副本的形式打开文档,标题栏的文档名称前加入了"副本(1)"字样,如图 3-21 所示。此时,Word 还会自动在原始文档所在的文件夹中创建与标题栏中文档名称相同的副本文档。

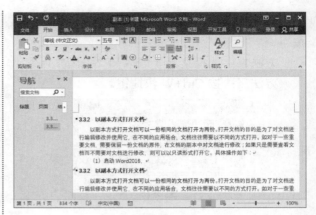

图 3-21

3.4　文档的相互转换

文件之间的相互转换是用户日常办公时所必需的操作,接下来将介绍如何将文档转换为网页、PDF 和 XPS 文件。

3.4.1　将文档转换为网页

将文档转换为网页格式,可以选择"单个文件网页"命令。

单个文件网页可将网站的所有元素(包括文本和图形)都保存到单个文件中。这种封装可将整个网站发布为单个内嵌 MIME。MIME 类型是一种协议,可使电子邮件除包含一般纯文本外,还可加上彩色图片、视频、声音或二进位格式的文件。它要求邮件的发送端和接收端必须要有解读 MIME 协议的电子邮件程序。

将文档转换为网页的方法有以下两种。

方法一:

01 打开一个需要转换为网页文件的 Word 文档,选择菜单"文件"|"导出"命令,从右侧的"更改文件类型"列表框中选择文件类型为"单个文件网页",单击"另存为"按钮即可,如图 3-22 所示。

02 打开"另存为"对话框,从中选择需要保存的路径,确认"保存类型"为"单个文件网页",单击"保存"按钮,如图 3-23 所示。

03 找到存储文件的路径,查看一下文件。如图 3-24 所示为存储的网页文件,双击即可在浏览器中浏览，如图 3-25 所示。

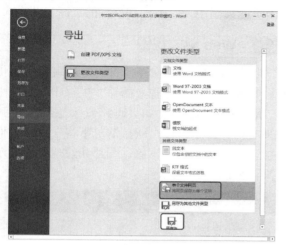

图 3-22

图 3-23

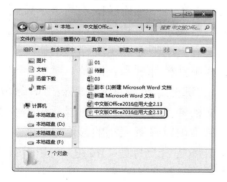

图 3-24

方法二：

选择菜单"文件"|"另存为"命令，在弹出的"另存为"对话框中选择"保存类型"为"单个文件网页"即可。

图 3-25

3.4.2 将文档转换为 PDF 和 XPS 文件

当我们在编辑 Word 文档时，有时想要把它保存成 PDF 或 XPS 文件，这样的话不会被轻易修改，对于保持文档的原创性意义重大。

PDF 和 XPS 都是便携式的电子格式文件，将 Word 文件转换为 XPS 和 PDF 文件的方法与转换为网页文件的操作基本相同，同样方法也有两种，具体的操作可以参考 3.4.1 小节，这里就不重复介绍了。

3.5 Word 中的视图

Word 视图有 5 种模式，分别为页面视图、阅读视图、Web 版式视图、大纲视图和草稿视图。下面分别介绍这 5 种视图模式。

3.5.1 页面视图

Word 的页面视图方式即直接按照用户所设置的页面大小进行显示，这时的显示效果与打印效果完全一致，用户可从中看到各种对象(包括页眉、页脚、水印和图形等)在页面中的实际打印位置，这对于编辑页眉和页脚、调整页边距，以及处理边框、图形对象、分栏都是很有用的。页面视图模式是 Word 2016 的默认视图，如图 3-26 所示。

切换页面视图模式只需选择"视图"选项卡，在"视图"组中选择"页面视图"选项即可。

提示 视图的切换可以在 Word 底部单击 (阅读视图)、 (页面视图)和 (Web 版式视图)按钮实现。

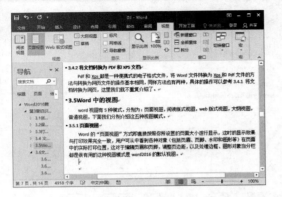

图 3-26

3.5.2 阅读视图

阅读视图以图书的分栏样式显示 Word 2016 文档，Office 按钮、功能区等窗口元素被隐藏起来。在阅读视图中，用户还可以单击"工具"按钮选择各种阅读工具，如图 3-27 所示。阅读视图可自由调节页面显示比例、列宽和布局、导航搜索、更改页面颜色，但不允许对文档编辑。

图 3-27

阅读视图模式的一个很好功能就是允许放大文档中的图形。双击一个图形，会显示它的放大版本，在已放大内容的右上角单击放大镜按钮，会再次放大该内容。要恢复放大了的对象，可以按 Esc 键或在页面中单击该对象的外部即可。

单击 和 按钮，可以前后翻页；按 Esc 键，

可以退出阅读视图模式，也可以单击视图底部的 (页面视图)按钮，返回到默认的页面视图模式。

3.5.3 Web 版式视图

设置 Web 版式视图的目的是编写和审阅供联机查看的文档，这些文档并非供打印使用。因此，状态栏中不会包含如页码和节号之类的信息；如果文档包含超链接，默认情况下将在显示它们时加上下划线。背景颜色、图片和纹理也会显示出来，如图 3-28 所示。

图 3-28

3.5.4 大纲视图

对于一篇较长的文档，详细地阅读它并清楚它的结构内容是一件比较困难的事。使用大纲视图，可以迅速了解文档的结构和内容概括。因为大纲视图可以清晰地显示文档的结构，如图 3-29 所示，其中文档标题和正文部分都显示出来，根据需要，一部分标题和正文可以被暂时隐藏起来，以突出文档的主体结构。此时显示出"大纲"选项卡，从中可以设置大纲的显示格式类型。

单击 (提升至标题 1)按钮，可以提升当前选择内容的项目级别为标题 1；单击 (升级)按钮，可以逐步提升标题级别；单击 (降级)按钮，可以逐步降级；单击 (降级为正文)按钮，可以降级当前内容为正文。

使用 (上移)或 (下移)按钮可以将选择的内容上移或下移。

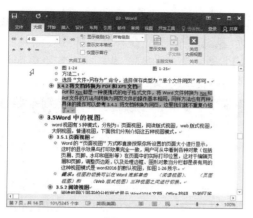

图 3-29

在大纲视图模式下的文档中，带有⊕的段落表示该段落还有子级，在"大纲"选项卡中单击━(折叠)按钮，可以将子级折叠起来，不被显示。单击⊞(展开)按钮，可以将折叠起来的文本内容显示出来。

要折叠某一级标题下的内容，可以在"大纲"选项卡上选择要"显示级别"的所需级别，筛选显示的级别内容，如图 3-30 所示。选中"仅显示首行"复选框，可以显示每段的首行文字，如图 3-31 所示。如果需要关闭大纲视图，可以单击"关闭大纲视图"按钮退出。

图 3-30

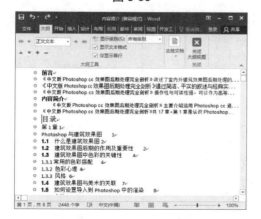

图 3-31

3.5.5　草稿视图

要把全部精力集中在字词上，可以切换到草稿视图。选择"视图"选项卡，在"视图"组中选择"草稿"选项，即可切换到草稿视图。"草稿"视图隐藏了所有的图形和页边距，使更多的文本显示在屏幕上。默认情况下，可继续使用文档中指定的样式和字体显示。

用户可以进一步自定义草稿视图，使文本显示得更平面。选择菜单"文件"|"选项"命令，弹出"Word 选项"对话框，在左侧的列表框中选择"高级"选项，在右侧的"显示文档内容"选项组中选中"在草稿和大纲视图中使用草稿字体"复选框，激活"名称"和"字号"选项，在其下拉列表中选择替代的文本外观，单击"确定"按钮，应用所做的修改，如图 3-32 所示。

图 3-32

3.6　文档视图的操作

上一节中讲解了各种视图的切换，接下来将介绍如何设置文档视图中显示和隐藏辅助工具及内容。

3.6.1　显示和隐藏视图结构

在 Word 视图中有时需要辅助工具，如标尺、网格线和导航窗格，使用这些辅助工具可以更好地调整视图。

标尺是 Word 编辑软件中的一个重要工具，利用标尺可以改变段落的缩进值，改变表格的行高和列宽，以及设置对齐方式等。要显示标尺，需要在"视图"选项卡中选中"标尺"复选框，如图 3-33 所示。通过调整标尺上的滑块，可以设置当前选择段落的缩进，如图 3-34 所示。

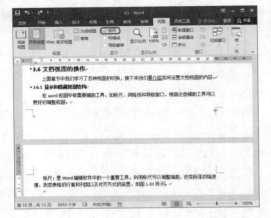

图 3-33

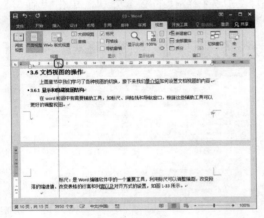

图 3-34

一般情况下，Word 是不显示网格线的。有特殊要求显示网格时，选中"视图"选项卡中"网格线"复选框，即可显示网格线，如图 3-35 所示。

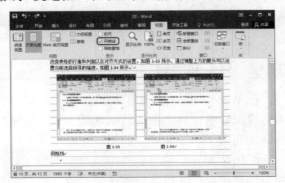

图 3-35

若要设置网格线的固定间距，其具体的操作步骤如下。

01 切换到"布局"选项卡，在"页面设置"组中单击 🔲 按钮，如图 3-36 所示。

图 3-36

02 弹出"页面设置"对话框，切换到"文档网格"选项卡，单击"绘图网格"按钮，如图 3-37 所示。

图 3-37

03 在弹出的"网格线和参考线"对话框中可以看到"网格设置"选项组下的"垂直间距"为"0.5 行"，如图 3-38 所示。

04 更改"垂直间距"的参数为"1 行"，如图 3-39 所示。

图 3-38　　　　　图 3-39

05 更改后的效果如图 3-40 所示。

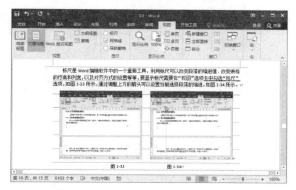

图 3-40

"导航"窗格主要用于显示 Word 2016 文档的标题大纲,用户单击文档结构图中的标题,可以展开或收缩下一级标题,并且可以快速定位到标题对应的正文内容,还可以显示 Word 2016 文档的缩略图,如图 3-41 所示。选中或取消选中"导航窗格"复选框,可以显示或隐藏"导航"窗格。

图 3-41

3.6.2 显示视图比例

在 Word 2016 的编辑过程中,用户可以选择各种比例来显示文档,但只是改变显示比例,并不能改变实际打印效果,其中设置显示视图比例的方法有以下 3 种。

方法一:在"视图"选项卡的"显示比例"组中,如图 3-42 所示,从中选择并设置显示比例参数。单击"显示比例"按钮,会弹出"显示比例"对话框,从中可以选择缩放的比例,也可以手动设置显示的"百分比",如图 3-43 所示。

图 3-42

图 3-43

方法二:在 Word 面板的右下角,可以通过滑块来调整视口的显示比例,如图 3-44 所示。

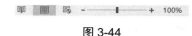

图 3-44

方法三:按住 Ctrl 键,通过滚动鼠标中键来缩放视口比例。

3.6.3 拆分窗口

拆分窗口就是把一个 Word 2016 文档窗口分成上下两个独立的窗口,从而可以通过两个 Word 文档窗口显示同一文档的不同部分。拆分窗口的具体操作步骤如下。

01 打开一个文件,如图 3-45 所示。

图 3-45

02 切换到"视图"选项卡，在"窗口"组中单击 拆分 按钮，拆分窗口，如图 3-46 所示。

图 3-46

03 此时，在不同的拆分窗口中可以对文档进行编辑。

04 如果退出拆分窗口，单击 取消拆分 按钮，退出拆分窗口。

3.7 典型案例1——创建字帖文档

通过对前面内容的学习，接下来练习一下如何使用模板来创建文档。以书法字帖模板为例，创建字帖文档的操作步骤如下。

01 首先，运行 Word 2016 应用程序，弹出新建文档页面，从中选择一个"书法字帖"模板，如图 3-47 所示。

图 3-47

02 弹出"增减字符"对话框，在"可用字符"列表框中双击需要添加的字符，也可以选择需要添加的字符并单击"添加"按钮，将字符添

加到"已用字符"列表框中，如图 3-48 所示。

图 3-48

03 添加字符后，单击"关闭"按钮，创建字帖文档，如图 3-49 所示。

04 切换到"书法"选项卡，可以设置字帖的属性，如图 3-50 所示。这里就不详细介绍了。

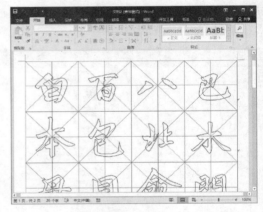

图 3-49

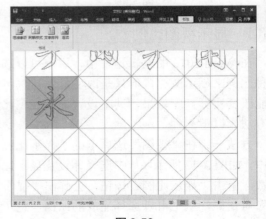

图 3-50

3.8　典型案例2——保存字帖文档

通过前面对文件保存的学习，下面将继续上一个典型案例的操作，对字帖文档进行存储操作。

01 继续上一节创建字帖文档，直接按 Ctrl+S 快捷键，弹出"另存为"面板，单击"浏览"按钮，如图 3-51 所示。

02 在弹出的"另存为"对话框中选择一个保存路径，并为文件命名，单击"保存"按钮，如图 3-52 所示。

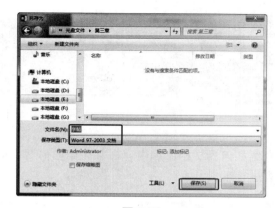

图 3-52

03 保存文档后，单击文档右上角的 (关闭)按钮，将文档进行关闭。

3.9　本章小结

本章介绍了文档的常用操作，其中主要介绍了如何创建空白文档和模板文档。然后学习了一些基本的文档操作，例如文档的打开、保存、关闭，并初步学习了视图的查看、排列等基本操作。

通过对本章的学习，用户可以掌握文档和文档视图的基本操作。

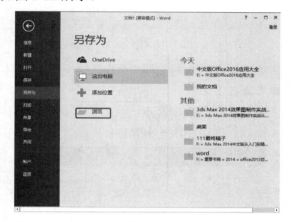

图 3-51

第4章 文档的编辑

在上一章中介绍了 Word 文档的建立，本章将介绍如何为文档添加内容，并介绍如何对文档内容进行编辑。

4.1 为文档输入内容

下面将介绍如何为文档输入相关内容。

4.1.1 输入普通文本

在新建文档后，添加内容是必须要做的。在输入时，每个字符出现在不停闪烁的垂直插入点的左侧。可使用 Backspace 键和 Delete 键删除文字，使用空格键输入空格，其他所有键用于输入。

使用 Word 的即点即输功能，可以在页面中的任意位置开始输入一行文字。接下来将介绍如何为文档添加普通文本内容，具体的操作步骤如下。

01 运行 Word 2016 应用程序，新建一个空白文档，在文档中可以看到，第一行中出现闪烁的位置光标，如图 4-1 所示。

图 4-1

02 还原语言栏，设置语言栏中的当前状态为中文状态，如图 4-2 所示。

图 4-2

03 在闪烁的光标处输入正文文本，在需要转行处按 Enter 键换行。如图 4-3 所示为输入的文本内容。

图 4-3

如果想在输入的文档中添加文本内容，具体操作步骤如下。

01 在需要添加文本内容的位置单击，将看到光标的闪烁，如图 4-4 所示。

图 4-4

02 添加文本后，按 Enter 键添加一行，然后添加文本，如图 4-5 所示。

图 4-5

除了添加中文文本内容之外，还可以输入数字、英文、符号等。

把插入点移动到某个位置，就可以插入新的文本了。不过，要先搞清楚当前的状态是插入方式还是改写方式。在插入方式下，新输入的文本将添加到插入点所在的位置，该插入点后的文本将向后移；在改写方式下，新输入的文本将改写位于插入点后的文本。

按 Insert 键可以在插入和改写方式之间进行转换。

4.1.2 输入各类符号

在使用 Word 进行文字处理的时候，不可避免地会遇到一些符号的输入，有些比较常见的符号直接使用键盘输入即可完成，但也会遇到一些不常见的字符输入。

下面介绍在 Word 中各类符号的输入，具体操作步骤如下。

01 切换到"插入"选项卡的"符号"组，如图 4-6 所示。

图 4-6

02 单击"符号"右侧的下三角按钮，弹出下拉面板，如图 4-7 所示。选择"其他符号"命令，弹出"符号"对话框，从中选择一种符号，如图 4-8 所示。

图 4-7

图 4-8

图 4-9

03 单击"插入"按钮，插入特殊符号，然后单击"关闭"按钮即可，如图 4-10 所示。

图 4-10

 切换到"特殊符号"选项卡，可以看到不常见的符号及快捷键，如图 4-9 所示。

比较常见的符号如"。""，""、""．""："""？""】""【"，都可以通过键盘来完成，不过需要结合 Shift 键和中英文切换来完成键盘上常用字符的输入。

4.1.3 输入公式

除了输入文本和各类符号外，比较常用的还有公式的输入。

同样的方法，切换到"插入"选项卡，在"符号"组中单击"公式"右侧的下三角按钮，如图 4-11 所示，从中选择需要的公式。

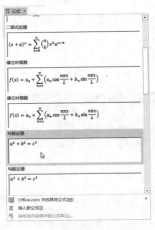

图 4-11

在弹出的"公式"下拉列表框中选择"Office.con 中的其他公式"选项，将弹出相应的公式列表，如图 4-12 所示。

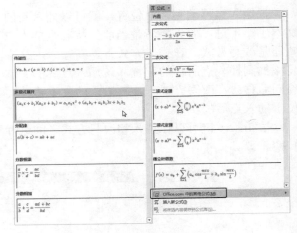

图 4-12

如果选择"插入新公式"选项，Word 将直接在文档中插入公式框，并显示该公式框相应的"设计"选项卡，设计公式使用的工具符号如图 4-13 所示。

图 4-13

4.2 编辑文档内容

在文档中输入文本内容后，可以对其文档内容进行编辑操作，如对文档内容进行选择、删除、替换、移动、剪切、复制、撤销与恢复等。

4.2.1 文本的选择

最常用的选定文本的方法就是按住鼠标左键并拖动，使选定的文本在屏幕上以灰底显示。对于图形，可以单击该图形进行选定。

选定文本内容的方法有以下 9 种。

方法一：使用鼠标选定文本。

01 选定一个单词。在需要选定的单词上双击鼠标左键，即可选择需要选定的单词。如图 4-14

所示为选择的单词。

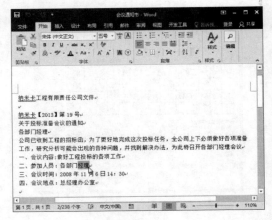

图 4-14

02 选定任意数量的文本。首先要把鼠标指针 I 指向要选定的文本开始处，按住鼠标左键并拖过想要选定的正文，当拖动到选择文本的末端时，释放鼠标左键，Word 2016 以灰底显示选定状态的文本，屏幕显示如图 4-15 所示。

动至最后一行时释放按键，如图 4-17 所示。

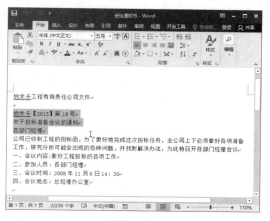

图 4-15

03 选定一句文本。按住 Ctrl 键，再通过鼠标左键单击句子中的任意位置即可选定这句文本。

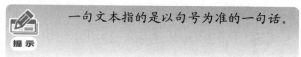
一句文本指的是以句号为准的一句话。

方法二： 利用选定栏选择文本。

选定栏是指文档窗口左端至文本之间的空白区域。当鼠标指针经过选定栏时，将会变成一个 ⇗ 形状。

01 选定一行文本。将鼠标指针移动至该行左侧的选定栏，单击鼠标左键，如图 4-16 所示。

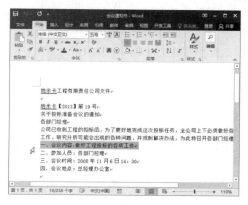

图 4-16

02 选定多行文本。将鼠标指针移动至第一行左侧的选定栏，按住鼠标左键并在选定栏中拖

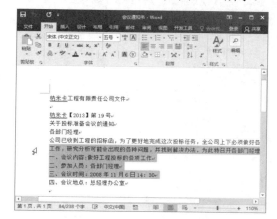

图 4-17

03 选定一个矩形文本块。先将鼠标指针移至要选择区域的左上角，按住 Alt 键不放，然后按住鼠标左键向区域的右下角拖动，如图 4-18 所示。

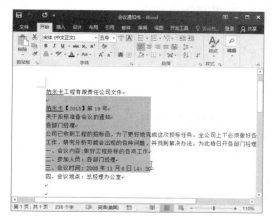

图 4-18

方法三： 利用扩展选定方式选定文本。

在 Word 中，可以使用扩展选定方式来选定文本。先将鼠标指针移至要选择文本的末端并单击，再按 F8 键，就可以一句一句地扩展选定范围。多次按 F8 键，可以选择整篇文档，如图 4-19 所示。如果想关闭扩展选定方式，只需按 Esc 键即可。

方法四： 按住 Shift 键配合箭头进行选择。

在 Word 中，先将鼠标指针移至要选择文本的始端，然后按住 Shift 后按←、↑、→、↓ 4个方向键，可以在光标位置进行上下左右的选择。

方法五： 按 Ctrl+A 快捷键，选择整篇文档。

图 4-19

方法六：选择一行中插入点前面的文本，可按 Shift+Home 快捷键。

方法七：选择一行中插入点后面的文本，可按 Shift+End 快捷键。

方法八：选择从插入点至文档开头的内容，可按 Ctrl+Shift+Home 快捷键。

方法九：选择从插入点至文档末尾的内容，可按 Ctrl+Shift+End 快捷键。

4.2.2 删除和替换文本

在输入的稿件中难免会有需要修改的地方，下面就来介绍如何删除和修改输入文本的两种方法。

方法一：修改字符文本的方法。

01 将需要修改的字符文本删除。把光标置于该字符的右侧，然后按 Backspace 键(退格键)，与此同时该字符后面的文本会自动左移一格来填补被删除字符的位置。也可以按 Delete 键来删除光标右侧的一格字符，与此同时光标右侧的文本向左移一格填补被删除字符的位置。

02 输入文本。可以在删除文本后直接输入字符文本，或在需要删除的文本处于选定状态时输入字符文本。

方法二：修改一大块文本的方法。

01 将需要修改的一大块文本删除。可以先选定该文本块，然后在"开始"选项卡中单击"剪

贴板"组中的 ✄(剪切)按钮，将剪切下的内容存放在剪贴板上，以后可以粘贴到其他位置。也可以按 Delete 键将选定的文本块删除。

02 输入文本。可以在删除文本后直接输入文本，也可以在需要删除的文本处于选定状态时输入或粘贴文本。

 剪切的快捷键为 Ctrl+X，粘贴的快捷键为 Ctrl+V。

4.2.3 文本的移动

在编辑文档过程中，内容的位置和顺序有时会颠三倒四的，而对于这样的文本可以通过移动来实现合理的排版效果，不需要删除后再重新输入，这样即提高了编辑文本的效率，也可以节省大量的时间。

在 Word 2016 中，移动文本的具体操作步骤如下。

01 选定需要移动的文本。

02 将鼠标指针移至选定的文本，此时鼠标指针变为 ↖ 形状。

03 按住鼠标左键，此时鼠标指针变为 ↖ 形状，同时还会出现一条加粗的实线插入点，如图 4-20 所示。

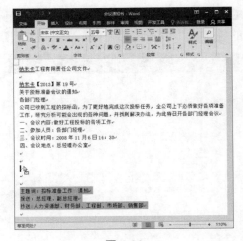

图 4-20

04 拖动鼠标时，实线插入点表示的是将要移至的目标位置。

05 释放鼠标左键后，选定的文本便从原来的位置移至新的位置，如图 4-21 所示。

图 4-21

4.2.4 使用剪贴板

如果想要移动或复制的文本原位置离目标位置较远或不在同一屏幕中显示，可以使用剪贴板来移动或复制文本，具体操作步骤如下。

01 选定要移动的文本。

02 在"开始"选项卡中单击 ✂(剪切)按钮，或者按 Ctrl+X 快捷键，选定的文本将从原位置删除，同时被存放到剪贴板中。

03 把鼠标指针移至目标插入点位置。如果在不同的文档间移动文本内容，将当前文档切换到目标文档中，再选择切入点。

04 在"开始"选项卡中单击 📋(粘贴)按钮，或者按 Ctrl+V 快捷键。

4.2.5 文本的复制

复制到 Office 剪贴板中的内容，使用"粘贴"命令可以多次插入。因此在输入较长文本时，使用"复制"命令可以节省时间、提高效率。

在 Word 2016 中，复制文本的方法有以下 4 种。

方法一： 使用复制粘贴法复制文本。

01 选定要复制的文本。

02 在"开始"选项卡中单击 📋(复制)按钮，或者按 Ctrl+C 快捷键。

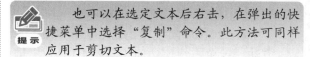

提示 也可以在选定文本后右击，在弹出的快捷菜单中选择"复制"命令。此方法可同样应用于剪切文本。

03 将插入点移至目标位置，按 Ctrl+V 快捷键粘贴至新的位置。

方法二： 选定拖放法复制文本。

01 选定要复制的文本。

02 将鼠标指针指向选定的文本，此时指针变为 ⬚ 形状。

03 按住 Ctrl 键，然后按住鼠标左键，此时鼠标指针变为 ⬚ 形状，同时出现加粗的实线插入点，此插入点为将要复制的目标位置。

04 移动插入点至目标位置，释放鼠标左键，选定的文本便从原来的位置复制到新的位置。

方法三： 使用快捷菜单复制文本。

01 选择需要复制的文本。

02 右击选择的文本，在弹出的快捷菜单中选择"复制"命令。

03 移动插入点到目标位置，右击，在弹出的快捷菜单中选择"粘贴"命令，即可粘贴文本到新的位置。可以重复"粘贴"操作执行多次复制。

方法四： 使用 Shift+F2 快捷键来复制文本。

01 选择需要复制的文本。

02 按 Shift+F2 快捷键，则在状态栏中会出现"复制到何处？"提示信息。

03 把插入点移至粘贴的位置。

04 按 Enter 键，即可将选择的文本复制到新的位置。

在 Word 中，可以在同一文档的不同位置进行复制，也可以在不同的文档之间复制文本，甚至可以在不同的应用程序之间复制文本，用户可以亲自去尝试一下，这里就不介绍了。

4.2.6 撤销与恢复操作

在 Word 2016 中编辑文档的过程中，如果进行了不合适的操作需要返回原来的状态，可以通过使用"撤销"或"恢复"功能进行撤销与恢复操作。

1. 撤销操作

在 Word 2016 中实现撤销的方法有以下 3 种。

方法一： 单击快速访问工具栏上的 ↺ (撤销) 按钮即可撤销最近一步的操作。

方法二： 使用 Ctrl+Z 快捷键或 Alt+Backspace 快捷键可以撤销前一个操作。

 提示 反复按 Ctrl+Z 快捷键可以撤销前面的每一个操作，直到无法撤销为止。

方法三： 单击快捷访问工具栏中 ↺ (撤销) 按钮右侧的 ▼ 下三角按钮，可以打开一个最近操作的下拉列表，从中可以选择恢复到指定的某一操作，如图 4-22 所示。

图 4-22

2. 恢复操作

如果撤销操作本身是错误操作，此时如果想恢复原来的操作，就需要使用恢复操作功能。在 Word 2016 中实现恢复的方法有以下两种。

方法一： 单击快速访问工具栏上的 ↻ (恢复) 按钮，每单击一次该按钮就可以恢复一次最近的撤销操作。

方法二： 按 Ctrl+Y 快捷键也可以实现恢复一次最近的撤销操作，反复按 Ctrl+Y 快捷键可以进行多次恢复撤销操作。

4.3 批注和修订文档

批注和修订是 Word 为审阅他人的 Word 文档提供的两种方式。批注的含义很容易解释，它是用户在阅读文档时需要注意的备注、问题、建议等。批注的人可能会为编辑文本提供建议，但批注功能不会把任何编辑或更改输入到文本中。用户常将批注中的建议文本复制到正文中，但批注本身并不是文本编辑流程的一部分。

然而，修订却是文本编辑流程的一部分，它们是对 Word 文档执行插入和删除操作。借助于"修订"工具，可以看到何人、何时插入或删除了哪些内容。这样，如果多个修订人都更改了文档，就可以知道谁进行了哪些更改。这有助于决定如何集成不一致的编辑。

4.3.1 使用批注

在使用 Word 修改合同、待审批文档时，用户会在一些重要地方加以批注，给予详细的说明，这样可以让用户更加清晰地明白其中的含义。对文档进行批注的具体操作步骤如下。

01 首先选择需要添加标注的词语或段落，如图 4-23 所示。选择"李客"两个字，在"插入"选项卡中单击"批注"按钮，添加批注，如图 4-24 所示。

图 4-23

图 4-24

02 在右侧的批注中输入修改的内容，如图 4-25 所示。

图 4-25

添加标注后，可以对标注进行显示、隐藏等操作。首先选择需要删除的批注，切换到"审阅"选项卡的"批注"组中，单击"删除"或"显示批注"按钮，即可删除或隐藏批注；再次单击"显示批注"按钮显示批注。如图 4-26 所示为隐藏后的批注。

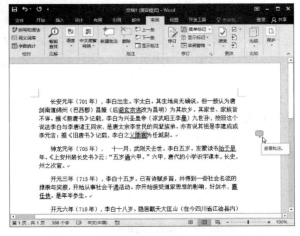

图 4-26

此外"更改"组中有"接受"和"拒绝"按钮。单击"接受"按钮，文档中依然会显示批注；单击"拒绝"按钮，将删除批注。如图 4-27 所示为拒绝后的批注。

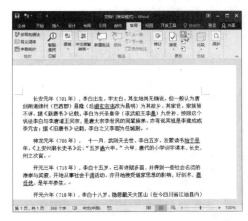

图 4-27

4.3.2 修订文档

使用修订标记是对文档进行插入、删除、替换以及移动等编辑操作时，使用一种特殊的标记来记录所做的修改，以便于其他用户或者原作者知道文档所做的修改，这样就可以根据实际情况决定是否接受这些修订。

对文档进行修订的具体操作步骤如下。

01 在"审阅"选项卡中单击"修订"按钮，进入修订状态。在修订状态下更改任何内容都会显示出修订标记，如图 4-28 所示。

图 4-28

02 单击"修订"组中右下角的 按钮，在弹出的"修订选项"对话框中设置修订的选项，设置后单击"确定"按钮，如图 4-29 所示。

图 4-29

03 对文档进行修订。

默认情况下，Word 用单下划线标记添加的部分，用删除线标记删除的部分。用户也可以根据需要来自定义修订标记。如果是多位审阅者审阅一篇文档，更需要使用不同的标记颜色以互相区分，所以用户有时需要对修订标记进行设置。单击"修订"组中右下角的 按钮，在弹出的"修订选项"对话框中单击"高级选项"按钮，弹出"高级修订选项"对话框，如图 4-30 所示，从中设置修订的标记。

图 4-30

4.3.3 接受或拒绝修订

当工作簿被修改后，用户在审阅表格时可以选择接受或者拒绝他人修改的数据信息。

下面介绍文档进行修订后，对修订文档的接受或拒绝的具体操作步骤。

01 在修订的文档文本处单击，切换到"审阅"选项卡的"更改"组中，如图 4-31 所示。单击"接受"按钮，即可不显示标注，只显示修改后的文档。

02 在"审阅"选项卡的"更改"组中单击"拒绝"按钮，即可将修改的文本删掉，只保留原始的文本文档。

在接受或拒绝修订后，系统自动将光标显示到下一条修订上。

使用"上一条"和"下一条"工具可以转到上一条和下一条批注。

图 4-31

4.3.4 比较修订前后的文档

如果审阅者直接修改了文档，而没有让 Word 加上修订标记，此时可以用原来的文档与修改后的文档进行比较，以查看哪些地方进行了修改。其具体操作步骤如下。

01 切换到"审阅"选项卡的"比较"组中，如图 4-32 所示。

图 4-32

02 单击"比较"下方的下三角按钮，在弹出的下拉菜单中选择"比较"命令，如图 4-33 所示。

03 在弹出的"比较文档"对话框中选择比较的文件，如图 4-34 所示。

图 4-33

图 4-34

04 如果发现两个文档有差异，Word 会在原文档中做出修订标记，用户可以根据需要接受或拒绝这些修订。

4.4 提高文档安全性

说起 Word 文档的安全性，用户想到的恐怕就是设置打开和修改权限密码。在实际的应用中，可以进行更加周密的保护。例如，禁止别人对原文档的格式进行修改、禁止编辑或修改 Word 原文档等，其实这些在 Word 2016 中可以很轻松地实现。

4.4.1 设置文档的编辑权限

有时完成文档后，不想让别人在另一台计算机或者通过互联网编辑该文档，就需要为该文档设置访问权限。

确定文档处于打开状态，为该文档设置文档访问权限的具体操作步骤如下。

01 选择"文件"|"信息"选项，在右侧的面板中单击"保护文档"按钮，在弹出的下拉菜单中选择"限制编辑"命令，如图 4-35 所示。

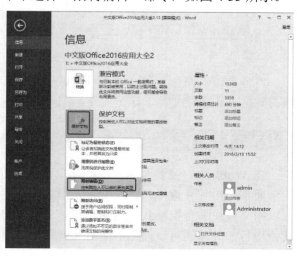

图 4-35

02 选择"限制编辑"命令后，在文档的右侧显示"限制编辑"选项，从中选择需要的选项即可，如图 4-36 所示。

图 4-36

4.4.2 设置文档加密

对于一些重要的文档和数据，有时需要对其进行保密，不随便让别人进行查看，这时就需要为文档进行加密。设置文档加密的具体操作步骤如下。

01 选择"文件"|"信息"选项，在右侧的面板中单击"保护文档"按钮，在弹出的下拉菜单中选择"用密码进行加密"命令，如图 4-37 所示。

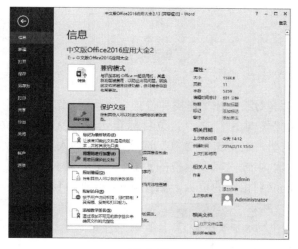

图 4-37

02 弹出"加密文档"对话框，从中设置自己需要的密码，单击"确定"按钮，即可创建密码，如图 4-38 所示。

03 保存加密的文档后，再次打开文档时会弹出"密码"对话框，输入设置的密码即可打开文档，如图 4-39 所示。

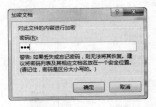

图 4-38

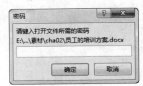

图 4-39

04 如果输入的密码不正确，会提示如图 4-40 所示的对话框，所以在设置密码之前一定要选择一个容易记住的密码。

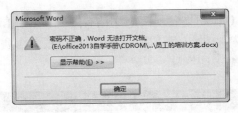

图 4-40

4.5 快速定位文档

如果一个 Word 文档很长，有几百页甚至几千页，想快速定位到某页或某节，可以使用一个简单的方法来快速切换。使用快速定位的具体操作步骤如下。

01 打开或建立一个需要定位的文档，切换到"开始"选项卡的"编辑"组中，如图 4-41 所示。单击"查找"右侧的下三角按钮，在弹出的下拉菜单中选择"转到"命令，如图 4-42 所示。

图 4-41

图 4-42

02 弹出"查找和替换"对话框，切换到"定位"选项卡，在"定位目标"列表框中选择定位类型，这里选择"页"选项，在"输入页号"文本框中输入需要定位的页数，单击"定位"按钮，定位到相应的页数，如图 4-43 和图 4-44 所示。

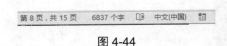

图 4-44

参考上述的操作步骤，用户可以试着使用其他的定位方式定位文档，这里就不详细介绍了。

4.6 查找和替换

在 Word 中，很多人都会使用查找和替换功能，通常是用其来查找和替换文字，但实际上还可以用来查找和替换格式、段落标记、分页符和其他项目，并且还可以使用通配符和代码来扩展搜索。

4.6.1 文本的查找

使用文本的查找功能，可以查找任意组合的字符，包括中文、英文、全角或半角等，甚至可以查找英文单词的各种形式，其具体操作步骤如下。

图 4-43

01 切换到"开始"选项卡中，单击"编辑"下三角按钮，在弹出的下拉菜单中选择"查找"命令，如图 4-45 所示。或者按 Ctrl+F 快捷键。

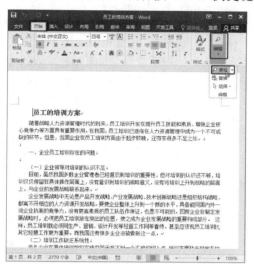

图 4-45

02 在弹出的"导航"面板中输入需要查找的文字，例如查找"培训"，按 Enter 键确定查找，此时"导航"面板中会显示查找到的信息，Word 以淡黄色显示查找到的文本，如图 4-46 所示。

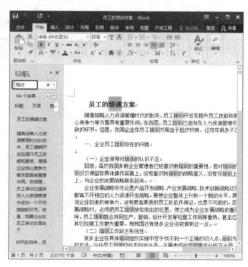

图 4-46

除使用普通文本进行查找外，还可以使用通配符查找。通配符查找的具体操作步骤如下。

01 在"导航"面板中单击文本框右侧的▼下

三角按钮，在弹出的下拉菜单中选择"高级查找"命令，如图 4-47 所示。

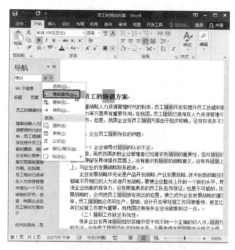

图 4-47

02 弹出"查找和替换"对话框，在"查找"选项卡中输入"查找内容"为"企业*构建"，在"搜索选项"选项卡中选中"使用通配符"复选框，单击"查找下一处"按钮，如图 4-48 所示。

> 提示 通过"查找和替换"对话框中的"查找"选项，可以查找"搜索"选项中全部搜索类型，这里就不一一介绍了。

同理，在"查找"选项卡中可以选择查找的格式以及特殊格式，包括字体、段落、图文框语言、制表位、分页符等。

图 4-48

03 在文档中选择"(三)模型的循环步骤"字符，如图 4-49 所示。

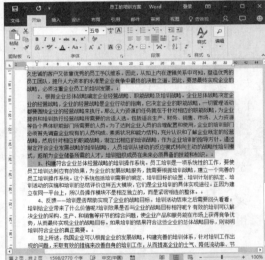

图 4-49

提示

常用通配符如下。

(1) 任意字符串——*，例如，"S*d"可以查找"Sad"和"Started"。

(2) 任意单个字符——?，例如，"S?d"可以查找"Sat"和"Set"。

(3) 词的开头——<，例如，"(inter)<"可以查找"interesting"和"intercept"，但不查找"splintered"。

(4) 词的结尾——"|"，例如，"(in)"|""，可以查找"within"，但不能查找"intercept"。

(5) 字定符之一——[ ]，例如，"w[io]n"

查找"win"和"won"。

(6) 定范围内的任意单个字——[-]，例如，"[r-t]ight"(必须用升序表示范围)可查找"right"和"sight"。

(7) 定范围外的任意单个字符——[!x-z]，例如，"t[!a-m]ck"查找"tock"和"tuck"，但不查找"tack"和"tick"。

(8) 一个重复的前一字符或表达式——{n}，例如，"fe{2}d"查找"feed"，但不能查找"fed"。

(9) n 个前一字符或表达式——{n,}，例如，"fe{1,}d"查找"fed"和"feed"。

(10) n 到 m 个前一字符或表达式——{n,m}，例如，"10{1,3}"查找"10"、"100"和"1000"。

(11) 一个以上的前一字符或表达式——@，例如，"lo@t"查找"lot"和"loot"。

4.6.2 文本的替换

如果在编辑文档时需要将文档中的字符替换为其他的字符，可以使用"替换"命令来对文本进行替换。文本替换的具体操作步骤如下。

01 切换到"开始"选项卡中，单击"编辑"下三角按钮，在弹出的下拉菜单中选择"替换"命令，如图 4-50 所示。或者按 Ctrl+H 快捷键。

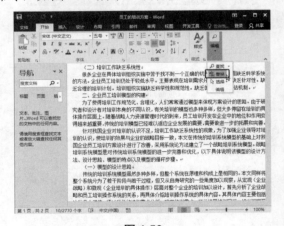

图 4-50

02 在弹出的"查找和替换"对话框中输入"查找内容"为"员工"，"替换为"为"职工"，如图 4-51 所示。单击"全部替换"按钮，即可将文档中的"员工"全部替换为"职工"。

图 4-51

4.7 典型案例 1——编辑辞职信文档

下面打开一个已有的文件，介绍如何编辑文本内容。

01 打开一个"辞职信.doc"文档，如图 4-52 所示。

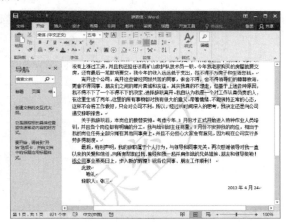

图 4-52

02 在文档的底部选取"2013"字符，如图 4-53 所示。

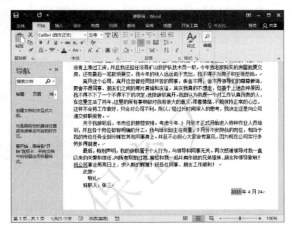

图 4-53

03 输入需要的文本字符"2016"，如图 4-54 所示。这样文本就编辑完成。

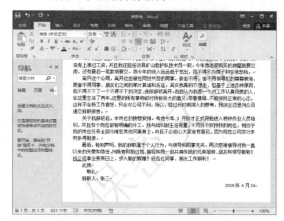

图 4-54

4.8 典型案例 2——设置文档加密

通过为正文中文档加密的学习，下面继续上一节的制作，将"辞职信.doc"文档设置为加密文档。

01 确定当前打开文档，也可以继续上一节来设置。选择"文件"|"信息"选项，在右侧的面板中单击"保护文档"按钮，在弹出的下拉菜单中选择"用密码进行加密"命令，如图 4-55 所示。

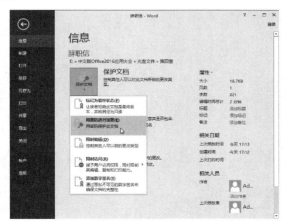

图 4-55

02 弹出"加密文档"对话框，从中设置自己需要的密码，单击"确定"按钮，即可创建密码，如图 4-56 所示。

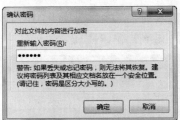

图 4-56

03 输入密码后，弹出"确认密码"对话框，从中再次输入一次密码，单击"确定"按钮，如图 4-57 所示。

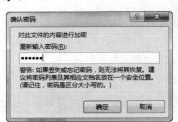

图 4-57

04 创建密码文件后，找到相应的文档双击，

弹出如图 4-58 所示的"密码"对话框，从中输入密码，单击"确定"按钮，即可打开加密的文档。

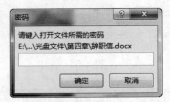

图 4-58

4.9 本章小结

本章介绍了文档的基本编辑方法，包括文本的选定、修改，输入文本、移动复制文本、查找与替换、批注、修订、加密等。通过对本章的学习，用户可以掌握如何对文档进行基础的修改与编辑操作。

第5章 编辑文字和段落的格式

在 Word 文档中输入的字体或字符都可以为其设置格式和字体类型，且字体组成段落，段落又形成文档的正文内容。在 Word 文档中至少包含一个已经制定设置的空段落，每个段落可以被看成另一种格式单元。

文字和段落格式是 Word 操作中的重中之重，希望用户能够熟练掌握。

5.1 设置文档的文字格式

文字格式的设置主要包括字体、字号和字形 3 部分。其中字体是指文字采用的是宋体、黑体还是楷体等字体形态；字号是指文字的大小；字形是指文字有无加粗、倾斜、下划线等。

Word 有 4 个级别的格式，即字符/字体、段落、节与文档。字符或字体格式包括加粗、倾斜、字号、上标和其他属性，最小可以应用到单个字符。

5.1.1 设置字体

字体定义了文本的整体外观或样式。应用的字体，对于文档的外观、形式和可读性非常重要。Windows 包含数十个可以在文档中应用的内置字体，也可以在网络上找到或购买更多的字体。

在"开始"选项卡的"字体"组中，使用顶行最左端的字体下拉列表可以把另一个字体应用于所选文本。单击该下拉列表中的下三角按钮，滚动显示可用的字体，指向一个字体，可查看其实时预览，再单击字体，将其应用，如图 5-1 所示。

> **提示** 把文档中使用的字体数限制为 2~3 种，以保持一致的外观。一般而言，给标题使用一种字体，给正文使用一种字体，给可能要强调的特定元素使用一种字体。

除此快捷方式设置字体外，还可以通过对话框来设置字体，具体的操作步骤如下。

01 选定需要修改字体的文本。

02 切换到"开始"选项卡的"字体"组中，单击右下角的 按钮，弹出"字体"对话框，如图 5-2 所示。

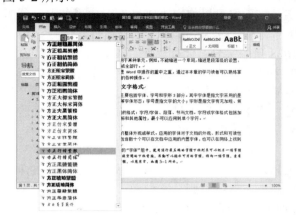

图 5-1

图 5-2

03 在"中文字体"下拉列表中选择要设置的中文字体。

04 在"西文字体"下拉列表中选择要设置的西文字体。

05 单击"确定"按钮。

5.1.2 设置字号

字号控制着字体的高度。字体高度通常以磅来衡量，一磅是 0.035 厘米，所以 12 磅是 0.42 厘米。在 Word 中，一个字体集的字号是指最高字符的顶部到最低字符的底部之间的垂直距离。

设置字体大小的方法有以下 3 种。

方法一：通过选择"开始"选项卡的"字体"

组中的 （字号）设置字体的大小。

在功能区的"字体"组中，使用"字体"控件右边的"字号"下拉列表可以给所选文本选择字号。不仅可以使用"字号"下拉列表中看到的字号范围，在 Word 中可以设置最低 1 磅、最高 1638 磅的字号。此外，还可以设置增量为 0.5 磅的字号。因此，1637.5 磅的字号是完全有效的。要应用不包含在下拉列表中的字号，可以在"字号"文本框中选中显示出来的数字，输入新的字号，按 Enter 键即可。

用户可以通过 A（增大字号）和 A（减小字号）工具来控制文字大小。将鼠标指针悬停在这两个控件上，就会看到，它们都有快捷方式，分别是 Ctrl+Shift+> 和 Ctrl+Shift+<。

方法二：使用鼠标拖选出文本后，停留鼠标指针在选择的文本上，弹出相应的文本格式设置面板，如图 5-3 所示。

图 5-3

方法三：选择文本后右击，在弹出的快捷菜单中选择"字体"命令，如图 5-4 所示。在弹出的"字体"对话框中有相应的字体大小设置区域进行设置。

图 5-4

5.1.3　设置字体颜色

设置字体颜色的方法与选择字体、大小的设置方法相同，这里介绍在"开始"选项卡的"字体"组中进行设置的方法。

同样，还是选择需要设置颜色字体的文本内容，在"开始"选项卡的"字体"组中单击 A·（字体颜色）按钮，默认的颜色为黑色，单击右侧的下三角按钮，在弹出的拾色器中选择合适的颜色，如图 5-5 所示。

图 5-5

如果在弹出的拾色器中没有需要的颜色，可以选择"其他颜色"命令，在弹出的"颜色"对话框中设置自定义颜色，如图 5-6 所示。

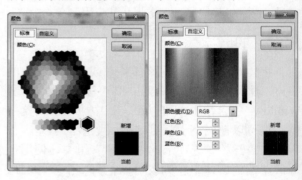

图 5-6

除了以上两种设置效果外，单击 A·（字体颜色）右侧的下三角按钮，在弹出的拾色器中选择"渐变"|"其他渐变"命令，在文档的右侧出现设置文本效果窗口，如图 5-7 所示。

在该窗口中选中"渐变填充"单选按钮，选择一个合适的"预设渐变"，在"渐变光圈"中单击色标，设置渐变颜色即可，如图 5-8 所示。

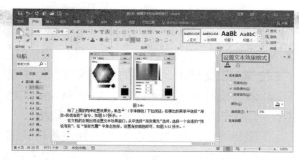

图 5-7

图 5-8

5.1.4 设置字形

字形是指附加于文本的属性，包括常规、较粗、倾斜或下划线等。Word 默认设置的文本为常规的字形。单击"开始"选项卡中的 **B**(加粗)按钮，选定的文本变为加粗格式，如图 5-9 所示。此时 **B**(加粗)按钮会呈按下状态。若单击 *I*(倾斜)按钮，则选定的文本变为倾斜格式，如图 5-10 所示。若单击 U(下划线)按钮，则选定的文本下方会出现单线形式的下划线，如图 5-11 所示。通过单击 ▾ 按钮，可以看到如图 5-12 所示的下拉列表，从中选择合适的下划线形式，并设置下划线的颜色。

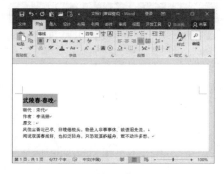

图 5-9

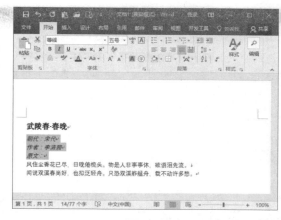

图 5-10

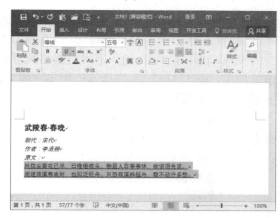

图 5-11

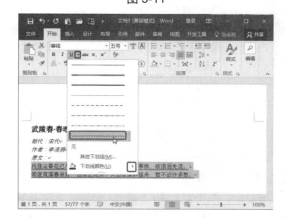

图 5-12

要让文本恢复常规字形，可以再次单击这些按钮，此时它们又恢复为弹起状态。

另外，还可以设置当前选择文本的 abc(删除线)、x_2(下标)和 x^2(上标)，如图 5-13 所示。

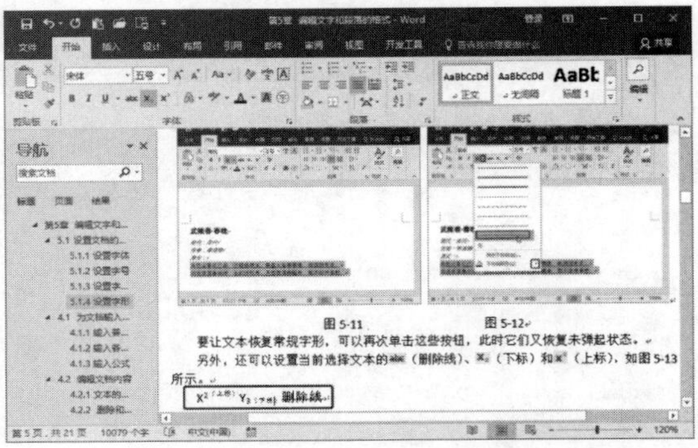

图 5-13

5.1.5 调整字间距

通常情况下，用户无须考虑字符间距，因为 Word 已经设置好了一定的字符间距。但有时为了版面的美观，可以适当改变字符间距来达到理想的排版效果。调整字符间距的具体操作步骤如下。

01 选择需要设置字符间距的文本。

02 切换到"开始"选项卡的"字体"组中，单击右下角的 按钮，弹出"字体"对话框，切换到"高级"选项卡，如图 5-14 所示。

图 5-14

在该对话框中可以通过设置"缩放"的百分比设置字符缩放的比例。字符的"间距"可以选择"标准""加宽"和"紧缩"选项，默认情况下 Word 会选择"标准"选项，当选择"加宽"或"紧缩"选项后，用户可以在其右边的"磅值"文本框中输入一个数值，其单位为"磅"。

如果要让 Word 在大于或等于某一尺寸的条件下自动调整字符间距，就选中"为字体调整字间距"复选框，然后在"磅或更大"前的文本框中输入磅值。

5.2 设置段落格式

在 Word 文档中，输入的所有内容都位于段落中。即使没有输入任何内容，每个 Word 文档也至少包含一个已经指定格式设置的空段落。

下面将详细介绍 Word 中的各种段落格式选项，包括段落的对齐方式、缩进、间距、制表位、项目符号、底纹和边框。

5.2.1 设置段落的对齐方式

在"开始"选项卡的"段落"组中包含了 5 种对齐按钮，单击该按钮，会把指定的对齐方式应用于所选段落。

◎ ≡(左对齐)：使每一行文本的左边从左页边距开始，段落的右边参差不齐。

◎ ≡(居中对齐)：使段落的每一行在左右页边距之间居中放置，段落的两边参差不齐。

◎ ≡(右对齐)：把段落的每一行文本向右移动，使其右边与右页边距对齐，段落的左边参差不齐。

◎ ≡(两端对齐)：在字母之间添加额外的空间，使每一行文本的左右两边与对应的左右页边距对齐，段落的左右两边都很整齐。

◎ ▤(分散对齐)：将段落按每行两端对齐。

设置段落对齐方式的具体操作步骤如下。

01 在文档中选择标题，如图 5-15 所示。切换到"开始"选项卡中，单击"段落"组中的 ≡(居中对齐)按钮。

图 5-15

02 选择"朝代"和"作者",单击"段落"组中的 ≡(右对齐)按钮,如图 5-16 所示。

图 5-16

5.2.2 设置段落的缩进

缩进表示在段落的一行或多行和左右页边距之间添加额外的空间。"缩进"一般用于段落首行的自动缩进、引文块相对于左右页边距的缩进,以及带项目符号或编号的文本的悬挂缩进。在"开始"选项卡的"段落"组中单击 ≡(减少缩进量)和 ≡(增加缩进量)按钮,可以增加或减少预设的缩进量。

在"布局"选项卡的"段落"组中使用 ≡ 左 和 ≡ 右 控件也可以增加缩进量。

在 Word 中,段落缩进一般包括首行缩进、悬挂缩进、左缩进和右缩进。

在 Word 中可以使用标尺和"段落"对话框来设置段落的缩进。

1. 使用标尺设置缩进

水平标尺提供了创建缩进的一种基于鼠标的方法,尤其便于创建首行缩进和悬挂缩进。首行缩进只缩进段落的第一行。悬挂缩进会缩进第一行之外的所有行,也会缩进带有项目符号和编号的行。

这个方法还允许在拖动鼠标时查看文本是如何改变的,以便确定要应用的缩进量。

使用标尺设置缩进的具体操作步骤如下。

01 根据需要显示标尺,在"视图"选项卡的"显示"组中选中"标尺"复选框。"标尺"复选框用于控制当前文档中标尺的显示,所以需要频繁地将其打开和关闭。

02 选择要缩进的段落。

03 根据需要拖动标尺上的缩进字符,应用需要的缩进量。如图 5-17 所示的是各个缩进符号。

图 5-17

> **注意** 悬挂缩进控制段落中第一行以外的其他行的起始位置;首行缩进控制段落的第一行第一个字的起始位置;左缩进控制段落左边界的位置;右缩进控制段落右边界的位置。

04 根据需要可以重复步骤(02)、(03),给其他段落应用不同的缩进设置。

设置完成缩进后,可以在"视图"选项卡的"显示"组中取消"标尺"的勾选。

> **提示** 在标尺上拖动缩进控件的同时按住 Alt 键,Word 会显示测量尺寸,以便更加准确地定位。

2. 使用"段落"对话框设置缩进

要精确地设置缩进值,就需要使用"段落"对话框,具体操作步骤如下。

01 选定想要缩进的段落,或者同时选中几个段落。

02 切换到"开始"选项卡的"段落"组中,单击右下角的 □ 按钮,弹出"段落"对话框,如图 5-18 所示。

图 5-18

03 在"缩进"选项组中有 3 个选项，即"左侧""右侧"和"特殊格式"，在其中设置缩进量。

04 设置完成后，单击"确定"按钮。

5.2.3 设置行间距和段间距

行间距是指段落中行之间的距离。段间距是指段落与其前后相邻段落之间的距离。

1. 行间距

行距的默认设置为 1.08 行。要修改行距的具体操作步骤如下。

01 选择需要修改的段落。

02 在"开始"选项卡的"段落"组中，单击"行和段落间距"按钮，显示一个下拉列表，其中包含间距设置和其他命令，如图 5-19 所示。

图 5-19

03 将鼠标指针移动到一个间距选项上。该间距的实时预览就会显示在文档中，如图 5-20 所示。

图 5-20

04 单击要应用的间距即可。

2. 段间距

如果需要设置精确的段间距，其具体的操作步骤如下。

01 选择需要设置段间距的段落。

02 切换到"开始"选项卡的"段落"组中，单击右下角的 按钮，弹出"段落"对话框，从中设置段落的段间距。

03 在"间距"选项组中设置"段前"和"段后"分别为"0.5 行"，如图 5-21 所示。

图 5-21

04 单击"确定"按钮，效果如图 5-22 所示。

图 5-22

5.2.4 换行和分页控制

在"段落"对话框中切换到"换行和分页"选项卡，在此提供了其他段落格式控制。这里的一些设置非常适合带冗长标题的文档，因为它们控制那些文本放在一起,而无须插入手动分页符,这样如果以后编辑文档,就不需要删除或移动它们。

设置"换行和分页"选项卡的具体操作步骤如下。

01 选择要修改的段落。

02 单击"开始"选项卡的"段落"组右下角的⌐按钮,弹出"段落"对话框,切换到"换行和分页"选项卡,如图 5-23 所示。

图 5-23

03 在此可以启用或取消需要的选项。

◎ 孤行控制:防止 Microsoft Word 在页面顶端单独打印段落末行或在页面底端单独打印段落首行。

◎ 与下段同页:强制一个段落与下一个段落同时出现。用于将标题与标题后第一段的至少前几行保持在一页内。该选项也用于将标题和图片、图形、表格等保持在同一页中。

◎ 段中不分页:防止一个段落被分隔到两页中。

◎ 段前分页:强制在段前自动分页。

◎ 取消行号:启用该复选框会临时隐藏以前设置的行号。

◎ 取消断字:告诉 Word 不要在指定段落

内断字。该选项常用于引文,保持引文的完整性,使引文中的单词和位置都与原来相同。

5.2.5 添加项目符号和编号

Word 的编号功能是很强大的,可以轻松地设置多种格式的编号以及多级编号等。一般在一些列举条件的地方,会采用项目符号。设置项目符号和编号的具体操作步骤如下。

01 在文档中将光标放置在需要添加项目符号的段落中,单击"开始"选项卡的"段落"组中的☰·(项目符号)按钮,在弹出的下拉列表中选择一个项目符号,如图 5-24 所示。

图 5-24

如果在该下拉列表中没有想要的项目符号,可以选择"定义新项目符号"命令,在弹出的"定义新项目符号"对话框中,选择需要的项目符号,如图 5-25 所示。在该对话框中可以单击"图片"按钮,以一张图片作为项目符号来使用,还可以设置使用项目符号后段落的"对齐方式"和"字体"。

图 5-25

02 双击"开始"选项卡的"剪贴板"组中的 (格式刷)按钮，单击同等层级的条例，设置为项目符号的格式。

03 框选详细列出的条例，单击"开始"选项卡的"段落"组中的 三(编号)右侧的下三角按钮，在弹出的下拉列表中选择合适的编号。

使用同样的方法设置条例的编号，这里就不详细介绍了。如图 5-26 所示为设置项目符号和编号后的效果。

图 5-26

提示　如果在编号列表中没有合适的编号格式，可以在下拉列表中选择"定义新编号格式"命令，在弹出的"定义新编号格式"对话框中选择设置编号格式，如图 5-27 所示。

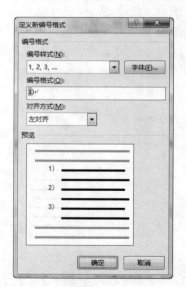

图 5-27

5.3　特殊的中文排版

下面介绍如何设置文档内容的文字竖排、纵横混排、合并字符、双行合一、首字下沉、中文注音、制表位等。

5.3.1　文字竖排

在 Word 中，默认的文本段落排版方式就是横排，如遇到一些特殊要求的古文时，则需要竖排段落。竖排文字段落，有以下两种方法。

方法一：单击"布局"选项卡的"页面设置"组中的"文字方向"按钮，弹出如图 5-28 所示的下拉列表，从中选择"垂直"命令即可。

图 5-28

方法二：单击"布局"选项卡的"页面设置"组右下角的 按钮，弹出"页面设置"对话框，切换到"文档网格"选项卡，在"文字排列"选项组中选中"垂直"单选按钮，如图 5-29 所示。

图 5-29

选择垂直文字排列后，系统会默认将纸张方向也变为横向，这里需要切换到"页边距"选项卡，从中选择"纸张方向"选项组中的"纵向"选项，将纸张改变为纵向，如图 5-30 所示。

图 5-30

竖排后的文档如图 5-31 所示。

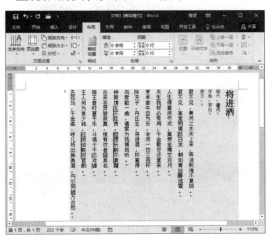

图 5-31

5.3.2 纵横混排

纵横混排确切来说是单击"开始"选项卡的"段落"组中的 (中文排版)按钮，弹出下拉菜单，如图 5-32 所示。选择"纵横混排"命令后，弹出"纵横混排"对话框，如图 5-33 所示。

使用默认的"适应行宽"选项，得到如图 5-34 所示的效果；取消选中"适应行宽"复选框，得

到如图 5-35 所示的效果。

图 5-32

图 5-33

图 5-34

除此之外，最为实用的则是添加文本框。在文本框中输入相应的垂直或横排的文本，即可得到自然流畅的排版效果。具体的操作步骤如下。

01 单击"插入"选项卡的"文本"组中的"文本框"按钮，在弹出的下拉列表中选择合适的文本框样式。

02 选择样式后，即可在文档中添加文本框。在文本框中输入文本，并设置文本段落的格式。

03 得到如图 5-36 所示的混排效果。

图 5-35

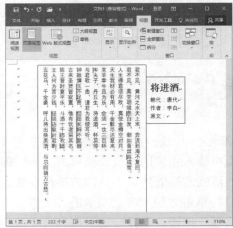

图 5-36

5.3.3 合并字符

合并字符就是将选定的多个字符上下排列，

使多个字符占据一个字符大小的位置。在合并字符时需要注意，无论中英文，最多只能选择 6 个字符，多出来的字符会自动删除。合并字符的具体操作步骤如下。

01 在文档中选择需要合并字符的文本，单击"开始"选项卡的"段落"组中的 ✄ (中文排版)按钮，在弹出的下拉菜单中选择"合并字符"命令，如图 5-37 所示。

图 5-37

02 弹出"合并字符"对话框，从中选择合适的字体和字号，如图 5-38 所示。

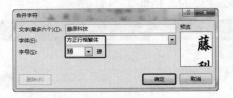

图 5-38

03 使用同样的方法，设置其他的合并字符，效果如图 5-39 所示。

图 5-39

5.3.4 双行合一

双行合一是指在原始行高不变的情况下，将选择的字符以两行并为一行的方式显示。双行合一的具体操作步骤如下。

01 选择需要执行双行合一的文本，如图5-40所示。

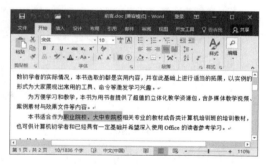

图 5-40

02 单击"开始"选项卡的"段落"组中的 ✕ˇ(中文排版)按钮，在弹出的下拉菜单中选择"双行合一"命令，弹出"双行合一"对话框，从中可以选择是否"带括号"，同时还可以选择括号的样式，如图5-41所示。

图 5-41

03 双行合一后，如果觉得合并后的文字太小，可以设置字体的大小、调整行高，如图5-42所示。

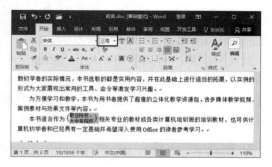

图 5-42

5.3.5 首字下沉

使用"首字下沉"命令可以将段落开头的第一个或若干个字母、文字变为大号字，并以下沉或悬挂方式显示，以美化文档的版面。首字下沉的具体操作步骤如下。

01 选择需要设置首字下沉的文本字符。

02 单击"插入"选项卡的"文本"组中的 ▲ˇ(添加首字下沉)按钮，弹出下拉菜单，选择"下沉"命令，如图5-43所示。

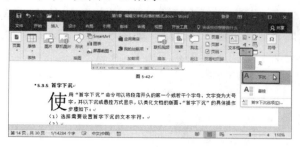

图 5-43

03 在该下拉菜单中还可以选择"悬挂"命令，如图5-44所示。

图 5-44

04 如果需要设置"首字下沉"更为详细的设置，可以选择"首字下沉选项"命令，弹出"首字下沉"对话框，设置需要下沉文本的"字体"，还可以设置"下沉"行数和"距正文"的距离，如图5-45所示。

图 5-45

5.3.6 中文注音

给汉字注音是小学生学习语文时的必要课程，那么如何使用 Word 为文本添加注音呢？特别是如何为注音添加音标。中文注音的具体操作步骤如下。

01 选择要添加注音的文本。单击"开始"选项卡的"字体"组中的 (拼音指南)按钮，弹出"拼音指南"对话框，如图 5-46 所示。在"拼音文字"文本框中添加拼音。

图 5-46

02 在汉字输入法状态下，单击软键盘，选择"软键盘"选项，可以显示软键盘，如图 5-47 所示。右击软键盘，在弹出的快捷菜单中选择"拼音字母"命令，可以通过软键盘设置字母的声调，如图 5-48 所示。添加完音标后，预览效果如图 5-49 所示。

图 5-47

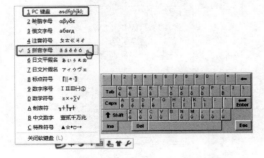

图 5-48

图 5-49

03 单击"确定"按钮，添加标注。使用同样的方法，添加其他文字的拼音标注，如图 5-50 所示。

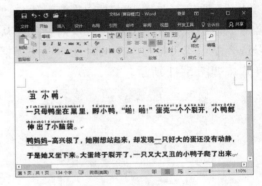

图 5-50

5.3.7 设置和使用制表位

在 Word 中，用户越来越多地使用表格，而不是使用制表位来对齐文档中的文本列表。这两种方法可以得到类似的效果，且派生于同一个词根 tabulation，但与制表位相比，表格更好控制，更加灵活，格式选项也非常多。许多情形下，使用制表位能提供更快的文档格式方法。

默认情况下，新文档每 0.5 英寸使用一个默认的预设制表位。设置自己的制表位时，其左边的所有内置预设制表位都会删除，只留下手动插入的制表位和其右边所有剩下的预设制表位。

1. 制表位与表格

在 Word 中，可以使用制表位，也可以使用表格。那么应该在什么时候使用哪一种呢？制表位有时能精确地实现想要的效果，而表格却不能实现。或者即使能够实现，也要大费周折。如果想要用线连接两个制表项，虽然有几种方式能实现同样的效果，但是使用前导符会更快捷。

在简单的文档标题中，制表位也可以一展身手。Word 2016 文档的默认标题包含一个居中式制表位和一个右对齐制表位。这样，使用制表位进行分隔，就可以轻松地创建一个左对齐、居中或右对齐标题。在真正的表格中，制表位也可以用于按小数点对齐数字(按 Ctrl+Tab 快捷键可在表格中插入一个制表位)。

然而，在呈现更复杂的信息时，特别是需要结构性控制时(复制或移动行、列)，使用表格可以节省时间，降低工作量。在后面的第 7 章中将介绍如何快速建立和格式化文档中的表格。

2. 在对话框中设置制表位

如果需要输入方式更加稳定、准确，或者需要包含前导符，可使用"制表位"对话框来创建制表位。单击"开始"选项卡的"段落"组中的 按钮，弹出"段落"对话框，在左下角处单击"制表位"按钮，即可弹出"制表位"对话框，如图 5-51 所示。在"制表位"对话框中，还可以指定制表位的对齐方式。

图 5-51

设置"制表位"对话框的具体操作步骤如下。

01 选择要修改的段落。

02 单击"开始"选项卡的"段落"组中的 按钮，弹出"段落"对话框，在左下角处单击"制表位"按钮，即可弹出"制表位"对话框。

03 要设置制表位，可以在"制表位位置"文本框中单击，输入制表位的尺寸(如图 5-52 所示为 5/6/7 磅，3 个制表位)。在"对齐方式"和

"前导符"选项组下选择需要的选项，单击"设置"按钮。

图 5-52

04 若要删除制表位，可以在"制表位位置"列表框中选择要删除的选项，单击"清除"按钮。

05 单击"确定"按钮，关闭"制表位"对话框。

06 可以看到在选定的段落处，标尺上 5、6、7 磅的位置添加了制表位，如图 5-53 所示。

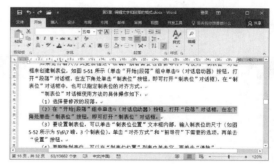

图 5-53

07 按 Tab 键可以将段落光标所在位置依次调整至下一个制表位，如图 5-54 所示。

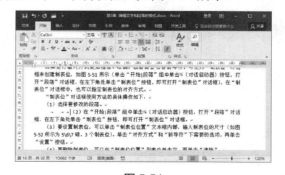

图 5-54

3. 使用制表位的前导符

前导符是通常用于帮助用户能够直观地排列用制表位来分隔的信息虚线或实线。前导符经常用在目录和索引页中。

例如，要为文档添加一个签名区域或其他信息填写区域，首先要输入并格式化提示，并打开"制表位"对话框，从中设置一个合适的制表位位置，并选择"前导符"为下划线，如图 5-55 所示。在适当的位置指定文档中段落的制表位，得到的前导符如图 5-56 所示。

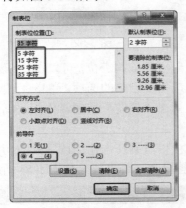

图 5-55

图 5-56

提示 如果要修改制表位前导符，可在"制表位"对话框中选择"制表位位置"列表框中的制表位；在"前导符"选项组中选择需要的样式，再单击"设置"按钮。同样，选择"制表位位置"列表框中的制表位，再单击"清除"按钮，就可以删除该制表位。

4. 用标尺设置制表位

用户也可以使用水平标志来设置制表位。如果有必要，在"视图"选项卡的"显示"组中选择"标尺"命令，即可显示标尺。在标尺上单击，即可添加制表位，如图 5-57 所示。

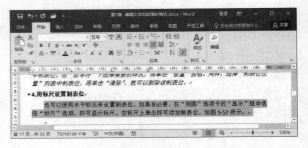

图 5-57

可以通过按住 Alt 键来精确定位制表位位置。

要用标尺移除一个制表位，只需向下拖动制表位，使其脱离标尺，直到鼠标指针不再处于标尺区域。

5.4 应用样式

创建和格式化文档时，样式的设置是非常重要的。样式不仅使文档看起来更生动、更一致，还给用户提供了理解正文的相对优先级的地图。应用标题样式有助于用户识别主题和子主题，也可以使用其他样式强调重要的内容。

在功能区的"开始"选项卡"样式"组包含应用和使用样式的主要命令和选项集。在该组中有 3 个空间，分别为样式库、扩展库的其他按钮和"样式"窗格启动器，如图 5-58 所示。注意，在库中有一个样式的名称会突出显示出来，该样式会应用到包含插入点的段落上。

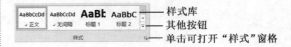

图 5-58

5.4.1 修改已有的样式

在已经给文档应用了一个样式后，可能需要更改现有样式，调整已有格式的文本外观，而不是应用另一个样式。如对该样式进行细微的修改，例如调整字号或间距。修改已有样式的具体操作步骤如下。

01 右击样式库中的样式，在弹出的快捷菜单中选择"修改"命令，或者单击"样式"窗格右下角的⊡(其他)按钮，在弹出的下拉菜单中选择"应用样式"命令，在打开的"应用样式"窗格中，选择"修改"命令，弹出"修改样式"对话框，如图 5-59 所示。

图 5-59

02 对样式进行需要的格式修改。在"修改样式"对话框的"格式"选项组中包含许多设置，这些设置同时也出现在"开始"选项卡的"字体"和"段落"组中。如果需要修改的格式没有显示出来就单击左下角的"格式"按钮，单击其中一个选项例如"编号"或"文本效果"，会打开带有额外格式设置的对话框。完成设置后，单击"关闭"或"确定"按钮。

03 单击"确定"按钮，关闭"修改样式"对话框。Word 会给文档中应用了该样式的所有文本更新格式。

5.4.2 创建样式

创建新样式有许多不同的方法。一般情况下，每个新建的样式都基于已有的样式。所以应从类似于需要创建的样式类型开始创建新样式。要创建新样式的具体操作步骤如下。

01 选择需要设置新样式的文本内容。

02 单击"样式"窗格右下角的⊡(其他)按钮，

在弹出的下拉菜单中选择"创建样式"命令，弹出"根据格式设置创建新样式"对话框，如图 5-60 所示。

图 5-60

03 在"名称"文本框中给样式输入名称。

04 根据需要对格式设置进行进一步的调整。单击"修改"按钮，打开修改样式的扩展面板，从中更改段落或字符样式。

05 选中"添加到样式库"复选框，如图 5-61 所示。单击"确定"按钮，即可在样式库中看到添加的样式。

图 5-61

5.4.3 管理样式

用户可以将样式应用在 Word 中的外观、应用方式和显示位置等许多方面。清除或展开样式列表，可以更加高效地格式化文档。

默认情况下，"样式"窗格会显示一组推荐的样式。显示哪些推荐样式是可以改变的，也可以给它们制定优先级。可以选择只选择已用的样式、在当前文档中使用的样式，或者模板中的所有样式。

1. 推荐使用的样式

Word 包含"管理样式"对话框，可以在该对话框中执行高级样式管理操作。在"开始"选项卡的"样式"组中单击 ⬚ 按钮，打开"样式"窗格，单击 ᵍ(管理样式)按钮，即可弹出"管理样式"对话框，如图 5-62 所示。

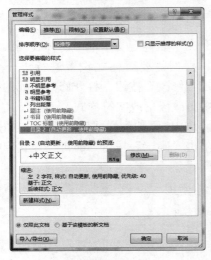

图 5-62

"推荐"选项卡控制着在推荐样式列表中显示哪些样式，如图 5-63 所示。每个与样式有关的任务窗格和样式库中都有一个"按推荐"选项。

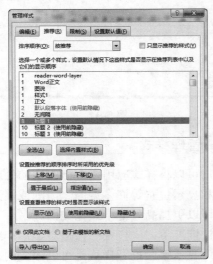

图 5-63

在该对话框顶部的样式列表中，可以每次应用一个更改，也可以使用标准的 Windows 选择技巧选择多个样式。还要注意"全选"和"选择内置样式"按钮，它们可以帮助快速区分 Word 的标准样式和用户创建的样式。

可使用"上移""下移""置于最后""指定值"工具来确定推荐的顺序，如有必要，甚至可以按字母顺序进行排列。完成后，单击"确定"按钮，以应用这些更改。

2. 限制的样式

为了对样式进行严格控制，可使用"管理样式"对话框中的"限制"选项卡限制使用的样式。在设计需要严格控制内容格式的模板和窗体时，"限制"选项卡是十分有用的工具。如在设置 Word 的培训课程时，它也可以用来限制可用的选项，以免初学者面对众多选项都不知所措。

此外，如果想限制只使用样式而不使用直接格式，可选中或取消选中"仅限对允许的样式进行格式设置"复选框来进行限制，如图 5-64 所示。

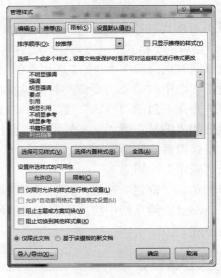

图 5-64

通过限制只对特定的样式进行格式设置，实际上就是禁用了直接格式工具。当把格式限制为"正文"和"标题 1"～"标题 5"时，功能区的"字体"和"段落"组中的大多数控件都变为灰色(表示不可用)。

要控制某个样式的可用性，可以在"限制"选项卡的列表框中单击它，再单击"设置所选样式的可用性"下的"允许"或"限制"按钮。这里需要注意的是，不仅可以设置"仅限对允许的样式进行格式设置"，也可以组织"主题"和"快速样式"的切换。

5.4.4 删除样式

用户可以在"样式"窗格中删除样式。在样式库中右击需要删除的样式，在弹出的快捷菜单中选择"从样式库中删除"命令，即可将样式在样式库中删除；还可以单击"开始"选项卡的"样式"组中的按钮，打开"样式"窗格，在列表框中将光标放置到样式上，在右侧显示出下三角按钮，单击按钮，弹出下拉菜单，从中选择"从样式库中删除"命令，即可删除样式。

5.5 典型案例 1——唐诗排版

下面通过设置唐诗的对齐和字体、设置字体的拼音，以及段落的制表位和行距来对小学生唐诗进行文档版面排版，具体的操作步骤如下。

01 新建一个文档，输入唐诗，如图 5-65 所示。

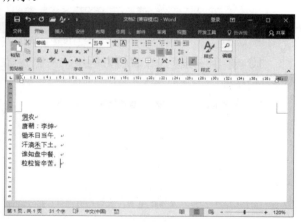

图 5-65

02 选择唐诗的正文字体，在"开始"选项卡的"字体"组中选择一个合适的字体和字号，如图 5-66 所示。

03 这里需要注意将标题调整得比正文内容

的字体稍大即可，如图 5-67 所示。

图 5-66

图 5-67

04 选择需要标注拼音的字体，单击"开始"选项卡的"字体"组中的（拼音指南）按钮，弹出"拼音指南"对话框，在"拼音文字"文本框中添加拼音，如图 5-68 所示。这里可以参考 5.3.6 节中的介绍，为文字添加拼音。

图 5-68

05 添加拼音后的文档如图 5-69 所示。

图 5-69

06 在唐诗的下方添加唐诗的注释,如图 5-70 所示。

图 5-70

07 选择注释文字,并设置制表位为 5 字符,如图 5-71 所示。制表位具体设置操作可参考 5.3.7 节中的介绍。

图 5-71

08 设置注释文档的制表位,如图 5-72 所示。同样,也可以使用首行缩进的方法进行设置,主要看用户的喜好和习惯。

图 5-72

09 选择注释的段落,单击"开始"选项卡的"段落"组中的(行和段落间距)按钮,在弹出的下拉菜单中选择 2.0,设置行距,如图 5-73 所示。

图 5-73

10 使用阅读模式查看排好的唐诗文档,如图 5-74 所示。

图 5-74

5.6 典型案例2——排版通知文件

通过打开一个文档，调整文档中的字体、字号、颜色、下划线、上标；设置段落的对齐、制表位、间距等排列出文档的最终效果。

01 打开一个"通知文件.doc"文档，如图 5-75 所示。

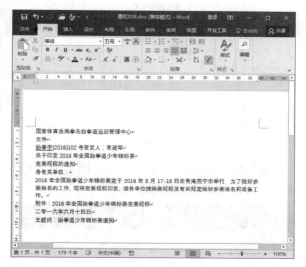

图 5-75

02 在文档中选择标题，为标题设置合适的字体和字号，并设置段落的居中对齐，如图 5-76 所示。

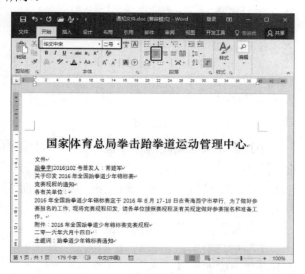

图 5-76

03 使用同样的方法，设置第二行文档的字体和字号，再设置字体的颜色为红色，并设置段落居中对齐，如图 5-77 所示。

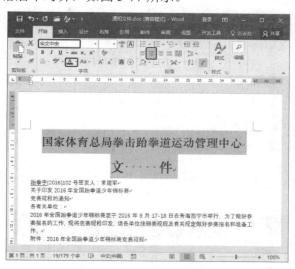

图 5-77

04 选择如图 5-78 所示的段落，设置制表位分别为 5 字符和 25 字符，设置段落的制表位。

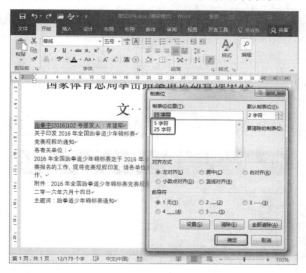

图 5-78

05 按 Enter 键，空出新的一行，设置下划线和上标效果，设置颜色为红色，如图 5-79 所示。

06 选择如图 5-80 所示的段落，设置字体和字号，并设置段落为居中对齐。

07 选择如图 5-81 所示的段落，设置制表位为 2 字符。

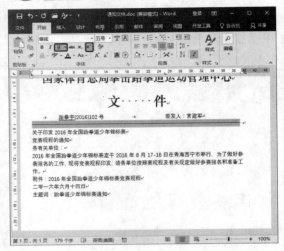

图 5-79

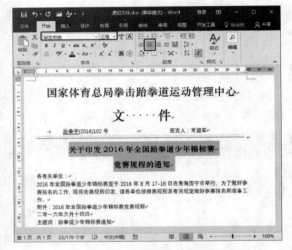

图 5-80

图 5-81

08 设置段落的制表位效果如图 5-82 所示。

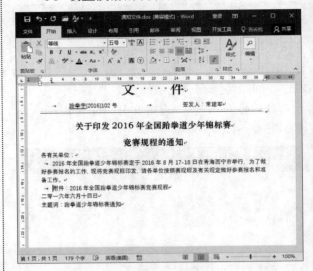

图 5-82

09 将光标放置到如图 5-83 所示的日期段落前，设置段落的对齐方式为右对齐。

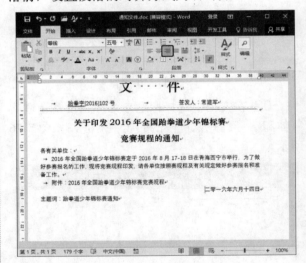

图 5-83

10 选择该日期段落，单击"开始"选项卡的"段落"组中右下角的 按钮，弹出"段落"对话框，从中设置"间距"选项组中的"段前"为 9.5 行，如图 5-84 所示。

11 设置的行间距如图 5-85 所示。

12 选择最后一行，打开"段落"对话框，从中设置"间距"选项组中的"段前"为 4 行，如图 5-86 所示。

图 5-84

图 5-85

图 5-86

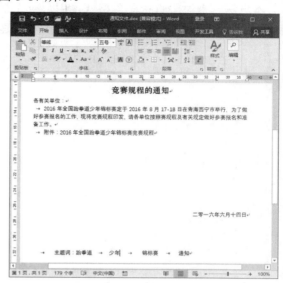

13 在视图中显示标尺，为最后一段文字手动在标尺上添加制表位，并进行对齐调整，如图 5-87 所示。

图 5-87

14 选择内容段落，设置其行间距为 2.0，如图 5-88 所示。然后调整字体大小和段落的间距，使内容填充满整个页面。

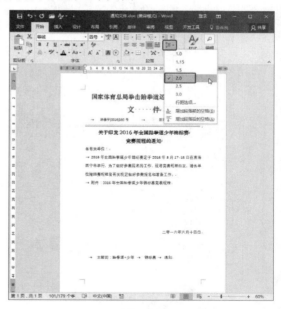

图 5-88

15 最后，可以将调整好的文档输出为 PDF 或另存一个文档，这里就不详细介绍了。

5.7 本章小结

本章深入探讨了直接段落格式，用户应先掌握何时使用直接段落格式，何时应该进一步创建自己的样式。通过对本章的学习，用户应该能够轻松掌握文字格式、段落格式、特殊中文排版以及样式等操作。

第6章

文档的编排

　　文档的编排是文档编辑处理中不可缺少的重要环节。无论是一篇文章、一份报告、一份合同，还是一份通知，在排版格式上或多或少地都有一些要求。文档在输出打印之前必须合理地编排文档格式，这样才能真正得到一份视觉效果不错的文字作品。

6.1　文档的页面设置

　　在功能区的"布局"选项卡中，"页面设置"组提供了确定文档整体布局时需要改变的重要设置。在没有分节符的基本文档中，"页面设置"组的大多数选项会应用于整个文档。一旦开始添加分节符，就可以根据需要在每一节中调整"页面设置"选项了。

6.1.1　设置纸张的大小

　　使用 Word 编辑文档时，用户需要确定打印出的 Word 文档页面的大小，因此需要设置 Word 文档页面对应的纸张大小。Word 2016 所使用的打印机驱动程序中提供了多种该打印机支持的纸张大小，用户可以在纸张列表中选择合适的纸张大小。

　　在"布局"选项卡的"页面设置"组中，"纸张大小"选项表示纸张的大小。单击该按钮，会显示出预设的标准纸张大小，如图 6-1 所示。选择"其他纸张大小"命令，弹出"页面设置"对话框，切换到"纸张"选项卡，如图 6-2 所示。要创建自定义的纸张大小，可以在"纸张大小"下拉列表中选择"自定义大小"选项。在"宽度"和"高度"微调框中输入需要的大小，每个微调框的最大值是 22 英寸。确保打印机支持所输入的大小，然后单击"确定"按钮，给文档应用纸张大小的更改。

图 6-1

图 6-2

　　在"页面设置"对话框的"纸张"选项卡中可以改变"纸张来源"的设置。例如，如果文档的第一页打印在信笺抬头上，其余页面打印在普通的纸张上，就可以从"首页"和"其他页"列表中选择合适的来源。

6.1.2　设置纸张的方向

　　纸张方向是指页面水平(横向)放置还是垂直(纵向)放置。默认的纸张方向为垂直放置，有时可能需要将页面旋转为横向，以更好地显示图片、图表、表格或其他对象。要改变文档的纸张方向，可以在"布局"选项卡的"页面设置"组中单击

"纸张方向"按钮，再根据需要选择"横向"或"纵向"，如图 6-3 所示。

图 6-3

如果只有一个对象或页面的内容太宽，就可以旋转表格、图表或图片，而保持纵向方向不变。旋转图片和图表并不难，将"自动换行"设为"嵌入型"之外的任何一种方式后，只需使用顶部中间的旋转手柄将图片或图表旋转 90° 即可。如果只旋转对象，页面和页脚仍会按照纵向的纸张方向来显示。

旋转表格稍微有些困难，但是有几种方法可以实现。如果正在创建表格，则选定整个表格，在"表格工具"|"布局"选项卡的"对齐方式"组中，单击"文字方向"按钮来旋转文字。如果箭头向左或向右倾斜，文字就是可读的。此时行和列颠倒了过来。采用这种方式工作并不容易，但是可以实现将表格旋转过来。

另一种旋转就是将完成的表格复制到剪贴板上，然后在"开始"选项卡的"剪贴板"组中选择"粘贴"|"粘贴性选择"命令，将表格作为图片粘贴到文档中。因为表格是一幅图片，所以可以根据需要选择任何浮动环绕方式并进行旋转，使其能够在纵向 Word 文档页面中恰当地侧向放置；由于没有改变纸张方向，页眉和页脚将以纵向模式显示。这种方法的缺点是有时图片的分辨率不够理想，在自己确定其效果是否可以接受，是否清晰。另外，在修改表格时，需要保存原表格的一份副本，并按照需要重新进行转换。

6.1.3 页边距

在"布局"选项卡的"页面设置"组中单击"页边距"下三角按钮，如图 6-4 所示可以显示一个选项库。单击其中一个可用的预设页面边距设置就可以将其应用。如果文档中包含多个节，且未选中任何内容，则每一种预设仅能应用于当前节；若所选内容中包含多个节，则每一种预设仅能应用所选的这些节。

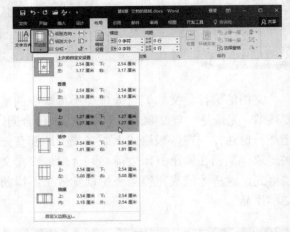

图 6-4

如果希望更加准确地加以控制，可选择"自定义边距"命令，弹出"页面设置"对话框，切换到"页边距"选项卡，如图 6-5 所示。在该选项卡中，可以根据需要控制所有的页边距，并将其应用。

图 6-5

6.2 文档的分栏设置

文档的分栏设置可以将文档内容分为双栏或多栏，如图 6-6 所示。这种格式有时称为报纸栏或蛇形栏，是期刊、新闻稿和杂志的常用格式，但这些出版物不常使用 Word 的分栏功能来实现其分栏格式。这些出版物可能使用页眉布局程序，因为它们可以精确地分割文本、图形和广告。

图 6-6

6.2.1 创建分栏

要给当前节(或选中节和文本)改变分栏数，可以单击"布局"选项卡的"页面设置"组中的"分栏"按钮，这时会弹出分栏下拉菜单，如图 6-7 所示。

图 6-7

如果不希望使用任何默认的预设分栏格式，而进行其他控制，可以选择"更多分栏"命令，弹出"分栏"对话框，如图 6-8 所示。该对话框显示了与"分栏"下拉菜单中相同的 5 个预设分栏格式，但可以在左右页边距之间插入任意多个分栏，至多可插入 44 个分栏。对于 8.5 英寸宽的标准纸张，其左右页边距为 1 英寸，至多可以有 13 个分栏。要获得最大的 44 个分栏，纸张至少22 英寸宽，且假定没有页边距和有一个超大的打印机。注意，"宽度"和"间距"控件一次只能访问 3 组分栏。如果分栏多于 3 组，在"分栏"对话框中就会显示一个垂直滚动条，用于访问其他分栏设置。完成了分栏的设置后，单击"确定"

按钮，应用更改。

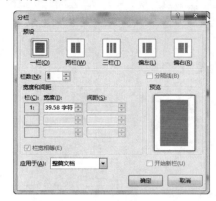

图 6-8

6.2.2 设置栏宽和分隔线

在图 6-8 中可以看到"分隔线"选项。当设置栏数在 1 以上时，"分隔线"选项才能启用，选中"分隔线"复选框可以在两栏之间添加一条垂直的分隔线。添加分隔线有助于保证分栏的可见分隔，提高可读性。

通过设置宽度和间距，可以设置分栏中一栏的宽度，单位为字符，设置 1 以上的栏数之后，"间距"项可用，可以设置两栏之间的间距。

6.2.3 使用分栏符

采用多栏结构时，Word 会把每一栏看作一个有文本流的页眉。普通的文本必须先填满分栏 1，然后才能填充分栏 2；填满分栏 2 后，才能填充分栏 3，依此类推。

分栏符在分栏中用于强制文本从新一个可用的分栏开头开始。如果把分栏看作页面中的微小页面，则分栏符会强制文本放在下一个"页面"上，即使下一个页面不一定在新的一页纸上。

添加分栏符的具体操作步骤如下。

01 将光标放置到分栏格式开始的地方，如图 6-9 所示。

02 单击"布局"选项卡的"页面设置"组中的"分隔符"按钮，弹出相应的下拉菜单，从中选择"分栏符"命令，如图 6-10 所示。

03 在图 6-11 所示中可以看到光标以后的内容强制在第二栏的顶部开始。

图 6-9

图 6-10

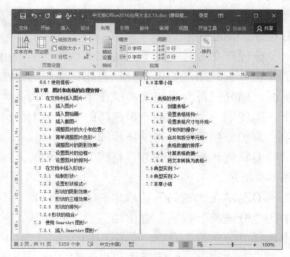

图 6-11

6.3　设置文档的分页和分节

如果想在文档的其他位置为文档分页和分节，可以手动插入分页符和分节符来完成。下面将介绍如何为文档进行分页和分节。

6.3.1　设置文档的分页

当文本或图形等内容填满一页时，Word 会插入一个自动分页符，并开始新的一页。如果要在某个特定位置强制分页，可插入手动分页符，这样可以确保章节标题总在新的一页开始。设置文档分页的具体操作步骤如下。

01 首先将插入点置于要插入分页符的位置。

02 然后单击"布局"选项卡的"页面设置"组中的"分隔符"按钮，在弹出的下拉菜单中选择"分页符"命令。

03 这样，即可将光标置于下一页开始。

04 若要查看添加了分页符的位置，可在"开始"选项卡的"段落"组中单击 （显示/隐藏编辑标记）按钮，查看分节符，如图 6-12 所示。

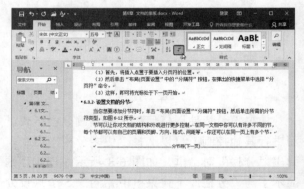

图 6-12

6.3.2　设置文档的分节

当用户想要添加分节符时，单击"布局"选项卡的"页面设置"组中的"分隔符"按钮，然后选择所需的分节符类型，如图 6-13 所示。

节可以让用户对文档的结构和外观进行更多控制。在同一个文档中可以有许多不同的节，每个节都可以有自己的页眉和页脚、方向、格式、间距等。用户还可以在同一页上有多个节。

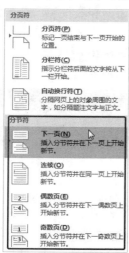

图 6-13

"下一页"分节符会在下一页上开始新节；"连续"分节符会在同一页上开始新节。使用连续分节符的最常见原因之一是可以添加栏数，而不需要开始新页面。例如，在报表中，用户可能希望在页面顶部设置一个占页面整个宽度的栏，在同一页的底部设置两栏或三栏；选择"偶数页"命令可以在下一个偶数页上开始新节；选择"奇数页"命令可以在下一个奇数页上开始新节。

6.4 编辑文档的边框和底纹

为了文档的美观，可以为文档和文本内容添加边框和底纹。在本节中将介绍如何为文档和文本内容添加边框和底纹。

6.4.1 为页面添加边框

使用 Word 制作的电子报刊美不美观，除了看图片和文字外，还要看边框和文本框设计的合不合理。为页面添加边框的具体操作步骤如下。

01 单击"设计"选项卡的"页面背景"组中的"页面边框"按钮。

02 弹出"边框和底纹"对话框，如图 6-14 所示。在"页面边框"选项卡中选择边框的"样式""颜色""宽度""艺术型"等页面边框的样式属性。

在选择页面边框时，可以在"预览"窗口中预览样式，同时还可以选择边框应用在哪个方向，如▣(边框只应用于顶部)、▣(边框只应用于底部)、▣(边框只应用于左边)和▣(边框只应用于右边)，除此之外还可以选择"应用于"下拉列表中的"整篇文档"选项。

03 设置后的文档边框效果如图 6-15 所示。

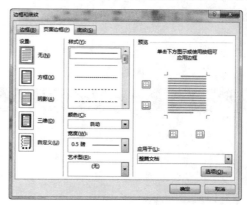

图 6-14

图 6-15

6.4.2 为文字添加边框

为文字添加边框不仅是为了美观，也是为了标注主题、突出要点。为文字添加边框的方法有以下 3 种。

方法一：▣(字符边框)命令。该命令可以为单个字符设置边框，需要注意的是，字符边框的样式比较单一，不可以设置。如图 6-16 所示是为选择的当前字符设置的▣(字符边框)。

方法二：为文字段落设置边框效果，单击"开始"选项卡的"段落"组中的▣·(边框)右侧的下三角按钮，在弹出的下拉菜单中选择边框的类型，如图 6-17 所示。

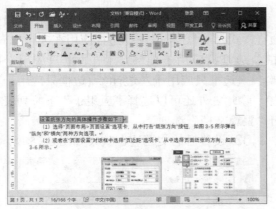

图 6-16

图 6-17

这里需要着重讲述一下"绘制表格"命令。使用该命令时,光标将会呈铅笔状显示,如图 6-18 所示。通过水平、垂直地绘制,可以绘制出段落表格,如图 6-19 所示。而且还可以绘制斜线表格。

图 6-18

方法三:单击"开始"选项卡的"段落"组

中的 □ ·(边框)右侧的下三角按钮,在弹出的下拉菜单中选择"边框和底纹"命令,弹出"边框和底纹"对话框,在"边框"选项卡中可以选择段落的边框,如图 6-20 所示。其操作和设置方法与"页面边框"选项卡相同。

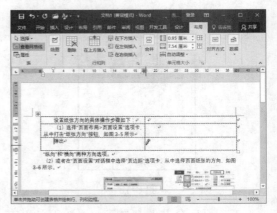

图 6-19

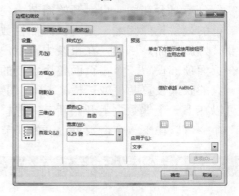

图 6-20

用户可以根据以上 3 种方法来为段落和文字设置边框效果。

6.4.3 为文字添加底纹

突出标注文字除了添加边框外,还可以为文字添加底纹。添加底纹的方法有以下 4 种。

方法一:单击"开始"选项卡的"段落"组中的 ab ·(以不同颜色突出显示文本)右侧的下三角按钮,弹出相应的色块,选择一种颜色作为底纹。

方法二:单击"开始"选项卡的"段落"组中 A (字符底纹)按钮,可以为选择的字符设置单一的灰色底纹。

方法三：单击"开始"选项卡的"段落"组中的 (底纹)右侧的下三角按钮，可以弹出底纹的设置面板，如图 6-21 所示，从中可以选择底纹的颜色。如果在"主题颜色"选项组中没有合适的颜色，可以选择"其他颜色"命令，弹出"颜色"对话框，如图 6-22 所示，从中可以选择需要的颜色。

图 6-21

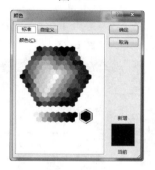

图 6-22

方法四：单击"开始"选项卡的"段落"组中的 (边框)右侧的下三角按钮，在弹出的下拉菜单中选择"边框和底纹"命令，弹出"边框和底纹"对话框，切换到"底纹"选项卡，从中可以设置底纹的颜色和样式，如图 6-23 所示。

图 6-23

用户可以根据以上 4 种方法来设置字符段落的底纹。

6.5 设置页面背景

为了使文档更具有表现力，用户可以根据需要为其设置背景效果。

6.5.1 使用纯色背景

面对 Word 的纯白背景，经常会觉得比较单调或乏味。不管怎么样，经常更换颜色可以避免视觉疲劳，也可以让自己更加投入地进行创作。在本节中将为用户介绍如何更改纯白色背景为其他颜色的纯色背景，具体操作步骤如下。

01 打开一个 Word 文档。

02 单击"设计"选项卡的"页面背景"组中的"页面颜色"按钮，在弹出的下拉面板中选择需要更改的页面背景颜色，如图 6-24 所示。

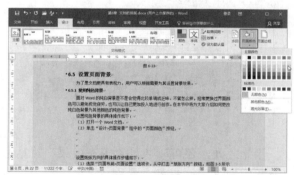

图 6-24

03 如果在下拉面板中没有满意的颜色，可以选择"其他颜色"命令，弹出"颜色"对话框，从中选择一个合适的颜色。

6.5.2 使用渐变色填充背景

除了使用纯色填充背景外，还可以使用渐变色填充背景。使用渐变色填充背景的具体操作步骤如下。

01 打开一个 Word 文档。

02 单击"设计"选项卡的"页面背景"组中的"页面颜色"按钮，在弹出的下拉面板中选择"填充效果"命令，弹出"填充效果"对话框，如图 6-25 所示。

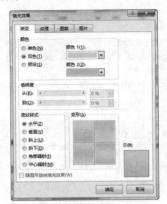

图 6-25

03 设置颜色，填充渐变色后的效果如图 6-26
所示。

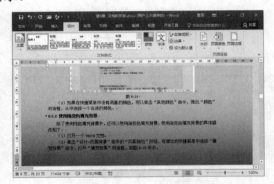

图 6-26

除此之外，还可以通过"填充效果"对话框
填充背景为纹理、图案、图片，这里用户可以自
己尝试一下。

6.5.3　添加水印

在处理 Word 文档时，往往要增加一些标识
图像信息，这时需要添加水印来确保文件的版权。
添加水印的具体操作步骤如下。

01 打开一个 Word 文档，选择需要添加水
印的文件。

02 单击"设计"选项卡的"页面背景"组
中的"水印"按钮，在弹出的下拉列表中选择合
适的水印预设，如图 6-27 所示。

03 如果没有合适的水印，可以选择"自定
义水印"命令，弹出"水印"对话框，从中可以

选中"图片水印"单选按钮，通过单击"选择图
片"按钮来选择一张图片作为水印背景；或者选
中"文字水印"单选按钮，在该选项组中设置各
种属性，例如，在"文字"文本框中输入需要的
水印，并设置水印的字体、字号、颜色、版式、
透明度等效果，如图 6-28 所示。

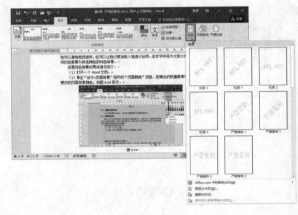

图 6-27

图 6-28

04 添加文字水印后的效果如图 6-29 所示。

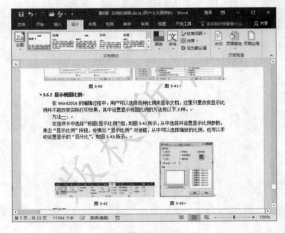

图 6-29

如果不需要水印，可以单击"设计"选项卡的"页面背景"组中的"水印"按钮，在弹出的下拉菜单中选择"删除水印"命令，即可删除水印效果。

6.6　特殊文档的创建

特殊文档是指使用模板、主题或各种工具制作具有一定版式且不能随意更改的一种文档。在前面章节中介绍过书法字帖特殊文档的创建，接下来将介绍如何创建稿纸格式文档、创建封面等等特殊文档的创建。

6.6.1　创建稿纸格式的文档

写文章经常用到稿纸，每个字和一个标点符号都要占用一个格子。在 Word 中，有时也需要用到格子，下面就来介绍如何创建稿纸格式的文档，具体操作步骤如下。

01 打开一个 Word 文档。

02 单击"布局"选项卡的"稿纸"组中的"稿纸设置"按钮，弹出"稿纸设置"对话框，如图 6-30 所示。单击"格式"列表框，列表中有 3 种稿纸格式，默认为"非稿纸文档"。

图 6-30

03 根据需要选择一种稿纸格式后，对应的稿纸格式选项就被激活，从中设置合适的参数即可。设置完成后，单击"确认"按钮，添加的稿纸格式文档如图 6-31 所示。

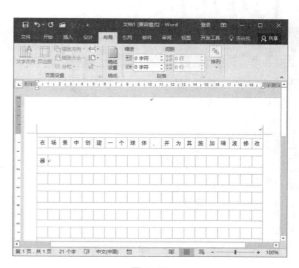

图 6-31

6.6.2　创建封面

Word 可以很轻松地对外观进行定义，且各种预设功能足以帮助用户创建一个专业的外观文档，同时还提供了各种不同格式和样式的选项，可以对其进行更改。本节将介绍 Word 中的封面功能。在 Word 中包含了许多预先定制的封面，只需单击几次鼠标即可使用这些封面样式。创建封面的具体操作步骤如下。

01 打开一个 Word 文档。

02 单击"插入"选项卡的"页面"组中的"封面"按钮，在弹出的下拉列表中可以看到各封面的预设类型，如图 6-32 所示。

图 6-32

03 选择合适的封面样式后，创建封面如图 6-33 所示。此时，用户可以对标题和封面内容进行修改。

图 6-33

 除了列表中的封面外，用户还可以通过选择 "Office.com 中的其他封面" 命令，选择互联网上的封面；并且还可以自己创建封面，然后使用 "将所选内容保存到封面库" 命令将自己制作的封面存储为预设封面。

6.6.3 批量制作信封

众所周知，通过邮局寄信需要在信封上填写收信人的邮编、地址、姓名，以及寄信人的地址、姓名、邮编等信息，如果需要发出去的信件很多，手工填写是一件非常烦琐的事情。Word 中的 "中文信封" 向导不仅可以批量生成漂亮的信封，而且还可以批量填写上各项信息内容，实现信封批处理。批量制作信封的具体操作步骤如下。

01 首先打开预先准备好的 Excel 工作簿，如图 6-34 所示。

图 6-34

02 运行 Word 应用程序，新建一个文档，单击 "邮件" 选项卡的 "创建" 组中的 "中文信封" 按钮，弹出 "信封制作向导" 对话框，如图 6-35 所示。单击 "下一步" 按钮。

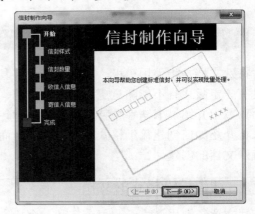

图 6-35

03 进入 "选择信封样式" 面板中，在 "信封样式" 下拉列表中选择合适的信封样式，然后选择合适的信封构件选项，如图 6-36 所示。单击 "下一步" 按钮。

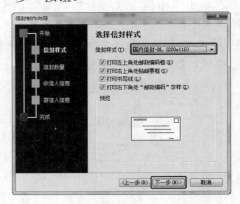

图 6-36

04 进入 "选择生成信封的方式和数量" 面板中，选中 "基于地址簿文件，生成批量信封" 单选按钮，这里可以使用 Excel 数据创建批量信封，如图 6-37 所示。单击 "下一步" 按钮。

05 进入 "从文件中获取并匹配收信人信息" 面板，单击 "选择地址簿" 按钮，如图 6-38 所示。

06 弹出 "打开" 对话框，从中选择准备好的 Excel 文件，单击 "打开" 按钮，如图 6-39 所示。

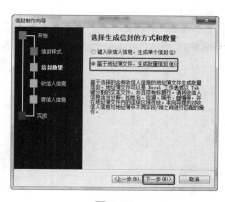

图 6-37

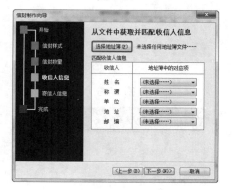

图 6-38

图 6-39

07 打开 Excel 文件后，在"匹配收件人信息"选项组中选择合适的信息，如图 6-40 所示。单击"下一步"按钮。

08 进入"输入寄信人信息"面板，如图 6-41 所示。从中输入寄信人信息后，单击"下一步"按钮。

09 进入"完成"面板，单击"完成"按钮，如图 6-42 所示。

10 创建批量信封后，在 Word 中将显示出

来，如图 6-43 所示。

图 6-40

图 6-41

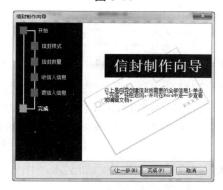

图 6-42

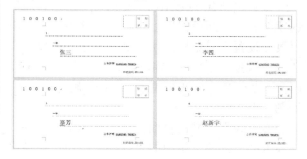

图 6-43

6.6.4 设计名片

在 Word 中可以设置简单的名片效果，其中主要用到的工具就是"标签"，通过标签可以批量制作名片。制作名片的具体操作步骤如下。

01 首先新建一个 Word 文档，单击"布局"选项卡的"页面设置"组右下角的 按钮，弹出"页面设置"对话框，切换到"纸张"选项卡，从中设置"宽度"为 8.8 厘米、"高度"为 5.5 厘米，如图 6-44 所示。

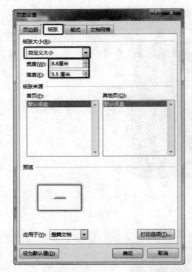

图 6-44

02 切换到"页边距"选项卡，设置页边距的上、下、左、右参数均为 0.5 厘米；设置"纸张方向"为"横向"，单击"确定"按钮，如图 6-45 所示。

03 在设置的文档中添加文本，作为简单的名片内容，如图 6-46 所示。

04 再新建一个 Word 文档，单击"布局"选项卡的"页面设置"组右下角的 按钮，弹出"页面设置"对话框，切换到"纸张"选项卡，选择"纸张大小"为 A4，设置"宽度"为 19.5 厘米、"高度"为 29.7 厘米，单击"确定"按钮，如图 6-47 所示。

05 设置文档的页面大小后，单击"邮件"选项卡的"创建"组中的"标签"按钮，在弹出的"信封和标签"对话框中切换到"标签"选项卡，单击"选项"按钮，如图 6-48 所示。

图 6-45

图 6-46

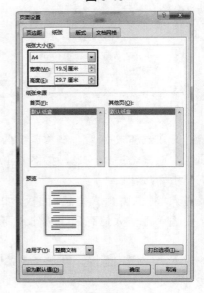

图 6-47

图 6-48

06 弹出"标签选项"对话框,从中选择"标签供应商"和"产品编号",单击"确定"按钮,如图 6-49 所示。

图 6-49

07 返回到"信封和标签"对话框,单击"新建文档"按钮,创建新文档,如图 6-50 所示。

图 6-50

08 创建出的新文档如图 6-51 所示。

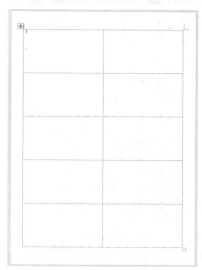

图 6-51

09 切换到制作的名片文档中,按 Ctrl+A 快捷键,将内容全选;按 Ctrl+C 快捷键,复制选择的内容。然后切换到图 6-51 文档中,在每格名片区域按 Ctrl+V 快捷键,粘贴名片内容到文档中,如图 6-52 所示。

图 6-52

6.7 典型案例 1——为朗诵稿进行编排

下面将通过对诗歌朗诵文档进行编排,其主要调整页面的文字方向、为页面设置边框和底纹以及水印等效果,完成页面的设计。

01 打开预先准备好的诗歌朗诵文件,如图 6-53 所示。

图 6-53

02 单击"布局"选项卡的"页面设置"组中的"文字方向"按钮，在弹出的下拉菜单中选择"垂直"命令，效果如图 6-54 所示。

图 6-54

03 在文档中设置文字的字体和大小，使其充满整个文档页面，如图 6-55 所示。

04 单击"设计"选项卡的"页面背景"组中的"页面边框"按钮，弹出"页面边框"对话框，从中选择合适的边框样式，并设置需要的边框参数，单击"确定"按钮，如图 6-56 所示。

05 单击"设计"选项卡的"页面背景"组中的"页面颜色"按钮，在弹出的下拉面板中选择"填充效果"命令，在弹出的"填充效果"对话框中切换到"纹理"选项卡，从中选择一个纹

理，如图 6-57 所示。

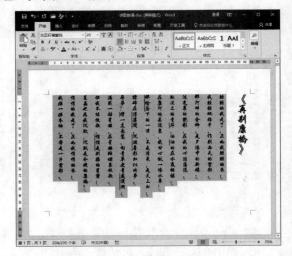

图 6-55

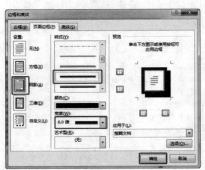

图 6-56

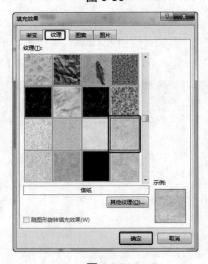

图 6-57

06 看一下填充背景和设置边框后的效果，如图 6-58 所示。

图 6-58

07 继续为文档添加水印效果。单击"设计"选项卡的"页面背景"组中的"水印"按钮，在弹出的下拉菜单中选择"自定义水印"命令，弹出"水印"对话框，从中设置文字水印的选项，如图 6-59 所示。

图 6-59

08 完成后的朗诵稿效果如图 6-60 所示。

图 6-60

6.8　典型案例 2——编排并设置文章封面

下面将介绍如何为文章进行分栏、如何设置文档的主题格式，并介绍如何设置页面的段落格式和分栏符，最后为文档设置水印和背景颜色以及封面装饰文章，具体的操作步骤如下。

01 打开预先准备好的文件，如图 6-61 所示。

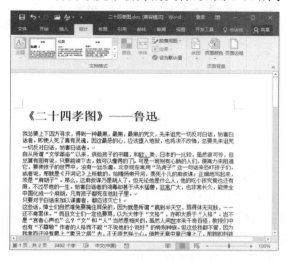

图 6-61

02 切换到"设计"选项卡，在"文档格式"组中选择一种合适的格式，如图 6-62 所示。

图 6-62

03 在文档中选择正文内容，单击"开始"选项卡的"段落"组右下角的按钮，弹出"段落"对话框，在"缩进和间距"选项卡中，设置

"缩进"选项组中的"特殊格式"为"首行缩进"，如图 6-63 所示。

图 6-63

04 在"开始"选项卡中单击"剪贴板"组中的 (格式刷)按钮，在文档中将设置为首行缩进的段落使用格式刷设置出其他段落的首行缩进，如图 6-64 所示。

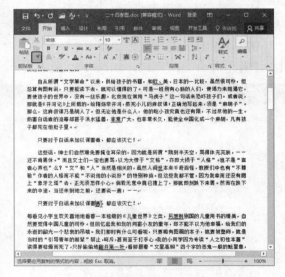

图 6-64

05 按 Ctrl+A 快捷键，全选文档内容，单击"布局"选项卡的"页面设置"组中的"分栏"按钮，在弹出的下拉菜单中选择"两栏"命令，如图 6-65 所示。

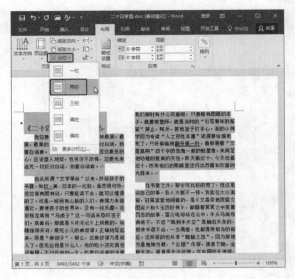

图 6-65

06 在文档中选择标题文字，单击"布局"选项卡的"页面设置"组中的"分栏"按钮，在弹出的下拉菜单中选择"一栏"命令，如图 6-66 所示。

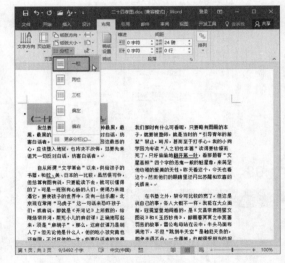

图 6-66

07 选择除标题外的所有文档内容，单击"布局"选项卡的"页面设置"组中的"分栏"按钮，在弹出的下拉菜单中选择"更多分栏"命令，在弹出的"分栏"对话框中选中"分隔线"复选框，设置"宽度和间距"选项组中的"间距"为 0.5 字符，如图 6-67 所示。

08 可以看到如图 6-68 所示的分栏效果。

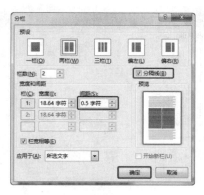

图 6-67

图 6-68

09 查看文档的底部，如图6-69所示。

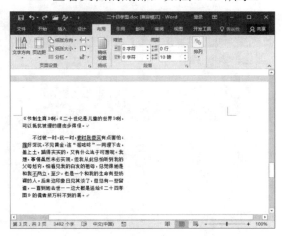

图 6-69

10 接下来将设置底部文档的分栏效果，在如图6-70所示的中间文档前放置光标，单击"布局"选项卡的"页面设置"组中的🖃(插入分节符和分节符)按钮，在弹出的下拉菜单中选择"分栏符"命令。

11 设置分栏后的效果如图6-71所示。

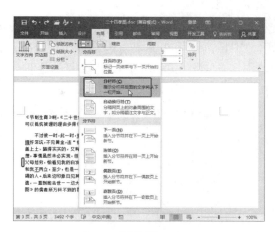

图 6-70

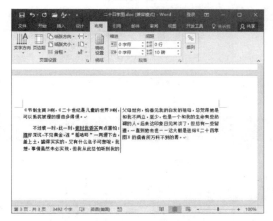

图 6-71

12 接着为页面设置页面背景。单击"设计"选项卡的"页面背景"组中的"页面颜色"按钮，在弹出的下拉面板中选择"其他颜色"命令，弹出"颜色"对话框，从中选择合适的背景颜色，单击"确定"按钮，如图6-72所示。

图 6-72

13 设置背景后，再单击"水印"按钮，在弹出的下拉菜单中选择"自定义水印"命令，弹出"水印"对话框，从中设置水印的选项，如图 6-73 所示。

图 6-73

14 设置背景颜色和水印的效果如图 6-74 所示。

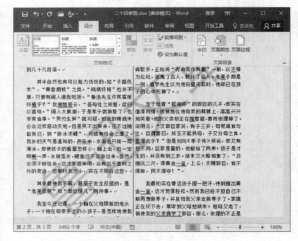

图 6-74

15 接下来为文档创建封面。单击"插入"选项卡的"页面"组中的"封面"按钮，在弹出的下拉菜单中选择预设的封面，如图 6-75 所示。

16 插入到文档后的效果如图 6-76 所示。

17 选择一个想要修改的文本框，在预设的样式中选择一个合适的样式，如图 6-77 所示。

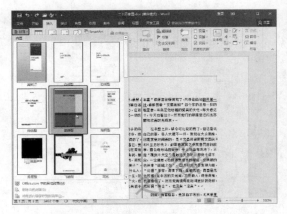

图 6-75

图 6-76

图 6-77

18 在封面中输入封面内容，如图 6-78 所示。

图 6-78

将完成的效果进行存储，也可以对封面再次进行修改，直到满意为止。

6.9 本章小结

本章介绍了基本页面的设置，文档分栏、分页和分节的设置，以及为文档设置边框、底纹和背景；最后讲述了特殊文档的创建，包括如何创建稿纸格式的文档、如何设置封面、如何批量制作信封以及如何使用 Word 设计名片。通过对本章的学习，用户可以掌握页面设置的知识。

第7章 图形和表格的合理安排

为了使 Word 文档更加美观,用户可以插入图片、图形等,并对其进行调整。表格则是一种简明扼要的表达方式,SmartArt 用来更直观地表现信息内容和流程。在本章中将向用户介绍图形、表格的合理安排。

7.1 在文档中插入图片

多数情况下用户需要为 Word 文档添加图片素材来适当美化页面,使文件图文并茂、生动活泼。那么,如何为文档添加图片呢?本节就来介绍在 Word 中插入各种图像,以及图像的排列和修改方法。

7.1.1 插入来自文件的图片

要在文档的当前位置插入图像,具体的操作步骤如下。

01 单击"插入"选项卡的"插图"组中的"图片"按钮,如图 7-1 所示。接着会弹出"插入图片"对话框。

图 7-1

02 在"插入图片"对话框中默认显示为"图片库"中的内容,如图 7-2 所示。

单击"插入"右侧的下三角按钮,弹出下拉菜单,在此有 3 种插入图像的方法,分别介绍如下。

方法一: 插入,将图片嵌入到当前文档中。即使删除了原文件或移动了位置,仍存在于文档中。但是,如果原文件被更改过,文档不能反映这种更新。采用这种方法得到的文件会较大,因为原始图片存储在文件中。如果文件大小和更新都不重要,这就是最佳选项。

方法二: 链接到文件,插入图片的链接,并

在文档中显示图片。存储文件较小(通常比"插入"方式得到的文件小得多),因为图片在 Word 文档外部。如果删除了原文件或移动了位置,在文档中将看不到该图片,而是会看到警告无法显示链接的图像信息。另一方面,如果图像被修改或更新,Word 文档中会反映出来。如果文件大小很重要,但是图片文件的可用性没那么重要,这就是最佳选项。

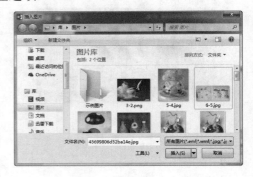

图 7-2

方法三: 插入和链接,图片被嵌入到文档中,同时也链接到原文件。如果原文件被更新,文档中的图片也会更新以反映原文件中的变化。因为图片被嵌入到文档中,所以文档比只链接图片时更大,但是不会比只插入图片时大。如果文件大小不重要,但是更新很重要,这就是最佳选项。

03 如果图片在其他位置,则可以在左侧的列表框中找到相应的盘符,在右侧的列表框中找到对应的图像,单击"插入"按钮,将图像插入到文档中,如图 7-3 所示。

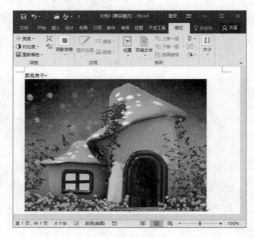

图 7-3

如果"插入图片"对话框中没有显示想要插入的图片，但确实是将图片保存到了当前文件夹中，就可以单击右下角的"所有图片"按钮，显示所有图片格式列表，如图 7-4 所示。在该下拉列表中可以看到所有支持的图片格式。

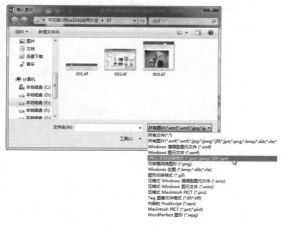

图 7-4

 如果 Word 2016 不支持某种文件格式，最好在创建它的程序中打开，再使用"另存为"命令将图像转换为 Word 支持的图像文件格式。

7.1.2 插入链接图片

在 Word 以前的版本中都包含一个本地保存的剪贴画集，可以通过"剪贴画"窗口或库，插入剪贴画。自 Word 2013 版本起，该功能就已经取消了，取而代之的是"联机图片"。

联机图片是指从 Office.com 中搜索和选择图像。插入联机图片的具体操作步骤如下。

01 将光标放置到需要插入图像的位置。

02 单击"插入"选项卡的"插图"组中的"联机图片"按钮，弹出"插入图片"对话框，在"必应图像搜索"右侧的文本框中输入需要索引的关键字，如图 7-5 所示。

03 如果决定不了要索引什么图片，可以单击"必应图像搜索"按钮，进入到如图 7-6 所示的对话框。

04 可以在图 7-6 所示的链接中选择一项，然后弹出如图 7-7 所示的面板，从中可以选择"尺寸""类型""颜色"和"仅知识共享"4 种条件模式。

图 7-5

图 7-6

图 7-7

05 根据选择的条件，面板中出现相应的图像内容，如图 7-8 所示。

06 选择需要插入的图像，单击"插入"按钮，即可将图像插入到文档中。

 这里搜索到的图像大部分涉及作品的知识产权和版权，所以要是用于商业的话，建议慎重使用。

图 7-8

7.1.3 插入屏幕截图

Windows 系统本身一直提供了捕捉屏幕的快捷键 Print Screen，Word 2016 以这个功能为基础，允许直接在 Word 中插入其他已打开的 Office 文件窗口的屏幕截图。将屏幕截图插入到文档中的具体操作步骤如下。

01 将光标放置到需要插入屏幕截图的位置。

02 单击"插入"选项卡的"插图"组中的"屏幕截图"按钮，弹出"可用的视窗"面板，从中选择需要的截图并插入到文档的屏幕，如图 7-9 所示。

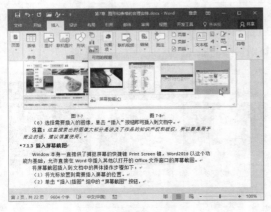

图 7-9

03 截屏将自动添加截图到文档中，如图 7-10 所示。

 提示 如果希望在插入图片时裁剪它，可以单击"插入"选项卡的"插图"组中的"屏幕截图"按钮，在弹出的"可用的视窗"面板中选择"屏幕剪辑"命令。在所显示窗口的灰色显示区域上拖动，指定要显示在 Word 中的部分。

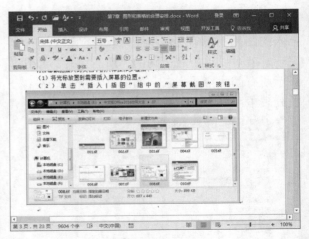

图 7-10

7.1.4 调整图片的位置

拖动图像或图形可以移动其位置，一些图形可以放置到文档中的任意位置。需要移动图片时，可以选择图片后使用键盘上的箭头键在 4 个方向上移动微小的距离。微移操作适用于精确对齐，但使用这个功能时，不会显示对齐辅助线，所以只能用眼睛来对齐。

要使用 Word 内置的对齐辅助线逐格拖动图形，可在拖动时按住 Alt 键，并慢慢拖动。在图片捕捉到网格时，图片会跳过一小段距离。但是，如果在"视图"选项卡的"显示"组中选中"网格线"复选框，即可显示网格线，拖动时按住 Alt 键会使 Word 忽略网格。显示网格时，方向键位移的行为也会发生变化。此时方向键将一个网格一个网格地移动图片。按住 Ctrl 键可以更小的幅度微移图片。

垂直和水平网格线彼此相距 1/8 英寸。所以显示网格线时，在任意方向上微移图片，每次会移动 1/8 英寸。注意，在显示网格线时，所有打开的文档也会显示网格线。

除了上述所用的移动图像位置的方法外，还可以选择需要调整位置的图片。在"图片工具"|"格式"选项卡的"排列"组中单击"位置"按钮，弹出可调图形或图像的位置下拉面板，如图 7-11 所示，根据不同情况选择需要的图片位置。

图 7-11

7.1.5 调整大小、旋转和裁剪图片

调整图片的大小会改变图片或其他图形在文档中的显示尺寸。在 Word 中调整大小并不会实际修改所关联文件的大小。如果缩小文件，然后再放大文件时，仍然会保留原文件的分辨率。

裁剪指的是通过更改图片的外部边框来遮挡图片的特定部分。Word 中的裁剪不会影响到实际图片的本身，而只是改变图片在 Word 中的显示方式。Word 不修改实际图片是一个很大的优点，因为用户若改变主意，还有机会进行调整。

1．调整图片的大小

调整图片的大小有以下 3 种方法。

方法一： 单击需要调整的图片，可以看到图片周围出现 8 个不同的控制手柄，将鼠标指针放置到其中一个控制手柄上，鼠标指针将会变为双向箭头，如图 7-12 所示。拖动鼠标指针，直到图片大小调整到满意的大小，然后松开鼠标，如图 7-13 所示。

> **注意** 拖动四角的控制手柄并不会改变图片的纵横比，而拖动 4 条边上的控制手柄会拉伸或压缩图片。

要相对于图片或图形中心对称的调整大小，使图片在所有方向上等量增加或减少，需要在拖动时按住 Ctrl 键。

要分步拖动，并捕捉到隐藏的对齐辅助线上，需要在拖动时按住 Alt 键，并慢慢拖动，以便看到图片的大小递增过程。如果已经显示了网格线，

那么如前所述，按住 Alt 键会起到相反的效果。

图 7-12

图 7-13

方法二： 双击图片，显示"图片工具"|"格式"选项卡，在"大小"组中可以精确地设置 （形状高度）和 （形状宽度），在"高度"和"宽度"的微调框中输入数值，按 Enter 键，即可应用输入的数值。默认情况下，系统会自动保持纵横比，所以如果输入高度值，按 Enter 键，宽度也会随之调整。

方法三： 要通过调整"大小"组中的设置改变图片的纵横比，可以单击"大小"组右下角的 按钮，弹出"设置图片格式"对话框，如图 7-14 所示。切换到"大小"选项卡，从中设置高度、宽度、旋转以及缩放的各项参数来调整图像的大小。

图 7-14

2. 旋转图片

旋转图片的方法有以下 3 种。

方法一： 选择需要旋转的图片，设置图片的位置或环绕文字为除"嵌入型"外的其他方式。选择图片后，则在图片的中上方出现可旋转的控制手柄，将鼠标指针放置到旋转的控制手柄上，则出现旋转箭头，如图 7-15 所示。按住鼠标即可旋转图片，如图 7-16 所示。

图 7-16

图 7-17

3. 裁剪图片

裁剪图片的具体操作步骤如下。

01 选择要裁剪图片，在"图片工具"|"设计"选项卡的"大小"组中单击"裁剪"按钮，选中的图片上会出现裁剪手柄，如图 7-18 所示。

02 将鼠标放置到任意手柄上，鼠标指针改变形状，然后按住鼠标左键进行拖动，如图 7-19 所示。

03 当将鼠标拖过不需要图片的位置后，释放鼠标，即可删除要隐藏的图片部分，如图 7-20 所示。

图 7-15

方法二： 单击"大小"组右下角的 按钮，弹出"设置图片格式"对话框，切换到"大小"选项卡，从中设置"旋转"参数即可精确调整图片的旋转。如图 7-17 所示为旋转图像的角度为 180°。

图 7-18

图 7-19

图 7-20

04 单击图片的外部，完成裁剪，如图 7-21 所示。

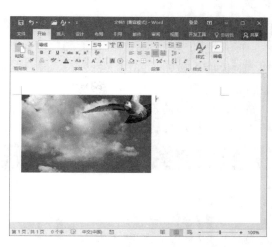

图 7-21

 提示　　另一种精确裁剪图像的方法是在"设置图片格式"对话框的"图片"选项卡中设置裁剪的"上""下""左""右"各参数，即可进行裁剪。具体操作方法在此就不详细介绍了。

7.1.6　调整图片的色彩

将图片插入到文档中时，不必担心最初图片的外观。Word 提供了多种调整图形色彩和色调的工具。给文档中的图片或其他图形应用统一的样式和效果，会得到统一的外观。这里学习如何设置图片的亮度、对比度和重新着色的效果。

1. 设置图片的亮度

使用亮度工具可以调整较暗或较亮图像的亮度，具体操作步骤如下。

01 选择需要调整的图片，单击"图片工具" |"格式""选项卡的"调整"组中的"亮度"按钮，弹出下拉列表，从中有预设的亮度参数，如图 7-22 所示。

02 如果觉得预设的参数幅度太大，可以选择"图片修正选项"命令，弹出"设置图片格式"对话框，从中可以微调"亮度"的参数，如图 7-23 所示。

2. 调整图片的对比度

通过设置图片的对比度效果可以使较为平淡

的图像变得色彩丰富起来。选择需要调整的图片，单击"图片工具"|"格式"选项卡的"调整"组中的"对比度"按钮，弹出下拉列表，从中选择合适的对比度即可，如图 7-24 所示。

"灰度"(如图 7-26 所示)、"黑白"(如图 7-27 所示)、"冲蚀"(如图 7-28 所示)和"设置透明色"等功能。

如果没有合适的设置参数，可以在"设置图片格式"对话框中设置"对比度"参数。

图 7-22

图 7-24

图 7-23

3. 设置图片的重新着色

在 Word 2016 文档中，用户可以为图片重新着色，实现 Word 图片的灰度、褐色、冲蚀、黑白等显示效果。

单击"图片工具"|"格式"选项卡的"调整"组中的"对比度"按钮，弹出下拉菜单，从中可以设置图像的"自动"色调模式(如图 7-25 所示)、

图 7-25

图 7-26

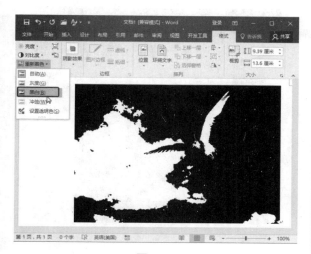

图 7-27

图 7-29

图 7-28

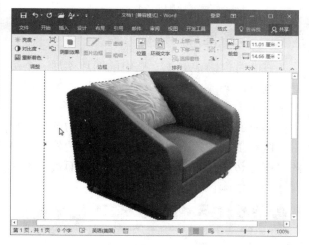

图 7-30

在 Word 2016 文档中，对于背景色只有一种颜色的图片，用户可以将该图片的纯背景色设置为透明色，从而使图片更好地融入 Word 2016 文档中。该功能对于设置有背景颜色的 Word 文档尤其适用。在 Word 2016 文档中设置图片透明色的具体操作步骤如下。

01 选择需要设置透明色背景的图片，单击"图片工具"|"格式"选项卡的"调整"组中的"设置透明色"按钮，此时鼠标在图片上显示出如图 7-29 所示的形状。

02 在需要设置透明色的颜色区域上单击，即可将该颜色设置为透明，如图 7-30 所示。

7.1.7 设置图片的阴影效果

在 Word 2016 文档中，用户可以为选中的 Word 图片设置阴影效果，其具体的操作步骤如下。

01 在 Word 文档中选择需要设置阴影效果的图片。

02 单击"图片工具"|"格式"选项卡中的"阴影效果"按钮，弹出下拉菜单，从中选择预设的阴影效果，如图 7-31 所示。

03 通过选择"阴影效果"下拉菜单的"阴影颜色"命令，从中可以更改选择一种合适的阴影颜色，并可以通过 (略向上移)、 (略向右移)、 (略向下移)、 (略向左移)4 个按钮调整阴影的方向；通过单击 (显示/取消阴影)

按钮可以显示或取消阴影效果。

图 7-31

7.1.8 设置图片的边框

有的时候为 Word 文档中的图片添加一个边框，能够起到改善效果、使文章主题更加鲜明的作用。添加图片边框的具体操作步骤如下。

01 在文档中选择需要添加边框的图片，单击"图片工具"|"格式"选项卡的"边框"组中的"图片边框"按钮，在弹出的下拉面板中选择合适的边框颜色，如图 7-32 所示。

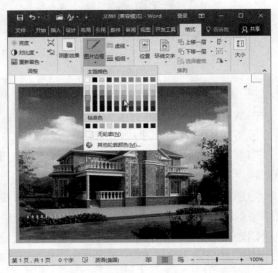

图 7-32

02 除了可以选择边框的颜色外，还可以设置边框的线型，如图 7-33 所示。

03 还可以设置边框的粗细，如图 7-34 所示。

图 7-33

图 7-34

7.1.9 设置图片的环绕方式

在 Word 2016 中，可以设置图形或图片的环绕方式。单击"图片工具"|"格式"选项卡的"排列"组中的"环绕文字"按钮，弹出下拉菜单，从中可以选择想要采用的环绕方式，如图 7-35 所示。

"环绕文字"设置决定了图形之间以及图形与文字之间的交互方式。图片的环绕文字方式有以下几种。

◎ 嵌入型：插入到文字层。可以拖动图形，但只能从一个段落标记移动到另一个段落标记中。通常用在简单演示和正式报告中，如图 7-36 所示。

图 7-35

图 7-36

◎ 四周型：文本中放置图形的位置会出现一个方形的洞。文字会环绕在图形周围，使文字和图形之间产生间隙。可将图形拖到文档中的任意位置。通常用在带有大片空白的新闻稿和传单中，如图 7-37 所示。

◎ 紧密型环绕：实际上在文本中放置图形的地方创建了一个与图形轮廓相同的洞，使文字环绕在图形周围。可以通过环绕顶点改变文字环绕的洞的形状。可将图形拖到文档中的任何位置。通常用在纸张空间很宝贵且可以接受不规则形状的出版物中。

图 7-37

◎ 衬于文字下方：嵌入在文档底部或下方的绘制层。可将图形拖动到文档的任何位置。通常用作水印或页面背景图片，如图 7-38 所示。

图 7-38

◎ 衬于文字上方：嵌入在文档上方的绘制层。可将图形拖动到文档的任何位置，文字位于图形下方。通常用作其他图片的上方，用来组合向量图，或者有意用某种方式来遮盖文字来实现某种特殊效果，如图 7-39 所示。

◎ 穿越型环绕：文字围绕着图形的环绕顶点。文字应该填充图形的空白区域，但没有证据表明可以实现这种功能。从实际应用来看，这种环绕样式产生的效果和表现出的行为与紧密型环绕相同。

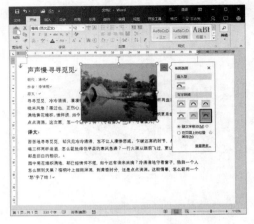

图 7-39

◎ 上下型环绕：实际上创建了一个与页边距等宽的矩形。文字位于图形的上方或下方，但不会在图形旁边。可将图形拖动到文档的任何位置。

在 Word 2016 中，也可以单击所选图片或图形右上角的◢(布局选项)按钮，在弹出的下拉面板中设置"文本环绕"方式，如图 7-40 所示。

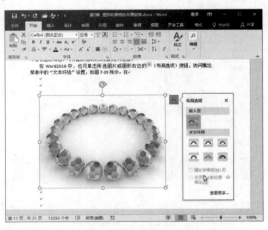

图 7-40

在"嵌入型"和"文字环绕"选项组中选择一个环绕设置，可以改变环绕方式。单击"查看更多"按钮，弹出"布局"对话框，如图 7-41 所示。使用"位置"选项卡可以设置所选图形在页面上的水平和垂直位置；使用"文字环绕"选项卡可以设置环绕选项。例如，可以在"距正文"

选项组中设置控制被环绕图形和周围文字之间的空白。

图 7-41

7.1.10 设置图片的排列

除了前面介绍的位置和环绕文字外，"图片工具"和"绘图工具"的"格式"选项卡中的"排列"组还提供了处理分层、对齐、旋转、组合各种 Word 图形的工具。这些附加工具的介绍如下。

◎ 上移一层：给对象分层时，把所选对象移动到上一层中。单击"上移一层"右侧的下三角按钮，选择"上移一层"(至于顶层)或"浮于文字上方"命令。

◎ 下移一层：给对象分层时，把所选对象移动到下一层中。单击"下移一层"右侧的下三角按钮，选择"下移一层"(至于底层)或"衬于文字下方"命令。

◎ 对齐对象：允许互相对齐所选的对象。

◎ 组合对象：允许组合和取消组合所选的对象。组合对象后可以作为一个整体移动。

◎ 旋转对象：允许旋转一个预设项(而不使用旋转手柄)，旋转或反转所选对象。

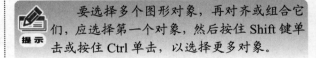
要选择多个图形对象，再对齐或组合它们，应选择第一个对象，然后按住 Shift 键单击或按住 Ctrl 单击，以选择更多对象。

7.2 在文档中插入形状

除了上述所说的为文档添加图片外，还可以

为文档添加其他类型的图形和预设的形状。

7.2.1 绘制形状

要在文档中绘制形状，其具体的操作步骤如下。

01 打开一个需要插入形状的文档。单击"插入"选项卡的"插图"组中的"形状"按钮，在弹出的下拉面板中显示预设的形状列表，如图 7-42 所示。

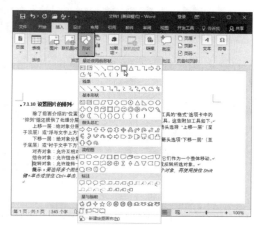

图 7-42

在"形状"下拉面板中显示出最近使用的形状、线条、基本形状、箭头总汇、流程图、标注、星与旗帜。

02 从中选择需要添加的形状并单击，然后到文档所需位置绘制出图形的形状，如图 7-43 所示。

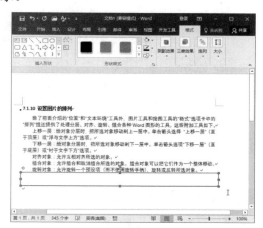

图 7-43

注意 通常可以合并"流程图"形状和"线条"形状，创建类型流程图的图形。但是，如果常常需要创建复杂、专业的流程图，Visio 等程序更能满足需要。

7.2.2 设置形状格式

格式化形状类似于格式化图片和其他类型的图形，具体的操作步骤如下。

01 选择需要设置样式的图形，切换到"绘图工具"|"格式"选项卡的"形状样式"组中，其中有预设的形状样式，如图 7-44 所示。

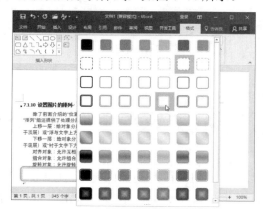

图 7-44

02 选择一个合适的预设样式后，还可以单击 (形状填充)按钮，弹出形状填充的下拉面板，从中设置形状的填充效果。除可以选择预设的颜色外，还可以设置"图片""渐变""纹理""图案"等，而且可以设置形状为"无填充颜色"，如图 7-45 所示。

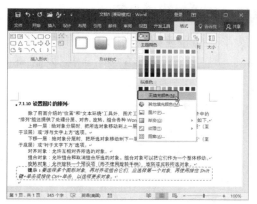

图 7-45

03 可以通过 ☑(形状轮廓)设置形状的轮廓颜色、粗细、虚线、图案等，如图 7-46 所示。

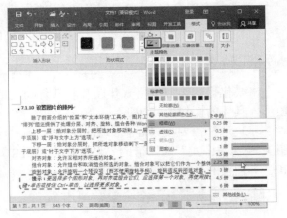

图 7-46

04 还可以通过 ☑(更改形状)选择要修改为的形状，如图 7-47 所示。

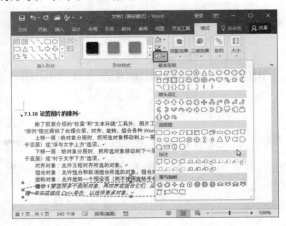

图 7-47

7.2.3 形状的阴影效果

为形状设置阴影效果的步骤与图片阴影的操作相同，这里就不详细介绍了。具体操作和参数设置可参考 7.1.7 节中的介绍。

7.2.4 形状的三维效果

为了使文档中的图形看起来更加美观、更具有立体感，达到醒目的效果，用户可以设置形状的三维样式。

首先要确定文档中绘制了形状，然后选择形状，此时显示了"绘图工具"|"格式"选项卡的

"三维效果"组，单击"三维效果"按钮，弹出下拉面板，从中可以选择预设的三维效果，并且还可以设置三维效果的"三维颜色""深度""方向""照明"和"表面效果"。根据需要设置其三维效果，如图 7-48 所示。还可以实现形状的 ☑(上翘)、☑(下俯)、☑(左偏)、☑(右偏)等，如图 7-49 所示。

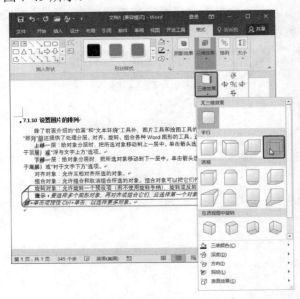

图 7-48

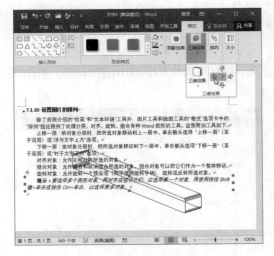

图 7-49

7.2.5 形状的排列

形状的排列与图片排列的操作相同，这里就不详细介绍了。具体操作和参数设置可参考 7.1.9

和 7.1.10 节中的介绍。

7.2.6 形状的组合

在使用 Word 制作流程图的时候，往往会使用到较多的文本框，文本框绘制完成后需要将一部分或者所有的文本框进行组合。形状组合的具体操作步骤如下。

01 首先，在文档中创建形状，如图 7-50 所示。

图 7-50

02 按住 Ctrl 键，单击选择所有形状，如图 7-51 所示。

图 7-51

03 单击"绘图工具"|"格式"选项卡的"排列"组中的"组合"按钮，弹出下拉菜单，选择"组合"命令，将选择的形状组合为一个，如图 7-52 所示。

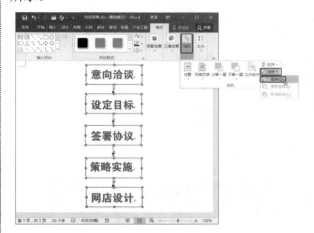

图 7-52

04 组合完成形状后，用户可以看到形状位于文字的上方，如图 7-53 所示。

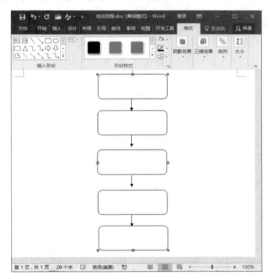

图 7-53

05 选择组合的形状，单击"绘图工具"|"格式"选项卡的"排列"组中的"环绕文字"按钮，在弹出的下拉菜单中选择"衬于文字下方"命令，如图 7-54 所示。

06 选择组合的形状，设置形状的样式，效果如图 7-55 所示。

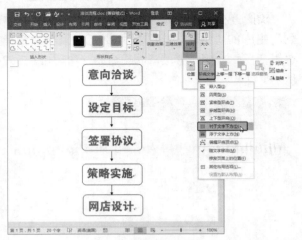

图 7-54

图 7-55

7.3 使用 SmartArt 图形

SmartArt 提供了丰富多彩的图表选项来显示过程、关系和组织结构等。

7.3.1 插入 SmartArt 图形

如果需要插入 SmartArt 图形，其具体的操作步骤如下。

01 单击"插入"选项卡的"插图"组中的 🔲 (SmartArt)按钮，弹出"选择 SmartArt 图形"对话框，如图 7-56 所示。

02 在左侧的列表框中选择一个需要的 SmartArt 图形类型，并在图形窗口中选择合适的

流程图，如图 7-57 所示。单击"确定"按钮。

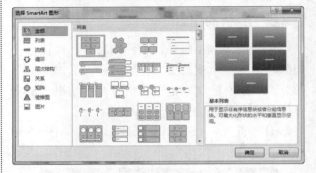

图 7-56

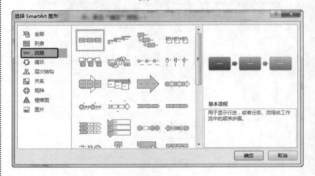

图 7-57

03 插入 SmartArt 图形后，显示需要输入文字"的文本框，如图 7-58 所示。依次输入文本。

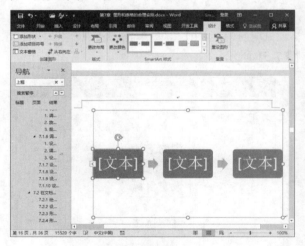

图 7-58

04 输入文本后的 SmartArt 图形如图 7-59 所示。

处理图形后，单击图形外即可取消 SmartArt 图形的选择。

图 7-59

创建完成 SmartArt 图形后，在"SmartArt 工具"|"设计"选项卡的"创建图形"组中单击"添加形状"按钮，可以直接在 SmartArt 形状的后面插入一个形状，如图 7-60 所示。如果想在当前选择形状的其他位置添加一个形状，也可以单击"添加形状"右侧的下三角按钮，在弹出的下拉列表中选择添加在当前形状的上方、下方、前方、后方以及助理，如图 7-61 所示。

图 7-60

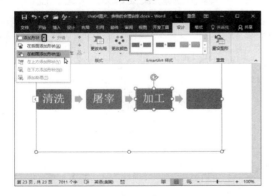

图 7-61

除此之外，可以为 SmartArt 图形设置项目符号。还可以通过▦(文本窗格)按钮，打开文本窗格，从中输入 SmartArt 图形中的文本，如图 7-62所示。如果是层级 SmartArt 图形，可以使用←(升级)、→(降级)和⤺(从左向右)以及↑(上移)、↓(下移)按钮调整当前选择的 SmartArt 图形。

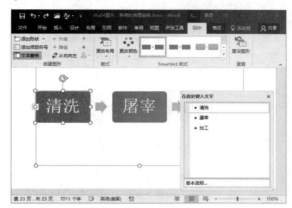

图 7-62

7.3.2 更改 SmartArt 的布局、样式和颜色

使用"SmartArt 工具"|"设计"选项卡的"版式"组和"SmartArt 样式"组中的工具，可以随时更改 SmartArt 图形的整体布局、颜色和样式。只需单击选中 SmartArt 图形，然后使用预设的布局样式库，选中其他布局即可，如图 7-63 所示。

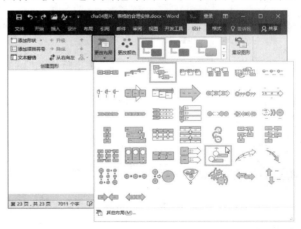

图 7-63

这里需要注意的是布局库提供实时预览功能，而且布局并不是智能使用同一类别，SmartArt会使用当前应用的关系层来调整各种设计。

SmartArt 样式可以把各种预设格式应用于选中的 SmartArt 图形。单击 ⊡(其他)按钮,会打开该库,指向任何选项时,实时预览会帮助做出选择。样式还提供了二维和三维选项,以及许多专业的表面处理,如图 7-64 所示。

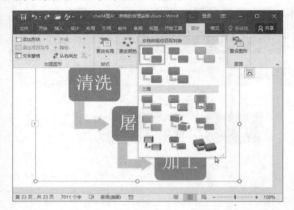

图 7-64

单击"更改颜色"按钮,在弹出的下拉列表中预览各种颜色方案,并进行选择,将其应用于选中的 SmartArt 图形,如图 7-65 所示。

图 7-65

7.4 表格的使用

在 Word 中,使用已有的表格来创建新表格是最快捷的方法。已有的表格可能不完全符合要求,但是比起从头开始创建表格,它们通常更接近用户需要的表格,且能省去许多格式化和设置工作。当然,能够直接看到图片效果是最好的。所以,Word 2016 提供了一个快速表格库,可以从中选择预定义的表格,将其插入到当前文档中。

7.4.1 创建表格

创建表格的方法有许多,具体可以分为新创建表格、根据内容创建表格、插入 Excel 电子表格和创建快速表格。

1. 新创建表格

新创建表格的方法有以下 3 种。

方法一: 使用快速表格创建出新表格,其具体操作步骤如下。

01 在要插入表格的位置单击,以定位插入点,切换到"插入"选项卡,单击"表格"按钮,在弹出的下拉面板中将鼠标指向快速表格,通过移动鼠标定义表格的行数和列数,如图 7-66 所示。

图 7-66

02 通过快速表格功能添加到文档中的表格如图 7-67 所示。

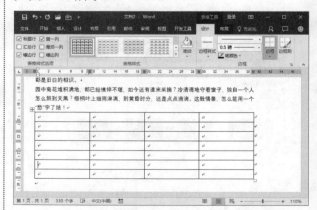

图 7-67

方法二：使用"插入表格"对话框新创建表格。

单击"插入"选项卡的"表格"组中的"表格"按钮，在弹出的下拉面板中选择"插入表格"命令，弹出如图 7-68 所示的"插入表格"对话框。在"插入表格"对话框中指定"行数"和"列数"，将"自动调整"设置成一个合适的选项，可以指定"固定列宽""根据内容调整表格"或"根据窗口调整表格"选项。如果想让 Word 把所选大小设置为默认值，需要选中"为新表格记忆此尺寸"复选框。

图 7-68

方法三：使用"绘制表格"命令进行绘制。首先，单击"插入"选项卡的"表格"组中的"表格"按钮，在弹出的下拉面板中选择"绘制表格"命令，拖动矩形画笔绘制出表格的外框，如图 7-69 所示。然后使用绘制表格工具画出所需的单元格，如图 7-70 所示。

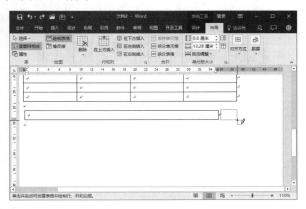

图 7-69

图 7-70

2. 根据内容创建表格

在 Word 中，用户可以很容易地将文字转换为表格。将文字转换为表格的具体操作步骤如下。

01 选择需要创建为表格的文本段落，单击"插入"选项卡的"表格"组中的"表格"按钮，在弹出的下拉面板中选择"文本转换成表格"命令，弹出"将文字转换成表格"对话框，可以在"文字分隔位置"选项组中设置表格的分隔符号，如图 7-71 所示。

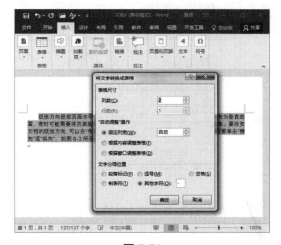

图 7-71

02 将文本转换成表格后的效果如图 7-72 所示。

3. 插入 Excel 电子表格

在 Word 文档中，用户可以插入一张拥有全部数据处理功能的 Excel 电子表格，从而间接增强 Word 的数据处理能力，具体操作步骤如下。

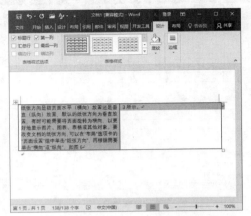

图 7-72

01 打开需要添加 Excel 电子表格的文档，然后单击"插入"选项卡的"表格"组中的"表格"按钮，在弹出的下拉面板中选择"Excel 电子表格"命令，即可创建 Excel 电子表格，如图 7-73 所示。在 Excel 电子表格中进入数据录入、数据计算等数据处理工作，其功能与操作方法跟在 Excel 应用程序中操作完全相同。

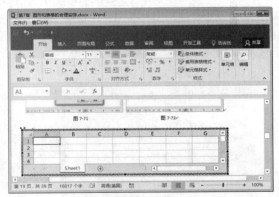

图 7-73

02 添加数据后，可以在空白处单击退出 Excel 电子表格处理状态，如图 7-74 所示。

4．创建快速表格

Word 中自带有快速的样式表格，可以快速创建各种样式表格。创建快速表格的具体操作步骤如下。

01 单击"插入"选项卡的"表格"组中的"表格"按钮，在弹出的下拉面板中选择"快速

表格"命令，弹出子面板，从中可以看到预设的可以创建的表格样式，如图 7-75 所示。

图 7-74

图 7-75

02 选择一种需要的样式表格，可以在文档中添加表格，如图 7-76 所示。

图 7-76

7.4.2 编辑表格

与 Word 中的纯文本一样，处理表格时也是需要进行选择的。选择表格后就可以对其进行编辑了，如复制、粘贴、剪切、移动和删除等操作。

1. 选择表格

Word 提供了多种选择表格内容的方法。例如，选择整个表格的快捷方法有以下 3 种。

方法一： 把鼠标放置到表格上，显示表格移动手柄，然后再单击它，如图 7-77 所示。即可选择整个表格。

所示。

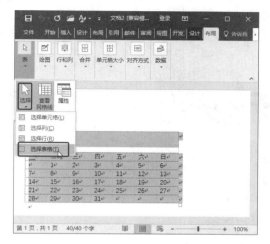

图 7-78

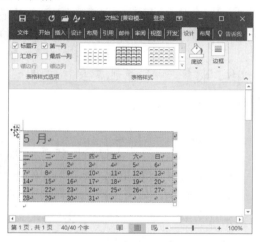

图 7-77

方法二： 单击表格内的任意位置，然后单击"表格工具"|"布局"选项卡的"表"组中"选择"按钮，弹出下拉菜单，选择"选择表格"命令，可以选择整个表格，如图 7-78 所示。

方法三： 将鼠标放置到表格内部，然后从表格左上角的位置沿着对角线将表格移动手柄向右下角的单元格拖动，会选择整个表格。也可以从右下角的外部拖动到左上角，使所有单元格都突出显示。

如果不想选择整个表格，可以一行或一列地对表格进行选择。选择行与列的方法有以下 3 种。

方法一： 在表格的行左侧，当光标变为右倾斜的箭头时，单击即可选择一行，如图 7-79 所示。

将光标放置到表格的顶部，当光标显示为黑色向下的箭头时，单击即可选择一列，如图 7-80

图 7-79

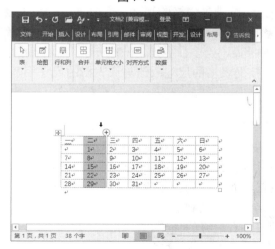

图 7-80

方法二：将光标放置到需要选择的行与列的表格中，单击"表格工具"|"布局"选项卡的"表"组中的"选择"按钮，在弹出的下拉菜单中选择"选择行"或"选择列"命令，即可选择一行或一列，如图 7-81 所示。

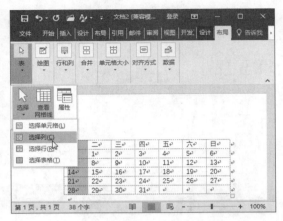

图 7-81

方法三：通过插入光标，拖动光标即可选择表格，也可以选择行与列。

2. 复制表格内容

使用"复制"和"粘贴"功能可以将表格中的内容进行复制。与常规的文本操作相同，单击"开始"选项卡的"剪贴板"组中的 (复制)按钮，或使用 Ctrl+C 和 Ctrl+V 快捷键复制粘贴内容。

将部分或全部表格内容复制到另一个表格中，必须满足表格的尺寸。有时，将一个表格粘贴到另一个表格时，整个表格会粘贴到一个单元格中，而不是多行多列。一般来说，粘贴表格内容时，接受表格的尺寸应该与原表格的尺寸相匹配。

3. 移动和复制列

要移动表格中一个和多个相邻的列，可以选定这些列，然后将其拖动到目标列。在目标列的任意位置释放鼠标后，所选列会移动到目标列的位置，而目标列会相应地右移。要将一个或多个选定的列移动到最右列的右边，需将所选列拖动到表格右边缘的外侧。

要复制一列或多列，需要在放置列时按住

Ctrl 键，所选列会按照与移动列相同的位置规则插入到放置点位置。

在表格之间移动列时，在"开始"选项卡的"剪贴板"组中单击 (复制)按钮和 (粘贴)按钮会比较容易。

4. 移动和复制行

移动和复制行的方式与移动复制列的操作基本相同，但是最后一行例外。因为最后一行的外部没有单元格标记。如果将所选行放置在最后一行的后面，所选行将附加在表格后，但格式经常会发生变化。

解决的方法是，将需要的行移动到当前最后一行的后面，把它们放置到最后一行；然后将插入点置于最后一行的任意位置，按 Alt+Shift+向上箭头键，将最后一行移到需要的位置即可。

7.4.3 修改表格布局

将表格插入到文档之后，可以显示出"表格工具"选项卡，但"布局"选项卡中的任何工具都不提供实时预览功能，所以要仔细审查任何布局变化的影响。如果没有达到需要的效果，可以按 Ctrl+Z 快捷键进行撤销操作。

1. 删除表格和表格内容

如果要删除表格中的内容，则可以选中其中的内容，然后按 Delete 键，将表格中的内容删除，而不删除表格。

删除无用的表格使用 Delete 键是不管用的，删除整个表格的方法有以下 3 种。

方法一：在表格的任意位置单击，然后在"布局"选项卡的"行和列"组中单击"删除"按钮，在弹出的下拉菜单中选择"删除表格"命令，如图 7-82 所示。此时 Word 会立即删除表格。

方法二：将鼠标指针移动到表格时，右击表格移动手柄，在弹出的快捷菜单中选择"剪切"命令，如图 7-83 所示。只要不使用"粘贴"功能，表格就不会显示了。

方法三：选择整个表格，按 Backspace 键，删除表格。

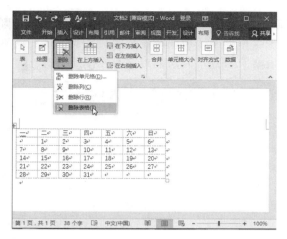

图 7-82

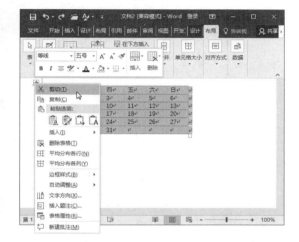

图 7-83

2. 删除行、列或单元格

要删除某行、某列或单元格，只需将光标放置到要删除的行、列或单元格中，单击"表格工具"|"布局"选项卡的"行和列"组中的"删除"按钮，在弹出的下拉菜单中即可执行操作。

使用"删除行""删除列"命令可以直接删除相对应的行、列。使用"删除单元格"命令，会弹出如图 7-84 所示的对话框。

图 7-84

可以根据选择的选项来调整删除单元格后的表格效果。如图 7-85 所示为选中"右侧单元格左移"单选按钮后的表格效果。

图 7-85

3. 插入行、列和单元格

要在表格中插入行或列，可以使用以下 3 种方法。

方法一：单击插入位置相邻的行或列，然后根据想让新行或新列出现的位置，在"表格工具"|"布局"选项卡的"行和列"组中单击▦(在上方插入)、▦(在下方插入)、▦(在左侧插入)和▦(在右侧插入)按钮。

方法二：可以通过插入控件添加行或列。移动鼠标指针到需要添加行的水平线左侧，会出现⊕图标，如图 7-86 所示。单击可添加行，如图 7-87 所示。添加列则需要移动光标到添加列的顶部垂直线上，当出现⊕图标时，单击可添加列。

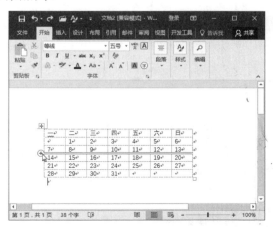

图 7-86

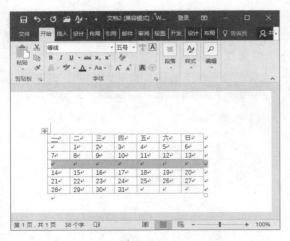

图 7-87

方法三：将光标放置到需要添加行或列的表格中，右击，在弹出的快捷菜单中选择"插入"命令，显示子菜单，从中选择合适的添加行、列和单元格命令，如图 7-88 所示。添加列后的表格效果，如图 7-89 所示。

图 7-88

注意　还可以通过单击"表格工具"|"布局"选项卡的"行和列"组中右下角的 按钮，弹出"插入单元格"对话框，从中选择需要添加的行、列和单元格条件，如图 7-90 所示。

4. 合并单元格

在 Word 的表格中，通过使用"合并单元格"命令，可以将两个或两个以上的单元格合并成一个单元格，从而制作出多种形式、多种功能的表格。合并单元格的方法有以下 2 种。

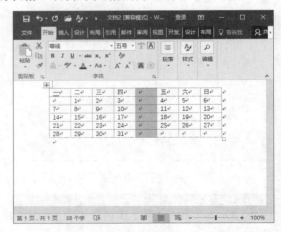

图 7-89

图 7-90

方法一：选择需要合并的单元格，单击"表格工具"|"布局"选项卡的"合并"组中的"合并单元格"按钮，如图 7-91 所示。即可将选择的单元合并成为一个单元格，如图 7-92 所示。

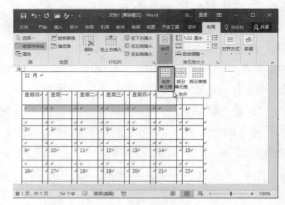

图 7-91

方法二：选择需要合并的单元格，右击，在弹出的快捷菜单中选择"合并单元格"命令，如图 7-93 所示，即可将选择的单元格进行合并。

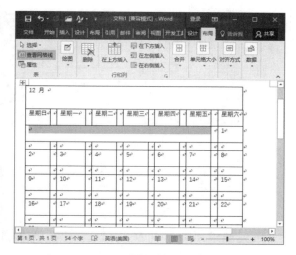

图 7-92

除了以上两种方法外，还可以通过(橡皮擦)工具对单元格的线进行擦除，如图 7-94 所示。

图 7-93

5. 拆分单元格

在 Word 文档中，通过"拆分单元格"功能可以将一个单元格拆分成两个或多个单元格。通过拆分单元格可以制作比较复杂的多功能表格，方法有以下两种。

方法一：选择要拆分的单元格，单击"表格工具"|"布局"选项卡的"合并"组中的"拆分单元格"按钮，如图 7-95 所示。弹出"拆分单元格"对话框，从中可以指定"行数"和"列数"，如图 7-96 所示。最后单击"确定"按钮，拆分出

单元格，如图 7-97 所示。

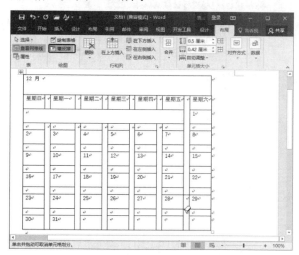

图 7-94

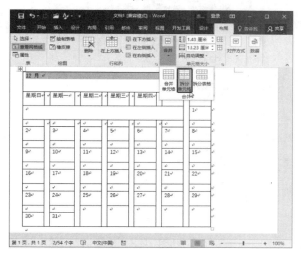

图 7-95

图 7-96

方法二：在需要拆分的单元格中单击，将其激活，然后右击，在弹出的快捷菜单中选择"拆分单元格"命令，如图 7-98 所示。同样可以打开"拆分单元格"对话框，从中可以指定"行数"和"列数"。

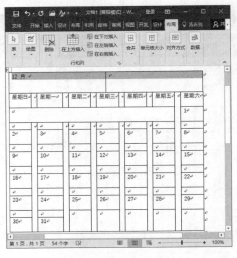

图 7-97

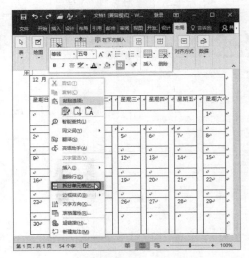

图 7-98

先选择多行或多列，再进行水平拆分通常更难控制。技巧是确保内容水平显示，并且相互之间被至少两个空格或一个制表位分隔。这仍然很麻烦，不过比使用对话框更加直截了当，而且更容易控制，结果的精度也更高。

6. 单元格的大小

当使用表格构建一个窗体时，单元格的度量有时必须很准确。当需要精确控制单元格的高度和宽度时，需要在"表格工具"|"布局"选项卡的"单元格大小"组中单击 ⬚(表格行高)和 ⬚(表格列宽)按钮，如图 7-99 所示。通过为其指定参数可以设置合适的行高和列宽。

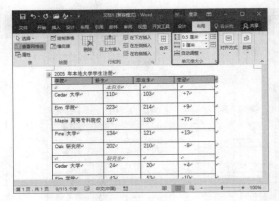

图 7-99

如果要求所有行的高度相同，可以单击 ⬚(表格行高)右侧的 ⬚(分布行)按钮。如果各行有不同的高度，该功能会确定单元格的最佳高度，并使所有选定行的高度等于此最佳高度；当没有选中行时，该功能会使表格中所有行的高度等于此最佳高度。

同样，单击 ⬚(表格列宽)右侧的 ⬚(分布列)按钮，可使列或所选列具有相同的宽度。如果不同行具有不同的高度，但不影响该功能使整个表格具有相同的宽度。

7. 对齐方式和文字方向

在"表格工具"|"布局"选项卡的"对齐方式"组中提供了 9 个单元格对齐选项，如图 7-100 所示。要更改单元格内容的水平或垂直对齐方式，需要单击或选中要更改的单元格，然后单击合适的对齐工具即可。

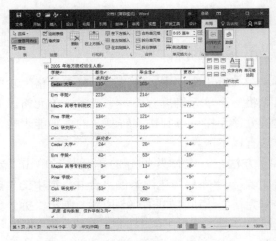

图 7-100

要控制单元格中文字的方向，可以单击"表格工具"|"布局"选项卡的"对齐方式"组中的"文字方向"按钮，设置文字的水平和垂直效果。需要注意的是，垂直的文本会使行高变宽。

8. 设置单元格的边距和间距

Word 提供了几种控制单元格边距的方法。单元格边距是单元格内容和单元格边线之间的距离。设置恰当的边距，可以避免单元格的内容过于拥挤，提高可读性。当使用表格为要在预打印窗体上打印的数据设置格式时，增加间距也可以防止数据打印到边界以外。要设置单元格边距和间距，单击"表格工具"|"布局"选项卡的"对齐方式"组中的"单元格边距"按钮，弹出如图 7-101 所示的"表格选项"对话框。

图 7-101

在该对话框的"默认单元格边距"选项组中设置当前选定表格的单元格边距，所输入的设置会应用于表格的所有单元格。

7.4.4 设置表格的排序

Word 提供了一种灵活的方法，可快速排序表格中的数据。要对表格进行排序，其具体操作步骤如下。

01 选择需要排序的表格，然后单击"表格工具"|"布局"选项卡的"数据"组中的"排序"按钮，弹出如图 7-102 所示的"排序"对话框，从中设置"主要关键字"为"列 2"，并选择"类型"为"数字"；设置"次要关键字"的"类型"为"数字"。

02 可以看到根据列 2 的数字升序排列的数据，如图 7-103 所示。

图 7-102

图 7-103

如果在"排序"对话框中没有选中列，就从"主要关键字"下拉列表中选择第一个排序字段，在"类型"下拉列表中选择"笔画""拼音""数字"或"日期"来匹配排序列中存储的数据类型。根据从 A 到 Z、从大到小或从近到远来排序，选择"升序"或"降序"。要按其他字段排序，就在"次要关键字"和"第三关键字"下拉列表中选择字段名，以包含两个排序字段，并设置类型和排列顺序。单击"选项"按钮，弹出"排序选项"对话框，进行其他设置，包括字段中使用什么分隔符、排序是否区分大小写以及排序语言等。

7.4.5 表格中的数学计算

在 Word 2016 中，可以通过"表格工具"|

"布局"选项卡的"数据"组中的"公式"按钮来执行一些计算，如图 7-104 所示。要使用该功能，应先创建一个包含公式的单元格或行，计算表格中数据的具体操作步骤如下。

01 将光标放置到计算列数据的最底端，如图 7-104 所示。

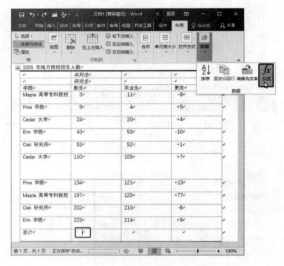

图 7-104

02 单击"表格工具"|"布局"选项卡的"数据"组中的"公式"按钮，弹出"公式"对话框，从中使用默认的公式，如图 7-105 所示。

图 7-105

"公式"文本框中的内容，可以在"粘贴函数"下拉列表中选择一个预设的函数，并在括号中指定要计算的单元格；如果需要，就从"编号格式"下拉列表中选择一个格式，这样可以对计算的数值进行编号格式处理。

03 可以得到如图 7-106 所示的数据和。

04 使用同样的方法可以求得另一列数据的和，如图 7-107 所示。

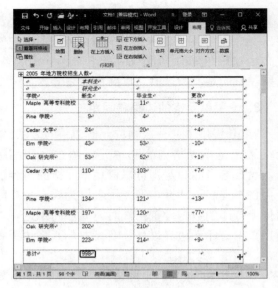

图 7-106

图 7-107

与 Excel 一样，可以使用单元格地址指定对表格中的哪些单元格进行计算，第一列是列 A，第一行为行 1。

> **提示** 如果改变了表格用于进行计算的值，就需要重新计算表格。表格公式插入形式为字段，这与 Excel 中的公式不同，它们不会自动重新计算。确保表格中的计算保持最新的方法就是单击一个单元格，单击表格移动手柄，选择整个表格，再按 F9 键。

7.4.6 修改表格设计

Word 2016 提供了一些功能强大的工具来帮助快速增强表格的外观，其中包括"表格样式"，它支持实时预览功能。本节就来介绍"表格工具"|"设计"选项卡中提供的功能，如图 7-108 所示。

图 7-108

1. 应用表格样式

Word 更新了预设的表格样式，可以通过几次单击改变任何表格的外观。这些预设表格样式提供了多种可在表格中实时预览的格式。在一个文档中包含多个表格时，使用这些样式使表格具有一致的、专业的外观。也可以修改这些样式，然后进行保存，供以后使用。

应用表格样式的具体操作步骤如下。

01 选择需要应用样式的表格，如图 7-109 所示。

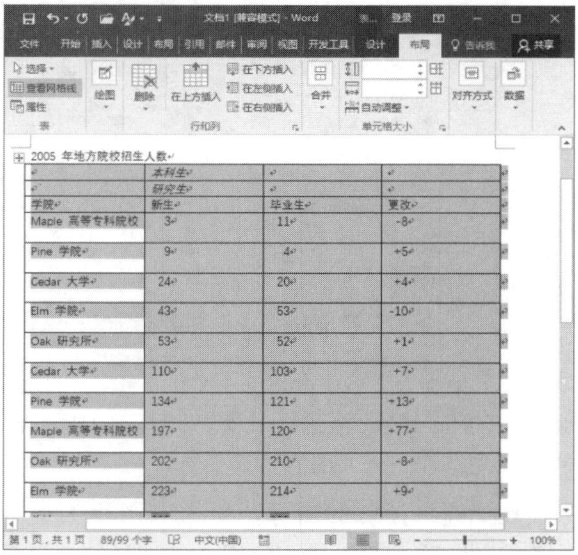

图 7-109

02 在"表格工具"|"设计"选项卡的"表格样式"组中选择一个合适的样式，如图 7-110 所示。

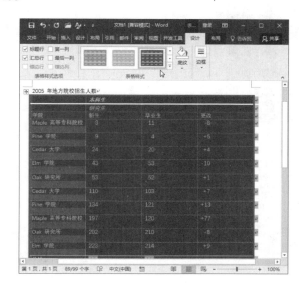

图 7-110

如果对设置的表格样式不满意，可以进行修改。如果没有喜欢的样式，可以单击表格样式右侧的 ▽(其他)按钮，Word 会打开完整的表格样式库，其中包括了"普通表格""网格表""清单表"等类型的表格样式，如图 7-111 所示。

选择"修改表格样式"命令，弹出"修改样式"对话框，可以修改当前样式，如图 7-112 所示。在该对话框中可以调整表格格式，还可以单击"格式"按钮，在弹出的下拉菜单中选择相应的命令来调整表格中段落和字体的样式。

在"表格工具"|"设计"选项卡的"表格样式选项"组中提供了 6 个选项，可将这些选项应用到表格上。对于其中一些选项，必须使用包含底纹的表格样式，而不能使用新插入表格默认

的普通表格样式。应用一个表格样式后，选中复选框就可以将对应的"表格样式选项"应用于表格；取消选中复选框则关闭对应的选项。"表格样式选项"组中的选项介绍如下。

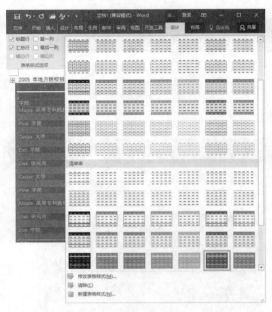

图 7-111

图 7-112

◎ 标题行：对表格顶部的一整行应用特殊格式。

◎ 第一列：对整个第一列应用特殊格式。

◎ 汇总行：对最后一行应用特殊格式。一般是该行的上边使用双线边框，对汇总

的数字使用传统的格式。但不包括该行的第一个单元格。

◎ 最后一列：对最后一列应用特殊格式，但不包括该列最上面的一个单元格。

◎ 镶边行、镶边列：行、列中交替出现底纹以创建水平、垂直条纹效果，有助于用户在表格中将注意力放到特定行、列上。

7.5 典型案例1——制作简历模板

下面将插入图片作为背景，插入文本框和艺术字作为封面；使用表格并对表格进行调整制作出简历表格。其具体的操作步骤如下。

01 新建一个空白的 Word 文档，单击"插入"选项卡的"插图"组中的"图片"按钮，在弹出的"插入图片"对话框中选择"简历背景.jpg"文件，如图 7-113 所示。单击"插入"右侧的下三角按钮，在弹出的下拉菜单中选择"插入和链接"命令，即可插入图片到文档中。

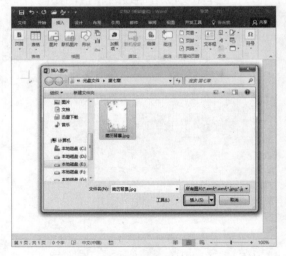

图 7-113

02 选择插入的图像，单击"图片工具"|"格式"选项卡的"排列"组中的"环绕文字"按钮，在弹出的下拉菜单中选择"衬于文字下方"命令，如图 7-114 所示。

03 在"图片工具"|"格式"选项卡的"大小"组中设置 (高度)为 30 厘米，如图 7-115 所示。

图 7-114

图 7-115

图 7-116

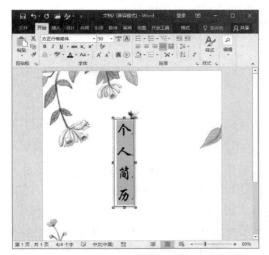

图 7-117

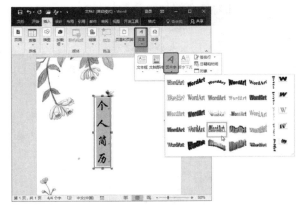

图 7-118

04 单击"插入"选项卡的"文本"组中的"文本框"按钮，在弹出的下拉菜单中选择"简单文本框"，如图 7-116 所示。

05 插入文本框后，在文本框中输入文本，并设置合适的字体和大小，如图 7-117 所示。

06 选择文本，单击"插入"选项卡的"文本"组中的 ▲(艺术字)按钮，在弹出的下拉面板中选择一种艺术字格式，如图 7-118 所示。

07 选择合适的艺术字类型，弹出"编辑艺术字文字"对话框，从中设置字体和大小，如图 7-119 所示。

图 7-119

08 设置的艺术字效果如图 7-120 所示。

图 7-120

09 选择艺术字外侧的文本框，在"绘图工具"|"格式"选项卡的"文本框样式"组中设置无填充和无轮廓，如图 7-121 所示。

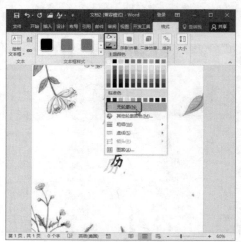

图 7-121

10 单击"插入"选项卡的"文本"组中的"文本框"按钮，在弹出的下拉菜单中选择"简单文本框"，插入并调整文本框的位置，如图 7-122 所示。

图 7-122

11 在文本框中输入文字，设置文字的字体和大小，设置文本框的无填充和无轮廓，如图 7-123 所示。

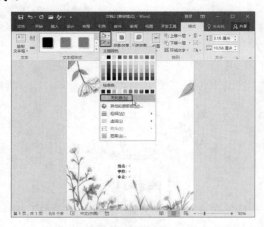

图 7-123

12 选择如图 7-124 所示的文字，设置字体和大小，并设置行间距。

13 选择如图 7-125 所示的文字，单击"插入"选项卡的"表格"组中的"表格"按钮，在弹出的下拉菜单中选择"文本转换成表格"命令。

14 在弹出的"将文字转换成表格"对话框中设置"列数"为 1，"行数"为默认的 3，单击"确定"按钮，如图 7-126 所示。

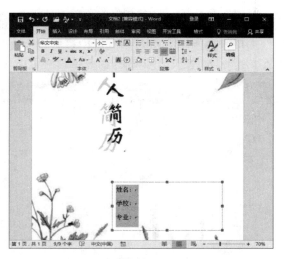

图 7-124

图 7-125

图 7-126

15 将文本转换为表格后，在"表格工具"|"设计"选项卡的"表格样式"组中选择一种合适的样式，如图 7-127 所示。

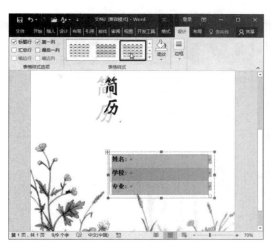

图 7-127

16 继续选择文本转换为表格后的表格，在"表格工具"|"设计"选项卡的"边框"组中单击"边框"按钮，在弹出的下拉菜单中选择"无边框"命令，如图 7-128 所示。

图 7-128

17 单击"插入"选项卡的"页面"组中的"空白页"按钮，插入一个空白页，如图 7-129 所示。

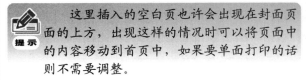

这里插入的空白页也许会出现在封面页面的上方，出现这样的情况时可以将页面中的内容移动到首页中，如果要单面打印的话则不需要调整。

18 在空白页中，单击"插入"选项卡的"表格"组中的"表格"按钮，在弹出的下拉菜单中选择"插入表格"命令，在弹出的"插入表格"对话框中设置"列数"为 7、"行数"为 21，如

图 7-130 所示。单击"确定"按钮，即可插入表格。

图 7-129

图 7-130

19 在表格中输入文字，选择需要合并的表格，单击"表格工具"|"布局"选项卡的"合并"组中的"合并单元格"按钮，如图 7-131 所示。

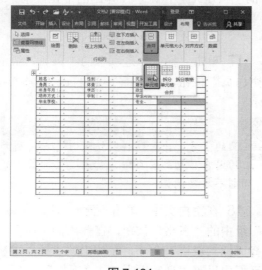

图 7-131

20 选择所有的表格，在"表格工具"|"布局"选项卡的"单元格大小"组中设置"高度"为 0.7 厘米，如图 7-132 所示。适当调整一下字体。

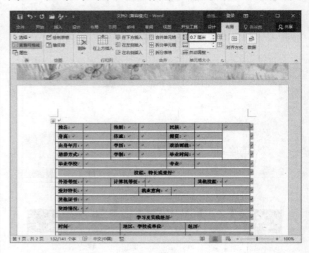

图 7-132

21 在表格中输入合适的文本后，接着在"表格工具"|"布局"选项卡的"对齐方式"组中设置文本的居中效果，如图 7-133 所示。

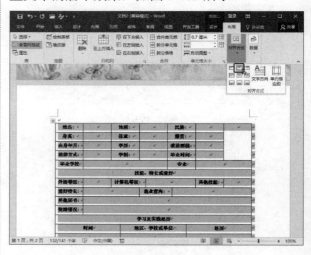

图 7-133

22 在表格的顶部添加文本，设置字体和字号，并设置文本的居中，如图 7-134 所示。

23 调整最后一个表格行的高度，完成后的简历模板如图 7-135 所示。

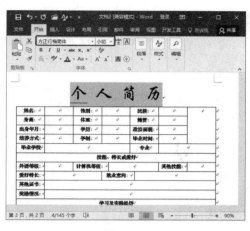

图 7-134

图 7-135

7.6 典型案例2——制作使用说明

下面使用插入图片、文本框艺术，通过设置图片的透明色，设置文字的艺术字，最后添加并设置文字的效果，完成使用说明的制作。其具体的操作步骤如下。

01 首先新建一个空白文档，单击"布局"选项卡的"页面设置"组中的"纸张大小"按钮，在弹出的下拉菜单中选择"32开"命令，如图7-136所示。

图 7-136

02 单击"布局"选项卡的"页面设置"组中的"页边距"按钮，在弹出的下拉菜单中选择"窄"命令，如图7-137所示。

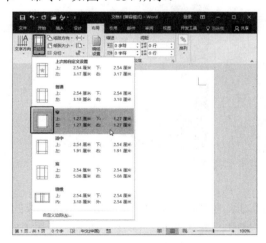

图 7-137

03 单击"插入"选项卡的"插图"组中的"图片"按钮,在弹出的"插入图片"对话框中选择需要插入的"药品说明背景.jpg"文件,如图 7-138 所示。

图 7-138

04 选择插入的图像,单击"图片工具"|"格式"选项卡的"排列"组中的"环绕文字"按钮,在弹出的下拉菜单中选择"衬于文字下方"命令,如图 7-139 所示。

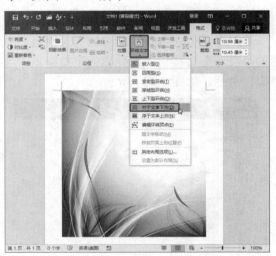

图 7-139

05 在"图片工具"|"格式"选项卡的"大小"组中设置"高度"为 18.5 厘米、设置"宽度"为 13.02 厘米,如图 7-140 所示。

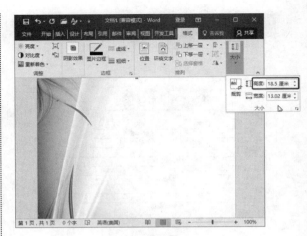

图 7-140

06 单击"插入"选项卡的"插图"组中的"图片"按钮,在弹出的"插入图片"对话框中选择"保健食品.jpg"和"药片.jpg"两个文件,如图 7-141 所示。单击"插入"右侧的下三角按钮,在弹出的下拉菜单中选择"插入和链接"命令,即可插入图片。

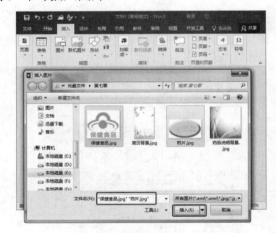

图 7-141

07 插入图片后,设置图片的"高度"为 1.51 厘米,如图 7-142 所示。

08 选择图片"药片.jpg",在"图片工具"|"格式"选项卡的"调整"组中单击"重新着色"按钮,在弹出的下拉菜单中选择"设置透明色"命令,如图 7-143 所示。设置图像中白色背景为透明。

09 设置透明色后,将两个图片互换位置,效果如图 7-144 所示。

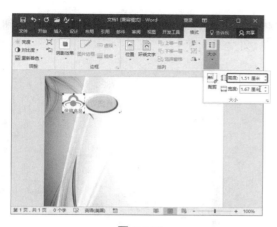

图 7-142

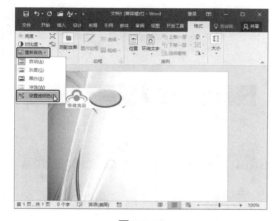

图 7-143

10 单击"插入"选项卡的"文本"组中的"文本框"按钮，在弹出的下拉菜单中选择"绘制文本框"命令，如图 7-145 所示。

图 7-144

11 在文档中创建文本框后，在文本框中输入文本，并设置文本的字体和大小，最后设置文本框为无边框和无填充，如图 7-146 所示。

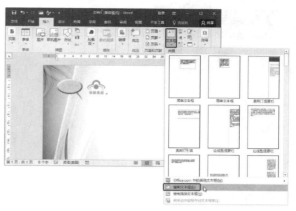

图 7-145

图 7-146

12 继续在文档中绘制文本框，如图 7-147 所示。

图 7-147

13 设置文本框的无边框效果，如图 7-148 所示。

图 7-148

14 在文本框中输入文本，如图 7-149 所示。

图 7-149

15 继续插入文本框，并在文本框中输入文字，设置文本的字体和大小，如图 7-150 所示。

16 在文档中选择如图 7-151 所示的文本框，在"绘图工具"｜"格式"选项卡的"三维效果"组中单击"三维效果"按钮，在弹出的下拉面板中选择合适的预设效果。

17 选择标题文字，并单击"插入"选项卡的"文本"组中的 ◢ (插入艺术字)按钮，在弹出

的对话框中设置艺术字属性，单击"确定"按钮，如图 7-152 所示。

图 7-150

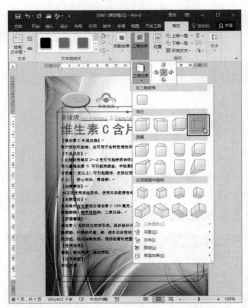

图 7-151

图 7-152

18 选择艺术字，设置一个合适的艺术字阴影效果，如图 7-153 所示。

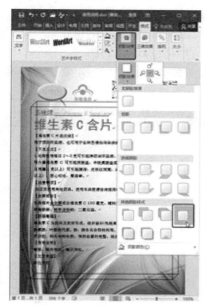

图 7-153

19 最终完成后的效果如图 7-154 所示。

图 7-154

7.7 本章小结

本章介绍了为文档添加图片、形状、SmartArt 图形、表格等的方法，使制作的文档更加简明扼要、生动多彩。

通过对本章的学习，用户可以通过实例的形式熟悉如何插入图片、形状、SmartArt 图形等。

第8章　页眉、页脚和目录的创建与生成

页眉、页脚是每个页面的上下页边距中的区域，但这个描述并不完整。在 Word 中，页眉和页脚是文档中的不同层，通常隐藏在正文区域的后面。它们通常分别显示在页面的顶部和底部。

而目录是根据标题排列成的标题列，通过这些标题可以快速找到相应的文档内容在多少页，这就是目录的优点。

8.1　文档的页眉页脚

在页面视图下，页眉和页脚层中的文字通常在文档的顶部、顶部或侧边，显示为灰色。双击这些区域，可以进行编辑，即使这些区域中不包含文字也同样如此，这会使页眉和页脚处于编辑状态，如图 8-1 所示。

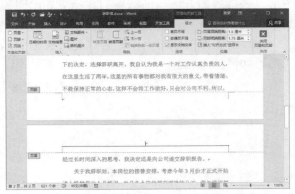

图 8-1

页眉页脚也会在打印预览中显示。但因为打印预览应该显示文档的打印输出效果，所以页眉和页脚没有以灰色显示并与正文隔开。这里需要注意的是，在"预览视图"和"打印预览"下，不能对正文和页眉页脚中的文字进行正常的编辑操作。

8.1.1　插入库中的页眉和页脚

Word 提供了许多不同的工具，用来控制显示

和格式化页眉和页脚的方式。

用户分别单击"插入"选项卡的"页眉和页脚"组中的"页眉"和"页脚"按钮。来创建编辑页眉和页脚。单击两个按钮之一，会显示预定义的页眉或页脚库，如图 8-2 所示。通过滚动条，找到需要的预设页眉或页脚，然后单击，可将其插入到文档中。

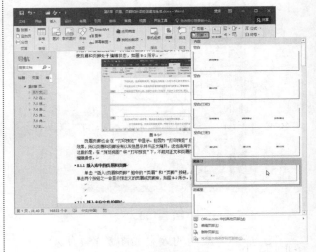

图 8-2

激活页眉或页脚区域后，主要的编辑空间集包含在"页眉页脚工具"|"设计"选项卡中，如图 8-3 所示。在文档中双击页眉或页脚区域，也可以显示"页眉页脚工具"|"设计"选项卡。

图 8-3

在"页眉页脚工具"|"设计"选项卡的"导航"组中的"转至页眉"和"转至页脚"按钮，用于在页眉和页脚区域之间快速地来回切换。

<table>
<tr><td>注意</td><td>虽然页眉和页脚中的内容也可以放置到侧边距中，但不能通过双击侧边距来打开页眉和页脚区域进行编辑。双击方法只适合上下页边距。</td></tr>
</table>

8.1.2　编辑页眉页脚

插入页眉和页脚后，就会显示"设计"选项卡，从中可以为页眉和页脚设置预设样式，也可以对页眉和页脚进行编辑。

1. 链接到前一条页眉

文档中不同的节可以包含不同的页眉和页脚。当对给定的页眉或页脚设置"链接到前一条页眉"时，该页眉或页脚会与前一节相同。默认情况下，在文档中添加一个新节时，新节会沿用前一节的页眉和页脚。

要取消当前选定页眉或页脚与前一节的页眉或页脚的链接，可以单击"页眉和页脚工具"｜"设计"选项卡的"导航"组中的"链接到前一条页眉"按钮，将其关闭。

任何节的页眉和页脚都有单独的"链接到前一条页眉"设置。对于所有新创建的节，"链接到前一条页眉"一开始都是打开的，当为某个页眉关闭它时，对应的页脚仍继续链接到前一个页脚，这样可以更好地控制文档信息的显示方式。

2. 首页不同

大多数正式报告和许多正式文档都不在首页使用页码。为使用户不必在这类文档中创建多个节，Word 允许在首页使用例外设置。要对特定的节启用这个选项，首先打开该节的页眉或页脚，然后在"页眉和页脚工具"｜"设计"选项卡的"选项"组中选中"首页不同"复选框。

选中"首页不同"复选框后，可以对首页的页眉或页脚进行单独的修改。

3. 奇偶页不同

不使用分节符，也可以让 Word 在奇偶页具有不同的页眉和页脚。在出版物中经常会用到该功能，使页眉或页脚总是靠近纸张的边缘——右

侧页面、左侧页面。要控制是否启用这个功能，可以在"页眉和页脚工具"｜"设计"选项卡的"选项"组中选中"奇偶页不同"复选框。与"首页不同"选项相同，这个选项也应用于节中的页眉和页脚，而不是单独针对所有页眉和页脚设置。如图 8-4 所示，可以建立页眉或页脚，互相镜像，例如放置页码在页面的外边缘上互相镜像。

图 8-4

4. 显示文档文字

有时文档文字会分散注意力，导致难以辨别页眉和页脚文字，如果在页眉或页脚区域使用了灰色字体，这种情况尤其严重。显示出来的文档文字也使访问页眉和页脚层的图形辨别变得更加困难。

"显示文本文字"选项默认是启用的。要隐藏文档文字，需在"页眉和页脚工具"｜"设计"选项卡的"选项"组中取消"显示文档文字"选项的勾选。

5. 设置纸张边距

如果页眉或页脚在页边距中延伸得太远，Word 并不会发出警告，但此时，整个页眉和页脚会被切断。在"打印预览"中可能看起来一切正常，但是部分页眉或页脚会在打印结果中被剪掉。

设置纸张边距可在"页眉和页脚工具"｜"设计"选项卡的"位置"组中进行，其中可以通过"设置页眉顶端距离"和"设置页眉底端距离"两个选项控制文档。如果发现页眉或页脚被切断，可确定有多少被切断，然后留出相应的空间。

8.2　插入页码

要向现有页眉或页脚中添加页码，具体的操作步骤如下。

01 首先打开一个准备好的文件，单击"插入"选项卡的"页眉和页脚"组中的"页码"按钮，弹出下拉菜单，从中选择页码的位置，如图 8-5 所示。可以将页码放置到页面顶端、页面底端、页边距中的位置以及光标所在位置的当前位置。当在预设中没有需要的格式时，可以选择"设置页码格式"命令。

02 在弹出的"页码格式"对话框中设置页码格式，如图 8-6 所示。

03 完成设置后，单击"确定"按钮，可以应用设置好的页码样式。

当添加页码后，如果对当前页码格式不满意，可以单击"插入"选项卡的"页眉和页脚"组中

的"页码"按钮，在弹出的下拉菜单中选择"删除页码"命令，可以将添加的页码删除。然后在库中选择需要的预设页码，或重新设置页码格式。

图 8-5

图 8-6

> **提示**　Word 自动编号每个页面，但如果用户不满意，可以更改。例如，如果不希望页码出现在文档的第一页上，可双击页面的顶部或底部，打开"页眉和页脚工具设计"选项卡，然后选择不同的第一页。有关更多选项，可单击"插入"选项卡的"页面和页脚"组中的"页码"按钮，选择"设置页码格式"命令，在弹出的"页码格式"对话框中进行设置。

8.3　生成目录

Word 能查找标题并将其用于构建目录，同时可以在用户更改标题文本、序列或级别的任何时候更新目录。

8.3.1 设置标题级别

若要创建易于保持最新状态的目录，请首先将标题样式(例如标题 1 和标题 2)应用于要包括在目录中的样式。在文档中添加标题的最简单方法就是应用标题样式。

首先打开一个文档，如图 8-7 所示。可以在导航栏的标题窗口中发现目录的标题非常没有条理性，要为该文档设置一个统一的格式，必须要将所有的文本样式设置为"正文"，如图 8-8 所示。

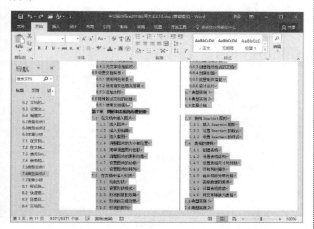

图 8-7

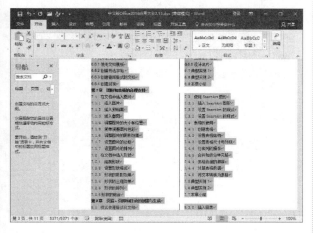

图 8-8

为标题设置"标题 1"样式，如图 8-9 所示。然后使用 ✔(格式刷)工具，快速设置标题格式。使用同样的方法设置"标题 2"样式。可以在导航栏的标题窗口中看到设置好的标题和正文层

次，如图 8-10 所示。

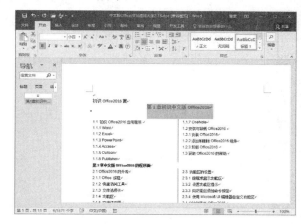

图 8-9

图 8-10

8.3.2 添加目录

通过 8.3.1 节中设置标题之后，就可以通过标题设置添加目录了，具体的操作步骤如下。

01 在需要插入目录的位置插入光标，单击"引用"选项卡的"目录"组中的"目录"按钮，在弹出的下拉菜单中可以选择"手动目录"或"自动目录"两种创建目录的方式，还可以选择预设的目录样式，如图 8-11 所示。

如果用户选择"手动目录"，Word 将插入占位符文本以创建目录外观，但还需要手动添加目录的表格和页数。一般不建议使用"手动目录"的。注意，"手动目录"不会自动更新。

用户可以自定义目录的显示方式。例如，可以更改字体、设置要显示的标题级别数以及是否

显示条目和页码之间的虚线等。

图 8-11

02 这里选择使用"自动目录",创建目录,如图 8-12 所示。

图 8-12

8.3.3 更新目录

创建目录后,目录也不是一成不变的,可以通过更改正文中的标题,并使用"更新目录"工具来更新修改的标题到目录中,具体操作步骤如下。

01 打开需要更改目录的文档,然后修改标题。

02 修改标题后,单击"引用"选项卡的"目

录"组中的"更新目录"按钮,即可将更改的标题更新显示在目录中。

8.4 典型案例 1——制作页眉和页脚

下面通过一个案例来介绍如何添加页眉和页脚,并对页眉和页脚进行调整,具体操作步骤如下。

01 打开预先创建的文档,如图 8-13 所示。

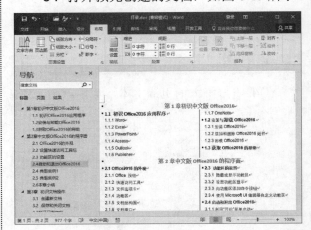

图 8-13

02 单击"插入"选项卡的"页眉和页脚"组中的"页眉"按钮,进入编辑页眉模式,如图 8-14 所示。

图 8-14

03 在页眉的位置输入文字,如图 8-15 所示。

图 8-15

04 选择插入的页眉文本，单击"插入"选项卡的"文本"组中的 **A** (插入艺术字)按钮，选择一种合适的字体样式，如图 8-16 所示。

图 8-16

05 如需修改页眉中艺术字体的效果，单击"艺术字工具" | "格式"选项卡的"文字"组中的"编辑文字"按钮，打开如图 8-17 所示的对话框，从中设置艺术字的字体和大小。

06 设置艺术字后的效果如图 8-18 所示。

07 选择页眉，并将闪烁的光标放置到页眉的左侧，按 Backspace 键，将页眉位置调整为靠左，如图 8-19 所示。

08 在"设计"选项卡的"导航"组中单击"转至页脚"按钮，将其转至页脚处，如图 8-20

所示。

图 8-17

图 8-18

图 8-19

09 在页脚左侧处，单击"设计"选项卡的"插入"组中的"日期和时间"按钮，弹出"日期和时间"对话框，如图 8-21 所示。在弹出的"日期和时间"对话框中选择一个合适的日期格式，单击"确定"按钮。

图 8-20

图 8-21

10 继续在页脚的位置添加页码。单击"设计"选项卡的"插入"组中的"页码"按钮，在弹出的下拉菜单中选择"页面底端"命令，在二级列表中设置页码的预设样式，如图 8-22 所示。

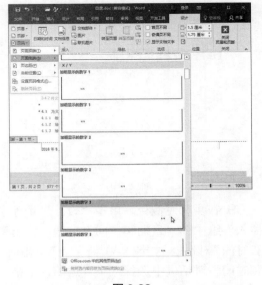

图 8-22

11 看一下插入的页脚效果，如图 8-23 所示。

图 8-23

12 设置完成后的文档效果如图 8-24 所示。

图 8-24

8.5　典型案例2——添加目录

下面通过一个案例来介绍如何在文档中添加目录和更新目录，具体操作步骤如下。

01 打开预先创建的文档，如图 8-25 所示。

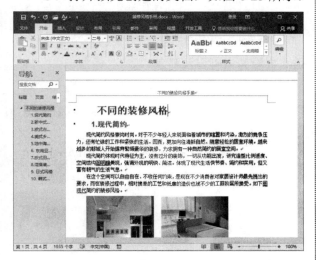

图 8-25

02 单击"引用"选项卡的"目录"组中的"目录"按钮，在弹出的下拉菜单中选择"自动目录 1"命令，如图 8-26 所示。

图 8-26

03 创建完成目录后，可以对正文中的标题进行修改，如图 8-27 所示。

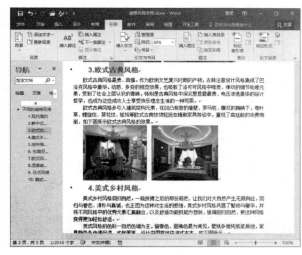

图 8-27

04 选择目录，单击"更新目录"按钮，可以将修改的标题更新到目录中，如图 8-28 所示。

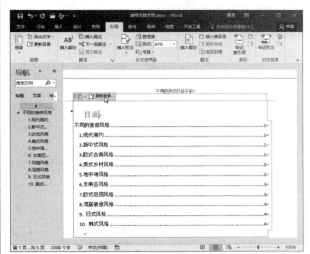

图 8-28

05 弹出如图 8-29 所示的对话框，从中可以根据情况选择"只更新页码"或"更新整个目录"选项，这里选择"更新整个目录"，单击"确定"按钮。

06 更新后的目录如图 8-30 所示。

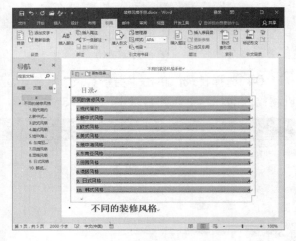

图 8-29

8.6 本章小结

本章介绍了为文档添加页眉和页脚以及页码的方法，并介绍如何设置生成目录。通过添加和设置页眉、页脚，在页眉和页脚中添加标题或书名；通过创建目录来制作图书和文档的向导。

通过对本章的学习，用户可以熟练掌握如何插入页眉和页脚以及目录。

图 8-30

第9章 Word 的其他设置和打印输出

本章将主要介绍 Word 中的题注、索引、域以及打印输出等操作。

9.1 设置题注和索引

题注是可以添加到表格、图表、公式或其他项目上的编号标签，例如"图表 1""表格 1-1"等。

题注位于"引用"选项卡的"题注"组中，其中的"交叉引用"工具不仅仅限于题注，既可以使用它引用题注项目，也可以使用它引用给其他任何内容。通过使用 Word 的题注和交叉引用特性，可以使它们的编号正确、自动更新、按需要增加或减少。

9.1.1 插入题注

要插入题注，在"引用"选项卡的"题注"组中单击"插入题注"按钮，弹出如图 9-1 所示的"题注"对话框。可以使用"题注"对话框插入题注、新建题注标签、建立题注编号或者自动插入题注。

图 9-1

如果选定了某种类型的对象，则"位置"选项变得可用，以便能选择"所选项目下方"或"所选项目上方"选项。无论选定了什么类型的对象，Word 都将建议最近选择的"标签"，如果是第一次访问，则默认是"图表"。所建议的编号策略也是现成的，默认是最常用的 1、2、3……

如果一切内容都满足要求，则单击"确定"按钮，插入题注。

如果图表题注的标签不正确，可在"标签"下拉列表中进行选择。Word 默认提供了 3 个标签选项：公式、图表和表格。然而并不仅限于这 3 种标签，要添加自己的标签，可以单击"新建标签"按钮，弹出"新建标签"对话框，从中输入自己想要创建的标签名称，如图 9-2 所示。

图 9-2

9.1.2 插入表目录

为文档中的图表、公式和表格插入题注之后，即可使用"插入表目录"工具插入一个图表目录，其具体操作步骤如下。

01 首先，打开一个文档，为其文档中的图像添加题注，如图 9-3 所示。

图 9-3

02 创建题注后，单击"引用"选项卡的"题注"组中的"插入表目录"按钮，弹出"图表目录"对话框，如图 9-4 所示。从中可以设置是否在插入的目录中显示页码、目录的对齐方式，可以选择"制表符前导符"的类型，并设置"常

规"选项组中的各项参数，设置完成后单击"确定"按钮。

图 9-4

03 插入的表目录如图 9-5 所示。

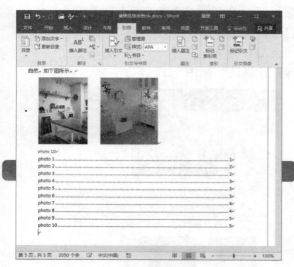

图 9-5

04 如果对文档中的题注修改了，可以单击"引用"选项卡的"题注"组中的"更新表格"按钮，对表目录进行更新。

9.1.3 交叉引用

平时使用 Word 2016 编辑文档时，使用交叉引用功能可在文档中建立一些直接返回目录的链接，这对于阅读浏览是十分方便的。

创建交叉引用的具体操作步骤如下。

01 打开一个预先准备好的文档，如图 9-6 所示。

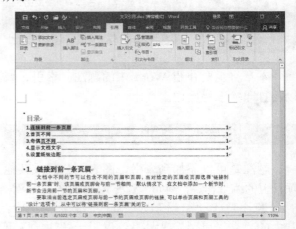

图 9-6

可以看到该文档中有创建的手动目录，也有创建项目编号的列表，通过该文档为目录创建交叉引用。

02 单击"引用"选项卡的"题注"组中的"交叉引用"按钮，弹出如图 9-7 所示的对话框，从中设置"引用类型"和"引用内容"。

图 9-7

03 在文档中的目录，选择需要替换掉的引用内容文字，并选择相应的编号项，单击"插入"按钮，插入交叉引用文字。使用同样的方法，将目录中的所有引用文替换为引用内容，如图 9-8 所示。

04 将光标放置在创建交叉引用之后的文本上，会出现提示"当前文档，按住 Ctrl 并单击可以访问链接"，如需链接到相应的项目编号上，按住 Ctrl 键单击，如图 9-9 所示。

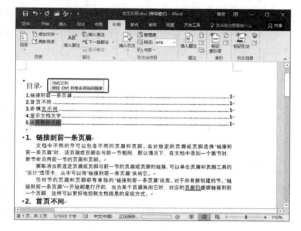

图 9-8

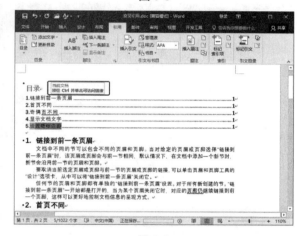

图 9-9

05 单击之后，文档即可转到相应的链接文档段落，如图 9-10 所示。

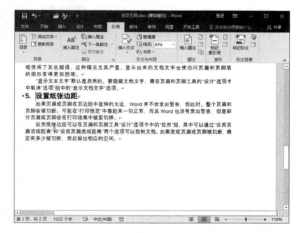

图 9-10

9.1.4　创建索引

索引是根据一定需要，把书刊中的主要概念或各种题名摘录下来，标明出处、页码，按一定次序分条排列，以供人查阅的资料。它是图书中重要内容的地址标记和查阅指南。

创建索引的具体操作步骤如下。

01 打开预先准备好的文档，从中选择诗名称、朝代和作者，如图 9-11 所示。

图 9-11

02 单击"引用"选项卡的"索引"组中的"标记索引项"按钮，在弹出的"标记索引项"对话框中选择需要的索引选项，单击"标记"按钮，如图 9-12 所示。

图 9-12

03 标记的索引项如图 9-13 所示。

04 在文档底部的空白行中插入光标，如图 9-14 所示。单击"引用"选项卡的"索引"组中的"插入索引项"按钮。

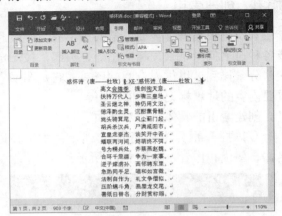

图 9-13

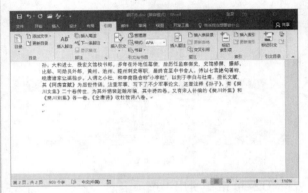

图 9-14

05 弹出"索引"对话框，从中设置需要的选项，单击"确定"按钮，如图 9-15 所示。

图 9-15

06 插入的索引项如图 9-16 所示。可以看到索引项后跟着数字，这个数字是表示索引项的页码。

图 9-16

07 要想取消索引项，只需在"开始"选项卡中单击"段落"组中的（显示/隐藏编辑标记)按钮，将其弹起，隐藏标记。如图 9-17 所示为隐藏标记后插入的索引。

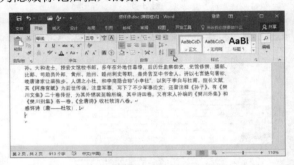

图 9-17

08 隐藏标记后的索引，如图 9-18 所示。

图 9-18

9.1.5 插入书签

书签用于标识文档中的特定单词、部分或位置，用户无须滚动浏览文档，即可轻松找到内容。

若要添加书签，首先应在文档中标记要定位到的位置，然后可以跳转到该位置，或者在文档中添加指向该位置的链接。

插入书签的具体操作步骤如下。

01 继续使用上一节的文档，在文档中选择需要设置为书签的文字，如图 9-19 所示。

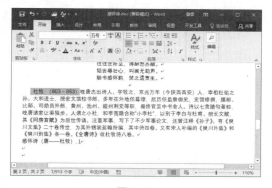

图 9-19

02 单击"插入"选项卡的"链接"组中的"书签"按钮，弹出如图 9-20 所示的对话框，在"书签名"文本框中输入"作者简介"，单击"添加"按钮。

图 9-20

03 为了方便介绍，这里再选择诗标题，如图 9-21 所示。

图 9-21

04 单击"插入"选项卡的"链接"组中的"书签"按钮，弹出如图 9-22 所示的对话框，在"书签名"文本框中输入"感怀诗"，单击"添加"按钮。

图 9-22

05 插入标签后，单击"插入"选项卡的"链接"组中的"书签"按钮，在"书签"对话框中的"书签名"列表框中可以选择标签名称，单击"定位"按钮，即可定位到相应的标签名位置，如图 9-23 所示。

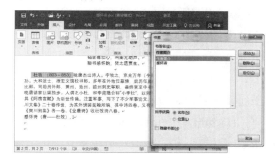

图 9-23

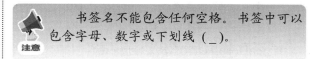
> 书签名不能包含任何空格。书签中可以包含字母、数字或下划线（_）。

除了使用"书签"对话框定位外，还可以通过"查找和替换"对话框查找标签，如图 9-24所示。选择相应的书签，单击"定位"按钮即可。

图 9-24

9.2 数据文档和邮件合并

本节将介绍数据文件的类型和格式，介绍如何在 Word 中给邮件合并文档创建新列表，介绍开始邮件合并以及组合数据文档等内容。

9.2.1 数据文件格式

Word 允许使用各种格式的数据。可以在 Word 中直接创建数据源，作为邮件合并过程的一部分；也可以使用已有的数据源。如果使用现有的数据文档，文件格式选项包含如下：

Outlook 联系人；

Office 数据库连接(*.odc)；

Access 2010 及以后版本的数据库(*.accdb，*.accde)；

Access 2007 数据库(*.mdb，*.mde)；

Microsoft Office 地址列表(*.mdb)；

Microsoft Office List Shortcuts(*.ols)；

Microsoft 数据链接(*.udl)；

ODBC 文件 DSN(*.dsn)；

Excel 文件(*.xlsx，*.xlsm，*.xlsb，*.xls)；

网页(*.htm，*.html，*.asp，*.mht，*.mhtml)；

RTF 格式(*.rtf)；

Word 文档(*.docx，*.doc，*.docm，*.dot)；

文本文件(*.txt，*.prn，*.csv，*.tab，*.asc)；

数据库查询(*.dqy，*.rqy)；

OpenDocument 文本文件(*.odt)。

大多数数据源格式的使用方式都类似，所以不必详细介绍每种类型。在本节中将介绍最常用的格式。

在"邮件"选项卡的"开始邮件合并"组中单击"选择收件人"按钮，弹出的下拉菜单如图 9-25 所示。

图 9-25

9.2.2 输入新列表

在 Word 中给邮件合并文档创建新列表("数据文档"的一种常见委婉说法)的具体操作步骤如下。

01 切换到"邮件"选项卡，在"开始邮件合并"组中单击"选择收件人"按钮，在弹出的下拉菜单中选择"键入新列表"命令，弹出如图 9-26 所示的"新建地址列表"对话框，从中根据项目添加数据。

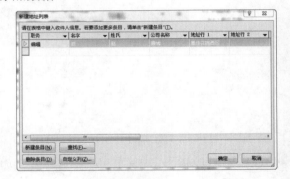

图 9-26

02 要接受当前项，输入新记录，单击"新建条目"按钮。

03 要删除项目，可以将其选中，单击"删除条目"按钮。

04 输入完成数据后，单击"确定"按钮。在弹出的"保存通讯录"对话框中提示将文件保存为 Microsoft Office 通讯录，如图 9-27 所示，这是唯一的保存类型选项。

图 9-27

9.2.3 选择数据文件类型

确保建立了数据文件后，就可以处理主数据文档了。打开要使用的文档，或者开始一个新的空白文档。要选择数据文档的类型，需要在"邮件"选项卡的"开始邮件合并"组中单击"开始邮件合并"按钮，弹出下拉菜单，如图 9-28 所示，从中选择要创建的文件类型。

图 9-28

如果想让用户逐步完成该过程，可以选择"开始邮件合并"下拉菜单中的"邮件合并分布向导"命令。如果不熟悉邮件合并过程，可使用该命令。

有时出于某种原因，Word 文档会与某个数据文件关联起来，但是又需要将文档还原为普通的非邮件合并状态。为此，在"邮件"选项卡的"开始邮件合并"组中选择"开始邮件合并"|"普通 Word 文档"命令。需要注意，在恢复为普通文档后，"邮件"选项卡中几个原来可用的工具会变为灰色，表示不可用。如果以后决定再次将文档变为数据文档，那么还需要重新建立数据链接。

9.2.4 组合数据文档

无论用户选择哪种文档类型(信函、电子邮件、信封、标签或目录)，组合数据文档的过程都是类似的。但对于每页包含多条记录的文档，还需要考虑其他一些因素。我们将在讨论各种数据文档类型共有的元素后，再单独介绍这些因素。

在使用合并功能设计打算发送给多个收件人的信函或电子邮件时，要根据自己的想法创建文档的草稿，并使用放在方括号中的占位符表示与目标收件人有关的信息，完成后，可以开始编辑文档，并用合并域替换占位符。

1. 添加合并域

在使用"开始邮件合并"功能设置好数据文档类型后，使用"选择收件人"功能将某个数据库与该数据文档关联起来，并将收件人列表或记录缩小到计划使用的那些，然后设置数据文档的草稿。

要插入合并域，首先要将插入点放置到要显示域的位置。在"邮件"选项卡的"编写和插入域"组中单击"插入合并域"按钮，弹出下拉菜单，如图 9-29 所示，选择要插入的域。结合使用文本和插入的合并域，完成文档的组合和编写。

图 9-29

2. 地址块

用户可以在 Word 中插入"地址块"域。地址块包含了多个元素，可以在"插入地址块"对话框中选择这些元素。要确定地址块包含的内容，可以把插入点放在要插入域的地方，单击"邮件"选项卡的"编写和插入域"组中的"地址块"按钮，弹出"插入地址块"对话框，如图 9-30所示。

该对话框中包含了 3 个区域，用于选择、预览和更正地址块信息，根据提示进行选择，然后单击"确定"按钮。

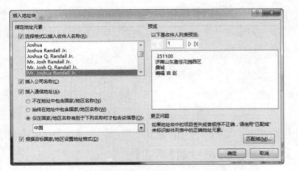

图 9-30

◎ 指定地址元素：该选项组将告诉 Word
  如何定义地址块。地址块中可以包含收
  件人名称、公司名称、通信地址以及国
  家或地区。根据需要，可以选择不在地
  址中包含国家或地区名称，在地址中始
  终包含国家或地区名称或者只在与所选
  国家或地区不同时才将它包含进来。还
  可以 Word 根据目的地国家或地区设置
  地址格式。

◎ 预览：使用◁(第一条)、◁(上一条)、▷(下
  一条)和▷|(最后一条)按钮可以使用选定
  选项来预览地址。预览地址是一种很好
  的做法，可以防止地址中有些部分的处
  理方式和预想的不同，或者由于数据丢
  失而造成地址块中存在断开的地方。

◎ 更正问题：如果预览的结果和预期不同，
  需要单击"匹配域"按钮，使用"匹配
  域"对话框中的下拉列表来更改列出的
  每个字段所关联的不同的数据元素，如
  图 9-31 所示。如果打算以后为同一个数
  据库或包含相同域名的其他数据库重复
  使用该地址块数据，需要启用"记住该
  组数据源在此计算机上的上述匹配关
  系"复选框，然后单击"确定"按钮。

3. 匹配域

如果预览收件人和合并的数据仍然不匹
配，就单击"邮件"选项卡的"编写和插入域"
组中的"匹配域"按钮，显示如图 9-31 所示"匹
配域"对话框。根据需要来更改数据源中的指定

域，匹配 Word 给合并元素使用的域名，单击"确
定"按钮。

图 9-31

4. 问候语

"问候语"与"地址块"域一样，"问候语"
合并域也是各种数据元素和纯文本的集合，用于
节省撰写数据文档时的输入时间。在"邮件"选
项卡的"编写和插入域"组中单击"问候语"按
钮，弹出如图 9-32 所示的"插入问候语"对话框。
使用"问候语格式"选项建立问候语，并给无效
的收件人姓名使用问候语，单击预览按钮，使用
实际数据测试选定的问候语选项。如果出现问题，
可以单击"匹配域"按钮，使用前面所示的控件
将"问候语"组件与正确的合并数据域关联起来，
单击"确定"按钮，返回到"插入问候语"对话
框中，单击"确定"按钮，将"问候语"域代码
放在插入点处。

图 9-32

5. 规则

在组合数据文档时，有时需要控制或修改数据和记录的处理方式。Word 提供了如图 9-33 所示的 9 种命令来帮助完成这些操作。在"邮件"选项卡的"编写和插入域"组中单击"规则"按钮，在弹出的下拉菜单中的条目显示了规则关键字在数据文档中的显示方式。

图 9-33

这些规则与特定的 Word 域代码关联在一起。其中许多域都提供对话框支持，这些对话框帮助正确地使用规则语法，使这些域更容易理解和使用。

6. 更新标签

如果数据文档的类型是标签，将域正确填入文档的过程有些不同，在"开始邮件合并"下拉列表中选择"标签"选项后，会显示"标签选项"对话框，以便选择标签类型和其他选项，然后单击"确定"按钮。

插入标签后，单击"更新标签"按钮，Word 会把第一个单元格中的所有文字、合并域和格式复制到其他所有单元格中，并放在"下一记录"控件的后面，如图 9-34 所示。

图 9-34

7. 预览结果

在操作过程中，只要想查看实际数据在文档中的显示情况，都可以在"邮件"选项卡的"预览结果"组中单击"预览结果"按钮，在合并域代码和实际数据之间进行切换。如图 9-35 所示为显示的域代码；如图 9-36 所示为预览的数据。

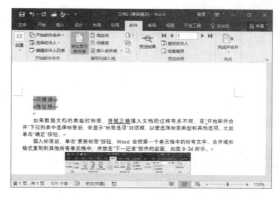

图 9-35

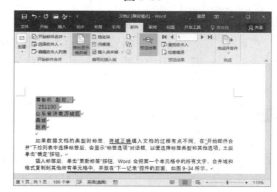

图 9-36

8. 完成合并

在准备好数据文档，并经过彻底检查确定其中没有错误后，就可以完成合并了。不管选择了哪些数据文档类型，"邮件"选项卡的"完成"组中的"完成并合并"工具都提供了如图 9-37 所示的 3 个选项。

◎ 编辑单个文档：如果希望保存合并结果供以后使用，可在"邮件"选项卡的"完成"组中使用"完成并合并"下拉菜单中的"编辑单个文档"命令。

◎ 打印文档：确定合并可以得到想要的结果时，可在"邮件"选项卡的"完成"组中使用"完成并合并"下拉菜单中的"打印文档"命令，确定使用的打印机，打印文档。

图 9-37

◎ 发送电子邮件：如果正在进行电子邮件合并，需要在"邮件"选项卡的"完成"组中使用"完成并合并"下拉菜单中的"发动电子邮件"命令。

9.3 设置文档的打印

通过前面章节的学习，用户应该可以使用 Word 进行文件的处理，接下来将学习一下如何打印输出文件。

打印输出文件之前先要设置页面，在前面的章节中已经介绍了页面的基本设置，这里就不重复介绍了。下面主要介绍如何设置打印。

9.3.1 打印选项

在设置好页面后，打印之前必须要进行打印预览，查看文档的结构是否满意。打印预览的具体操作步骤如下。

01 打开一个需要打印输出的文档，如图 9-38 所示。接下来将在此文档的基础上介绍打印选项的设置。

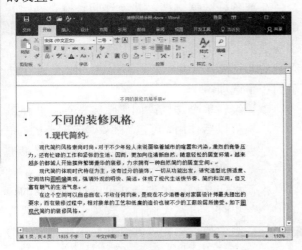

图 9-38

02 单击"布局"选项卡的"页面设置"组右下角的 按钮，在弹出的"页面设置"对话框中选择纸张，如图 9-39 所示。

图 9-39

03 单击"打印选项"按钮，弹出"Word 选项"对话框，在左侧的列表框中选择"显示"选项，在右侧的"打印选项"选项组中设置打印的项目，如图 9-40 所示。在此选中"打印在 Word 中创建的图形"和"打印背景色和图像"复选框，其他选项可以根据情况设置。

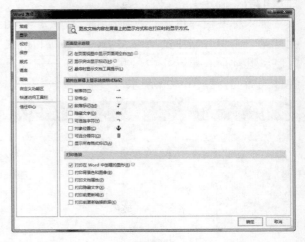

图 9-40

9.3.2 打印输出

继续上一节进行打印输出设置，其操作步骤

如下。

01 选择"文件"|"打印"命令，即可显示打印对话框，如图9-41所示。

图 9-41

02 从中可以自己设置打印的页数，因为整个文档有4页，所以这里设置"页数"为4，还可以选择"手动双面打印"，也可以选择其他的打印选项，如图9-42所示。设置好打印选项后，单击"打印"按钮，即可对文件进行打印。

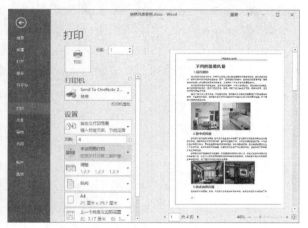

图 9-42

9.4 典型案例1——打印输出个人简历模板

下面通过设置文档的打印输出来复习打印输出文档的操作，具体打印输出的操作步骤如下。

01 打开前面章节中制作的个人简历模板文件，如图9-43所示。

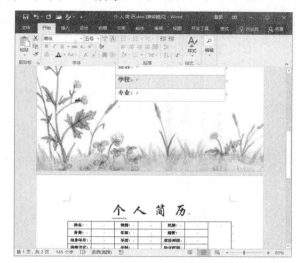

图 9-43

02 单击"布局"选项卡的"页面设置"组右下角的按钮，弹出"页面设置"对话框，如图9-44所示。

图 9-44

03 在"页面设置"对话框中，单击"打印选项"按钮，弹出"Word选项"对话框，在左侧的列表框中选择"显示"选项，在右侧的"打印选项"选项组中选中"打印在 Word 中创建的图形"和"打印背景色和图像"复选框，单击"确定"按钮，如图9-45所示。

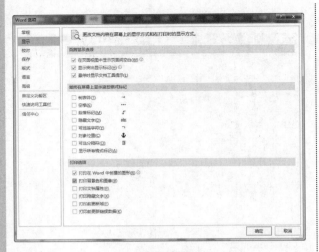

图 9-45

04 选择"文件"|"打印"命令，即可显示打印对话框，从中可以预览打印窗口和设置打印设置，如图 9-46 所示。单击"打印"按钮，即可对文件进行打印输出。

图 9-46

9.5 典型案例 2——使用向导设置邮件合并

在前面学习了如何添加合并域的各种操作后，下面将使用邮件合并向导来介绍如何设置邮件的合并。具体的操作步骤如下。

01 打开需要设置邮件合并的文档。

02 单击"邮件"选项卡的"开始邮件合并"组中的"开始邮件合并"按钮，在弹出的下拉菜单中选择"邮件合并分布向导"命令，在弹出的

"邮件合并"窗格中选择数据文档类型，这里选择"电子邮件"单选按钮，单击"下一步：开始文档"链接，如图 9-47 所示。

图 9-47

03 "邮件合并"窗格在"选择开始文档"中提供了 3 个选项，如图 9-48 所示。选择其中任何一个选项时，Word 都会在窗格的下方给出该选项的说明，单击"下一步：选择收件人"链接。

图 9-48

04 在"选择收件人"中选中"使用现有列表"(即原有创建的联系人)单选按钮，单击"下一步：撰写电子邮件"链接，如图 9-49 所示。

05 在"撰写电子邮件"中选择要添加的域，如图 9-50 所示。

06 如图 9-51 所示可以看到，在文档中添加了"问候语"和"地址块"，单击"下一步：预

览电子邮件"链接。

图 9-49

图 9-50

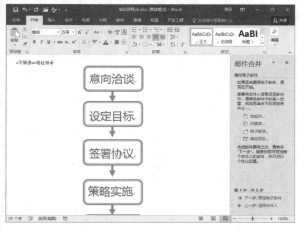

图 9-51

07 预览域，单击"下一步：完成合并"链接，如图 9-52 所示。

图 9-52

08 进入完成邮件合并窗格，如图 9-53 所示。

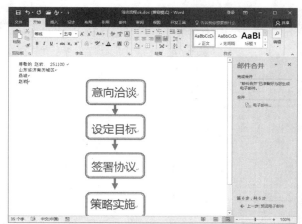

图 9-53

9.6 本章小结

本章介绍了 Word 中的题注、索引、数据文档以及邮件合并和打印。通过对本章的学习，用户可以对题注、引用、索引、书签、数据文件、各种域和打印有一个初步的了解和学习。可以在实践中不断地使用来巩固所学的内容。

Excel

篇

Excel 是微软公司的办公软件 Microsoft Office 的组件之一，是由 Microsoft 为 Windows 和 Apple Macintosh 操作系统而编写和运行的一款计算表软件。Excel 是微软办公套装软件的一个重要的组成部分，它可以进行各种数据的处理、统计分析和辅助决策操作，广泛地应用于管理、统计财经、金融等众多领域。

本章开始介绍如何在 Excel 中计算结果，学习 Excel 如何在工作簿的工作表中组织信息，如何建立和格式化不同类型的单元格，了解如何组织工作表，如何创建和使用命名的单元格区域以节省时间，除此之外，还要介绍 Excel 最强大的功能——函数和公式的使用，通过设置函数和公式，可以计算复杂的数据，以及计算时间和日期。最后，学习如何使用 Excel 数据创建图表、表格和条件格式、迷你图等。

第10章 使用工作簿和工作表

本章将介绍认识工作簿、工作表和单元格，介绍向工作表中插入文本、数值、货币符号等，介绍如何输入相同的数据、递增/递减数据、有规律的数据、指定范围数值的输入，同时介绍如何修改、复制、移动、查找和替换单元格数据。

10.1　Excel 的用途

Excel 是 Office 系列中的重要软件之一，是世界上使用最为广泛的电子表格程序。虽然存在其他电子表格程序，但到目前为止 Excel 是最流行的，而且多年以来已经成为世界性的标准。

Excel 的一部分重要的用途如下。

◎ 数字处理：创建预算、费用汇总、分析调查结果和执行可以想到的任何类型的财务分析。

◎ 创建图表：创建种类较多的可灵活定制的图表。

◎ 组织列表：用于行列布局高效地存储列表。

◎ 文本处理：整理、标准化基于文本的数据。

◎ 访问其他数据：从各种数据源导入数据。

◎ 创建图形仪表板：用简洁的格式概括呈现大量业务信息。

◎ 自动完成复杂任务：利用 Excel 的宏功能，只需单击鼠标即可完成一些乏味绵长的数据任务。

10.2　了解工作簿和工作表

Excel 使用工作簿文件完成工作。需要多少工作簿，就可以创建多少工作簿。工作簿文件有单独的窗口。默认情况下，Excel 工作簿使用.xlsx文件扩展名。

每个工作簿都包含一个或多个工作表，每个

工作表由许多单元格组成。每个单元格可以包含值、公式或文本。工作表也有一个不可见的绘制层，用于保存图表、图像或图示。每个工作簿窗口的底部有一个或多个标签，单击标签可访问对应的工作表。另外，工作簿中还可以存储图表工作表(Chart Sheet)，一个图表工作表只显示一个图表，并且也通过单击标签来访问。

接下来认识一下工作簿。

01 首先在运行 Excel 应用程序时，与 Word 相同的是新建或打开最近的文档。

02 在进入 Excel 界面中单击"空白工作簿"，新建的空白工作簿如图 10-1 所示。

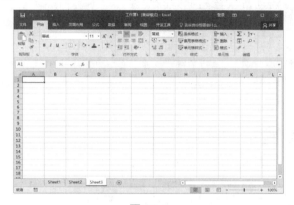

图 10-1

在图 10-1 中可以看到，一个窗口可以视为一个工作簿，而在该工作簿中包含 3 个工作表(Sheet1、Sheet2、Sheet3)。

刚接触 Excel 时，经常会对 Excel 窗口中包含的众多不同元素感到无所适从。但是，一旦熟悉了它们，使用起来就会得心应手。

其中重要的部分为工作表和单元格两部分，工作表区是一个个单元格组成的，用户可以在工作表区中输入信息，事实上，Excel 的强大功能主要是依靠对工作表区中的数据进行编辑及处理来实现的，而组成工作表区的重要成员就是单元格。

单元格主要用来输入、分割和统计信息。

10.3　在工作表中导航

每个工作表由行和列组成。行和列的交叉线组成一个单元格，每个单元格都有由列字母和行号组成的唯一地址。在任意时刻，只有一个单元格是活动单元格，活动单元格可以接受键盘输入，其内容可以编辑。通过墨绿色的边框可以识别活动单元格，活动单元格的地址显示在名称框中。在工作簿中导航时，可能会改变活动单元格，也可能不改变活动单元格，这要取决于导航时采用的技术。

10.3.1 使用键盘导航

通过使用方向键来导航单元格的选择，下方向键将活动单元格下移一行、右方向键将活动单元格右移一列等。使用 PageUp 键和 PageDown 键可将活动单元格向上或向下移动一个窗口的距离。

键盘上的 NumLock 键控制着数字键盘的行为。打开 NumLock 时，可使用数字小键盘输入数据。多数键盘在数字键盘的左侧有一组独立的方向键，NumLock 键的状态不会影响这些键的功能。

10.3.2 使用鼠标导航

要使用鼠标改变活动单元格，只需单击另一个单元格即可。被单击的单元格会成为活动单元格。如果要激活的单元格在工作簿窗口中不可见，可以使用滚动条在任意方向上滚动窗口。要滚动一个单元格，可单击滚动条上的任意箭头。要滚动整个屏幕，可在滚动框的任意一侧单击，拖动滚动框可以更快地滚动。

按住 Ctrl 键滚动鼠标中键可以缩放工作表。如果想进一步使用鼠标滚轮直接缩放工作表大小，而不必按住 Ctrl 键，可以选择"文件"|"选

项"命令，弹出"Excel 选项"对话框，在左侧列表框中选择"高级"选项，在右侧的"编辑选项"选项组中选中"用智能鼠标缩放"复选框，如图 10-2 所示。

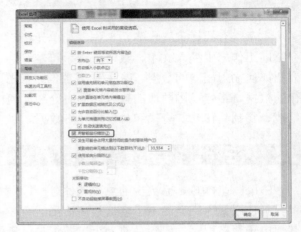

图 10-2

使用滚动条或者使用鼠标滚动并不会改变活动单元格，而只是滚动了工作表。要更改活动单元格必须在滚动后单击新的单元格。

10.4 Excel 的功能区选项卡简介

功能区可以隐藏或显示。要切换功能区的可见性，可以按 Ctrl+F1 快捷键。如果功能区是隐藏的，单击一个选项卡会使之临时显示出来，在工作表中单击，功能区又会隐藏起来。标题栏有一个▣(功能区显示选项)按钮。单击该按钮，可选择 3 个功能区选项，即自动隐藏功能区、显示选项卡、显示选项卡和命令，如图 10-3 所示。

图 10-3

10.4.1 功能区选项卡

选择不同选项卡时，功能区会呈现不同的命令。Excel 的功能区由相关的命令组组成。下面介绍 Excel 功能区包含的选项卡。

◎ 文件：使用该选项卡可以新建、打开、保存、打印、共享、导出、关闭、账户和选项等文件操作。

◎ 开始：该选项卡是使用最为频繁的选项卡，其中包含了最基本的剪贴板、字体、对齐、数字、样式、单元格以及编辑命令组。

◎ 插入：需要在工作表中插入表格、图像、图表和符号时，需要使用该选项卡。

◎ 页面布局：该选项卡中包含了可以影响工作表整体外观的一些命令，以及与打印有关的一些设置。

◎ 公式：使用该选项卡中的命令来插入公式、为单元格或单元区域指定名称、访问公式审核工具或控制 Excel 执行计算的方式。

◎ 数据：该选项卡包含数据处理有关的 Excel 命令，还包含数据验证命令。

◎ 审阅：该选项卡包含了用于检查拼写、翻译字词、添加批注和保护工作表的命令。

◎ 视图：可以使用该选项卡包含的命令来控制工作表查看的方式。其中一些命令也可以在状态栏中找到。

◎ 开发工具：该选项卡包含一些可供程序员使用的命令。

10.4.2 上下文选项卡

除标准选项卡外，Excel 还包含了上下文选项卡。选取某种对象(图表、表格或 SmartArt 插入)，功能区中就会显示用于处理该对象的特殊工具。

如图 10-4 所示为选择了一个表格时显示的上下文选项卡。在这里，上下文选项卡有一个"表格工具"|"设计"。上下文选项卡显示时，仍可以使用其他所有选项卡。除此之外，还有包含两个上下文选项卡的对象，这里就不详细介绍了。

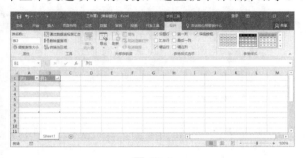

图 10-4

10.5 · 创建 Excel 工作表

本节将介绍如何创建工作表、如何简单地操作和编辑工作表。

10.5.1 创建工作表

创建工作表的方法有以下 4 种，使用任何一种都可以在工作簿中新建工作表。

方法一：启动 Excel 应用程序，即可出现如图 10-5 所示的 Excel 界面，从中单击可以选择一种模板，这里单击"空白工作簿"。创建一个空白工作簿后，系统会自动在工作簿中新建一个名称为"Sheet1"的工作表，如图 10-6 所示。

图 10-5

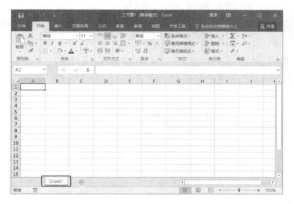

图 10-6

方法二：在新建的工作簿中按 Ctrl+N 快捷键，可以新建另一个工作簿，并在工作表中默认有"Sheet1"，如图 10-7 所示。

该方法相当于新建工作簿，如有必要用户可以根据情况使用。

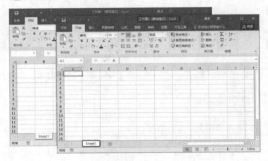

图 10-7

方法三： 如果无须更换新的工作簿，可以在工作簿中的工作表的下方单击 ⊕(新建工作表)按钮，新建另一个名称为"Sheet2"的工作表，如图 10-8 所示。如果需要创建多个，可以多次单击 ⊕(新建工作表)按钮，可以根据名称"Sheet"递增。

图 10-8

方法四： 在工作表名称上右击，在弹出的快捷菜单中选择"插入"命令，如图 10-9 所示。弹出"插入"对话框，从中选择插入的常规文件，这里选择"工作表"，选择之后即可插入工作表，如图 10-10 所示。

图 10-9

图 10-10

10.5.2　文本、数值数据的输入

输入文本、数值数据之前，首先是要选择相应的单元格。文本和数值数据输入的具体操作步骤如下。

01 新建一个空白的工作簿。

02 在需要的 A2 单元格中单击，此时单元格 A2 以绿色边框显示，在编辑栏中输入"名称"文本，如图 10-11 所示。

图 10-11

在单元格中输入文本有以下两种方法。

方法一： 可以选择相应的单元格，直接输入文本。

方法二： 在单元格编辑栏中输入文本。

03 继续在 B2、C2、D2 中输入相应的文本内容，如图 10-12 所示。

图 10-12

04 使用同样的方法输入文本内容和数字，如图 10-13 所示。

图 10-13

10.5.3 改变数字格式

在工作表中，如果数值没有数字符号感觉非常不便于阅读。设置格式之后，使数据更容易读取，并且外观更趋一致。插入数字符号的具体操作步骤如下。

01 选择需要插入数字符号的货币数据单元格。在"开始"选项卡的"数字"组单击"数值"右侧的下三角按钮，在弹出的下拉列表中选择数据类型为"货币"，如图 10-14 所示。

图 10-14

02 设置为货币的数据如图 10-15 所示。

03 继续选择如图 10-16 所示的数字单元格，并设置其数据类型为"数字"。

04 可以看到，设置数据为数字后，在数据的后面添加了两个小数点位数，如图 10-17 所示。

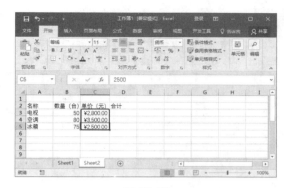

图 10-15

图 10-16

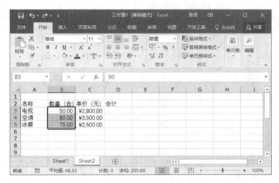

图 10-17

05 选择带有小数点的数据，在"开始"选项卡中单击"数字"组的 $\overset{.00}{\to}$ (减少小数位数)按钮，可以减少小数位数，如图 10-18 所示。

在该组中还可以设置其他数字格式，这里可以根据用户在制作数据时灵活应用。

另一种改变数字格式的方法是，选择需要修改格式数字的单元格，右击，显示相应的快捷菜单和工具，从中设置数字格式即可，如图 10-19

所示。

图 10-18

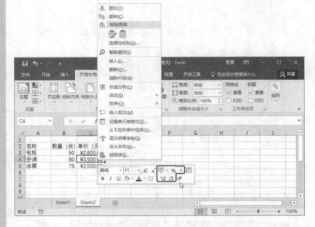

图 10-19

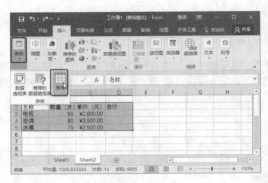

图 10-20

图 10-21

图 10-22

图 10-23

10.5.4　设置工作表的外观

继续上面工作表的制作，对其外观进行修饰。在工作表中可以方便地将工作表中使用的单元格区域转换为一个正式的 Excel 表格，具体操作步骤如下。

01 选择 A2:D5 的单元格。

02 在"插入"选项卡的"表格"组中单击"表格"按钮，如图 10-20 所示。

03 在弹出的"创建表"对话框中查看表数据的来源，并选中"表包含标题"复选框，单击"确定"按钮，如图 10-21 所示。

04 创建的表格如图 10-22 所示。

05 转换为表格后，在"表格工具"|"设计"选项卡的"表格样式"组中选择一种合适的样式，如图 10-23 所示。

这样就完成了对工作表中表格的修饰，如图 10-24 所示。如果对样式不满意可以在"表格样式"组中选择其他的样式，直到找到合适的样式。

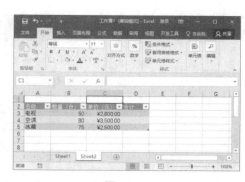

图 10-24

10.5.5　存储工作簿

将创建完成的工作簿进行存储，与 Word 的
存储步骤相同，同样是选择"文件"|"保存"命
令，弹出如图 10-25 所示的界面，单击"浏览"
按钮，在弹出的"另存为"对话框中选择一个存
储路径，如图 10-26 所示。单击"保存"按钮，
对工作簿进行保存。

图 10-25

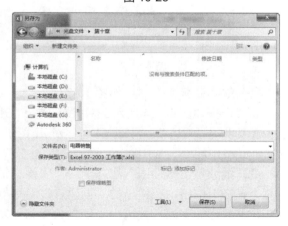

图 10-26

10.6　典型案例——创建学生档案表

在 Excel 中输入数据时，经常需要在多个单
元格中输入相同的内容，如果逐一输入效率会很
低，下面介绍快速输入相同数据的具体操作步骤。

01 新建一个空白工作簿，并在 A1:G2 单元
格中输入如图 10-27 所示的内容。

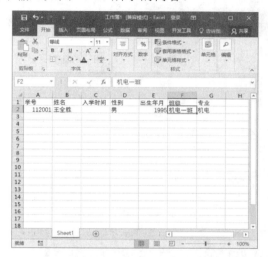

图 10-27

02 选择"机电"单元格，并将鼠标放置到该
单元格的右下方，拖动至 G17 的位置，如图 10-28
所示。

图 10-28

03 使用同样的方法，复制出如图 10-29 所示的单元格内容。选择 A2 单元格，并将光标放置到该单元格右下角的位置，当光标呈现为黑色十字形状时，拖动单元格内容到 A17 中。

04 复制单元格内容时，显示 ▦▾(自动填充选项)图标，单击该图标，在弹出的下拉菜单中选择"填充序列"命令，如图 10-30 所示。

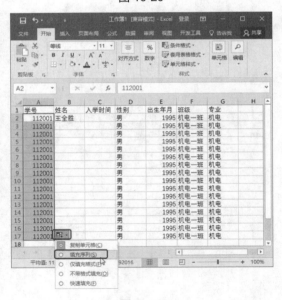

图 10-29

图 10-30

05 填充后的递增数据如图 10-31 所示。
06 使用同样的方法，填充入学时间如图 10-32 所示。

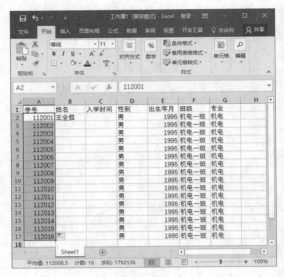

图 10-31

图 10-32

07 继续完善工作簿，如图 10-33 所示。

08 选择如图 10-34 所示的单元格，单击"开始"选项卡的"对齐"组中的 ≡(居中对齐)按钮，设置单元格中的数据居中对齐。

09 继续单击"插入"选项卡的"表格"组中的"表格"按钮，在弹出的"创建表"对话框中查看表数据的来源，并选中"表包含标题"复选框，单击"确定"按钮，如图 10-35 所示。

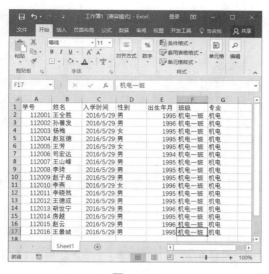

图 10-33

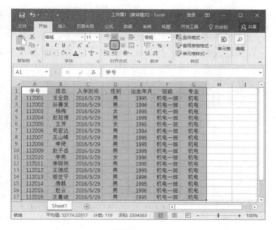

图 10-34

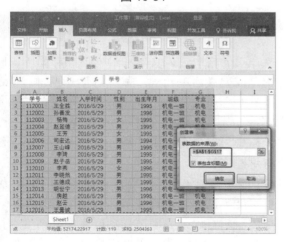

图 10-35

10 设置表格后，为表格设计一个"快速样式"。制作出的表样式如图 10-36 所示。

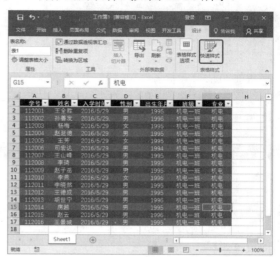

图 10-36

最后将数据进行存储，即可完成简单的学生档案数据的输入。

10.7 本章小结

本章介绍了工作簿和工作表以及单元格，介绍了 Excel 的功能区，并通过案例介绍如何创建工作表数据，通过创建工作表数据来学习掌握如何设置文本数据的输入、数字格式的设置、工作表的外观效果以及如何存储工作簿。

通过对本章的学习，用户可以制作简单的工作簿。

第11章 输入和编辑工作表数据

在前面章节中介绍了如何简单的输入文本和数字数据。本章将详细介绍更加复杂的数据输入以及如何对输入的数据进行编辑。

11.1 数据类型

在 Excel 的工作簿中可以包含任意数量的工作表，而每个工作表都由超过 170 亿个单元格组成，每个单元格可以包含数值、文本和公式 3 种基本数据类型。

工作表也可以包含图表、图示、图片、按钮和其他对象，但这些对象并非包含在单元格中，而是位于工作表的绘制层中，绘制层是每个工作表上方的一个不同可见的层。

11.1.1 数值

Excel 可以用多种不同的格式显示数值。数值代表某种类型的量：销量、学生数、原子量、分数等，数值也可以是日期或时间。

在 Excel 中数字可以精确到 15 位，在输入信用卡号时，这种 15 为的精确度会产生问题。大多数信用卡号都采用 16 位结束字，但 Excel 只能处理 15 位，所以将用 "0" 替代最后一位信用卡号。要解决此问题，只需选择该单元格，将 "数字" 类型改为 "文本" 类型。

11.1.2 文本

多数工作表还会在单元格中包含文本，插入的文本可以作为数据值的标签、列标题或者关于工作表的说明。文本常用于说明工作表中的值的含义或者数字的来源。

这里需要注意的是，以数字开头的文本仍被认为文本。

11.1.3 公式

公式是电子表格的灵魂，在 Excel 中可以输入功能强大的公式，利用单元格中的值甚至是文本计算出其结果。在单元格中输入公式时，公式的计算结果会出现在该单元格中。如果修改公式中使用的任何值，那么公式会重新计算并显示新结果。

公式可以是简单的数学表达式，也可以是用 Excel 内置的功能强大的函数。

11.2 在工作表中输入文本和值

要在单元格中输入数值，需将单元格指针移动到合适的单元格中将其激活，输入值，然后按 Enter 键或任何导航键，输入的值会在单元格中显示出来。当选中该单元格时，编辑栏中也会显示输入的这个值。输入值时，可以添加小数点、货币符号、加号、减号和逗号，如果在值的前面加上一个减号或者把值放在括号中，Excel 默认为该值是一个负数，如图 11-1 所示。

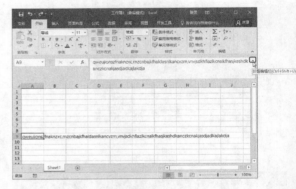

图 11-1

在单元格中输入文本和输入值一样简单，同样都是需要激活单元格，输入文本，然后按 Enter 键或某个导航键。一个单元格最多可包含 32000 个字符——足以容纳本书的一章内容，虽然一个单元格中可以包含大量字符，但是无法实际显示所有这些字符。

如果在一个单元格中输入特别长的文本，编辑栏可能无法显示所有文本。为了看到更多文本，可单击编辑栏底部并向下拖动以增加其高度。按 Ctrl+Shift+U 快捷键可用来切换编辑栏的高度，以便多显示一行或者恢复成原来的大小。

11.3　在工作表中输入日期和时间

Excel 将日期和时间视为特殊类型的数值。通常会设置这些数值的格式，使其显示为日期和时间。如果需要使用日期和时间，就应该了解 Excel 的日期和时间系统。

11.3.1　输入日期

对于 Excel 而言，日期是一个数字。更确切地讲，日期是一个序列号，代表从 1900 年 1 月 1 日起经历的天数。序列号 1 对应于 1900 年 1 月 1 日，序列号 2 对应于 1900 年 1 月 2 日，以此类推。这种序列号系统使得通过公式处理日期成为可能。

要使用日期序列号显示为日期，必须将单元格格式设置为日期格式。选择"开始"选项卡的"数字"组中的数据格式为"长日期"或"短日期"，如果知道日期可以在单元格中直接输入日期，如图 11-2 所示。

输入	Excel的解释
6-18-12	2012年6月18
6/18/13	2013年6月18
6-18/13	2013年6月18
June18,2013	2013年6月19
18-Jun	当年的6月18

图 11-2

在图 11-2 中可以看出 Excel 非常灵活，可以识别多种输入到单元格中的日期。如果尝试输入的日期不在 Excel 支持的日期范围内，Excel 会把输入解释为文本。

11.3.2　输入时间

使用时间时，其实是扩展了 Excel 的日期序列号系统。在其中包含了小数。换句话说，Excel 通过用小数表示的天数来使用时间。例如 2016 年 6 月 1 日的日期序列号为 41426，当天中午时间在系统内部表示为 41426.5。

与输入日期一样，通常不必考虑时间的系列号，使用可被识别的格式在单元格中直接输入时间就可以了。如图 11-3 所示为可以识别的一些时间格式。

输入	Excel的解释
11:30:00 am	上午11:30
11:30:00 AM	上午11:31
11:30 pm	下午11:30
11:30	上午11:30
13:30	下午1:30

图 11-3

11.4　修改单元格内容

在单元格中输入数值或文本后，可以修改单元格内容，包括清除单元格内容、替换单元格内容和编辑单元格内容。

11.4.1　清除单元格内容

清除单元格内容的方法很简单，只需选择需要删除内容的单元格，然后按 Delete 键即可。要删除多个单元格的内容，只需选中这些单元格，然后再按 Delete 键。按 Delete 键会删除单元格中的内容，但不删除应用到单元格的格式，如加粗、倾斜、居中，或另一种数字格式。

为了更好地控制删除的内容，可以单击"开始"选项卡的"编辑"组中的 (清除)按钮，弹出下拉菜单，如图 11-4 所示。

图 11-4

◎　全部清除：清除单元格的一切，包括单元格的内容、单元格的格式和单元格的批注。

◎　清除格式：仅清除单元格的格式，保留数值、文本或公式。

◎　清除内容：仅清除单元格的内容，保留格式。

◎　清除批注：清除为单元格添加的批注。

◎　清除超链接：删除选定单元格中包含的

链接。超链接的文本会保留,但是该单元格不再作为可以单击访问的超链接。

11.4.2 替换单元格内容

要替换一个单元格的内容,只需激活该单元格并输入新内容,输入的新内容会替换原有的内容。原来应用于单元格的任何格式将会保留下来,应用于新的内容。也可以通过拖动方式或粘贴剪贴板中的数据来替换单元格的内容。在这两种情况下,新数据的格式将替换原来单元格的格式。为了放置粘贴格式,选择"开始"选项卡的"剪贴板"组中的"粘贴"|"值"或"粘贴"|"公式"。

11.4.3 编辑单元格内容

如果单元格只包含几个字符,那么通过输入新数据替换其内容通常是最简单的做法。但如果单元格包含很长的文本或复杂的公式,并且只需对它们稍作修改,那么可能更希望编辑单元格而不是重新输入信息。

要编辑一个单元格的内容,可通过以下 3 种方法进入单元格编辑模式。

方法一:双击单元格,可直接在单元格中编辑内容。

方法二:选择单元格,按 F2 键,可直接在单元格中编辑内容。

方法三:选择要编辑的单元格,然后在编辑栏内单击,可在编辑栏中编辑单元格的内容。

以上这些方法都会使 Excel 进入编辑模式。当 Excel 进入编辑模式时,编辑栏中会显示✕(取消)和✓(输入)两个新的按钮,如图 11-5 所示。单击✕(取消)按钮可以取消编辑,而不修改单元格中内容;单击✓(输入)按钮会完成编辑,并将修改后的内容输入到单元格中。按 Enter 键也可以起到与✓(输入)相同的效果。

图 11-5

11.4.4 一些方便的数据输入技巧

使用几个实用的技巧,可以更方便地在 Excel 工作表中输入信息,从而提高工作效率。

1. 在输入数据后自动移动单元格指针

默认情况下,当在一个单元格中输入数据并按 Enter 键,Excel 会自动将单元格指针移到下一个单元格。要改变这种设置,需要选择"文件"|"选项"命令,弹出"Excel 选项"对话框,在左侧的列表框中选择"高级"选项,如图 11-6 所示。控制这个行为的是"按 Enter 键后移动所选内容"复选框。如果启用该选项,可以选择单元格指针的移动方向:向下、向上、向左和向右。

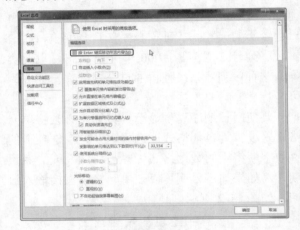

图 11-6

2. 用导航键替代 Enter 键

当完成单元格输入后,可以不用按 Enter 键,改为按导航键完成输入,所按的导航键决定了单元格指针的移动方向。例如,如果在一行中输入完成数据,按方向键而不是按 Enter 键。其他的方向键的作用类似,甚至还可以使用 PageUp 键和 PageDown 键。

3. 在输入数据前选择一个输入单元格区域

当选中一个单元格区域时,如果按 Enter 键,Excel 会自动将单元格指针移动到该区域的下一个单元格。如果选区包含多行,Excel 会沿列向下移动,当到达选区中该列的最后一个单元格时,会移到下一列第一个选中的单元格。

要跳过一个单元格,可按 Enter 键而不输入任何内容。要返回上一个单元格,则按 Shift+Enter 快捷键。如果喜欢按行输入数据,则需要按 Tab 键而不是 Enter 键。除非选中了选定区域以外的某个单元格，否则 Excel 会在该区域内不断循环。

4. 使用 Ctrl+Enter 快捷键在多个单元格中同时输入信息

如果需要将相同的数据输入到多个单元格中，可利用 Excel 提供的一种快捷方式。选中想要包含数据的所有单元格，输入数值、文本或公式，然后按 Ctrl+Enter 快捷键，同样的信息将插入到选区中的每个单元格。

5. 自动输入小数点

如果需要输入许多具有固定小数位数的数字，Excel 有一个与一些加法器类似的、而且非常实用的工具。打开"Excel 选项"对话框，选择"高级"选项，在右侧的"编辑选项"选项组中选中"自动插入小数点"复选框，并确保在"位数"微调框中为准备输入的数据设置正确的小数点位数，如图 11-7 所示。

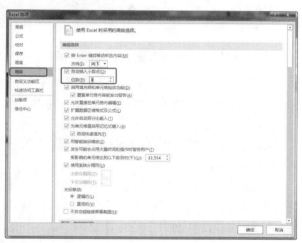

图 11-7

设置完成选项后，Excel 会自动添加小数点。

> 固定小数"位数"选项是一个全局设置，该设置应用于所有工作簿，而不只是活动工作簿。如果忘记打开"自动插入小数点"选项，那么容易输入错误的值，或者与其他人共用一台计算机时造成严重混乱。

6. 使用自动填充输入一系列值

"自动填充"功能方便地在一个单元格区域插入一系列值或文本项。在这里将会用到填充柄(活动单元格右下方的小方形)。可拖动填充柄复制单元格来完成自动填充，如图 11-8 所示。

图 11-8

拖动填充柄时按住鼠标右键不放，Excel 会显示一个快捷菜单，其中包含了更多填充选项，根据需要选择合适的填充命令。

7. 使用记忆式键入自动输入数据

使用 Excel 的"记忆式键入"功能可以方便地在多个单元格中输入相同的文本。使用"记忆式键入"时，可在一个单元格中输入文本条目的前几个字母，Excel 会根据已经在同一列中输入的其他条目自动完成这次输入。除了减少按键次数外，该功能还可以确保输入内容的正确性和一致性。

"记忆式键入"的工作方式如：假使正在某一列中输入一个英文字母 good，第一次在一个单元格中输入 good 时，Excel 会记忆这个名称。以后在同一列输入 good 时，Excel 会通过前几个字母辨别该名称并自动完成输入。只需按 Enter 键就可以完成输入。

"记忆式键入"也可以自动更改字母的大小写。如果在第二次输入时输入 Good 的 G 为大写，Excel 会将 G 改为小写，使其与该列中的前一次输入一致。

8. 强制文本在单元格内的新行中显示

如果单元格中的文本太长，可以前置 Excel 在多行中显示文本，只要按 Alt+Enter 快捷键在单元格中开始一个新行即可。

添加换行符时，Excel 会自动改变单元格格式，对文本进行换行。但与标准的文本换行不同，手动换行符会强制 Excel 在文本内的特定位置断开文本，比起自动的文本换行，这样可以更精确地控制文本的外观。

要删除手动换行符，将插入点移到包含手动换行符一行的行末，编辑该单元格并按 Delete 键。删除手动换行符时，其后的文本将自动向上移动。

9. 使用自动更正速记数据输入

可以使用 Excel 的"自动更正"功能为常用的词或短语创建快捷方式。例如，用户输入"Ding CHeng Ke Ji"，可以将其缩写为 DCHKJ 创建一个"自动更正"条目。以后，无论何时输入 DCHKJ，Excel 都会自动将其更改为"Ding CHeng Ke Ji"。

Excel 包含许多内置的"自动更正"词，也允许用户自己添加条目，要建立自定义的"自动更正"条目，需打开"Excel 选项"对话框，在左侧列表框中选择"校对"选项，然后单击右侧的"自动更正选项"按钮，弹出"自动更正"对话框，如图 11-9 所示。在该对话框中切换到"自动更正"选项卡，选中"键入时自动替换"复选框，然后输入自定义的条目。可根据需要建立任意数量的自定义条目，只是要注意不能使用在文中会正常出现的缩写词。

图 11-9

Excel 可与其他 Office 应用程序共享"自动更正"列表。

10. 使用分数输入数字

要在单元格中输入分数值，需要在整数和分数之间留出一个空格，例如，要输入"$5\frac{3}{8}$"，需要输入"5 3/8"，然后按 Enter 键。当选择此单元格时，编辑栏中会显示"5.375"，而单元格中的条目显示的却是分数，如图 11-10 所示。如果只有一个分数，那么必须先输入一个"0"，如"0 3/5"，否则 Excel 可能认为输入的是一个日期。但选择单元格并查看编辑栏时，将看到"0.3"，而单元格中看到的是 3/5。

图 11-10

11. 在单元格中输入当前日期或时间

如果需要为工作表加上日期标记或时间标记，可使用 Excel 提供的以下两个快捷键来完成此任务。

插入当前日期的快捷键是 Ctrl+；（分号）；插入当前时间的快捷键为 Ctrl+Shift+；（分号）。

日期和时间使用的是计算机的系统时间。如果发现 Excel 中的日期或时间不正确可以使用 Windows 的"控制面板"进行调整。

11.5 应用数字格式

设置数字格式是指改变单元格中值的外观的过程。Excel 提供了多种数字格式选项。接下来将介绍使用 Excel 的多种格式选项快速修改工作表的外观。

在单元格中输入的值通常都没有设置格式。换句话说，它们只是一串数字。通常都需要设置这些数字的格式，使其更便于读取，或使显示的小数位数更加一致。

如果对单元格中的值设置了格式，那么选择已设置了格式的单元格到另外的单元格时，编辑栏会显示设置格式以前的值。这是因为格式设置只影响值在单元格中的显示方式，并不影响单元格中包含的实际值。但也有例外，当输入日期或时间时，Excel 总是把值显示为日期或时间，即使它在内部存储为一个值。另外，使用百分比格式的值在编辑栏中显示为带有百分比。

11.5.1　使用自动数字格式

Excel 的智能化程度非常高，可以自动执行一些格式设置。例如，在单元格中输入"30%"，Excel 将自动套用百分比格式，如图 11-11 所示。如图 11-12 所示为系统自动分辨的数字格式。

图 11-11

图 11-12

如果输入逗号来分隔千位，那么 Excel 会自动应用逗号千位分隔符格式。如果在值的前面使用一个美元符号，Excel 会将该单元格设置为货币格式。

11.5.2　使用功能区设置数字格式

在"开始"选项卡的"数字"组中包含的功能可以快速应用常用的数字格式。在前面的章节中简单的介绍过，通过选择单元格中的数值来定义单元格中数值的数字格式，如图 11-13 所示。

数字格式下拉列表中包含几种常用的数字格式。其他选项包含 （会计数字格式）下拉菜单、 %（百分比样式）和 ,（千位分隔样式），该组中还包含增加和减少单元格数值的小数位数功能。

图 11-13

当选择其中一种控件时，活动单元格会采用指定的数字格式。在单击这些按钮之前，也可以选择一个单元格区域(甚至一整行或一整列)。如果选择了多个单元格，Excel 会将数字格式应用到所有选定的单元格。

11.5.3　使用"设置单元格格式"对话框设置数字格式

在"开始"选项卡的"数字"组中单击右下角的 按钮，弹出"设置单元格格式"对话框，如图 11-14 所示。在该对话框中提供了对数字格式更多的控制，如要设置数字格式，需选择"数字"选项卡。

在该对话框中显示了 12 种数字格式类别。从列表框中选择一种类别时，选项卡的右侧会显示相应的选项。

"数字"选项卡的"数值"类别有 3 种可以控制的选项，即显示的小数位数、是否使用千位分隔符和如何显示负数。注意，"负数"列表框中列出了 5 个选项(其中 3 个用红色显示)，这些选项会根据指定的小数位数和是否使用千位分隔符而改变。

图 11-14

在"数字"选项卡的"示例"框中显示了应用选定数字格式后的示例活动单元格(只有在选择包含数值的单元格时才有用)。做出选择后,单击"确定"按钮,将数字格式应用于所有选定的单元格。

11.6 典型案例 1——茶品销量统计

下面通过创建茶品销量统计来介绍数据的输入以及数字格式,并介绍如何对内容进行编辑。

01 新建工作簿,并在 A1:F2 单元格中输入如图 11-15 所示的内容。

图 11-15

02 激活"大连"单元格,使用"自动填充"功能填充 B2:B10 单元格,如图 11-16 所示。

03 使用"自动填充"功能填充日期到 A2:A5 单元格,如图 11-17 所示。

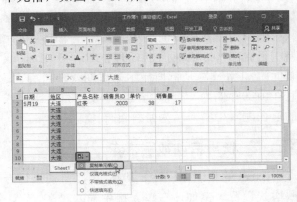

图 11-16

图 11-17

04 继续使用"自动填充"功能按序列方式填充日期,如图 11-18 所示。

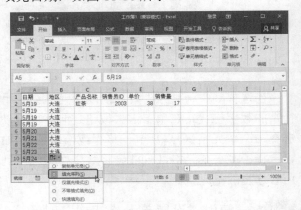

图 11-18

05 继续在表格中输入数值,对表格进行填充,如图 11-19 所示。

06 选择 A2:A10 单元格,并在"开始"选项卡的"数字"组中设置"数字"格式为"日期"，如图 11-20 所示。

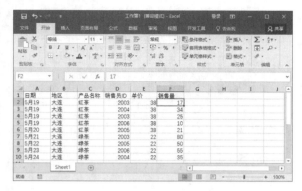

图 11-19

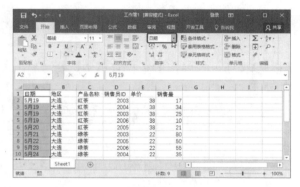

图 11-20

07 选择 E2:E10 单元格，在"开始"选项卡的"数字"组中单击 （会计数字格式）按钮，在弹出的下拉菜单中选择"¥中文(中国)"，如图 11-21 所示。

图 11-21

08 设置会计专用的单元格效果如图 11-22 所示。

图 11-22

09 选择输入值后的所有单元格，设置单元格中数据和文本为 （居中对齐），如图 11-23 所示。

图 11-23

10 在如图 11-24 所示的单元格中输入当前日期和当前时间。

图 11-24

11 选择并设置数据的单元格为表格，并设置表格的样式，如图 11-25 所示。

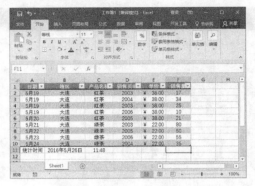

图 11-25

11.7 典型案例2——家用电器销量统计

下面通过创建家用电器销量统计来介绍数据的输入以及数字格式，并介绍如何对内容进行编辑。

01 新建一个空白工作簿，在单元格中输入并填充数据，如图 11-26 和图 11-27 所示。

图 11-26

图 11-27

02 选择输入值后的所有单元格，设置单元格中数据和文本为≡(居中对齐)，如图 11-28 所示。

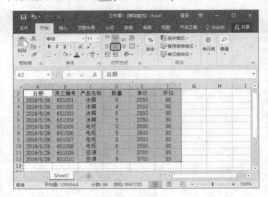

图 11-28

03 再选择如图 11-29 所示的单元格，在"开始"选项卡的"数字"组中单击⬚ ·(会计数字格式)按钮，在弹出的下拉菜单中选择"¥中文(中国)"。

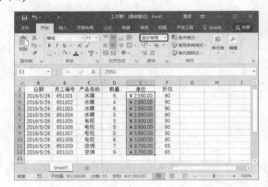

图 11-29

04 单击⬚(减少小数位数)按钮，将小数位数省略掉，如图 11-30 所示。

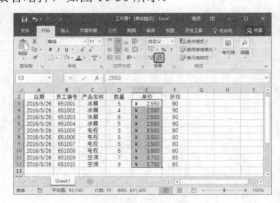

图 11-30

05 选择 F3:F12 单元格，将其设置为"百分比"数字显示，如图 11-31 所示。这里可以看到呈现的百分数是错误的。

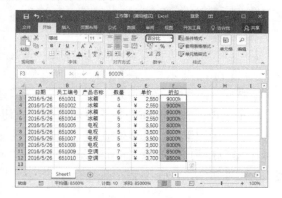

图 11-31

06 继续选择 F3:F12 单元格，按 Delete 键将其删除，并重新输入小数，如图 11-32 所示。

图 11-32

07 以百分比显示的单元格数据如图 11-33 所示。

08 在单元格的下方输入当前日期和当前时间，如图 11-34 所示。

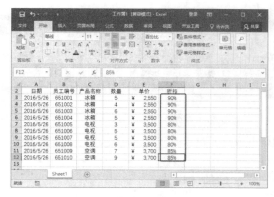

图 11-33

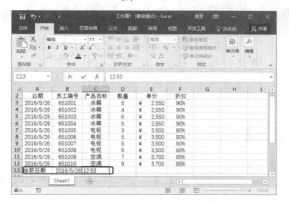

图 11-34

11.8 本章小结

本章介绍了在 Excel 工作表中输入内容时可以采用的技巧，了解如何输入日期、时间，了解如何编辑修改单元格内容，并介绍如何设置数字格式。通过对本章的学习，希望用户可以掌握所学的内容。

第12章 工作表和单元格区域的操作

本章将介绍工作表和单元格以及区域和窗口的一些基本信息，学习如何提高控制工作表的效率。Excel 中的大多数工作可以理解为对单元格和单元格区域的操作。

12.1 工作表的基础知识

Excel 的工作簿可以被称之为一个文件，每个工作簿可以包含一个或多个工作表，而工作表中可以创建表格、图表等，并可以插入和修改数据等操作。

12.1.1 使用 Excel 窗口

每个 Excel 工作簿文件都在窗口中显示，在工作簿中可以包含多个工作表，这些表可以使工作表也可以是图表。Excel 窗口中只能显示一个工作簿，如果创建或打开第二个工作簿，可以在新窗口中显示。

在窗口的右侧有 3 个系统图标，即 ▬(最小化)、□(最大化)和 ✕(关闭)按钮。

◎ 最小化：将窗口最小化到桌面底部，但是仍然还是可以打开的。

◎ 最大化：填满整个屏幕。单击该按钮，将窗口最大化之后，该按钮则变为 ▣(还原)按钮，单击 ▣(还原)按钮可将窗口还原到最大化之前的状态。

◎ 关闭：通过单击"关闭"按钮，可以关闭 Excel 窗口。

1. 移动窗口

要移动窗口时，首先确定窗口是未被最大化的状态，通过移动鼠标到标题栏上，按住鼠标拖动标题栏，即可移动窗口。

2. 调整窗口的大小

要调整窗口大小，拖到它的任意一个边框，

直到对调整的大小感到满意为止。将鼠标指针移动到窗口边框上时，鼠标指针会变为一个双向箭头，该箭头表示可以调整窗口大小。要同时在水平方向和垂直方向调整窗口大小，可以拖动窗口的任意一角。

如果希望所有的工作簿窗口可见，不被其他窗口覆盖，可以手动移动窗口并调整其大小，或者把这个任务交由 Excel 完成。单击"视图"选项卡的"窗口"组中的"全部重排"按钮，可以打开如图 12-1 所示的对话框，该对话框中包含 4 个窗口排列选项。选择所需选项并单击"确定"按钮即可。该命令不会影响已最小化的窗口。

图 12-1

3. 切换窗口

在任何时候窗口只能有一个处于选择状态，活动的窗口可接受编辑。如果要操作一个窗口，必须要将那个窗口激活。激活窗口的方法有以下 4 种。

方法一：如果窗口可见，单击该窗口中的任意位置即可激活窗口。若窗口是最大化显示则无法使用该方法。

方法二：按 Ctrl+Tab 快捷键或按 Ctrl+F6 快捷键来循环访问所有打开的窗口，知道想要操作的窗口成为当前活动窗口，活动窗口显示在最上方。

方法三：选择"视图"选项卡的"窗口"组中的"切换窗口"按钮命令，从下拉列表中进行选择。

方法四：单击 Windows 任务栏中的 Excel 图标，接着单击其缩览图或在弹出的列表中单击，就可以选择窗口。

用户常常在编辑工作簿时，都喜欢将窗口最大化，因为这样可以看到更多的单元格，而且不会受到其他工作簿或其他窗口的影响。

12.1.2　激活工作表

在一个工作簿中包含多个工作表，要激活需要使用的工作表只需单击表格下的工作表名称即可激活工作表。如果工作表数量很多，无法在工作表的标签中看到，可以使用标签滚动条控件(如图 12-2 所示)来滚动工作表的标签。工作表标签与工作表水平滚动条共享空间。也可以拖动标签拆分控件，显示更多或更少的标签。拖动标签拆分控件会同时改变标签树和水平滚动条的大小。

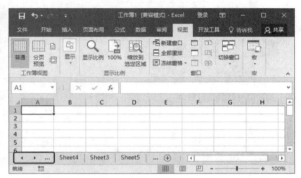

图 12-2

另外，还可以使用 Ctrl+PageUP 快捷键激活前一张工作表；按 Ctrl+PageDown 键可以激活后一张工作表。

12.1.3　删除工作表

创建工作表的操作可以参考第 10 章，如果不再需要一个工作表，或者希望从工作簿中删除一个空白工作表，方法有以下两种。

方法一：右击工作表标签，然后从弹出的快捷菜单中选择"删除"命令，如图 12-3 所示。

方法二：激活要删除的工作表，然后在"开始"选项卡的"单元格"组中单击"删除"下三角按钮，在弹出的下拉菜单中选择"删除工作表"命令，如图 12-4 所示。

如果工作表中包含数据，Excel 会要求确认是否要删除该工作表，如图 12-5 所示。如果从来没有使用过该工作表，Excel 立即删除该工作表，而不要求进行确认。

图 12-3

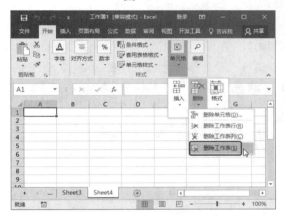

图 12-4

图 12-5

> **提示**　要想删除多个工作表，可以按住 Ctrl 键单击想要删除的工作表标签。要选择一组连续的工作表，需要单击第一个工作表的标签，按住 Shift 键，再单击最后一个工作表标签。然后就可以使用删除命令删除工作表。

12.1.4 命名工作表

Excel 默认的工作表名称为 Sheet1、Sheet2 等，无法描述出工作表的使用作用，为了便于包含多个工作表的工作簿中找到需要的内容，应为工作表指定一个有意义的名称。

要修改工作表的名称，可以双击工作表标签。Excel 会在工作表标签上突出显示该工作表名称，以便编辑名称或将其替换为新名称。

工作表的名称可以使用 31 个字符，并且允许使用空格。但不允许在表名称中含有：/\[]?.这几种符号。要记住的是，较长的工作表名称会导致表标签更宽，从而占据更多的屏幕空间。而且使用很长的工作表名称，滚动标签列表是看不到多少个工作表标签的。

12.1.5 更改标签的颜色

更改标签的颜色可以方便区分工作表中包含的内容。更改标签颜色的具体操作步骤如下。

01 在工作表标签上右击，弹出快捷菜单，选择"工作表标签颜色"命令，在子菜单中选择合适的颜色，如图 12-6 所示。

图 12-6

02 设置颜色后的效果如图 12-7 所示。

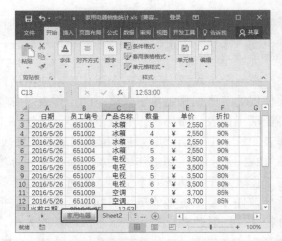

图 12-7

12.1.6 重新排列工作表

有时为了更好地管理工作簿，可以对工作表进行重新排列，方法有以下 3 种。

方法一：右击工作表标签并选择"移动或复制"命令，如图 12-8 所示。弹出"移动或复制工作表"对话框，在该对话框中可以指定采取的操作和工作表的位置，如图 12-9 所示。

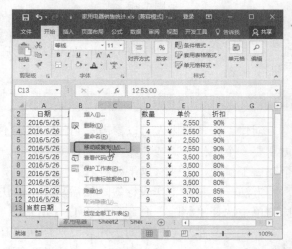

图 12-8

方法二：要移动工作表，可以将工作表标签拖动到目标位置。拖动时，鼠标指针会变为一个小工作表，同时会有一个小箭头指明位置。要将工作表移动到另一个工作簿中，第二个工作簿必须是打开的，且没有最大化。

方法三：要复制工作表，可以单击该工作表标签，然后按住 Ctrl 键的同时将该标签拖动到目标位置。拖动时，鼠标指针变为一个小工作表，上面带有一个加号。要将工作表移动到另一个工作簿中，第二个工作簿必须是打开的且没有最大化。

图 12-9

如果在移动或复制工作表时，目标工作簿中已经存在同名的工作表，Excel 会修改工作表的名称以使其唯一。

12.1.7 隐藏/显示工作表

如果不想让其他人看到某个工作表，或者在工作过程中某个工作表让你分心，就可以将其隐藏起来。隐藏一个工作表时，它的工作表标签也会被隐藏，但不能隐藏工作簿中的所有工作表，至少有一个工作表必须保持可见。

要隐藏一个工作表，可右击该工作表标签，在弹出的快捷菜单中选择"隐藏"命令，如图 12-10 所示。该工作表就会在视图中隐藏。

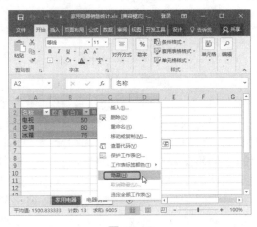

图 12-10

要重新显示隐藏的工作表，可右击任意工

作表，在弹出的快捷菜单中选择"取消隐藏"命令，如图 12-11 所示。此时 Excel 会弹出"取消隐藏"对话框，其中列出了所有隐藏的工作表，如图 12-12 所示。选择想要重新显示的工作表，并单击"确定"按钮即可。不能在这个对话框中选择多个工作表，必须对每个工作表重复执行此命令。取消隐藏某个工作表时，它将在原来的工作表标签位置显示。

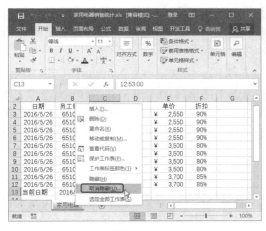

图 12-11

图 12-12

12.2 控制工作表视图

在工作表中添加的信息越多，对工作表就越难进行控制，Excel 提供了一些可以高效查看工作表的选项。下面将介绍一些简便易用的工作表选项。

12.2.1 缩放工作表

工作表的正常比例是 100%，但是可以在 10% 到 400% 之间修改显示比例。较小的显示比例有助于从全局的角度查看工作表的布局。如果觉得太小的内容不容易辨别，就可以放大。缩放操作并不改变给单元格指定的字体大小，也不会影响打印输出效果。

使用以下 4 种方法可以改变工作表窗口的缩放比例。

方法一：拖动状态栏右侧的 ━━●━━ ＋ 110% (缩放滑块)。屏幕会立即发生变化。

方法二：按住 Ctrl 键，使用鼠标滚轮来缩放。

方法三：单击"视图"选项卡的"显示比例"组中的"显示比例"按钮，弹出"显示比例"对话框，在该对话框中选择不同的缩放比例选项进行缩放。

方法四：选择一些单元格，单击"视图"选项卡的"显示比例"组中的"显示比例"按钮，在弹出的"显示比例"对话框中选择"恰好容纳选定区域"选项，选定的单元格会放大，占满整个窗口。

 提示 缩放只影响工作表窗口，所以可以对不同的工作表使用不同的显示比例，且在两个不同窗口中显示一个工作表，可以对每个窗口设置不同的显示比例。

12.2.2 多个窗口显示一个工作表

有时为了方便检阅和查看需要在多个窗口中查看一个工作表的多个部分，要创建并显示活动工作簿中的一个新视图，需单击"视图"选项卡的"窗口"组中的"新建窗口"按钮。

Excel 为活动工作簿显示了一个新窗口，如图 12-13 所示。

图 12-13

如果在创建新窗口时工作簿已最大化，那么可能注意不到 Excel 创建了一个新窗口。但在 Excel 标题栏中可以看到工作簿的标题后面带有

":2"。单击"视图"选项卡的"窗口"组中的"全部重排"按钮，并从弹出的"重排窗口"对话框中选择一个排列选项，这样就可以看到全部窗口。

根据需要，一个工作簿可以拥有任意多个视图。每个窗口都是独立的。换句话说，在一个窗口中滚动到一个新的位置并不会影响其他窗口的滚动位置。如果修改特定窗口中显示的工作表，所做更改也会应用到该工作表中的全部视图上。

12.2.3 并排比较工作表

与 Word 一样，Excel 也可以并排比较工作表，"并排查看"功能可以更方便地用来比较不同窗口中的两个工作表。

首先，应该要确保两个工作表在单独的窗口中显示。如果想比较同一个工作簿中的两个工作表，可以单击"视图"选项卡的"窗口"组中的"新建窗口"按钮，为活动的工作簿创建一个新窗口。激活第一个窗口，单击"视图"选项卡的"窗口"组中的"并排查看"按钮。如果打开的窗口不止两个，Excel 会弹出"重排窗口"对话框，用于选择要比较的窗口，如图 12-14 所示。此后，两个窗口将并排显示，如图 12-15 所示。

图 12-14

当使用"并排查看"功能时，在其中一个窗口中滚动也会滚动另一个窗口。如果不需要这种同步滚动，可以单击"视图"选项卡的"窗口"组中的"同步滚动"按钮，取消选择该功能。如果重排或移动了窗口，可以单击"视图"选项卡的"窗口"组中的"重设窗口位置"按钮，将窗口恢复到原来的并排排列。要关闭"并排查看"功能，可以再次单击"视图"|"窗口"组中的"并排查看"按钮即可。

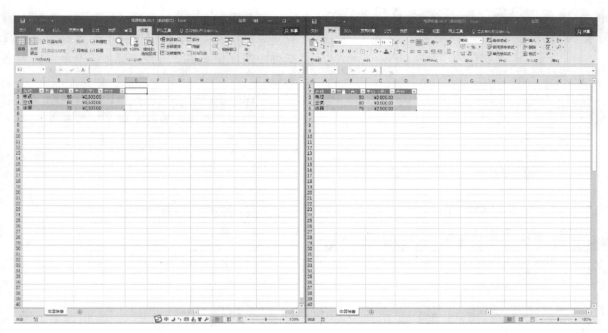

图 12-15

12.2.4　拆分窗口

使用"拆分"功能，可以将窗口拆分为不同窗格，而且这些窗格可单独滚动。单击"视图"选项卡的"窗口"组中的"拆分"按钮，拆分的窗口如图 12-16 所示。

图 12-16

要取消该窗口的拆分显示，可以再次单击"视图"选项卡的"窗口"组中的"拆分"按钮，即可取消拆分显示。

12.2.5　冻结窗格

如果创建的工作表具有标题或列标题，那么

向下滚动或向右滚动时这些标题将不再可见。对于这个问题，Excel 提供了"冻结窗格"功能来解决。冻结窗格使得标题在滚动工作表时始终可见。

要冻结窗格可以单击"视图"选项卡的"窗口"组中的"冻结窗格"按钮，在弹出的下拉菜单中可选择"冻结拆分窗格""冻结首行"和"冻结首列" 3 个可选命令。

要冻结窗格首先移动单元格指针，使其位于在垂直滚动时想要保持的行的下方，在水平滚动式时要保持可见列的右侧的单元格中。然后单击"视图"选项卡的"窗口"组中的"冻结窗格"按钮，并从弹出的下拉菜单中选择"冻结拆分窗格"命令。Excel 会插入灰色的线指示已经冻结的行和列。如图 12-17 所示为冻结的拆分窗格。当滚动工作表时，冻结的行和列依然可见。要取消冻结的窗格，单击"视图"选项卡的"窗口"组中的"冻结窗格"按钮，从弹出的下拉菜单中选择"取消冻结窗格"命令，即可取消冻结窗格，如图 12-18 所示。

通过使用"冻结首行"和"冻结首列"两个命令可以冻结工作表的首行和首列。使用这两个命令时，不需要在冻结窗格前定位单元格指针。

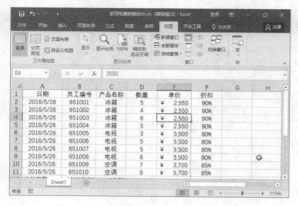

图 12-17

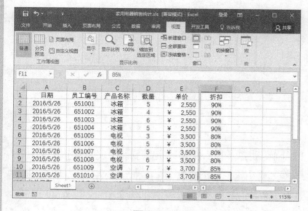

图 12-18

12.3 行和列的操作

　　每个工作表都包含 1048576 行和 16384 列，这个数量是不能改变的，接下来将介绍行与列的操作。

12.3.1 插入单元格

　　在工作表中的行和列固定不变，但如果需要添加额外的信息空间，仍然可以插入和删除行和列。这些操作并不改变行和列的总数。实际上，插入行会使其他行向下移动以容纳这个新行。如果最后一行为空，将从工作表中删除该行。插入列会使其他列向右移动，若最后一列为空，将从工作表中删除该列。

　　插入行和列可以采用以下两种方法。

　　方法一：单击工作表边框中的行号来选择一整行或多行，然后右击选区并从弹出的快捷菜单

中选择"插入"命令，如图 12-19 所示。插入整列是单击列的列号，将整列进行选择，然后右击，在弹出的快捷菜单中选择"插入"命令，即可插入整列。

图 12-19

　　方法二：将单元格指针移到想要插入新行或新列的位置，然后单击"开始"选项卡的"单元格"组中的"插入"按钮，在弹出的下拉菜单中选择"插入工作表行"或"插入工作表列"命令，如图 12-20 所示。

图 12-20

　　除了插入整行或整列单元格外，还可以插入单元格。选择想要在哪个单元格区域添加新单元格，然后单击"开始"选项卡的"单元格"组中的"插入"按钮，在弹出的下拉菜单中选择"插入单元格"命令，或右击选区，在弹出的快捷菜单中选择"插入"命令，弹出"插入"对话框，指定单元格要移动的方向，如图 12-21 所示。

图 12-21

12.3.2　删除单元格

在制作工作表时，有时会多一些没用的单元格或者是修改错误的单元格，这使就需要将单元格进行删除。要删除单元格的方法有以下两种。

方法一：选择需要删除的单元格或整行和整列的单元格，右击，在弹出的快捷菜单中选择"删除"命令，即可将选中的单元格删除。

方法二：选择需要删除的单元格或整行和整列的单元格，选择"开始"选项卡的"单元格"组中的"删除"命令，即可删除选择的单元格。

12.3.3　隐藏行和列

在一些特殊情况下，可能需要隐藏特定的行或列。如果不想让用户看到一些特定的信息或者打印一份汇总了工作表中的信息的报告，但不显示所有细节，那么隐藏行和列十分有用。

要隐藏行或列的具体操作步骤如下。

01 选择需要隐藏的行或列。

02 在选择的行或列上右击，在弹出的快捷菜单中选择"隐藏"命令，如图 12-22 所示。

图 12-22

隐藏后的行其实就是行高为零的行。类似地，隐藏的列就是列宽为零的列。当使用导航键移动单元格指针时，隐藏的行或列中的单元格会被跳过。换句话说，不能使用导航键移动到隐藏的行或列中的单元格。

如果需要显示隐藏的行或列，单击"开始"选项卡的"单元格"组中的"格式"按钮，在弹出的下拉菜单中选择"隐藏和取消隐藏"命令，在弹出的子菜单中选择需要显示的列表，如图 12-23 所示。

图 12-23

12.3.4　改变行高和列宽

在 Excel 中，用户经常会用到调整行高和列宽的操作。

1．更改行高

使用默认的行高为 15，相当于 20 个像素。在"正文"样式中定义不同的字体时，默认行高会随之改变，且 Excel 会自动调整行高以适应行中最大的字体。要更改行高有以下 3 种方法。

方法一：使用鼠标拖动行的行名称的下边框，直到对行高满意为止，如图 12-24 所示。

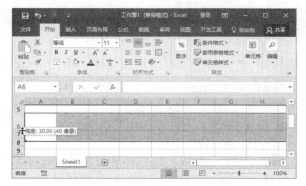

图 12-24

方法二：单击"开始"选项卡的"单元格"组中的"格式"按钮，在弹出的下拉菜单中选择"行高"命令，在弹出的"行高"对话框中设置合适的"行高"参数，如图 12-25 所示。

图 12-25

方法三：双击一行的下边框，使行高自适应行中最高的条目；也可以单击"开始"选项卡的"单元格"组中的"格式"按钮，在弹出的下拉菜单中选择"自动调整行高"命令。

2. 更改列宽

列宽是根据单元格宽度方向可容纳的"固定间距字体"字符数来测量的。默认情况下宽度为 8.43，相当于 64 个像素。

在改变列宽前，可选择多列，这样所选的列的列宽将会一致。要选择多列，可在列标题中拖动列字母，或者在单击各列时按住 Ctrl 键。要选择所有列，可单击列和列标题交叉的三角按钮。改变列宽可以使用以下 3 种方法。

方法一：使用鼠标拖动列名称的右边框，直到对列宽感到满意为止，如图 12-26 所示。

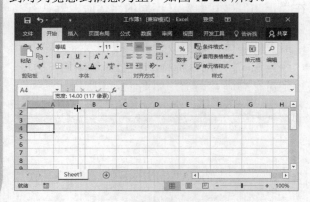

图 12-26

方法二：单击"开始"选项卡的"单元格"组中的"格式"按钮，在弹出的下拉菜单中选择"列宽"命令，在弹出的"列宽"对话框中设置合适的参数，如图 12-27 所示。

图 12-27

方法三：单击"开始"选项卡的"单元格"组中的"格式"按钮，在弹出的下拉菜单中选择"自动调整列宽"命令，使列中最宽的条目也能正常显示。使用这种方法时，不必选择整列，而只需选择该列中的一些单元格，列宽将根据选区中最宽的条目进行调整。

12.4 选择单元格和单元格区域

单元格是工作表中的基本元素，可以保存数值、文本、公式和图表。单元格由其地址来标识，地址是由列字母和行数字组成，例如 D4 是位于 D 列的 4 行中的单元格。

一组单元格称为单元格区域。通过制定单元格区域左上角单元格的地址和右下角单元格地址，并在两者之间用冒号分隔，来标识单元格区域的地址。

12.4.1 单元格区域的选择

如果要对单工作表中一个单元格区域进行操作，就需要先选择该单元格区域，然后再对单元格区域中的数据进行调整。选择单元格区域的方法有以下 5 种。

方法一：按住鼠标左键拖动，使单元格区域突出显示，然后释放鼠标左键。如果拖动到屏幕的末端，工作表将会滚动。

方法二：按住 Shift 键的同时使用方向键选择单元格区域。

方法三：按 F8 键，然后使用方向键移动单元格指针，以便突出显示单元格区域。

方法四：在"名称框"中输入单元格或单元格区域的地址，然后按 Enter 键，Excel 就会选中指定的单元格区域。

方法五：单击"开始"选项卡的"编辑"组中的"查找和选择"按钮，在弹出的下拉菜单中选择"转到"命令，在弹出的"定位"对话框中输入单元格区域的地址，如图 12-28 所示。单击"确定"按钮，Excel 会选中指定单元格区域中的单元格定位 A3:G5 的单元格区域，如图 12-29 所示。

图 12-28

图 12-29

12.4.2　整行和整列的选择

整行与整列的选择在前面的基本操作中已涉及一些，下面将介绍选择整行和整列的 5 种方法。

方法一：单击行或列的标题来选择一行或一列。

方法二：要选择多个相邻的行或列，可在行或列标题上拖动选择多个行或列。

方法三：要选择多个不相邻的行或列，可在单击所需行或列的标题上按住 Ctrl 键。

方法四：按住 Ctrl+空格键可选择活动单元格所在的列。

方法五：按住 Shift+空格键可选择活动单元格所在的行。

12.4.3　非连续单元格区域的选择

有时用户会需要选择非连续的多个单元格区域，方法有以下 4 种。

方法一：选择第一个单元格区域，然后按住 Ctrl 键并拖动鼠标来选择其他单元格或单元格区域，如图 12-30 所示。

方法二：按前面描述的方法，使用键盘选择一个单元格区域，然后按 Shift+F8 快捷键单击选择另一个单元格区域，而不会取消前面选择的单元格区域。

方法三：在"名称框"中输入单元格区域，然后按 Enter 键即可。每个单元格区域之间需要用逗号分隔，如图 12-31 所示。

图 12-30

图 12-31

方法四：在"开始"选项卡的"编辑"组中单击"查找和选择"按钮，在弹出的下拉菜单中选择"转到"命令，在弹出的对话框中输入引用的位置，单击"确定"按钮即可。输入要选择的单元格区域，用逗号分隔每个单元格区域的地址。

12.4.4　多个工作表的单元格区域的选择

在单元格的选择中，单元格除了选择一个工作表中的单元格外，单元格区域还扩展到多个工作表中，称为三维单元格区域。具体的操作步骤如下。

01 激活 Sheet1 工作表。

02 选择 B3:D5 单元格。

03 按住 Shift 键单击 Sheet2 工作表标签。

04 设置单元格的背景颜色，效果如图 12-32 所示。

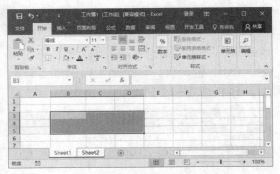

图 12-32

这样两个工作表中的 B3:D5 单元格都设置了背景颜色。

12.4.5 特殊类型单元格的选择

当使用 Excel 时，可能需要在工作表中找到一些特殊类型的单元格，如批注、公式等。在 Excel 中提供了一种简单的方法找到这些特殊类型的单元格，在"开始"选项卡的"编辑"组中单击"查找和选择"按钮，在弹出的下拉菜单中选择"定位条件"命令，弹出"定位条件"对话框，如图 12-33 所示。

图 12-33

在该对话框中设置好后，Excel 会在当前选区中选择符合条件的单元格子集。通常这个单元格子集是一个多重选定。如果没有条件符合的单元格，Excel 会显示消息"未找到单元格"。

12.4.6 通过索引选择单元格

通过单击"开始"选项卡的"编辑"组中的"查找和选择"按钮，在弹出的下拉菜单中选择"查找"命令，弹出"查找和替换"对话框，单击"选项"按钮，可显示附加选项，从而进一步细化搜索。

输入要查找的文本后，单击"查找全部"按钮，对话框会展开，显示所有符合条件的单元格，如图 12-34 所示。单击列表框中的某一项，屏幕将会滚动，以便在工作表中查看该单元格。如果选择列表框中的任意一项后，按 Ctrl+A 快捷键可选择列表框中搜索到的所有单元格。

图 12-34

12.5 复制或移动单元格

在创建工作表时，可能会需要将信息从一个位置移动或复制到另一个位置。在 Excel 中，可以方便地复制或移动单元格区域。

因为复制操作使用的非常频繁，所以，Excel 提供了许多不同的方法来执行这些操作。下面介绍几种常用的复制单元格的方法。因为复制操作的方法十分类似，因此这里仅指出它们之间的重要区别。

12.5.1 使用功能区命令复制

在"开始"选项卡的"剪贴板"组中单击"复制"按钮，可将选定的单元格或单元格区域中的内容复制到 Windows 剪贴板和 Office 剪贴板中。

完成复制操作后，将容纳该内容的单元格进行选中，并单击"开始"选项卡的"剪贴板"组中的"粘贴"按钮，即可将内容粘贴到相应的单元格中。

如果复制的是单元格区域，在单击"粘贴"按钮前并不需要选择同样大小的区域，只需激活目标单元格区域左上角的单元格即可。

12.5.2 使用快捷键复制内容

快捷方式包括使用快捷菜单和快捷键。

快捷菜单中的"粘贴选项"下显示了一些按钮，如图 12-35 所示。使用它们可以精细地控制粘贴信息的显示方式。

图 12-35

复制和粘贴操作也有对应的快捷键，其他多数 Windows 应用程序也使用这些快捷键，如按 Ctrl+C 快捷键复制内容；按 Ctrl+X 快捷键剪切内容；按 Ctrl+V 快捷键粘贴内容。

12.5.3 使用拖动方法来复制或移动

在 Excel 中可以通过拖动来复制或移动单元格或单元格区域。但与其他复制和移动方法不同，拖放操作不会将任何信息放置到 Windows 剪贴板或 Office 剪贴板中。

要使用拖动复制法进行复制，其具体的操作步骤如下。

01 首先，在 Excel 工作表中选中要复制的单元格或单元格区域。

02 按住 Ctrl 键并将鼠标移动到选区的某个边框上，此时，鼠标指针旁边会显示一个小加号。

03 移动到新位置后，松开 Ctrl 键，即可将选定的内容添加到新的位置，这样就完成了拖动复制的方法。

12.5.4 使用 Office 剪贴板进行粘贴

无论何时在 Office 程序中剪切或复制信息，都可以将信息放到 Windows 剪贴板和 Office 剪贴板中。在将信息复制到 Office 剪贴板时，会将信息追加到 Office 剪贴板上，而不是替换已经存在的信息。当 Office 剪贴板中存储多项内容时，可以分别粘贴这些项，或者把它们作为一组进行粘贴。

要使用 Office 剪贴板，首先要将其打开。使用"开始"选项卡的"剪贴板"组右下角的对话框启动器，可以切换"剪贴板"任务窗格的开关状态，如图 12-36 所示。

图 12-36

打开"剪贴板"任务窗格后，选择想要复制到 Office 剪贴板第一个单元格或单元格区域，然后使用前面介绍的任何一种方法复制它。重复此过程，选择下一个想要复制的单元格或单元格区域。复制信息后，Office 剪贴板任务窗格会显示已复制的项数和一个简短的说明。

准备粘贴信息时，选择要把信息粘贴到哪些单元格。要粘贴单独一项，需要在"剪贴板"任务窗格中单击该项。要粘贴已经复制的所有项，可单击"全部粘贴"按钮，剪贴板中包含的项将逐项粘贴。"全部粘贴"按钮可能在 Word 中更加有用，因为在有些情况下需要从多个来源复制文本，然后一次性粘贴它们。

单击"全部清空"按钮可清空 Office 剪贴板中的所有内容，使用此命令还可以清空 Windows 剪贴板。

12.6 通过名称使用单元格区域

在 Excel 中允许为单元格和单元格区域命名，可以对其指定一个描述性的名称。

对单元格和单元格区域进行命名有以下 5 种优势。

(1) 有意义的单元格区域名称要比单元格地址好记的多。

(2) 输入单元格或单元格区域的地址要比输入名称更容易出错。如果在编辑栏中输入错误的名称，Excel 会显示"#Name? 错误"。

(3) 使用编辑栏左边的"名称框"，或者选择"开始"|"编辑"|"查找和选择"|"转到"命令，在弹出的对话框中指定单元格区域的名称，可以快速移动到工作表的特定区域。

(4) 创建公式更简单。使用"公式记忆式键入"可以在公式中粘贴单元格或单元格区域的名称。

(5) 名称使公式更便于理解和使用。

12.6.1 在工作簿中创建区域名称

Excel 提供了几种不同的方法用于创建单元格区域的名称。需要注意的是，在名称中不能包含任何空格。可以使用下划线代替空格。可以在名称中使用字母和数字的任意组合，但名称必须以字母、下划线或反斜杠开头，命名不能以数字开头或者看上去像单元格地址的名称，但是如果这些名称比较合适，可以在名称前加上下划线或反斜杠。

在名称中不能使用除下划线、反斜杠和句号以外的其他符号对单元格进行命名。

名称最多可以有 255 个字符，但最好让名称尽可能短，同时仍有意义。

1. 使用"名称框"

为了创建区域名称，一种快捷的方法是使用"名称框"。选中要命名的单元格或单元格区域，在"名称框"中输入名称，然后按 Enter 键就可以创建名称。

当输入了无效名称时，Excel 会激活该地址。但不警告该名称无效。如果输入的名称包含了无效字符，Excel 会显示一个错误消息。如果名称已经存在，就不能使用"名称框"改变名称引用的单元格区域。尝试这么做只会选择单元格区域。

"名称框"是一个下拉列表，其中列出了工作簿中的所有名称。要选择一个命名的单元格或单元格区域，单击"名称框"并选择名称即可。名称会出现在"名称框"中，Excel 会在工作表中选中命名的单元格或单元格区域。

2. 使用"新建名称"对话框

通过"新建名称"对话框可以更加精确地控制单元格或单元格区域的命名。使用"新建名称"对话框的具体操作步骤如下。

01 选中要命名的单元格或单元格区域。

02 单击"公式"选项卡的"定义的名称"组中"定义名称"右侧的下三角按钮，从弹出的下拉菜单中选择"定义名称"命令，如图 12-37 所示。

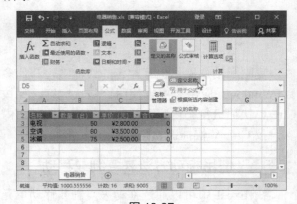

图 12-37

03 弹出如图 12-38 所示的对话框。该对话框的大小是可以调整的，只需通过鼠标在对话框的右下角进行拖动即可调整大小。

04 在"名称"文本框中输入名称。所选的单元格或单元格区域地址会出现在"引用位置"文本框中。使用"范围"下拉列表可以指定名称的范围，即名称在什么位置有效。

图 12-38

05 如有必要，可以添加备注来描述命名的单元格或单元格区域。单击"确定"按钮，将名称添加到工作簿中，并关闭对话框。

3. 使用"以选定区域创建名称"对话框

有时可能想使用工作表中的文本作为其相邻单元格或单元格区域的名称。在 Excel 中，可以很方便地完成这项任务。

要使用相邻的文本创建名称，首先选中名称文本和想要命名的单元格。名称必须与要命名的单元格相邻。然后单击"公式"|"定义的名称"|"根据所选内容创建"按钮，Excel 会弹出如图 12-39 所示的对话框。

图 12-39

Excel 会对选定单元格区域进行分析，并根据分析结果在该对话框中选中合适的选项，例如，如果 Excel 在选区第一行发现文本，它会建议基于首行创建名称。如果 Excel 的推测不正确，可以更改选项。单击"确定"按钮后，Excel 就会创建名称。

12.6.2　管理名称

在工作簿中可以包含任意数量的名称。如果名称很多，就有必要对这些名称进行管理了。

单击"公式"选项卡的"定义的名称"组中的"名称管理器"按钮，弹出"名称管理器"对话框，如图 12-40 所示。

在该对话框中可以显示工作表所在的每个工作簿的名称。通过调整该对话框的大小可以显示更多的信息，甚至可以重调列的顺序。也可以通过单击列标题，按列排序信息。

图 12-40

单击"筛选"按钮可以只显示满足特定条件的名称。通过单击"新建"按钮，可以创建一个新名称，并不需要关闭"名称管理器"对话框。

在该对话框中要编辑一个名称，需要从列表中选择该名称，然后单击"编辑"按钮，可修改"名称""引用位置"或编辑备注。

在该对话框中单击"删除"按钮即可将选中的名称删除。

如果删除包含已命名单元格或单元格区域的行或列，那么名称将包含无效引用。

12.7　单元格批注

解释工作表中特定元素的文件十分有用。要添加这种文档，方法是为单元格添加批注。当要说明一个特定或解释公式的运算方式时，这项功能很有帮助。

12.7.1　添加单元格批注

要为单元格添加批注，可选择单元格，然后使用以下 3 种方法。

方法一：单击"审阅"|"批注"|"新建批注"按钮，即可在文本中添加批注。

方法二：右击单元格，在弹出的快捷菜单中选择"插入批注"命令。

方法三：按 Shift+F2 快捷键，也可以添加批注。

带有批注的单元格的右上角会显示一个小的红色三角形，当将鼠标指针移动到包含批注的单元格上方时，将会显示批注，如图 12-41 所示。

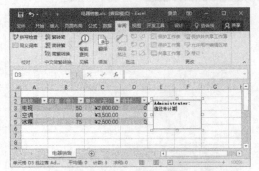

图 12-41

如果用户未激活包含批注的单元格，也可以强制显示其批注。右击该单元格，在弹出的快捷菜单中选择"显示/隐藏批注"命令。该命令只影响活动单元格中的批注。要返回标准状态可以右击该单元格，在弹出的快捷菜单选择"隐藏批注"命令。

12.7.2 设置批注格式

批注的外观是可以改变的。在需要更改格式的批注上右击，在弹出的快捷菜单中选择"设置批注格式"命令，弹出"设置批注格式"对话框，如图 12-42 所示。在该对话框中可以改变外观的颜色、边框和页边距。

图 12-42

用户还可以为批注添加一幅图像。方法是右击批注过的单元格，在弹出的快捷菜单中选择"编辑批注"命令。然后右击批注的边框，在弹出的快捷菜单中选择"设置批注格式"命令，弹出"设置批注格式"对话框，进入"颜色与线条"选项卡，在"颜色"下拉列表框中选择"填充效果"命令，接着弹出"填充效果"对话框，进入"图片"选项卡，单击"选择图片"按钮，指定一张图片文件。如图 12-43 所示显示了一个包含图片的批注。

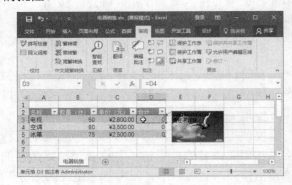

图 12-43

12.8 典型案例1——合并和修改电器销量工作表

通过前面的学习后，下面来制作一个案例，介绍合并工作表复制并调整工作表中单元格的效果，以及介绍批注的添加，具体的操作步骤如下。

01 打开前面制作的"家用电器销售统计.xlsx 和电器销售.xlsx"两个工作簿，如图 12-44 所示。

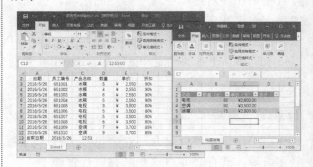

图 12-44

02 激活"电器销售.xlsx"工作簿，选择工作表，拖动工作表移动到"家用电器销售统计.xlsx"工作簿的工作表中，如图 12-45 所示。

03 将"家用电器销售统计.xlsx"工作簿中的工作表命名为"员工销量"，如图 12-46 所示。

图 12-45

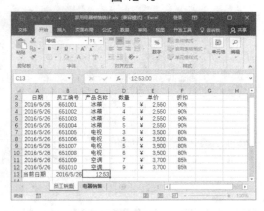

图 12-46

04 按住 Ctrl 键，选择两个工作表，并选择如图 12-47 所示的单元格区域。

图 12-47

05 设置单元格的底纹颜色分别为黄色、绿色和蓝色，如图 12-48 所示。

06 切换到"电器销量"工作表，底纹颜色也发生了改变，如图 12-49 所示。

图 12-48

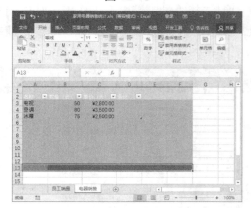

图 12-49

07 选择底部的一个空白区域，并按住 Ctrl 键再选择 D3:D5 单元格区域，如图 12-50 所示。

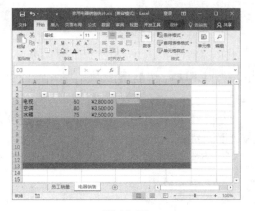

图 12-50

08 选择单元格区域后，单击"审阅"选项卡的"批注"组中的"编辑批注"按钮，添加批注，然后输入批注文本，如图 12-51 所示。

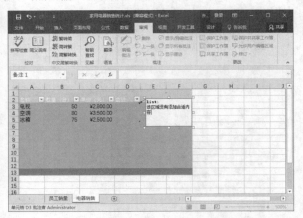

图 12-51

09 选择"员工销量"工作表，从中选择如图 12-52 所示的单元格区域，按 Ctrl+C 快捷键，复制单元格区域。

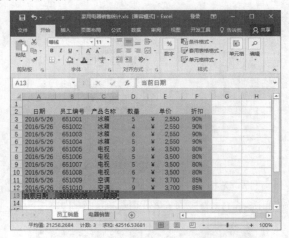

图 12-52

10 选择"电器销量"工作表中的 A13 单元格，按 Ctrl+V 快捷键，粘贴单元格内容，如图 12-53 所示。

11 在工作表中将没有内容的单元格底纹设置为透明，如图 12-54 所示。

12 将粘贴到表格中的数据拖曳到第 6 行中，如图 12-55 所示。

13 可以看到移动数据后系统自动设置其格式，这里我们可以再重新粘贴一下数据，如图 12-56

所示。这样，该工作表中的表格就设置完成了。

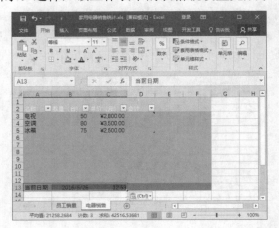

图 12-53

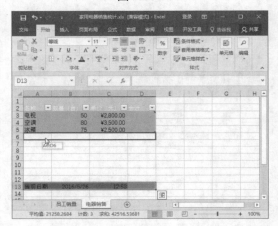

图 12-54

图 12-55

14 继续设置一些其他员工销量工作表中的样式，如图 12-57 所示。

图 12-56

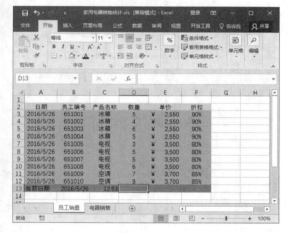

图 12-57

12.9 典型案例 2——整理学习成绩数据

下面通过整理和编辑学习成绩来学习使用单元格的编辑，具体操作步骤如下。

01 打开一个预先制作好的"前十名学习成绩.xlsx"工作簿，如图 12-58 所示。

02 在工作表中设置标题的字体和字号，如图 12-59 所示。设置字体和字号后，单元格的行高也会随之改变。

03 选择作为标题的单元格，单击"开始"选项卡的"单元格"组中的"格式"按钮，在弹出的下拉菜单中选择"行高"命令，在弹出的"行高"对话框中设置"行高"为 16，单击"确定"按钮，如图 12-60 所示。

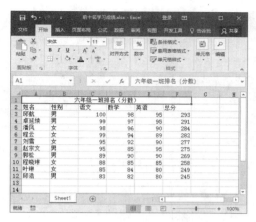

图 12-58

图 12-59

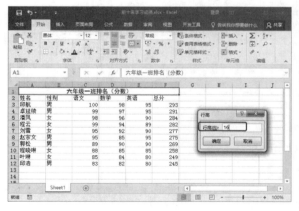

图 12-60

04 在制作的工作表中不需要显示性别，此时需要选择 B2：B12 单元格，然后单击"开始"选项卡的"单元格"组中的"格式"按钮，在弹出的下拉菜单中选择"隐藏和取消隐藏"|"隐藏列"命令，如图 12-61 所示。

图 12-61

05 隐藏列的效果如图 12-62 所示。

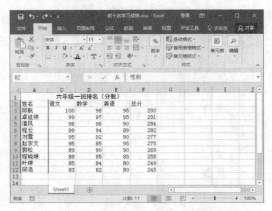

图 12-62

06 新建一个工作表，如图 12-63 所示。

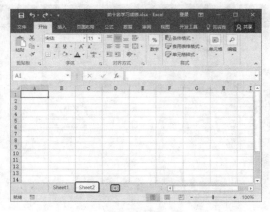

图 12-63

07 选择 Sheet1 工作表，选择标题单元格，如图 12-64 所示。按 Ctrl+C 快捷键，复制单元格中的内容。

08 切换到新创建的 Sheet2 工作表中，选择 A1 单元格，按 Ctrl+V 快捷键，粘贴单元格中内

容到新的工作表中，如图 12-65 所示。

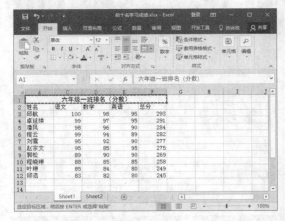

图 12-64

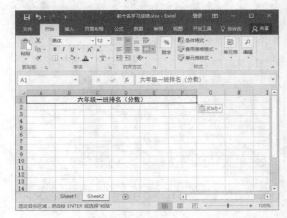

图 12-65

09 将 Sheet1 工作表中 A2:A12 单元格粘贴到新的 Sheet2 工作表中，如图 12-66 所示。

图 12-66

10 继续将 Sheet1 工作表中 F2:F12 单元格

粘贴到新的 Sheet2 工作表中，如图 12-67 所示。

图 12-67

11 粘贴单元格数据后系统会自动设置数据格式，在粘贴选项中选择粘贴类型为"数值"，如图 12-68 所示。

图 12-68

12 选择Sheet2工作表中的标题栏，单击"开始"选项卡的"对齐方式"组中的"合并后居中"右侧的下三角按钮，在弹出的下拉菜单中选择"取消单元格合并"命令，将单元格取消合并，如图 12-69 所示。

13 选择 A1:C1 单元格，单击"合并后居中"右侧的下三角按钮，在弹出的下拉菜单中选择"合并后居中"命令，如图 12-70 所示。

14 在 C3 单元格中输入数据，如图 12-71

所示。

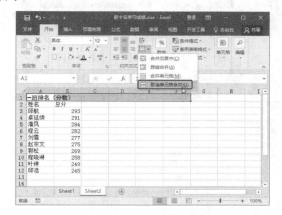

图 12-69

图 12-70

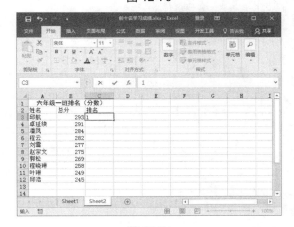

图 12-71

15 使用鼠标拖动 C3 单元格右下角到 C12 单元格，然后单击"自动填充选项"按钮，在弹出的下拉菜单中选择"填充序列"命令，效果如图 12-72 所示。

图 12-72

16 选择标题栏，并单击"审阅"选项卡的"批注"组中的"新建批注"按钮，添加批注。此时按钮变成"编辑批注"按钮，然后就可以在批注中添加内容，如图 12-73 所示。

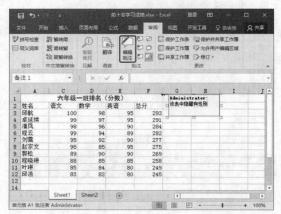

图 12-73

17 选择 Sheet1 工作表中的 A2:F12 单元格，

单击"开始"选项卡的"单元格"组中的"格式"按钮，在弹出的下拉菜单中选择"自动调整列宽"命令，调整一些列的宽度，如图 12-74 所示。

图 12-74

18 数据表制作完成后，将该工作簿进行存储。

12.10 本章小结

本章介绍了如何创建、复制、移动和重命名工作表；介绍了改变工作表的显示比例；介绍了单元格的大小设置、插入单元格和隐藏/显示单元格以及重新排列单元格。同时还介绍了如何复制粘贴单元格和单元格区域。最后介绍了批注的插入和使用。

通过对本章的学习，用户可以掌握处理工作表、单元格和单元格区域。

在 Excel 中，大量的公式和函数可以应用选择，使用 Excel 可以执行计算、分析数据等。本章介绍常用的公式和函数，如自动求和计算、平均值计算、计数、最小值计算、最大值计算等，并了解单元格的引用方式。

13.1 输入和复制公式

公式必须是以等号开始，这样 Excel 才知道单元格中包含的是公式而不是文本。Excel 提供了两种在单元格中输入公式的方法，即手动输入或指向单元格引用。

在创建公式时，Excel 会显示一个包含函数名和区域名的下拉列表，以进一步提供帮助。列表中显示的项目由已经输入的内容决定。

13.1.1 输入公式

公式是在工作表中执行数值计算的公式。所有公式都以等号 (=) 开头。用户可以使用常数和计算运算符来创建简单的公式。例如，公式"=5+2*3"，两个数相乘后再相加，然后向结果添加一个数字。

下面通过一个简单的例子来讲述如何输入公式，具体操作步骤如下。

01 打开一个工作簿。在 D3 单元格中手动输入"=B3*C3"，如图 13-1 所示。输入该公式的目的是用 B3 单元格中的数值乘以 C3 单元格中的数值。

02 按 Enter 键，确定计算，如图 13-2 所示。

03 激活 D6 单元格，从中输入"=D3+D4+D5"。该公式说明 D3 单元格中的数值加上 D4 单元格数值加上 D5 单元格数值，是求和的公式，如图 13-3 所示。

04 按 Enter 键，确定求和公式，得到如图 13-4 所示的数值。

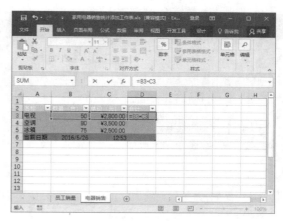

图 13-1

图 13-2

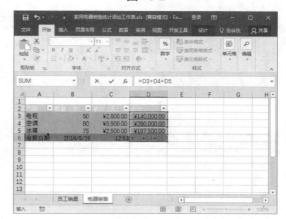

图 13-3

尽管可以通过手动输入的方式输入整个公式，但是使用 Excel 提供的另一种公式的方法通常会更加便捷，且不容易出错。这种方法仍然需要手动输入一部分内容，但是可以通过指向单元格引用输入它们的值，而不用手动输入这些值。

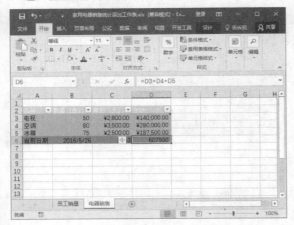

图 13-4

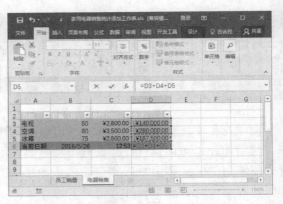

图 13-7

与上述方法相同的是同样在需要计算的单元格中输入"="，然后单击需要计算的单元格，如图 13-5 所示。手动输入运算符号"+"，然后再单击需要加的单元格，如图 13-6 所示。可以继续使用该方法连续使用公式，如图 13-7 所示。最后按 Enter 键即可计算出数值，如图 13-8 所示。

图 13-8

13.1.2 复制公式

复制公式可以快速计算数据，快速复制公式的方法有以下两种。

方法一：使用快速填充。首先要确定有公式的结果，然后把鼠标放在结果的单元格上，拖拉快速填充；在输入公式后，用鼠标双击右下角的填充柄就可以将公式复制到所有的单元格了。拖动鼠标的方法对于几万条的数据处理就太麻烦了，双击这个方法就比较好。

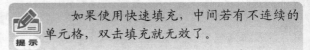

如果使用快速填充，中间若有不连续的单元格，双击填充就无效了。

方法二：使用工具按钮。选择已有公式所在的单元格，并对其进行复制，然后到需要计算和输入公式的单元格中进行粘贴，在单元格右下角的粘贴按钮上单击，在弹出的下拉菜单中选择粘贴类型为公式，如图 13-9 所示。

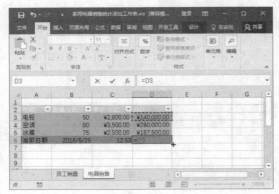

图 13-5

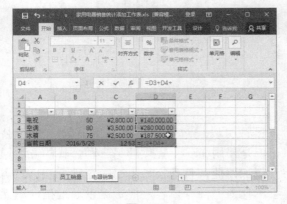

图 13-6

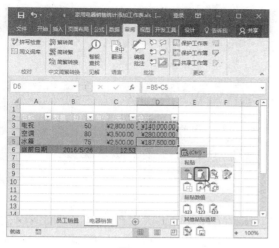

图 13-9

13.2 审核公式

审核公式对公式是否正确是非常重要的，它包括检查并校对数据、查找选定公式引用的单元格以及查找公式错误等。

13.2.1 使用监视窗口

Excel 提供了许多强大又方便的功能，它允许用户使用审核工具来审核工作表，查找与公式有关的单元格、显示受单元格内容更改影响的公式，并追踪错误值的来源。

使用监视窗口的具体操作步骤如下。

01 在"公式"选项卡的"公式审核"组中单击"监视窗口"按钮，打开如图 13-10 所示的监视窗口。

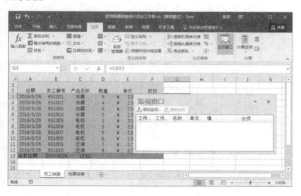

图 13-10

02 在监视窗口中单击"添加检视"按钮，

弹出如图 13-11 所示的"添加监视点"对话框，从中选择要检视的单元格，单击"添加"按钮。

图 13-11

03 如果用户以后在修改指定的单元格中的数据时，就会在监视窗口中看到数值的前后变化，如图 13-12 所示。

图 13-12

04 如果要删除监视，可在监视窗口的列表框中选中需要删除的单元格，单击"删除监视"按钮即可。

13.2.2 检查公式错误

Excel 能够自动对单元格中输入的公式进行检查，如果公式不能正确得出结果，单元格中将会显示一个错误值。在选择出错单元格后，将会自动出现错误提示按钮。单击该按钮会弹出一个下拉菜单，选择其中的命令能够对产生的错误进行处理。另外，Excel 还提供了一个"错误检查"对话框，使用该对话框能够对工作表中的公式逐一检查，并对错误的公式进行处理。下面将具体介绍在工作表中处理公式错误的方法。

01 当公式中存在错误时，Excel 会显示错误的代码。选择公式出错的单元格，如图 13-13 所示。

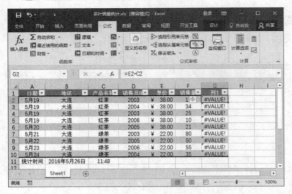

图 13-13

02 在"公式"选项卡的"公式审核"组中单击 ✓ ▾(错误检查)按钮，此时弹出"错误检查"对话框，将显示检测到的错误的公式，并会给出出错原因，如图 13-14 所示。

图 13-14

03 此时，单击"在编辑栏中编辑"按钮将对错误的公式进行修改；单击"忽略错误"按钮将会忽略找到的错误。完成当前错误处理后，单击"下一个"按钮将显示表中的下一个错误，用户能够对下一个出错公式进行修改。

提示 在"忽略错误"对话框中单击"选项"按钮，将弹出"Excel 选项"对话框，使用该对话框将对错误检查的规则进行设置。

13.2.3 使用公式求值

对于复杂的公式，有时需要了解其每一步的计算结果，以便于对创建的公式进行分析和排错。Excel 提供了"公式求值"对话框，可以查看公式的计算顺序和每一步的计算结果。下面将介绍"公式求值"对话框的使用方法。

01 在 Excel 工作表中选择公式所在的单元格，单击"公式"选项卡的"公式审核"组中的 ⓕₓ (公式求值)按钮，如图 13-15 所示。

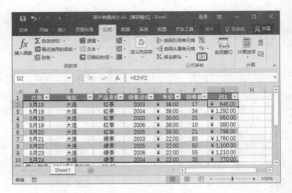

图 13-15

02 弹出"公式求值"对话框，在"求值"文本框中将显示当前单元格中的公式，公式中的下划线表示出当前的引用，单击"求值"按钮即可验证当前引用的值，此值将以斜体字显示，同时下划线移动到公式的下一部分，如图 13-16 所示。

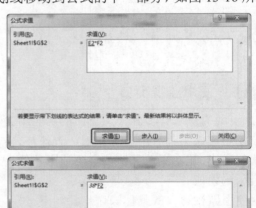

图 13-16

03 继续单击"求值"按钮，公式各个部分的值将依次显示，直到完成公式的计算。此时，"求值"文本框中将显示公式的计算结果，"求值"按钮变为"重新启动"按钮，如图 13-17 所示。

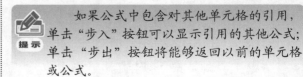
提示 如果公式中包含对其他单元格的引用，单击"步入"按钮可以显示引用的其他公式；单击"步出"按钮将能够返回以前的单元格或公式。

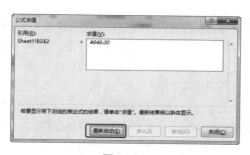

图 13-17

13.2.4　追踪单元格

在 Excel 中当公式使用引用单元格或从属单元格时，特别是交叉引用关系很复杂的公式，检查其准确性或查找错误的根源会很困难。

为了检查公式的方便，可以使用"追踪引用单元格"和"追踪从属单元格"命令以图形方式显示或追踪这些单元格和包含追踪箭头的公式之间的关系。单元格追踪器是一种分析数据流向、纠正错误的重要工具，可用来分析公式中用到的数据来源。下面将介绍具体追踪单元格的操作方法。

01 首先，新建一个工作表，在 A1、A4、B7 和 C5 单元格中输入数据，并在 D2 单元格中输入如图 13-18 所示的公式。

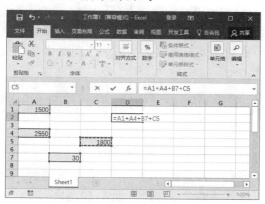

图 13-18

02 在 D2 单元格中输入公式后得到如图 13-19 所示的数据。

03 选择 D2 单元格，在"公式"选项卡的"公式审核"组中单击"追踪引用单元格"按钮，如图 13-20 所示。

04 如果想要删除引用单元格追踪箭头，可单击"公式"选项卡的"公式审核"组中的"移

去箭头"右侧的下三角按钮，在弹出的下拉菜单中可以选择需要去掉的箭头，如图 13-21 所示。

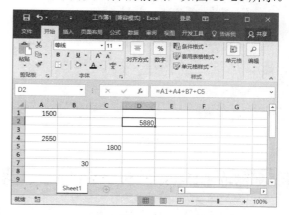

图 13-19

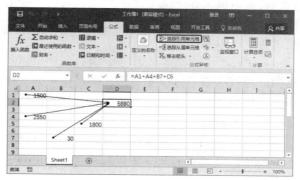

图 13-20

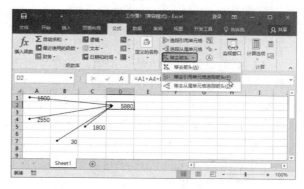

图 13-21

除此之外，还可以使用从属单元格显示从属追踪，这时需要选择想加的单元格，并单击"追踪从属单元格"按钮，就会出现一个从该单元格指引到结果单元格的箭头；还可以继续选择一个从属单元格，然后单击"追踪从属单元格"按钮，即可指引到结果单元格，如图 13-22 所示。

中文版

Office 2016 大全

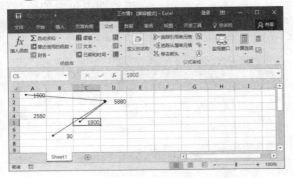

图 13-22

13.3 使用函数计算

在创建公式时，会经常使用工作表函数。这些函数可以极大地增强公式的功能，有些只使用前面讨论的运算符很难完成的运算，借助于工作表函数也可以完成。

在 Excel 中提供了 450 多个函数。如果还不够用，可以从第三方供应商那里购买额外的专业函数，如果愿意，甚至可以使用到 VBA 创建自己的自定义函数。

有些用户面对数量如此庞大的函数可能感到不知所措，但是很快就会发现，常用函数也就十几个。

Excel 的"插入函数"对话框使得定位和插入函数十分简单，即使对于不常用的函数也同样如此。

工作表函数可以简化公式。如要计算 10 个单元格(A1:A10)中包含的值是平均值，如果不使用函数，就必须将公式写成："=(A1+A2+A3+A4+A5+A6+A7+A8+A9+A10)/10"，该公式看上去十分烦琐，而且，如果在单元格区域中增加一个单元格，就需要手动编辑公式。而如果使用 Excel 内置的工作表函数 AVERAGE，就可将烦琐的公式替换为一个简单的公式 "=AVERAGE(A1:A10)"。

使用函数公式可以执行一些原本无法完成的计算，如 "=Max(A1:D100)" 公式，求的是 A1到 D100 中的最大值。且利用函数有时也可以省去手动编辑过程。

在函数公式中可以注意到所有的函数都使用了括号。括号内的信息称为参考列表。

如果一个函数使用了多个参数，参数之间必须用逗号分隔。在函数参数方面，Excel 非常灵活。参数可以是单元格引用、数值、文本字符串或表达式，甚至可以是其他函数。下面列举一些说明了使用各类参数的函数，即单元格引用=Sun(A1:A24)、数值=SQRT(121)、文本字符串=PROPER("john smith")、表达式=SQRT(183+12)、其他函数=SQRT(SUM(A1:A24))。

> **注意** 逗号是 Excel 美国版本中使用的列表分隔符，但是其他一些版本可能使用分号。列表分隔符是一项 Windows 设置，可在 Windows 8 控制面板中调整。

13.3.1 在公式中插入函数

在公式中输入函数的最简单的方法就是使用公式记忆输入。但要使用这种方法，至少要知道函数名称的第一个字符。

另一种插入函数的方法是在功能区的"公式"选项卡中使用"函数库"组中的工具，如图 13-23所示。如果不记得需要使用哪个函数，这种方法特别有用。输入公式后，单击某个函数类别会看到该类别的函数列表。单击想要使用的函数，Excel 会显示其"函数参数"对话框，可以在该对话框中输入函数的参数。另外，可以通过"有关该函数的帮助"链接来了解关于所选函数的更多信息。

图 13-23

还有一种方法可以在公式中插入函数，即使用"插入函数"对话框，如图 13-24 所示。

用户可以通过以下 4 种方法来打开"插入函数"对话框。

方法一：单击"公式"选项卡的"函数库"组中的"插入函数"按钮。

方法二：使用"公式"选项卡的"函数库"组的任意一个下拉菜单中的"插入函数"命令。

方法三：单击编辑栏左侧的 ƒₓ(插入函数)按钮。

图 13-24

方法四：按 Shift+F3 快捷键。

"插入函数"对话框会显示函数类别的下拉列表。选择一个类别后，该类别中包含的函数就会显示在"选择函数"列表框中。要访问最近使用的函数，从下拉列表中选择"常用函数"选项即可。

如果不确定使用哪个函数，可以在"搜索函数"搜索框中搜索合适的函数。

使用"插入函数"对话框插入函数的具体操作步骤如下。

01 选择需要输入计算数值的单元格，单击"公式"选项卡的"函数库"组中的"插入函数"按钮，弹出"插入函数"对话框，在"或选中类别"下拉列表中选择"全部"选项，在"选择函数"列表框中选择相乘的函数，如图 13-25 所示。

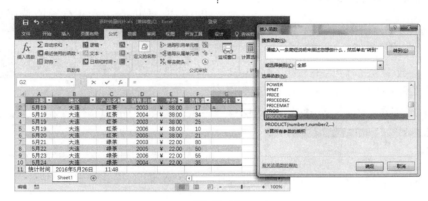

图 13-25

02 单击"确定"按钮，在弹出的"函数参数"对话框中输入需要计算的单元格，如图 13-26 所示。

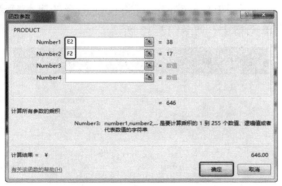

图 13-26

03 单击"确定"按钮，得到计算结果，如图 13-27 所示。

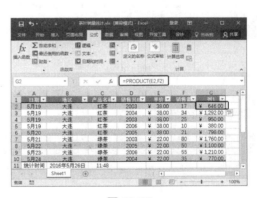

图 13-27

13.3.2 使用函数栏输入

在 Excel 中进行公式和函数输入时，在编辑栏中输入"="后，编辑栏左侧的"名称框"会变为函数栏，该栏的下拉列表中列出了常用的函数，用户可以直接选择使用。下面在工作表中使用 Max 函数为例来介绍如何在函数栏中输入函数，具体操作步骤如下。

01 在工作表中选择需要插入函数的单元格，然后在编辑栏中输入"="，再在左侧的函数栏中单击下三角按钮，在下拉列表中选择需要的函数，如图 13-28 所示。

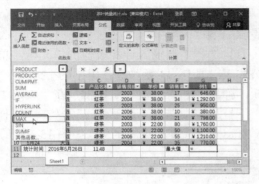

图 13-28

02 打开"函数参数"对话框，在 Number1 文本框中输入需要使用的参数，这里使用函数的默认值即可，单击"确定"按钮，如图 13-29 所示。

图 13-29

03 此时，所选单元格中显示了函数计算结果，如图 13-30 所示。

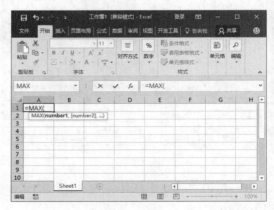

图 13-30

13.3.3 使用公式记忆输入功能

Excel 中的"公式记忆式键入"功能能够帮助用户避免出错，例如一些破坏公式并使单元格中显示错误的细小的语法错误或键入错误。"公式记忆式键入"通过屏幕提示全程指导用户如何生成公式。屏幕提示还会引导您参考一些帮助文章，以了解有关您所用函数的详细信息。使用"公式记忆式键入"中的已定义名称还可以节省时间。

下面介绍使用"公式记忆式键入"功能快速输入 Excel 函数，其具体操作步骤如下。

01 在 A1 单元格中输入"=m"，此时将显示一个列表，该列表中显示了所有以字母 m 开头的函数。同时，Excel 给出所选函数的功能提示，如图 13-31 所示。

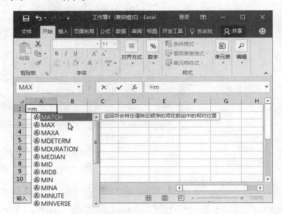

图 13-31

02 按 Tab 键，即可将当前选择的函数输入到单元格中，如图 13-32 所示。

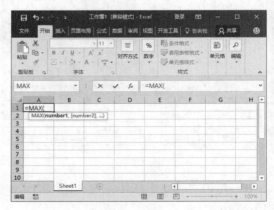

图 13-32

所示。

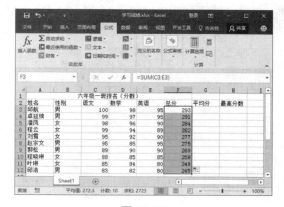

图 13-35

05 选择 G3 单元格，单击"公式"选项卡的"函数库"组中的"自动求和"按钮，在弹出的下拉菜单中选择"平均值"命令，如图 13-36 所示。

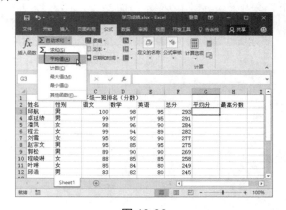

图 13-36

06 选择需要计算平均值的单元格，如图 13-37 所示。

图 13-37

> **注意** 在 Excel 中，用户可以使用公式记忆功能快速输入 Excel 内置函数、用户自定义函数、用户定义的名称、某些函数使用的列举参照以及表结构化引用。

13.3.4 自动计算

使用自动计算可以省掉手动输入的烦琐，只需动动鼠标即可精确计算出较为简单和常用的数据公式，例如，求和、平均值、计数、最大值和最小值等。使用自动计算的具体操作步骤如下。

01 打开一个需要计算的工作表。

02 激活 F3 单元格，单击"公式"选项卡的"函数库"组中的"自动求和"按钮，在弹出的下拉菜单中选择"求和"命令，如图 13-33 所示。

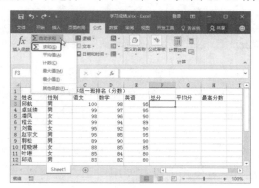

图 13-33

03 选择需要计算求和的单元格，如图 13-34 所示。

图 13-34

04 按 Enter 键，确定求和。快捷复制 F3 单元格至 F4:F12 单元格中，计算结果如图 13-35

07 按 Enter 键，确定计算平均值。快速复制 G3 单元格至 G4:G12 单元格中，计算结果如图 13-38 所示。

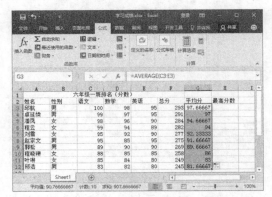

图 13-38

08 选择 H3 单元格，单击"公式"选项卡的"函数库"组中的"自动求和"按钮，在弹出的下拉菜单中选择"最大值"命令，如图 13-39 所示。

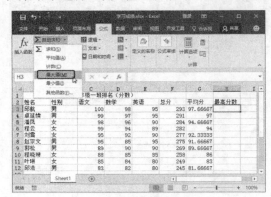

图 13-39

09 选择需要筛选最大值的单元格，如图 13-40 所示。

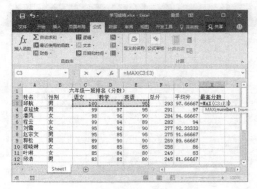

图 13-40

10 按 Enter 键，确定计算最大值。快速复制 H3 单元格至 H4:H12 单元格中，计算结果如图 13-41 所示。

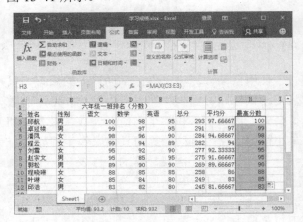

图 13-41

13.4 在公式中使用单元格引用

创建的大部分公式都会包含对单元格或单元格区域的引用，这些应用使公式能够动态使用这些单元格或单元格区域中包含的数据。例如，如果公式引用了 A1 单元格，而修改了 A1 中包含的值，公式的结果就会随之发生改变，反映出值的变化。如果公式中没有使用引用，就需要对公式本身进行编辑，来修改公式中使用的数值。

13.4.1 使用相对、绝对和混合引用

在公式中使用单元格或单元格区域引用时，有以下 3 种类型的引用可以使用。

1. 相对引用

在将公式复制到其他单元格中时，行或列引用会改变，因为引用时按照当前行或列的偏移量计算的。默认情况下，Excel 在公式中创建的是相对单元格引用。

只有准备将公式复制到其他单元格时，单元格引用的类型才会很重要。

如图 13-42 所示显示了一个简单的工作表，D3 单元格中的公式是将价格与数量相乘，即 "=B3*C3"，这个公式使用了相对单元格引用。因此，将公式复制到其下的单元格时，引用将以

相对方式调整。

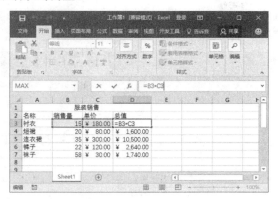

图 13-42

2. 绝对引用

当复制公式时，行和列引用不会改变，因为引用的是实际的单元格地址。绝对引用在地址中使用两个美元符号，一个是用于列字母，一个是用于行号，如$A$2。

如果 D3 单元格中包含的是绝对引用，其公式为"=$B$3*$C$3"，如图 13-43 所示。此时，把公式复制到其下面的单元格中时将导致不正确的结果。D3 单元格中的公式将和 D4 单元格中的公式完全一样。

3. 混合引用

行或列引用中的一个是相对引用，另一个是绝对引用。地址中只有一部分是绝对的，如$A3或 A$3。

图 13-43

如图 13-44 所示，D3 单元格中的公式为"=(B3*C3)*$B$8"，该公式将数量与价格相乘，

然后将其值与 B8 单元格中的绝对引用相乘。在将 D3 单元格中的公式复制到其下面的单元格时，其 D4 单元格中的公式为"=(B4*C4)*$B$8"，以此类推，填充后的结果如图 13-45 所示。这就是所谓的混合引用的结果。

图 13-44

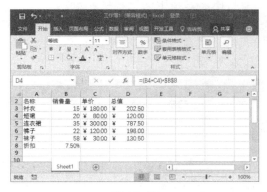

图 13-45

 当剪切和粘贴公式时，公式中的单元格引用是不会被调整的。一般来说，这正是希望看懂的结果，因为当移动一个公式时通常希望该公式可以继续引用原来的单元格。

13.4.2　更改引用类型

通过在单元格地址的适当位置插入美元符号，可以手动输入非相对应用，还有一种很简单的方法，就是按 F4 键。当通过输入或指向方式输入一个单元格引用后，可以重复按 F4 键，让 Excel 在 4 种引用类型中循环选择。

例如，如果输入了"=A1"开始一个公式，按一次 F4 键可以将该单元格引用变为"=$A$1"；再按一次 F4 键则可将其转换为"=A$1"；再按一次 F4 键可转换为 "=$A1"; 最后再按一次 F4 键使其变回原来的 "=A1"。不断地按 F4 键, 直到 Excel 显示出所需的引用类型为止。

13.5 在表格中使用公式

表格是专门指定的单元格区域, 具有列标题。本节将介绍如何在表格中使用公式。

13.5.1 汇总表格中的数据

要汇总表格中的数据, 首先要将输入的数据转换为表格。

如果要计算预测的和实际的销售总额, 甚至不需要创建公式, 只需单击按钮, 向表格中添加一组汇总公式即可, 具体的操作步骤如下。

01 激活表格中的任意单元格。

02 在 "表格工具" | "设计" 选项卡的 "表格样式选项" 组中选中 "汇总行" 复选框, 如图 13-46 所示。

图 13-46

03 将会在表格的底部显示汇总行, 如图 13-47 所示。

图 13-47

04 激活汇总行中的任意单元格, 然后单击右侧的下三角按钮, 在弹出的下拉列表中选择要使用的汇总公式类型, 如图 13-48 所示。

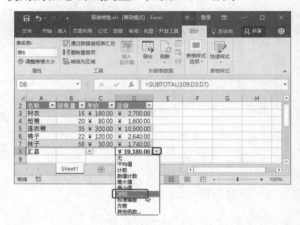

图 13-48

05 使用同样的方法, 可以在汇总行中设置其他数据的值, 如图 13-49 所示。

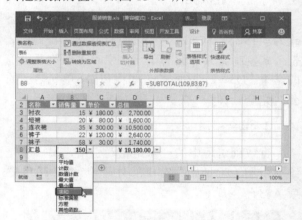

图 13-49

13.5.2 在表格中使用公式

在多数情况下, 用户需要在表格中使用公式来执行涉及其他列的计算。在工作表中使用公式的具体操作步骤如下。

01 将需要输入公式的单元格激活, 并输入 "=", 然后单击 D3 单元格将其选择, 如图 13-50 所示。

02 接着输入 "*", 继续单击 E3 单元格将其选择, 如图 13-51 所示。

03 按 Enter 键, 确定计算。使用同样的方法计算其他数据，如图 13-52 所示。

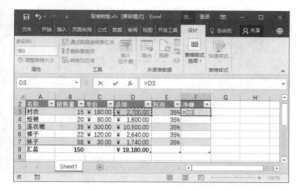

图 13-50

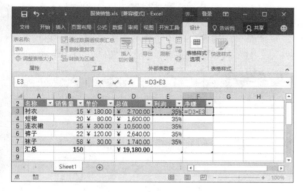

图 13-51

04 继续在需要计算的单元格中输入公式，如图 13-53 所示。

图 13-52

05 计算得到的结果如图 13-54 所示。

每次在单元格中输入公式时，该公式会自动填充到该列的所有单元格中。如果编辑了公式，Excel 会自动将编辑后的公式复制到该列的其他单元格中。

图 13-53

图 13-54

在操作过程中可以使用方向箭头来指定需要计算的单元格，也可以使用标准的单元格引用或手动选择单元格，进行计算。

13.6　典型案例 1——新鞋入库表的统计

下面将通过实例的形式介绍如何输入公式，以及如何设置表格的汇总行，具体的操作步骤如下。

01 打开一个预先制作好的"新鞋入库表.xlsx"工作簿，如图 13-55 所示。

图 13-55

02 选择 A2:M9 单元格，单击"插入"选项卡的"表格"组中的"表格"按钮，在弹出的"创建表"对话框中选中"表包含标题"复选框，单击"确定"按钮，如图 13-56 所示。

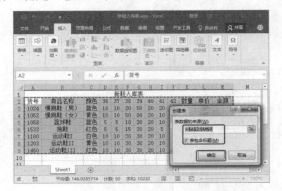

图 13-56

03 在 K3 单元格中输入"="，如图 13-57 所示。

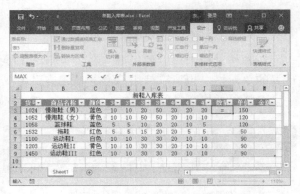

图 13-57

04 然后使用选择需要进行相加的单元格，如图 13-58 所示。

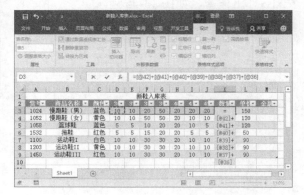

图 13-58

05 按 Enter 键，确定公式的操作，可以看到整列都自动填充了公式，如图 13-59 所示。

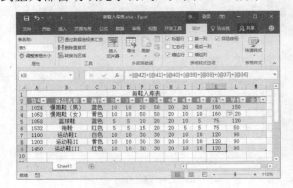

图 13-59

06 选择 K2:M9 单元格，为其设置一个底色，突出显示选中的单元格，如图 13-60 所示。

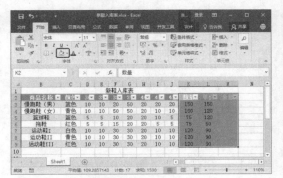

图 13-60

07 在 M3 单元格中输入"="，如图 13-61 所示。

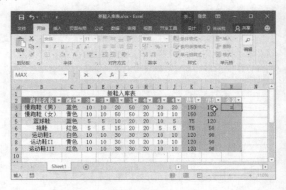

图 13-61

08 在表格中选择 K3 单元格后，再在 M3 单元格中输入"*"，然后选择 L3 单元格，如图 13-62 所示。

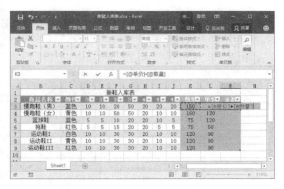

图 13-62

09 按 Enter 键，确定运算，可以看到结果被填充到整列。然后在"表格工具"|"设计"选项卡的"表格样式选项"组中选中"汇总行"复选框，如图 13-63 所示。

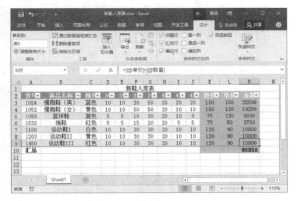

图 13-63

10 激活 K10 单元格，单击右侧的下三角按钮，在弹出的下拉列表中选择"求和"命令，即可显示结果，如图 13-64 所示。

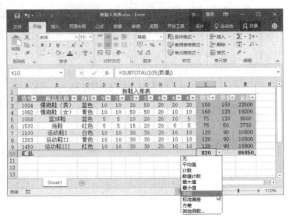

图 13-64

13.7　典型案例2——整理上半年销售记录数据

下面继续通过一个实例来巩固前面所学的公式和数据格式，以及表格数据的汇总行，具体的操作步骤如下。

01 打开一个预先制作好的"上半年销售记录.xlsx"工作簿，如图 13-65 所示。

图 13-65

02 选择 A2:E26 的单元格，单击"插入"选项卡的"表格"组中的"表格"按钮，在弹出的"创建表"对话框中选中"表包含标题"复选框，单击"确定"按钮，如图 13-66 所示。

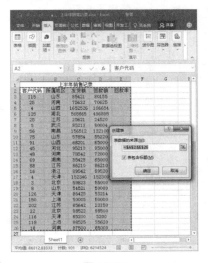

图 13-66

03 激活 E3 单元格，并输入"="，然后单击选择 D3 单元格，接着输入"/"，如图 13-67 所示。

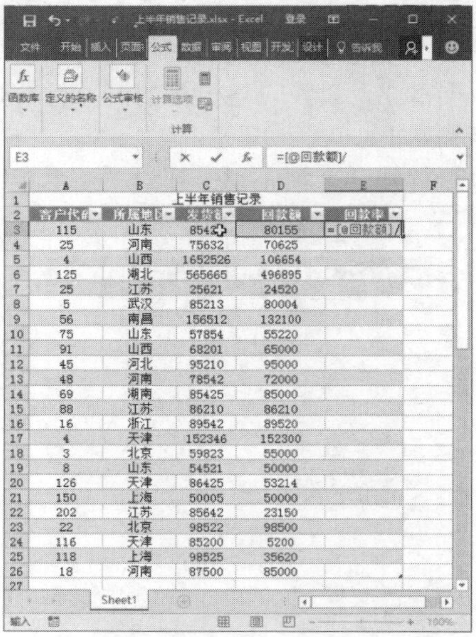

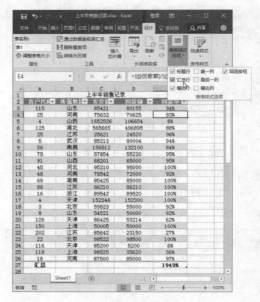

图 13-67

04 继续单击选择 C3 单元格，按 Enter 键，确定设置的回款率，并设置其数字格式为"百分比"，此时所有回款率计算完成，如图 13-68 所示。

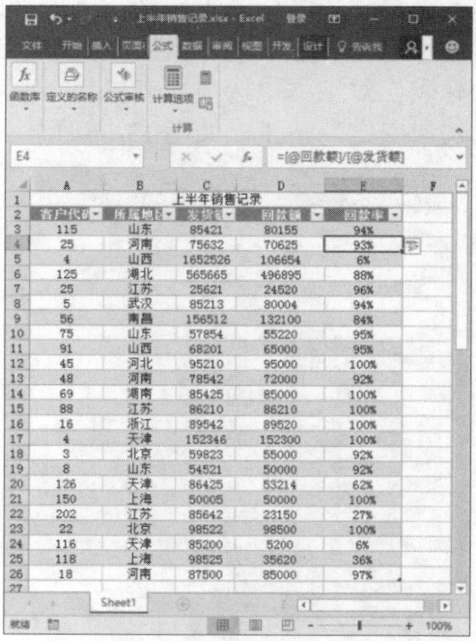

图 13-68

05 在表格中选择任意一个单元格，选中"表

格工具"|"设计"选项卡的"表格样式选项"组中的"汇总行"复选框，添加一个汇总行，如图 13-69 所示。

图 13-69

06 在汇总行中选择 E27 单元格，单击右侧的下三角按钮，在弹出的下拉菜单中选择"平均数"命令，如图 13-70 所示。

图 13-70

07 分别选择 C27 单元格和 D27 单元格，在弹出的下拉列表中选择"求和"命令，为其求出总和，如图 13-71 所示。

图 13-71

08 在 F2 单元格中输入"差价"，如图 13-72 所示。然后按 Enter 键即可。

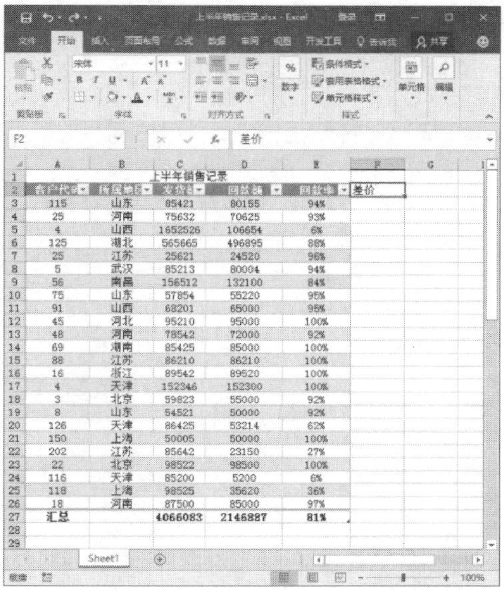

图 13-72

09 添加一列后，并在 F3 单元格中输入"="，然后使用 C3 单元格的数值减去 D3 单元格的数值，如图 13-73 所示。

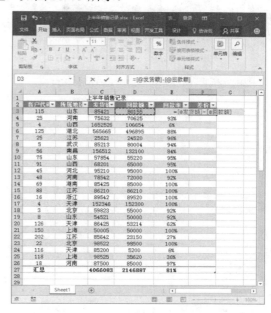

图 13-73

10 将整列的差价计算出来后，激活 F27 单元格，单击右侧的下三角按钮，在弹出的下拉列表中选择"求和"命令，如图 13-74 所示。

图 13-74

11 设置 F3:F27 单元格中数据的数字格式为"货币",如图 13-75 所示。

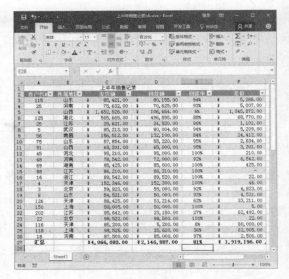

图 13-75

12 调整表格及表格数据,并调整汇总行,完成的工作簿如图 13-76 所示。

图 13-76

13.8 本章小结

本章介绍自动化求值、单元格的引用方式以及函数的输入,并简单介绍了几种常用的函数概念。

通过对本章的学习用户可以掌握如何自动为数值求和、求平均值、计数、最大值、最小值,并了解单元格的引用方式,以及熟练掌握了一些常用的函数公式。

第14章 分析和管理数据

本章介绍常用分析和管理数据，其中主要是描述数据的排序、筛选、分类总汇以及数据分析工具。

14.1 数据的排序

对数据排序是数据分析必不可少的一部分。用户可能需要按字母顺序排列名称列表，从高到低编辑产品库存级别列表，或按颜色、图标对行排序。对数据进行排序有助于快速直观地显示数据并更好地理解数据，有助于组织并查找所需数据，有助于最终做出更有效的决策。

用户可以按文本(升序或降序)、数值(升序或降序)及日期和时间(最早到最晚和最晚到最早)对一个或多个列中的数据排序。也可以按自定义列表(如"大""中"和"小")或格式(包括单元格颜色、字体颜色或图标集)排序。大多数排序操作是列排序，但也可以按行排序。

Excel 表的排序条件与工作簿一起保存，所以每次打开该工作簿时，都可以对该表重新应用该排序，但是不能对单元格区域保存排序条件。如果希望保存排序条件，以便打开工作簿时定期重新应用排序，最好使用表。这对于多列排序或需要很长时间才能创建的排序特别重要。

14.1.1 单列排序

在对 Excel 中数据进行分析处理时，排序是常用的操作。在进行排序操作时，如果只是针对单列数据，可以直接使用功能区中的命令；如果针对多列数据，则需要通过"排序"对话框设置多个关键字。具体对单列排序的操作步骤如下。

01 创建一个工作表，如图 14-1 所示。

02 在工作表中单击选择 B 列中的任意一个单元格，然后在"数据"选项卡的"排序和筛选"组中单击 (升序)按钮，弹出"排序提醒"对话框，如图 14-2 所示。

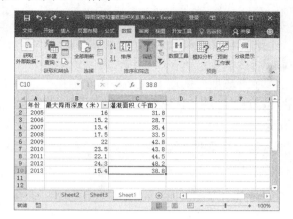

图 14-1

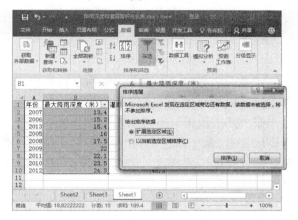

图 14-2

根据对话框中的提示选择合适的排序依据后，单击"确定"按钮。设置好排序后选择的单元格循序将以升序的方式进行重新排列。

与 (升序)相反的 (降序)则是将选择的单元格以降序的排列方式排列出数据。

> **提示** 如果排序的数据行是工作表分级显示的一部分，Excel 将对最高级分组(第一级)进行排序，这时即使明细数据行或列是隐藏的，它们也仍保持在一起，不被排序。

14.1.2 多行或多列排序

如果用户希望按一列或一行中的相同值组合在一起的数据，然后对这组相等值内的其他列或行排序，可以按多列或多行排序。

中文版 Office 2016 大全

若要获得最佳结果，排序的单元格区域应包含列标题。

选择包含两列或多列数据的单元格区域，或确保活动单元格所在表中包含两列或多列。

在"数据"选项卡的"排序和筛选"组中单击"排序"按钮，弹出"排序"对话框，如图 14-3 所示。

图 14-3

在"列"下的"主要关键字"下拉列表中选择要排序的第一列。

在"排序依据"下拉列表中选择排序类型。若要按文本、数字或日期和时间排序，请选择"数值"。若要按格式排序，请选择"单元格颜色""字体颜色"或"单元格图标"。

在"次序"下拉列表中选择所需的排序方式。对于文本值，请选择"升序"或"降序"。对于数字值，请选择"由小到大"或"由大到小"。对于日期或时间值，请选择"升序"或"降序"。若要基于自定义列表排序，请选择"自定义列表"。

列表中必须至少保留一个条目。

若要更改列的排序顺序，请选择一个条目，然后单击"上移"或"下移"按钮更改顺序。

列表中较高位置的条目在较低位置的条目之前排序。

若要在更改数据后重新应用排序，请单击区域或表中的一个单元格，然后在"数据"选项卡的"排序和筛选"组中单击"重新应用"按钮。

14.1.3 自定义排序

可以使用自定义列表按用户定义的顺序排序。例如，一列中可能包含要充当排序依据的值，如"高""中"和"低"。如何排序，包含"高""中"和"低"的行才会按此顺序先后显示？如果要按字母顺序排序，"升序"会将"低"放在顶部，但"高"会在"中"前面。如果"降序"排序，将先显示"中"，而"高"会在中间。无论顺序如何，用户会始终希望"中"在中间。通过创建自己的自定义列表，可以解决此问题。

除了自定义列表，Excel 还提供了内置的星期几和月份自定义列表。

创建自定义排序列表的具体操作步骤如下。

01 在单元格区域中，按照所需的顺序从上到下输入要充当排序依据的值，如图 14-4 所示。

图 14-4

02 选择刚刚输入的区域。如果使用上面的示例，请选择 B1: B3 单元格。

03 切换到"文件"选项卡，然后单击"选项"按钮，弹出"Excel 选项"对话框，在左侧列表框中选择"高级"选项，在右侧列表框中单击"常规"选项组中的"编辑自定义列表"按钮，如图 14-5 所示。

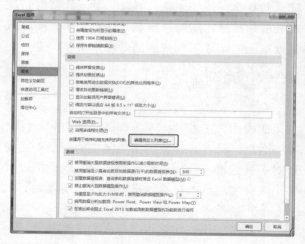

图 14-5

210

04 在"自定义序列"对话框中单击"导入"按钮,如图 14-6 所示。然后单击两次"确定"按钮,退出对话框。

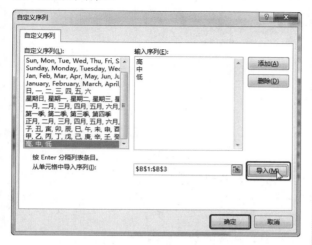

图 14-6

自定义列表的最大长度为 255 个字符,第一个字符不得以数字开头。选择单元格区域中的一列数据,或确保活动单元格在一个表列中。

05 在"数据"选项卡的"排序和筛选"组中单击"排序"按钮,弹出"排序"对话框,在"列"下的"主要关键字"下拉列表中选择要按自定义列表排序的列。在"次序"下拉列表中选择"自定义列表"选项,在弹出的"自定义列表"对话框中选择所需列表。如果使用上面的示例中创建的自定义列表,请单击"高、中、低",单击"确定"按钮,如图 14-7 示。

图 14-7

若要在更改数据后重新应用排序,请单击区域或表中的一个单元格,然后在"数据"选项卡的"排序和筛选"组中单击"重新应用"按钮。

14.2 数据的筛选

将数据放入表格中时,会自动向表格表头中添加筛选控件。

14.2.1 使用自动筛选

使用"自动筛选"功能在一列或多列数据中查找值以及显示或隐藏值。用户可以根据自己在列表中所选的选项来进行筛选,以及搜索查找要查看的数据。在筛选数据时,如果一个或多个列中的数值不能满足筛选条件,整行数据都会隐藏起来。

使用自动筛选的具体操作步骤如下。

01 选择要筛选的数据,如图 14-8 所示。

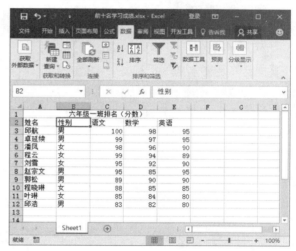

图 14-8

02 单击"数据"选项卡的"排序和筛选"组中的"筛选"按钮,即可为选择的数据设置筛选,如图 14-9 所示。

03 添加数据筛选后,会在行单元格中出现 ▾ 按钮,单击将弹出筛选器,如图 14-10 所示。选中"(全选)"复选框将清除所有复选框,然后仅选择要查看的值,在"搜索"框中输入要查看的文本或数字,单击"确定"按钮,以应用筛选器。

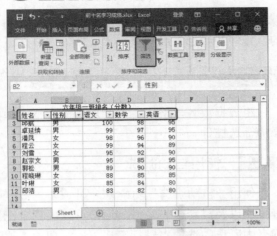

图 14-9

图 14-10

14.2.2 自定义筛选

特定数字的筛选，其具体操作步骤如下。

01 在想要筛选的列的表格表头中单击 按钮。

02 如果列具有数字，请单击"数字筛选器"。如果列具有文本条目，请单击"文本筛选器"。

03 选择所需的筛选选项，然后输入筛选条件，弹出如图 14-11 所示的"自定义自动筛选方式"对话框。

图 14-11

例如，若要显示高于某个数额的数值，请选择"大于或等于"选项，然后在右侧的文本框中输入想到的数字。

04 筛选的数字如图 14-12 所示。

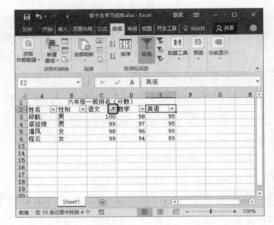

图 14-12

05 如图 14-13 所示的是文本筛选的"自定义自动筛选方式"对话框。

图 14-13

若要按两个条件进行筛选，请在两组文本框中均输入筛选条件，选中"与"单选按钮可使两个条件均为真，选中"或"单选按钮可使其中任一条件为真。

如果已经应用了不同的单元格或字体颜色或条件格式，则可以按表中显示的颜色或图标进行筛选。

01 在应用了颜色格式或条件格式的列的表格表头中单击⊡按钮。

02 单击"按颜色筛选"，然后选择筛选所要依据的单元格颜色、字体颜色或图标即可。

14.2.3 使用切片筛选

在 Excel 中，通过添加切片器来作为筛选数据的一种新方法。创建切片器来筛选表格数据确实很有用，因为它能清楚地指明筛选数据后表格中所显示的数据。

创建切片器筛选数据的具体操作步骤如下。

01 单击表格中的任意位置，以在功能区上显示"表格工具"选项卡。

02 选择表格，单击"表格工具"|"设计"选项卡的"工具"组中的"插入切片器"按钮，弹出"插入切片器"对话框，选中要为其创建切片器的选项旁边的复选框，单击"确定"按钮，如图 14-14 所示。

图 14-14

对于在"插入切片器"对话框中选中的每个表格表头，均会显示一个切片器。

03 在每个切片器中，单击要在表格中显示的项目，如图 14-15 所示。

若要选择多个项目，按住 Ctrl 键，然后选择要显示的项目即可。

图 14-15

> 要更改切片器的外观，单击切片器以在功能区上显示"切片器工具"选项卡，然后应用切片器样式或在"选项"选项卡中更改设置。

14.2.4 高级筛选

高级筛选一般用于条件较复杂的筛选操作，其筛选的结果可显示在原数据表格中，不符合条件的记录被隐藏起来；也可以在新的位置显示筛选结果，不符合条件的记录同时保留在数据表中而不会被隐藏起来，这样就更加便于进行数据比对。其具体操作步骤如下。

01 使用统计表学习高级筛选，打开一个"销售统计表.xlsx"文档，在右侧的空白单元格中输入条件，如"数量>=5;折扣>75%"，如图 14-16 所示。

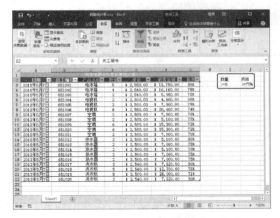

图 14-16

02 选择需要筛选的单元格，如图 14-17 所示。

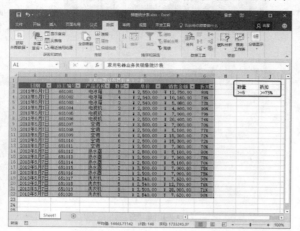

图 14-17

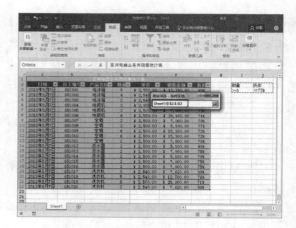

图 14-19

03 单击"数据"选项卡的"排序和筛选"组中的 (高级)按钮，弹出"高级筛选"对话框，从中可以看到"列表区域"文本框中列出了需要筛选的单元格，然后单击"条件区域"文本框后面的按钮，如图 14-18 所示。

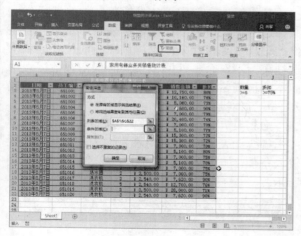

图 14-18

04 在弹出的相应对话框中选择步骤 01 输入的条件区域单元格，如图 14-19 所示。拾取单元格后单击按钮。

05 返回到"高级筛选"对话框后，单击"确定"按钮，筛选出的数据如图 14-20 所示。

06 除此将未符合条件区域的数据隐藏之外，还可以将筛选结果复制到其他的位置。同样选择列表区域和条件区域，如图 14-21 所示。

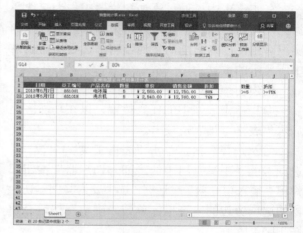

图 14-20

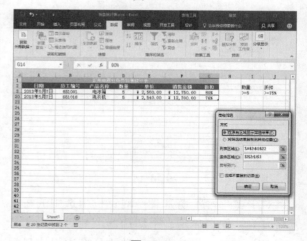

图 14-21

07 选择"方式"为"将筛选结果复制到其他位置"选项，然后单击"复制到"文本框后面的按钮，在工作簿中选择位置如图 14-22 所示。

在"高级筛选"对话框中单击"确定"按钮。

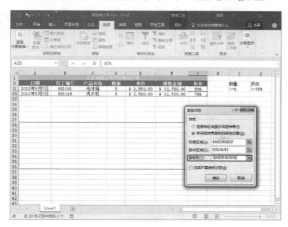

图 14-22

08 复制筛选的数据到 A28:G36 后，选择使用高级筛选后的表格，单击"清除"按钮，清除筛选如图 14-23 所示。

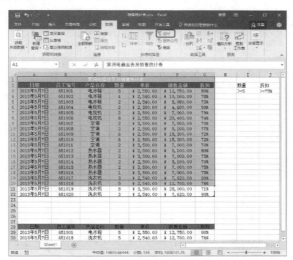

图 14-23

14.3 创建分类总汇

分类汇总，就是将数据表格按某个字段进行分类，进行求和、平均值、计数等汇总运算。在 Excel 中，分类汇总分为简单汇总和嵌套汇总两种方法。

14.3.1 创建简单汇总

如果在一个数据表中要求对每个产品编号进

行一个分类的汇总，其具体操作步骤如下。

01 首先创建一个工作簿，如图 14-24 所示。

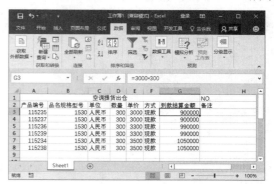

图 14-24

02 在工作簿中选择任意单元格，单击"数据"选项卡的"分级显示"组中的"分类汇总"按钮，如图 14-25 所示。

图 14-25

03 弹出"分类汇总"对话框，从中选择"分类字段"为"产品编号"，选择"汇总方式"为"求和"，选择"选定汇总项"为"到款结算金额"选项，单击"确定"按钮，如图 14-26 所示。

图 14-26

04 创建的分类汇总如图 14-27 所示。汇总的结果将以加粗显示。

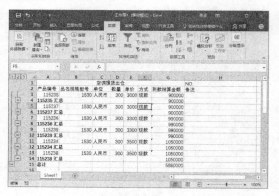

图 14-27

14.3.2 嵌套分类汇总

嵌套分类汇总是多次分类汇总,每次分类汇总的关键字各不相同,由于字段不止一个,一次属于多列排列。

注意 分类汇总一定要对分类汇总的字段进行排列,嵌套分类汇总要对多个字段进行排列。

嵌套分类汇总是先将某项指标汇总,再对汇总后的数据做进一步的细化,具体操作步骤如下。

01 打开或自己制作一个如图 14-28 所示的工作簿。

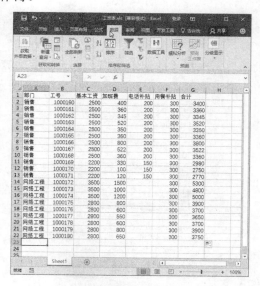

图 14-28

02 单击"数据"选项卡的"分级显示"组中的"分类汇总"按钮,弹出"分类汇总"对话框,从中设置一个合适的分类参数,如图 14-29 所示。

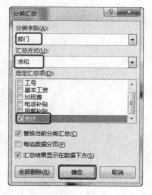

图 14-29

03 单击"确定"按钮后,得到如图 14-30 所示的分类总汇。

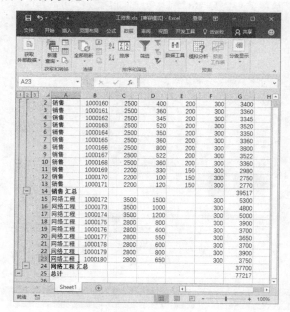

图 14-30

04 继续单击"数据"选项卡的"分级显示"组中的"分类总汇"按钮,弹出"分类汇总"对话框,从中设置一个合适的分类参数,如图 14-31 所示。

05 最后创建的嵌套分类汇总,如图 14-32 所示。

图 14-31

图 14-32

14.4 使用数据分析工具

下面将介绍数据分析工具的模拟运算表、单变量求解、方案管理器和数据表的合并计算。

14.4.1 使用模拟运算表

在 Excel 应用中,通过一个或多个模拟运算设定,应用 Excel 本身公式,显示计算结果。

模拟运算表是一个单元格区域,它可显示一个或多个公式中替换不同值时的结果。有两种类型的模拟运算表,即单输入模拟运算表和双输入模拟运算表。在单输入模拟运算表中,用户可以对一个变量输入不同的值从而查看它对一个或多

个公式的影响。在双输入模拟运算表中,用户对两个变量输入不同值,而查看它对一个公式的影响。

模拟运算表这个功能用得很少。模拟运算表的用法输入公式后,进行假设分析。查看改动公式中的某些值是怎样影响其结果,模拟运算表提供了一个操作所有变化的捷径。

使用模拟运算表的具体操作步骤如下。

01 在工作表的 A1 和 A2 单元格中输入两个数字,如图 14-33 所示。

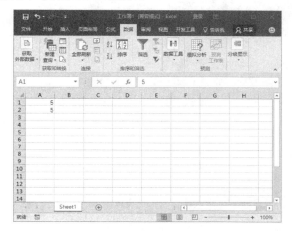

图 14-33

02 在 A4 单元格中输入公式"=A1*A2",如图 14-34 所示。

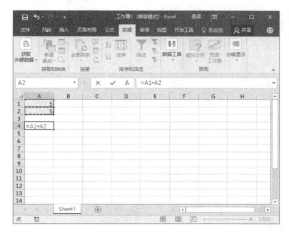

图 14-34

03 在 B4:J4 中输入 1 到 9 数字,在 A5:A13 中输入 1 到 9 数字,如图 14-35 所示。

04 选择 A4:J13 单元格，单击"数据"选项卡的"预测"组中的"模拟分析"按钮，在弹出的下拉菜单中选择"模拟运算表"命令，如图 14-36 所示。

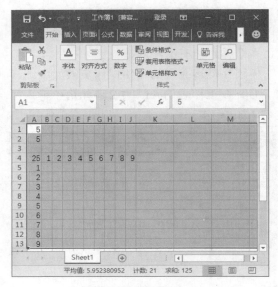

图 14-35

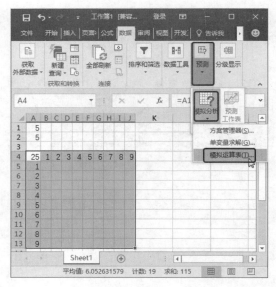

图 14-36

05 弹出"模拟运算表"对话框，分别选择 A1 和 A2 单元格，单击"确定"按钮，如图 14-37 所示。

06 通过 Excel 模拟运算表制作的一个九九乘法表就完成了，如图 14-38 所示。

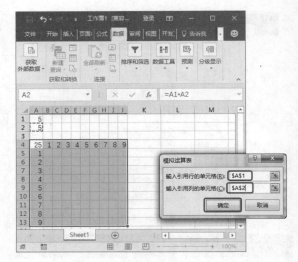

图 14-37

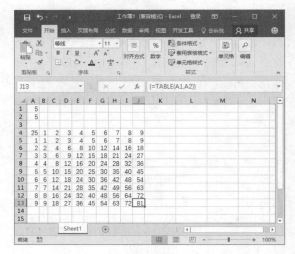

图 14-38

14.4.2 使用单变量求解

单变量求解是解决假定一个公式要取的某一结果值，其中变量的引用单元格应取值为多少的问题。

在 Excel 中根据所提供的目标值，将引用单元格的值不断调整，直至达到所需要求的公式的目标值时，变量的值才确定。

使用单变量求解的具体操作步骤如下。

01 创建如图 14-39 所示的工作表，从中输入数据。

02 在 B4 单元格中输入"=PMT(B3/12,B2,B1)"，如图 14-40 所示。

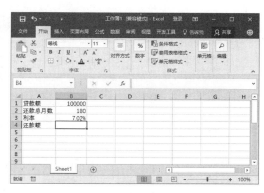

图 14-39

由于 B3 单元格中没有值，Excel 假定为 0% 的利率，并得到 555.56 美元的还款。此时，用户可以忽略该值。

该公式可计算月还款金额。在本例中，每月需要还款 900。但是，不用在此输入该金额，因为希望使用单变量求解确定利率，而单变量求解需要以公式开头。

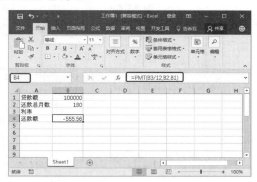

图 14-40

03 单击"数据"选项卡的"预测"组中的"模拟分析"按钮，在弹出的下拉菜单中选择"单变量求解"命令，如图 14-41 所示。

图 14-41

04 弹出"单变量求解"对话框，设置"目标单元格"为 B4、"目标值"为 -900，因为是还款金额，所以数字为负数。设置"可变单元格"为 B3，单击"确定"按钮，如图 14-42 所示。

图 14-42

05 单变量求解生成的结果如图 14-43 所示。

图 14-43

14.4.3 使用方案管理器

Excel 中的方案管理器能够帮助用户创建和管理方案。使用方案，用户能够方便地进行假设，为多个变量存储输入值的不同组合，同时为这些组合命名。下面以使用方案管理器对可接受库存为例介绍 Excel 方案管理器的使用方法，具体操作步骤如下。

01 新建一个如图 14-44 所示的工作表。

02 选择如图 14-45 所示的"可接受库存"下的库存单元格，单击"数据"选项卡的"预测"组中的"模拟分析"按钮，在弹出的下拉菜单中选择"方案管理器"命令。

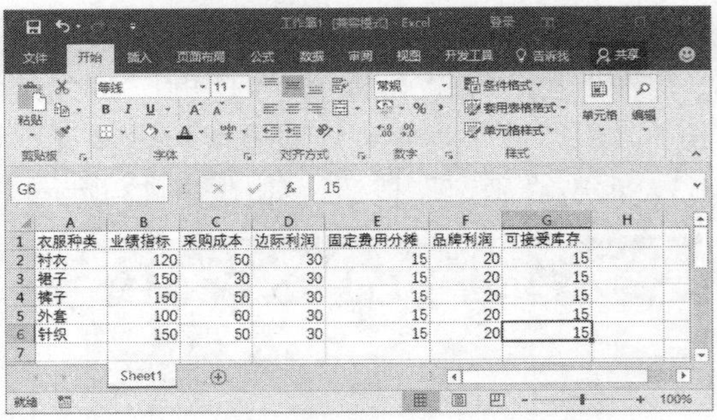

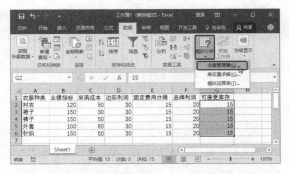

图 14-44

图 14-47

图 14-45

03 弹出"方案管理器"对话框，从中单击"添加"按钮，如图 14-46 所示。

图 14-46

04 弹出"添加方案"对话框，从中输入方案的名称"可变库存"，单击"确定"按钮，如图 14-47 所示。

05 弹出"方案变量值"对话框，从中输入变量，如图 14-48 所示。

06 单击"添加"按钮，弹出如图 14-49 所示的"添加方案"对话框，从中添加第二变量，为变量方案命名为"可变库存 2"。

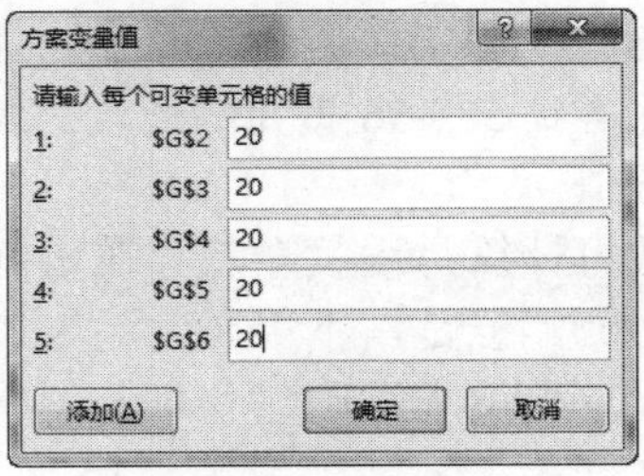

图 14-48

图 14-49

07 在弹出的"方案变量值"对话框中输入变量，如图 14-50 所示。

图 14-50

08 单击"确定"按钮，返回到"方案管理器"对话框，从中选择一个变量，单击"显示"

按钮，即可在工作表中显示该边框，如图 14-51 和图 14-52 所示。

图 14-51

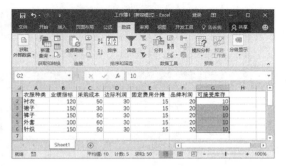

图 14-52

09 如果想在工作表中显示另外一个变量值，单击"数据"选项卡的"预测"组中的"模拟分析"按钮，在弹出的下拉菜单中选择"方案管理器"命令，弹出"方案管理器"对话框，从中选择另外一个变量值，单击"显示"按钮，如图 14-53 所示。显示另外一个变量，如图 14-54 所示。

图 14-53

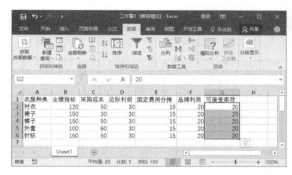

图 14-54

14.5 典型案例1——排序与汇总培训数据

下面将通过计算机培训数据来排序和分类汇总数据，具体操作步骤如下。

01 打开一个预先准备好的"计算机培训成绩.xlsx"工作簿，从中选择"性别"单元格，如图 14-55 所示。

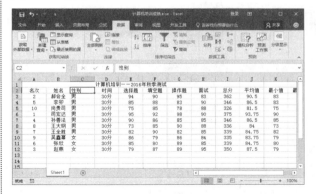

图 14-55

02 在"数据"选项卡的"排序和筛选"组中单击"筛选"按钮，设置选中单元格的筛选，单击"性别"右侧的下拉按钮，在弹出的下拉面板中选中"男"复选框，筛选出性别为男的行单元格，如图 14-56 所示。

03 筛选出男性的数据后，单击"数据"选项卡的"分级显示"组中的"分类汇总"按钮，在弹出的"分类汇总"对话框中设置"分类字段"为"性别"，设置"汇总方式"为"求和"，在"选定汇总项"列表框中选中"总分"复选框，取消选中"替换当前分类总汇"复选框，选中"汇总结果显示在数据下方"复选框，如图 14-57 所示。

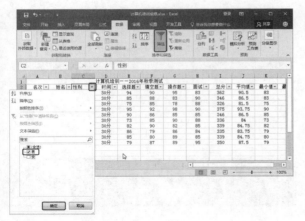

图 14-56

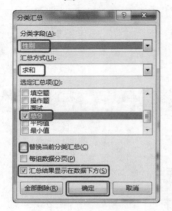

图 14-57

04 创建的汇总结果如图 14-58 所示。

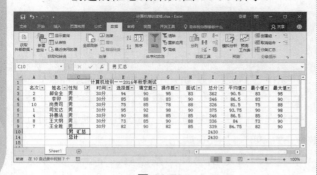

图 14-58

05 除此之外，还要计算出男性的人数。单击"数据"选项卡的"分级显示"组中的"分类汇总"按钮，在弹出的"分类汇总"对话框中设置"分类字段"为"性别"，设置"汇总方式"

为"计数"，在"选定汇总项"列表框中选中"总分"复选框，取消选中"替换当前分类总汇"复选框，选中"汇总结果显示在数据下方"复选框，如图 14-59 所示。

图 14-59

06 添加的汇总结果如图 14-60 所示。

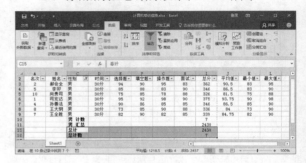

图 14-60

07 选择"性别"右侧的下拉按钮，在弹出的下拉面板中选中"(全选)"复选框，单击"确定"按钮，如图 14-61 所示。

图 14-61

08 显示的数据如图 14-62 所示。

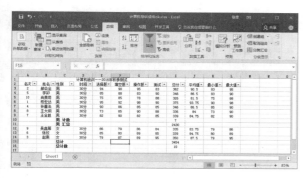

图 14-62

09 继续筛选性别，只显示"女"，单击"确定"按钮，如图 14-63 所示。

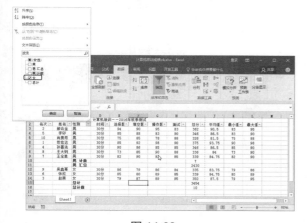

图 14-63

10 单击"数据"选项卡的"分级显示"组中的"分类汇总"按钮，在弹出的"分类汇总"对话框中设置"分类字段"为"性别"，设置"汇总方式"为"求和"，在"选定汇总项"列表框中选中"总分"复选框，取消选中"替换当前分类总汇"复选框，选中"汇总结果显示在数据下方"复选框，如图 14-64 所示。

图 14-64

11 设置的计数如图 14-65 所示。

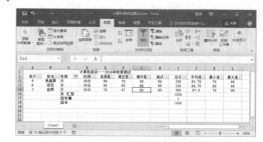

图 14-65

12 取消数据的筛选，得到如图 14-66 所示的效果。

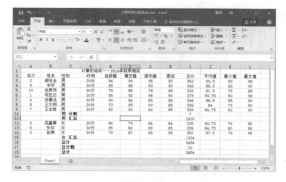

图 14-66

14.6 典型案例 2——赠品价格单数据筛选

下面再来整理一下赠品价格单，从中使用高级筛选来筛选出需要的数据，具体操作步骤如下。

01 打开一个预先制作好的"赠品价格单筛选.xlsx"工作簿，如图 14-67 所示。

图 14-67

02 选择 A2:D17 的单元格，单击"数据"选项卡的"排序和筛选"组中的 ▼(高级)按钮，如图 14-68 所示。

图 14-68

03 弹出"高级筛选"对话框，选中"将筛选结果复制到其他位置"单选按钮，设置"列表区域""条件区域"和"复制到"文本框中的单元格数据，如图 14-69 所示。

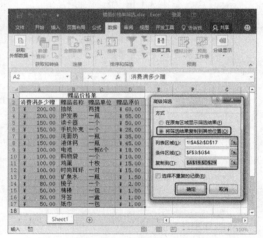

图 14-69

04 筛选的复制被复制到如图 14-70 所示的区域中。

05 为了方便筛选数据，可以选择"消费满多少"单元格，并为其设置筛选，如图 14-71 所示。可以通过筛选的下拉面板选择出需要的内容。

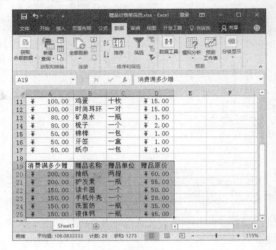

图 14-70

图 14-71

14.7 本章小结

本章介绍使用 Excel 中的分类、分析、排序和筛选管理制作的数据。

通过对本章的学习，用户可以掌握如何使用条件格式突出显示数据，如何设置数据的排序以及自动筛选、自定义筛选和高级筛选数据等操作。

第15章 使用图形和图表展示数据

本章介绍如何设置图表的动态效果，其中将主要介绍使用模拟图、数据条、图标集和函数建立的条形图标集数据，介绍如何更改图表类型、布局、格式和更改图表源数据，介绍设计、分析数据透视表和创建数据透视图。

15.1 设计动态图表

下面将介绍通过 Excel 中常用的动态图表来表示数据，以图表的方式显示数据可美化枯燥的数据表。

15.1.1 使用迷你图表现数据

迷你图就是在一个单元格中显示的小图表，它可以使用户快速识别时间变化的趋势或数据的变化。因为迷你图小巧玲珑，所以经常成组使用。

虽然迷你图看起来就像微型图表，但迷你图的功能与图表数据的功能截然不同。例如，图表存放在工作表的绘制层中，一个图表可以显示几个数据系列。迷你图则在一个单元格中显示，只显示一个数据系列。

Excel 支持以下 3 种迷你图类型。

第一种：折线图，与图表类型中的折线图类似，折线图可以为每个数据点加上标记。

第二种：柱形图，与图表中的柱形图类似，其数据与折线图显示的数据相同。

第三种：盈亏图，这种图是一种"二进制"类型的迷你图，只以两种形式显示每个数据点，位于上方的柱形和位于下方的柱形。

创建数据迷你图的具体操作步骤如下。

01 打开或创建一个工作表，如图 15-1 所示。

02 选择要用迷你图描绘的数据，这里需要注意的是只选择数据。单击"插入"选项卡的"迷你图"组中的"折线图"按钮，在弹出的"创建迷你图"对话框中可以看到选择的数据范围，如

图 15-2 所示。

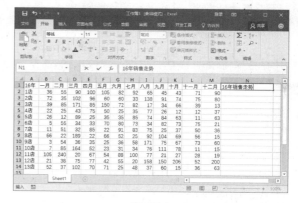

图 15-1

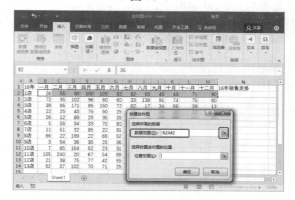

图 15-2

03 单击"位置范围"文本框后面的 按钮，选择需要显示迷你图的单元格，如图 15-3 所示。再次单击 按钮，返回到上一级"创建迷你图"对话框。

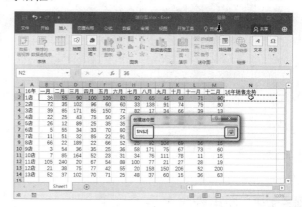

图 15-3

04 单击"确定"按钮，即可显示迷你图，使用填充工具填充单元格，如图 15-4 所示。

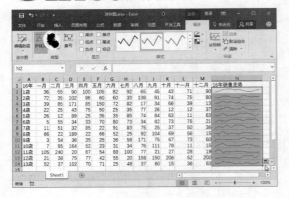

图 15-4

05 切换到"迷你图工具"|"设计"选项卡，设置模拟图的外观类型，如图 15-5 所示。

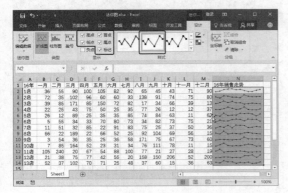

图 15-5

06 此外，还可以将迷你图类型更改为"柱形图"，如图 15-6 所示。

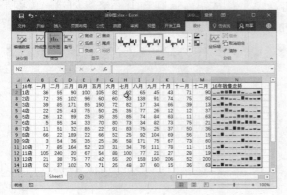

图 15-6

15.1.2 使用数据条表现数据

使用数据条时，显示图形的条件格式有数据条、色阶和图标集 3 种。要通过图形呈现单元格区域中的值，这 3 种条件格式都十分有用。

使用数据条时，单元格中会直接显示横向的条，条的长度由单元格的值相对于单元格区域中其他值的大小而定。

要使用数据条，其具体操作步骤如下。

01 选择需要用数据条表现的单元格，单击"开始"选项卡的"样式"组中的"条件格式"按钮，在弹出的下拉菜单中选择"数据条"命令，并在子菜单中选择需要的数据条样式，如图 15-7 所示。

图 15-7

02 添加的数据条效果如图 15-8 所示。

图 15-8

如果在预设的数据条中没有合适的样式，可以单击"新建规则"命令，弹出"新建格式规则"对话框，可以在该对话框中执行以下操作。

(1) 仅显示数据条，隐藏数字；

(2) 指定数据条长度的最小值和最大值；

(3) 改变数据条的外观；

(4) 指定处理负值和坐标轴的方法；

(5) 指定数据条的方向。

15.1.3　使用图标集表现数据

另一个条件格式选项是可以在单元格中显示图表，所显示的图表取决于单元格的值。

要给一个单元格区域指定图标集，可选择单元格，然后单击"开始"选项卡的"样式"组中的"条件格式"按钮，在弹出的下拉菜单中选择"图标集"命令，在弹出的子菜单中选择一个合适的图标集。Excel 为用户提供了 20 个图标集进行选择，各个图标集中包含的图标数从 3 到 5 不等。但是不能自己创建图标。

如图 15-9 所示的是使用一个图标集的示例。图中的数据以图标集图形的方式描述了每个项目的状态。

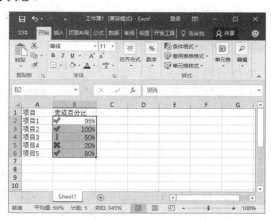

图 15-9

默认情况下，使用的图表根据百分数来确定，对于包含 3 个图表的图标集，各项按 3 个百分数分组；对于包含 4 个图表的图标集，各项按 4 个百分数分组；对于包含 5 个图表的图标集，各项按 5 个百分数分组。

如果想进一步控制图标的分配方式，可单击

"开始"选项卡的"样式"组中的"条件格式"按钮，在弹出的下拉菜单中选择"图标集"|"新建规则"命令，打开如图 15-10 所示的"新建格式规则"对话框。要修改已有的规则，可单击"样式"组中的"条件格式"按钮，在弹出的下拉菜单中选择"管理规则"命令，弹出"条件格式规则管理器"对话框，然后选择要修改的规则，并单击"编辑规则"按钮，如图 15-11 所示。

图 15-10

图 15-11

15.2　图表数据

图表是数字值的可视化表示。图表一直是电子表格必不可少的重要组成部分。早期的电子表格产品生成的图表十分粗糙，历经多年的洗礼，现在已经显著改善。Excel 还提供了许多工具，用于创建范围广泛、可灵活进行自定义的图表。

使用构思巧妙的图表呈现数据能使数字更容易理解。因为图表展示了一幅画，所以特别适合汇总一系列数字并展示它们之间的关系。制作图表可以帮助用户发现原本可能会忽略的趋势和模式。

15.2.1 创建图表

要创建图表，必须有一些数字或数据。当然，数据是存储在工作表的单元格中的。图表使用的数据一般是存储在单个工作表中，但这并不是一个严格要求。图表可以使用其他工作表，甚至其他工作簿中的数据。

图表本质上就是Excel根据要求创建的对象。这种对象由一个或多个通过图形方式呈现的数据系列组成。数据系列的外观取决于选定的图表类型。例如，如果使用两个数据系列创建一个折线图，图表中将包含两条折线，每条代表一个数据系列。两个数据系列存储在不同的行或列中。折线上的每个点由数据系列中的每个单元格的值决定，并用一个标记表示。通过线的粗细、线型、颜色或数据标记来区分每条折线。

创建图表的具体操作步骤如下。

01 选择需要创建图表的工作表数据，如图 15-12 所示。

图 15-12

02 单击"插入"选项卡的"图表"组中的"推荐的图表"按钮，弹出"插入图表"对话框，在该对话框中选择需要的图表样式，并可以在右侧预览图表效果，如图 15-13 所示。

03 选择合适的图表后，单击"确定"按钮，即可插入图表，如图 15-14 所示。

可以看到创建后的折线图图表，但 Excel 提供了许多种预定义的其他图表样式，单击以选中图表，并应用"图表工具"|"设计"和"图表工具"|"格式"选项卡即可。

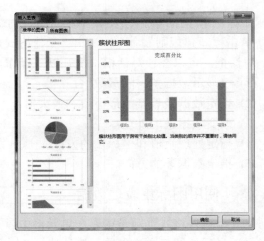

图 15-13

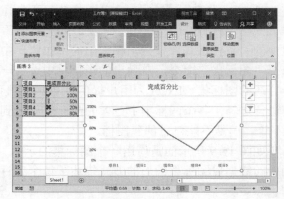

图 15-14

15.2.2 设置图表元素布局

每种图表类型都有一组布局可供选择。布局中除了图表外，还包含其他图表元素，如标题、数据标签、坐标轴等，可在图表中添加自己的元素，但是使用预定义的布局通常能节省时间。即便预定义布局与用户需要的布局并不完全一致，但是可能是非常接近，只需稍加调整就能满足要求。

要尝试另一个预定义的布局，可以单击"图表工具"|"设计"选项卡的"图表布局"组中的"快速布局"按钮。

为在图表中手动增删元素，可以单击图表右侧的➕(图表元素)按钮，注意每一项都会扩展，提供更多的选项，例如元素在图表中的位置。➕(图表元素)下包含的选项与"图表工具"|"设计"选项卡的"图表布局"组中的"添加图表元素"下拉菜单中的选项相同。

更改元素布局的具体操作步骤如下。

01 选择需要更改布局的图表，单击"图表工具"|"设计"选项卡的"图表布局"组中的"快速布局"按钮，在弹出的下拉面板中选择需要的布局效果，如图 15-15 所示。

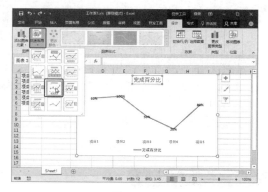

图 15-15

02 单击图表右侧的 ┿(图表元素)按钮，在弹出的下拉菜单中选择需要添加的图表元素，如图 15-16 所示。

图 15-16

15.2.3 更改图表类型

尽管任何一类图表都可以直接呈现数据，但是试试其他的图表类型也未尝不可。更改图表类型的具体操作步骤如下。

01 选择需要更改的图表，单击"图表工具"|"设计"选项卡的"类型"组中的"更改图表类型"按钮，如图 15-17 所示。

02 弹出"更改图表类型"对话框，从中可以选择所需要更改的图表类型，单击"确定"按钮，如图 15-18 所示。

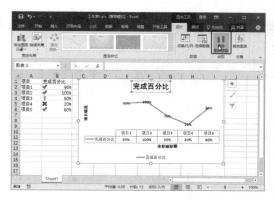

图 15-17

图 15-18

03 更改为饼状图表的效果如图 15-19 所示。

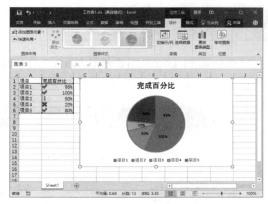

图 15-19

在"更改图表类型"对话框左侧显示了主类别，右边以图表形式显示了每种类别下的子类型。选择一个图表，就会显示图表在两个数据方向的结果。找到合适的图表类型后，单击"确定"按钮，Excel 会改变图表类型。注意，这个对话框还有一个选项卡，允许访问 Excel 为数据推荐的图表类型。

 提示 还可以采用另一种方法来更改图表的类型。选中图表，然后在"插入"选项卡的"图表"组中选择控件。

15.2.4 设置图表格式

设置图表格式主要是在"图表工具"|"格式"选项卡中来完成。

在"图表工具"|"格式"选项卡的"当前所选内容"组中单击"设置所选内容格式"按钮，可在窗口的右侧显示设置图表区格式窗格。在图表中选择相应的内容，如绘图区域、网格线、数据、坐标轴、标题等内容的格式都可以在右侧的窗格中设置，如图 15-20 所示。

 提示 设置格式窗格没有显示，可以双击一个图表元素来打开它。

 提示 如果在对图表元素应用格式后，觉得效果不好，可将应用的图表样式恢复为原来的格式，方法是右击图表元素，在弹出的快捷菜单中选择"重设以匹配样式"命令。要重设整个图表，需要右击图表区并选择相同的命令。

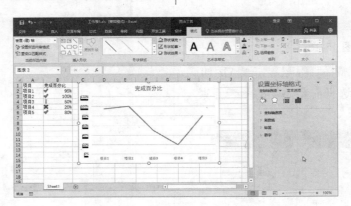

图 15-20

15.2.5 更改图表源数据

在对创建的 Excel 图表进行修改时，有时会遇到更改某个数据系列的数据源的问题。下面讲述更改数据系列的数据源的方法，具体操作如下。

01 打开需要修改图表数据的工作表，如图 15-21 所示。

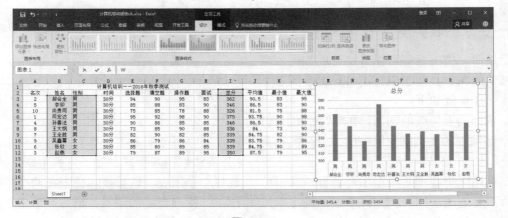

图 15-21

02 选择图表,单击"图表工具"|"设计"选项卡的"数据"组中的"选择数据"按钮,弹出"选择数据源"对话框,单击"编辑"按钮,如图 15-22 所示。

图 15-22

03 弹出"编辑数据系列"对话框,从中

使用 按钮,设置"系列名称"为"面试"单元格;使用 按钮,设置"系列值"的数据表格,如图 15-23 所示。

04 单击"确定"按钮,可以看到更新的图表,如图 15-24 所示。如果还想为图表添加数据,单击"添加"按钮。

05 弹出"编辑数据系列"对话框,从中设置"系列名称"和"系列值"的单元格,如图 15-25 所示,单击"确定"按钮。

06 继续添加"平均值"数据,如图 15-26 所示。

07 添加的数据如图 15-27 所示。此时,图表也会相应地更新。

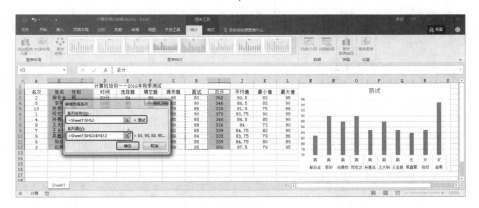

图 15-23

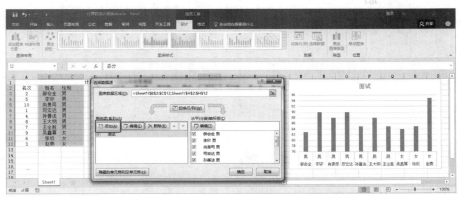

图 15-24

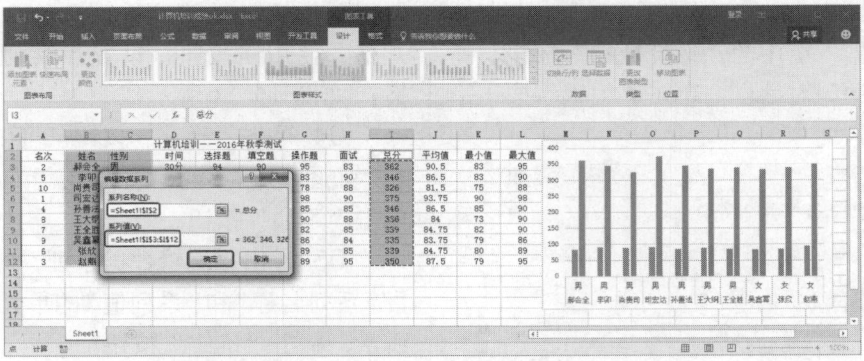

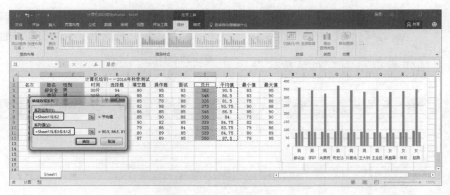

图 15-25

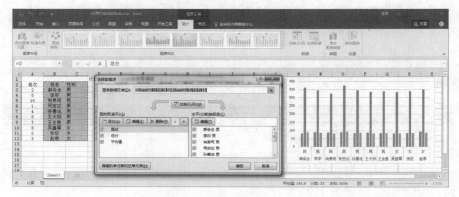

图 15-26

图 15-27

15.3 数据透视表

下面就来讲解一下数据透视表的功能和使用方法。

15.3.1 创建数据透视表

通过分析工作表中的所有数据来帮助用户做

出更好的业务决策。但有时候很难知道从何开始，尤其是当用户拥有大量数据时。Excel 可通过推荐并自动创建数据透视表来帮助用户，这是一种汇总、分析、浏览和显示数据的好方法。

如果用户在使用数据透视表方面没有什么经验或不确定如何使用，"推荐的数据透视表"会是一个不错的选择。当使用此功能时，Excel 将通过在数据透视表中使数据与最合适的区域相匹配来确定有意义的布局。这可以为用户进行其他实验提供一个起点。在创建基础数据透视表时，用户可以尝试不同的方向，并重新排列字段以达到特定结果。

创建数据透视表的具体操作步骤如下。

01 打开要在其中创建数据透视表的工作簿，如图 15-28 所示。

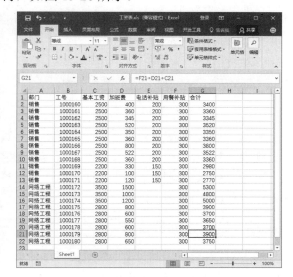

图 15-28

02 单击列表或表格中包含要用于数据透视表的数据的单元格，如图 15-29 所示。

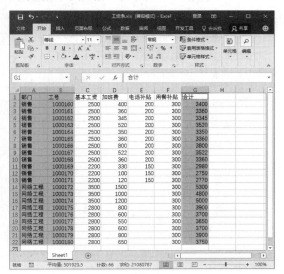

图 15-29

03 单击"插入"选项卡的"表格"组中的

"推荐的数据透视表"按钮，弹出如图 15-30 所示的"推荐的数据透视表"对话框，从中选择一个模板，单击"确定"按钮，即可创建出透视表。

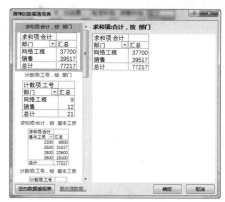

图 15-30

04 创建的数据透视表将在新的工作表中显示，如图 15-31 所示。

图 15-31

在窗口右侧的"数据透视表字段"窗格中可以对该数据透视表进行修改。

05 在右侧窗格的"在以下区域间拖动字段"中，单击数据字段右侧的下三角按钮，在弹出的下拉菜单中选择需要移动到的标签位置，如图15-32所示。

06 将各个字段放置到合适的标签区域，得到如图 15-33 所示的结果。

07 如果想继续添加数据，可以勾选需要添加的数据，如图 15-34 所示。

08 将添加的字段调整到合适的标签区域

中，如图 15-35 所示。

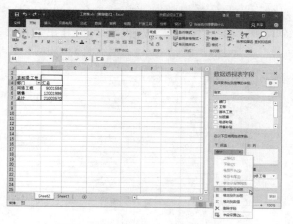

图 15-32

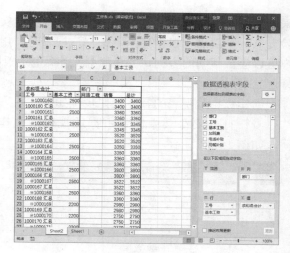

图 15-35

单击"插入"选项卡的"表格"组中的"数据透视表"按钮，同样可以打开"数据透视表字段"窗格，可以根据情况添加数据，制作数据透视表，这里就不再介绍了。

15.3.2 设计数据透视表

通过对数据表的设计，使数据表不再是单一色的表格，其具体的操作步骤如下。

01 选择数据表的任意表格，选中"数据透视表工具"|"设计"选项卡的"数据透视表样式选项"组中的"镶边列"复选框，如图 15-36 所示。

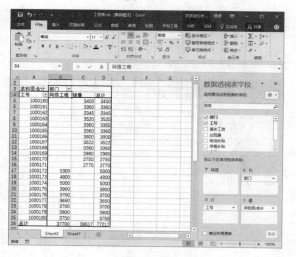

图 15-33

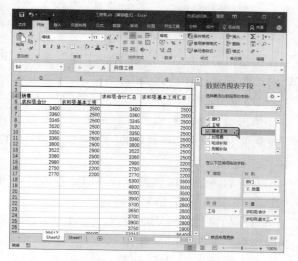

图 15-34

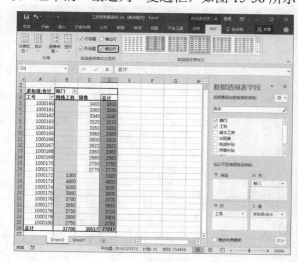

图 15-36

02 接着选中"镶边行"复选框，如图 15-37 所示。

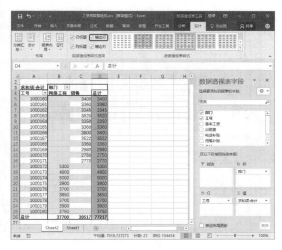

图 15-37

03 然后选择"数据透视表工具"|"设计"选项卡的"数据透视表样式"组中选择一种合适的样式,如图 15-38 所示。

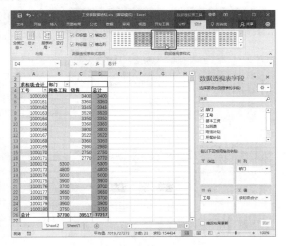

图 15-38

用户可以逐个尝试布局的每个样式,这里就不详细介绍了。

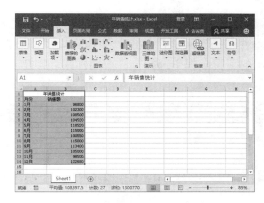

图 15-39

02 单击"插入"选项卡的"图表"组中的"推荐的图表"按钮,弹出如图 15-40 所示的"插入图表"对话框,在"所有图表"选项卡中选择"条形图",单击"确定"按钮。

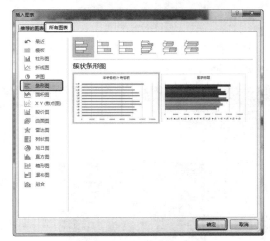

图 15-40

03 插入的图表如图 15-41 所示。

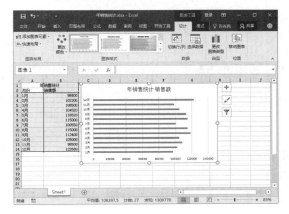

图 15-41

15.4 典型案例 1——为年销售统计设置图表和图形

下面通过创建图表和图形来美化年销售统计表,具体的操作步骤如下。

01 打开一个预先制作好的"年销售统计.xlsx"工作簿,从中选择需要创建图表的单元格,如图 15-39 所示。

04 切换到"图表工具"|"设计"选项卡的"图表布局"组中，单击"快速布局"按钮，在弹出的下拉面板中选择一种布局样式，如图15-42所示。

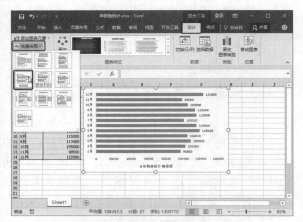

图 15-42

05 在"图表样式"组中选择一种合适的样式，如图15-43所示。

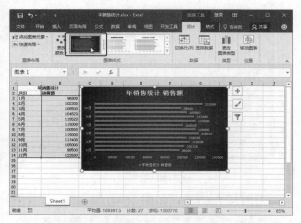

图 15-43

06 单击"设计"选项卡的"类型"组中的"更改图表类型"按钮，弹出"更改图表类型"对话框，在"所有图表"选项卡中选择一种三维效果，如图15-44所示。

07 继续单击"设计"选项卡的"图表样式"组中的"更改颜色"按钮，在弹出的下拉列表中选择一种合适的颜色，如图15-45所示。

08 完成的三维图表效果如图15-46所示。

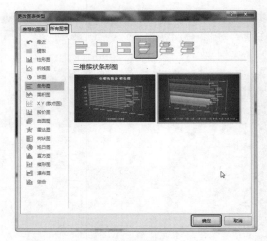

图 15-44

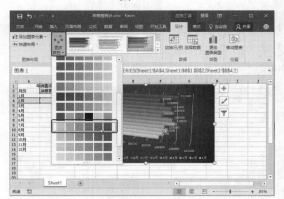

图 15-45

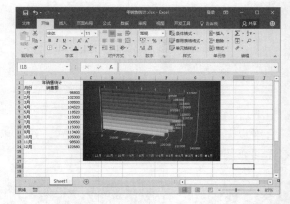

图 15-46

15.5 典型案例2——为生产总值设置图表

下面通过创建图表来清晰地分析生产总值，具体的操作步骤如下。

01 打开一个预先制作好的"生产总值.xlsx"工作簿，如图 15-47 所示。

02 选择 B3:B6 单元格，单击"插入"选项卡的"迷你图"组中的"柱形图"按钮，弹出创建迷你图对话框，设置"数据范围"为 B3:B6，并选择"位置范围"在 B7 单元格，如图 15-48 所示。

03 在单元格中插入迷你图后，填充如图 15-49 所示的单元格。

04 切换到"迷你图工具"|"设计"选项卡的"样式"组中选择一种合适的样式，如图 15-50 所示。

05 选择如图 15-51 所示的单元格。

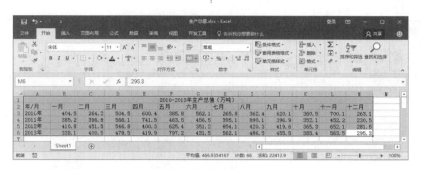

图 15-47

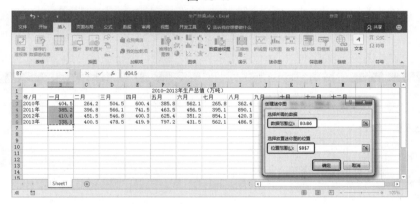

图 15-48

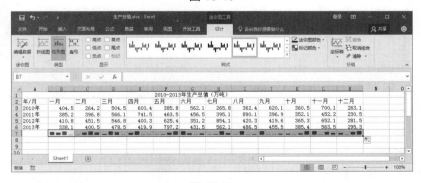

图 15-49

06 单击"插入"选项卡的"图表"组中的"推荐的图表"按钮，弹出"插入图表"对话框，切换到"所有图表"选项卡，从中选择需要添加的图表类型，单击"确定"按钮，如图 15-52 所示。

图 15-50

图 15-51

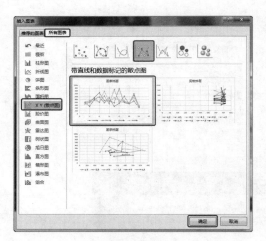

图 15-52

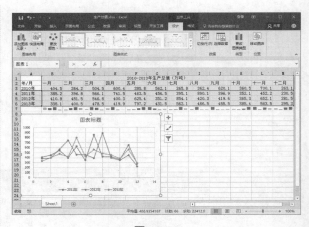

图 15-53

07 添加图表后的效果如图 15-53 所示。从中可以看到图表中缺少了 2010 年的数据。

08 切换到"图表工具"|"设计"选项卡的"数据"组中，单击"选择数据"按钮，在弹出的"选择数据源"对话框中单击"添加"按钮，弹出"编辑数据系列"对话框，从中选择 2010 年的数据单元格，如图 15-54 所示。

09 单击"确定"按钮，在"选择数据源"对话框中可以看到添加的数据，如图 15-55 所示。

10 在工作簿中可以拖曳数据表的宽度，使其与数据表宽度一致，如图 15-56 所示。

11 切换到"图表工具"|"设计"选项卡的"图表样式"组中，选择一种合适的样式，如图 15-57 所示。

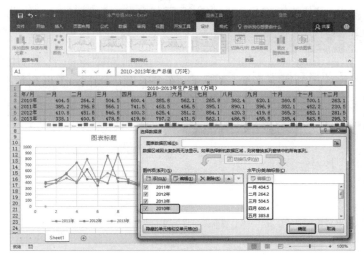

图 15-54

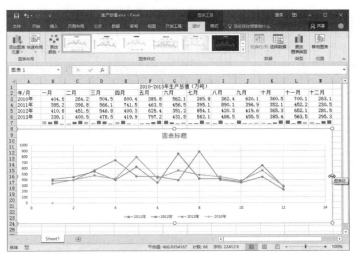

图 15-55

图 15-56

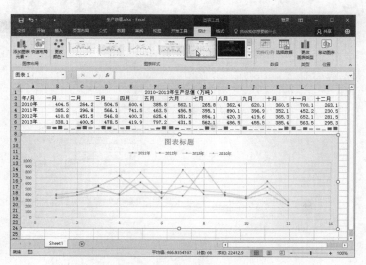

图 15-57

15.6 本章小结

本章介绍了如何使用图形和图表展示数据，其中将介绍到迷你图、图表数据、数据透视图表等表示数据。

通过对本章的学习，用户可以学习和掌握迷你图、图表数据、图形和数据透视表的使用方法。

第16章 工作表的打印

当工作表制作完成后，需要对制作的工作表进行打印输出。通过对本章的学习可以熟练掌握工作表的打印。

16.1 页面设置

在 Excel 2016 中，通过改变"页面设置"对话框中的选项，用户可以控制打印工作表的外观和版面。

16.1.1 设置页边距

页面的打印方式包括页面的打印方向、缩放比例、纸张大小以及打印质量，用户可以根据自己的需要进行设置，具体的操作步骤如下。

01 选择一个需要设置页面打印方式的工作表，这里使用前面制作的气候表，如图 16-1 所示。

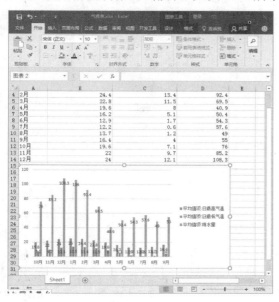

图 16-1

02 单击"页面布局"选项卡的"页面设置"组中的 (页边距)按钮，弹出页边距的一些选项命令，如图 16-2 所示，从中选择合适的即可。

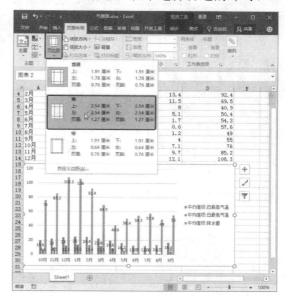

图 16-2

> **提示** 如果想自定义页边距的数据，可以单击 (页边距)按钮，在弹出的下拉面板中选择"自定义边距"命令，接着弹出"页面设置"对话框，从中设置页面边距参数，这里就不详细介绍了。

16.1.2 设置打印区域

在 Excel 中有一个自定义打印区域的选项，这就是 (设置打印区域)，具体设置的操作步骤如下。

01 继续上一个案例的操作，使用鼠标框选出需要打印的区域。

02 单击"页面布局"选项卡的"页面设置"组中的"打印区域"按钮，在弹出的下拉菜单中选择 (设置打印区域)命令，如图 16-3 所示。

03 此时，系统将把框选的区域作为打印的区域，可以看到如图 16-4 所示的打印区域边框。

> **提示** 如果不想使用打印区域，单击"打印区域"按钮，在弹出的下拉菜单中选择"取消打印区域"命令即可。

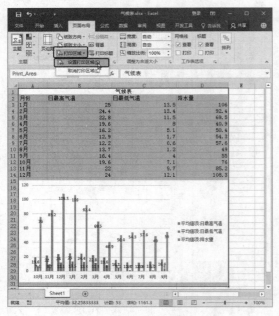

图 16-3

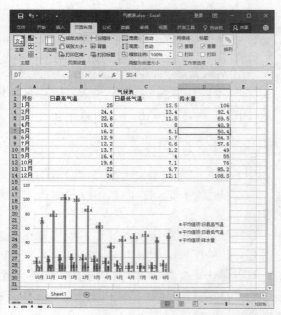

图 16-4

16.1.3 使用页面设置

在"页面设置"对话框中包含了对页面方向、边距、页眉/页脚等的设置，具体的操作步骤如下。

01 继续上面的操作，单击"页面布局"选项卡的"页面设置"组右下角的 按钮，弹出"页面设置"对话框。

02 切换到"页面"选项卡，从中可以设置页面的"方向"、"缩放"、"纸张大小"、"打印质量"以及"起始页码"，如图 16-5 所示。用户可以根据自己的需要设置页面的参数。

图 16-5

03 切换到"页边距"选项卡，从中可以设置页面的边距，这里选择"水平"和"垂直"居中方式，如图 16-6 所示。

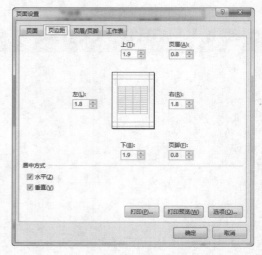

图 16-6

04 切换到"页眉/页脚"选项卡，从中可以选择系统提供的"页眉"和"页脚"，如图 16-7 所示。

05 用户可以单击"自定义页眉"按钮，在弹出的"页眉"对话框中自定义页眉的方式和文字，如图 16-8 所示。然后单击"确定"按钮。

图 16-7

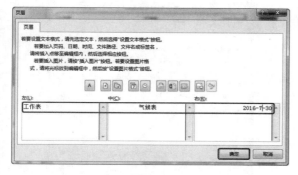

图 16-8

06 返回到"页面设置"对话框中,设置的页眉如图 16-9 所示。

图 16-9

07 切换到"工作表"选项卡,从中可以定义打印区域和打印的一些其他参数,如图 16-10 所示。

图 16-10

16.2 打印设置

在打印工作表之前,可以先预览一下实际打印的效果。打印预览,可以参考上一小节中使用"页面设置"查看打印预览效果。

打印设置与 Word 打印设置相同,选择"文件"|"打印"命令,即可启动如图 16-11 所示的界面,从中可以查看打印区域,设置打印机和打印效果,在打印设置窗口的右下角单击▦(页边距)按钮,可以在预览窗口中调整工作表的页面边距,如图 16-11 所示。

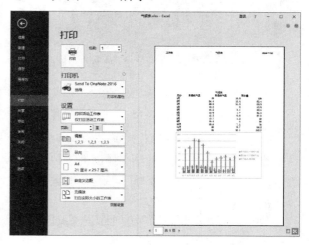

图 16-11

设置完成后单击"打印"按钮,即可对当前工作表进行打印。

16.3 典型案例——设置年销售
统计的打印

打开前面章节中制作好的年销售统计表，在该表的基础上为其设置页面布局和打印。

01 调整表格的效果，如图 16-12 所示。

02 框选需要打印的表格区域，如图 16-13 所示。

图 16-12

图 16-13

03 单击"页面布局"选项卡的"页面设置"组中的"打印区域"按钮，在弹出的下拉菜单中选择 (设置打印区域)命令，将选择的区域设置为打印区域，如图 16-14 所示。

04 单击"页面布局"选项卡的"页面设置"组右下角的 按钮，弹出"页面设置"对话框，如图 16-15 所示。切换到"页面"选项卡，并选择方向为"横向"。

05 切换到"页边距"选项卡，从中选择"居中方式"为"水平/垂直"，如图 16-16 所示。

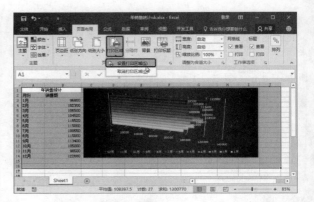

图 16-14

图 16-15

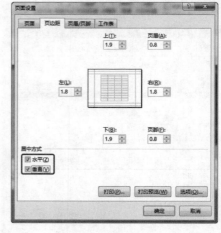

图 16-16

06 切换到"页眉/页脚"选项卡，从中单击"自定义页眉"按钮，在弹出的"页眉"对话框中设置页眉文本，如图 16-17 所示。

图 16-17

07 单击"确定"按钮，返回到"页眉设置"对话框中，如图 16-18 所示。

图 16-18

08 切换到"工作表"选项卡，可以查看一

下"打印区域"，如图 16-19 所示。

图 16-19

09 设置好之后，选择"文件"命令，然后选择"打印"选项，设置好其他参数，单击"打印"按钮，即可打印出预览的效果，如图 16-20 所示。

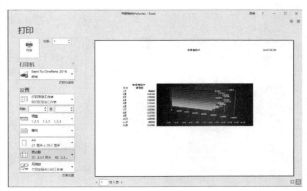

图 16-20

16.4 本章小结

本章介绍了如何设置工作表的页面布局，并介绍如何打印。

通过对本章的学习，用户可以学会工作表的页面设置和打印设置。

PowerPoint

篇

      PowerPoint 是微软公司设计的演示文稿软件。用户不仅可以在投影仪或者计算机上进行演示，也可以将演示文稿打印出来，制作成胶片，以便应用到更广泛的领域中。利用 PowerPoint 不仅可以创建演示文稿，还可以在互联网上召开面对面会议、远程会议或在网上给观众展示演示文稿。PowerPoint 制作出来的内容叫演示文稿，它是一个文件，其格式后缀名为 PPT，或者也可以保存为 PDF、图片格式、视频格式等。演示文稿中的每一页就叫幻灯片，每张幻灯片都是演示文稿中既相互独立又相互联系的内容。

第17章 创建演示文稿、幻灯片和文本

本章介绍在 PowerPoint 2016 中创建、保存幻灯片，介绍如何设置母版幻灯片版式和幻灯片的大小、方向、背景颜色、字体、节等创建与编辑幻灯片。

17.1 创建新的演示文稿

用户可以从头开始创建空白演示文稿，也可以在模板或其他演示文稿的基础上创建新的演示文稿。使用模板或现有演示文稿可以省去不少时间。不过，如果有独特的设计思路，从头开始创建演示文稿可以免受不必要的困扰。

17.1.1 创建空白演示文稿

创建演示文稿是制作幻灯片的第一步操作。创建空白演示文稿的方法有以下 3 种。

方法一：启动 PowerPoint 2016 时，会显示"开始"界面，可在其中单击"空白演示文稿"，如图 17-1 所示。

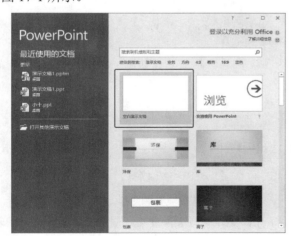

图 17-1

方法二：在"开始"界面上按 Esc 键，也可以以空白的演示文稿显示。

创建出的空白演示文稿如图 17-2 所示。

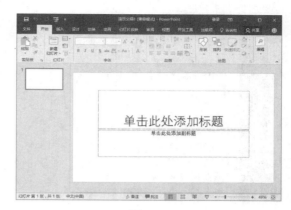

图 17-2

方法三：如果想在不启动 PowerPoint 时创建一个空白演示文稿可以在系统的桌面上鼠标右击，在弹出的快捷菜单中选择"新建"|"Microsoft PowerPoint 演示文稿"命令，在桌面上新建演示文稿，双击即可打开，如图 17-3 所示。

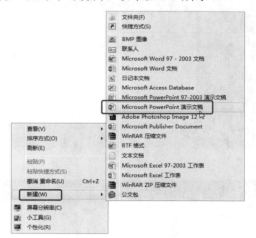

图 17-3

17.1.2 根据模板创建演示文稿

模板是包含初识设置或初识内容的文件，可以在此基础上创建新演示文稿。不同的模板提供的内容也不同，但都包含示例幻灯片、背景图形、自定义演示、字体主题以及对象占位符的自定义位置。

计算机中存储的模板显示在"开始"界面上。选择"文件"|"新建"命令，在界面中选择列出的模板，也可以通过分类进行选择。如图 17-4 所示为选择的模板。

图 17-4

单击需要创建的模板，弹出如图 17-5 所示的对话框，从中选择相应类型，单击"创建"按钮，创建出如图 17-6 所示的模板演示文稿。

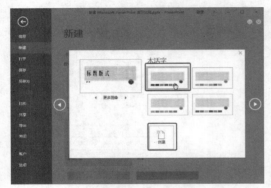

图 17-5

图 17-6

17.2　保存演示文稿

在 PowerPoint 中保存和打开文件的方式是典型的 Windows 方式。整个 PowerPoint 演示文稿被保存为单个文件，演示文稿中的所有图形、图表或其他元素都被合并到文件中。在首次保存演示文稿时，PowerPoint 会提示用户输入文件名称并选择保存位置。以后保存该演示文稿时，PowerPoint 会使用相同的设置，不再提示。

保存演示文稿的常用方法有以下 3 种。

方法一： 单击"文件"|"保存"命令，如果是初次保存可以打开"另存为"面板，如图 17-7 所示。单击"浏览"按钮，在弹出的"另存为"对话框中选择一个存储路径，单击"保存"按钮，即可保存演示文稿，如图 17-8 所示。

图 17-7

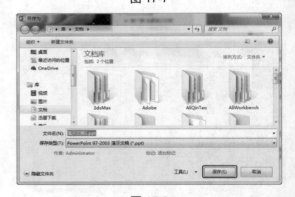

图 17-8

方法二： 如果是初次保存，按 Ctrl+S 快捷键，可打开如图 17-7 所示的"另存为"面板，从中单击"浏览"按钮，在弹出的"另存为"对话框中可以选择一个存储路径，单击"保存"按钮，即可保存演示文稿。

方法三： 在快速访问栏中单击 🖫 (保存)按钮，同样可以打开"另存为"对话框，然后进行保存演示文稿即可。

注意 如果是初次保存，按 Ctrl+S 快捷键或单击 (保存)按钮都会弹出"另存为"对话框；如果是已经存储过的演示文稿，按 Ctrl+S 快捷键或单击 (保存)按钮会直接对原始的进行复制，而不出现"另存为"对话框。

17.3 关闭与打开演示文稿

接下来将介绍如何关闭和打开 PowerPoint 演示文稿。

17.3.1 关闭演示文稿

当退出 PowerPoint 时，打开的演示文档文件将自动关闭，如果用户做出修改但尚未保存，PowerPoint 会提示保存修改。如果想关闭演示文稿文件而不退出 PowerPoint，具体的操作步骤如下。

01 选择"文件"|"关闭"命令，如图 17-9 所示。如果自上次保存后没有对文档进行修改，文件将直接关闭。如果对演示文稿进行了修改，将弹出是否保存修改提示框，如图 17-10 所示。

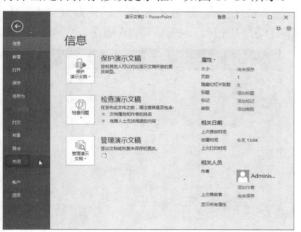

图 17-9

图 17-10

02 如果不希望保存修改，单击"不保存"

按钮，文件将自动关闭。

03 如果希望保存修改，则单击"保存"按钮。如果演示文稿已经保存过一次，则操作完成；如果是第一次保存，则打开"另存为"对话框。

17.3.2 打开演示文稿

要打开最近使用过的演示文稿，可以选择"文件"|"打开"命令。选择"最近"命令，即可在桌面的右侧显示最近打开的演示文档，如图 17-11 所示，列表中单击选择一个最近打开过的演示文稿，即可对其打开，默认情况下最多可显示 25 个文件。

图 17-11

如果在最近使用列表中没有列出用户想要打开的演示文件，打开需要的文件的具体操作步骤如下。

01 选择"文件"|"打开"命令。

02 在面板中单击"浏览"按钮，在弹出的"打开"对话框中找到相应的盘符，并从中选择需要打开的文件，单击"打开"按钮，如图 17-12 所示。

图 17-12

要同时打开多个演示文稿，在单击每个想要打开的文档时按住 Ctrl 键，然后单击"打开"按钮，这些演示文稿将在各自的窗口中打开。

"打开"对话框中的"打开"按钮自带了下拉列表，其中包含的命令允许以不同的方式打开文件，如图 17-13 所示。

图 17-13

正如可以使用各种程序格式保存文件一样，也可以打开其他程序创建的文件。PowerPoint 可以检测文件类型，并在打开时自动转换文件，所以用户不必了解具体的文件类型。但也有一种情况会遇到问题：尝试打开 PowerPoint 不能自动识别其扩展名的文件。此时，必须将"打开"对话框中的"文件类型"设置更改为"所有文件"，这样文件列表中才会列出要打开的文件，如图 17-14 所示。此更改当时有效，下一次打开"打开"对话框时，"文件类型"仍然会显示默认的"所有 PowerPoint 演示文稿"。

图 17-14

PowerPoint 只能打开演示文档文件和基于文本的文件(如 Word 大纲)。如果想要在 PowerPoint 演示文稿中添加来自另一个程序的图形，应该使用"插入"选项卡中的"图片"命令插入它们，不要试图使用"打开"对话框打开它们。

17.4 幻灯片的基本操作

幻灯片是演示文稿中的一页一页的内容，下面将介绍对幻灯片的基本操作。

17.4.1 创建新的幻灯片

不同的模板启动包含不同数量和类型的幻灯片的演示文稿。空白演示文稿只有一张幻灯片。用户必须自己创建其他任何需要的幻灯片。

创建新幻灯片的方法有以下 3 种。

方法一：新建空白的演示文稿，单击"开始"选项卡的"幻灯片"组中的"新建幻灯片"按钮，也可以单击"新建幻灯片"右侧的下三角按钮，在弹出的下拉面板中选择需要的幻灯片类型，如图 17-15 所示。即可添加需要的幻灯片，其左侧带有幻灯片符号，如图 17-16 所示。

图 17-15

方法二：在幻灯片的缩览图中选择需要添加幻灯片的位置，可以看到插入了一个位置光标，如图 17-17 所示。右击，在弹出的快捷菜单中选择"新建幻灯片"命令，如图 17-18 所示，在目标位置插入一个空白的幻灯片，如图 17-19 所示。

图 17-16

图 17-19

图 17-17

图 17-20

另一种创建新幻灯片的方法是通过复制和粘贴来创建，其操作步骤与其他 Office 复制粘贴相同，都是选择需要复制的内容，然后粘贴到需要的位置。

图 17-18

方法三：在幻灯片的缩览图中选择需要添加幻灯片的位置，单击"插入"选项卡的"幻灯片"组中的"新建幻灯片"右侧的下三角按钮，在弹出的下拉面板中选择一个合适的幻灯片类型，如图 17-20 所示。

17.4.2 选择幻灯片

在执行针对幻灯片或幻灯片组的命令之前，必须先选中要处理的幻灯片。要选择单张幻灯片，单击它即可。

要选择多个幻灯片，可在单击每张幻灯片的同时按住 Ctrl 键。要选择一组相邻的幻灯片可以单击第一张幻灯片，然后按住 Shift 键的同时再单击最后一张幻灯片，这样两张幻灯片之间的所有幻灯片都将被选中。

要取消选中的多个幻灯片，可在选定幻灯片外部的任意位置单击即可。

17.4.3 删除幻灯片

用户有时需要删除某些幻灯片，在使用包含许多样本内容的模板创建演示文稿时尤其如此。

删除幻灯片的方法有以下两种。

方法一：右击选中的幻灯片，在弹出的快捷菜单中选择"删除幻灯片"命令，如图 17-21 所示。

图 17-21

方法二：直接按 Delete 键也可以删除幻灯片。

17.4.4 重新排列幻灯片

在演示文稿制作完成之后，幻灯片的位置也不是不能改变的，要重新排列幻灯片的位置，其具体操作步骤如下。

01 在幻灯片的缩览图中选择要移动的幻灯片。

02 拖动选择的幻灯片，如图 17-22 所示。

图 17-22

03 在新的位置，松开鼠标，即可将幻灯片

放置到新的位置，如图 17-23 所示。

图 17-23

另外，可以在"视图"选项卡的"演示文稿视图"组中单击"大纲视图"按钮，如图 17-24 所示。将缩览图转换为大纲视图，然后使用 Alt+Shift+↑快捷键可将选择的幻灯片向上移动，使用 Alt+Shift+↓快捷键可向下移动幻灯片。

图 17-24

17.5　在幻灯片中输入文字

与其他 Office 的输入文字操作基本相同，在本节中将介绍在幻灯片中输入文字。

17.5.1　使用占位符

前面介绍了幻灯片的基础知识，接下来仔细看一下幻灯片中的内容。默认的占位符类型是多用途的内容占位符，如图 17-25 所示。

要在内容占位符中输入文本，可在占位符框内单击，然后开始输入。可以像在任何文字处理程序中一样输入和编辑文本。要在占位符中插入其他类型的内容，可以单击占位符并输入一些文本，则其他内容类型的图表会消失。再次单击访问它们，必须从占位符中删除所有文本。

使用"插入"选项卡中的按钮和菜单可以独立于占位符将内容插入到幻灯片上。这种方法允许在任何幻灯片上将内容插入到独立的框中，以便于任何占位符内容共存。

图 17-25

17.5.2 手动创建文本框

图形内容既可以作为占位符的内容，也可以作为手动插入的对象。但是，对于文本而言，应该尽可能使用占位符。占位符文本可以显示在大纲视图的大纲窗格中，而手动插入的文本框中的文本则不能。当大量演示文本位于手动创建的文本框时，大纲窗格将起不了多大的作用，因为它不包含演示文稿的文本。另外，当更改为不同格式的主题，使占位符的位置发生变化时，手动文本框不会移动。因此，它们可能会覆盖一部分新的背景图形，得到的结果很不美观。在这种情况中，需要分别手动检查每张幻灯片，并调整每个文本框的位置。

要在幻灯片上手动放置文本框，其具体的操作步骤如下。

01 首先新建一个演示文稿，并新建一个空白幻灯片，如图 17-26 所示。

02 单击"插入"选项卡的"绘图"组中的"文本框"按钮，如图 17-27 所示。

如果单击"文本框"下三角按钮，可以看到有两类文本框，一种是横排文框框，一种是竖排文本框。

03 在幻灯片中拖动鼠标可以绘制出文本框，如图 17-28 所示。

图 17-26

图 17-27

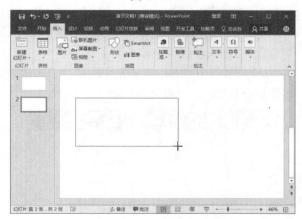

图 17-28

04 松开鼠标即可创建完成文本框，然后就可以在文本框中输入文本，如图 17-29 所示。

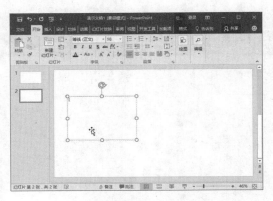

图 17-29

17.5.3 选择文本框

要选中整个文本框可以单击其边框，边框显示为实线时，表示它被选中。要将插入点移入文本框内，可以单击文本框内部。当文本框中有光标闪烁时，表示插入点位于文本框内。

在单击文本框的同时按住 Shift 键，可以一次选中多个文本框。当需要选中多个文本框，以便将它们设置为相同的格式或者大小时，使用这种方法很有用。

17.5.4 调整文本框的大小

在 PowerPoint 中，调整文本框大小的基本技巧与设置其他对象类型相同，要调整文本框大小有以下 3 种方法。

方法一：使用鼠标拖动，调整文本框的大小，具体操作步骤如下。

01 将鼠标指针定位在对象的选择手柄上，如图 17-30 所示，此时光标将出现双向箭头。

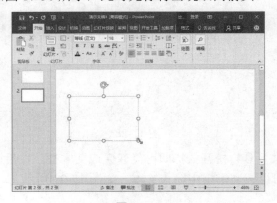

图 17-30

02 按住鼠标进行拖动即可调整文本框的大小，如图 17-31 所示。

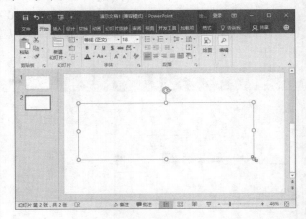

图 17-31

03 如果要按比例进行调整，需要使用四角处的选择手柄，并在拖动时按住 Shift 键，拖动选择手柄，控制文本框的大小。

方法二：在"绘图工具"|"格式"选项卡的"大小"组中精确设置"宽度"和"高度"，可以调整文本框的大小，如图 17-32 所示。

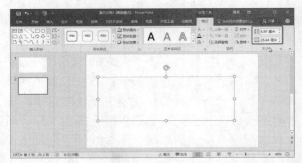

图 17-32

方法三：使用"设置形状格式"任务窗格，具体操作步骤如下。

01 单击"绘图工具"|"格式"选项卡的"大小"组右下角的按钮，打开"设置形状格式"窗格，如图 17-33 所示。

02 在该窗格中输入文本框的新参数。

03 设置完成后，单击 × 按钮，关闭"设置形状格式"窗格。

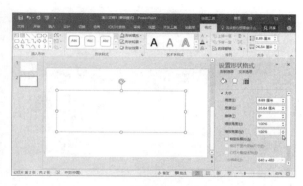

图 17-33

提示

"设置形状格式"窗格可以使其保持打开状态，并继续处理演示文稿。这还意味着此窗格中所做的任何更改将立即应用，窗格中没有用于接收更改的"确定"按钮，或取消更改的"取消"按钮。要取消更改，可使用"撤销"命令(按 Ctrl+Z 快捷键)。

17.6 设置母版与幻灯片版式

幻灯片中有统一的内容、背景、配色以及文字格式等。这些统一应该使用演示文稿的母版、模板或主题进行设置。母版设置包括标题版式、图表、文字幻灯片等，可单独控制配色、文字和格式。设置母版的操作步骤如下。

01 选择一个新的或者是打开的演示文稿，单击"视图"选项卡的"母版视图"组中的"幻灯片母版"按钮，如图 17-34 所示。

图 17-34

02 这样就进入到"幻灯片母版"选项卡，如图 17-35 所示。

图 17-35

03 在"幻灯片母版"选项卡中单击"母版版式"组中的"母版版式"按钮，在弹出的"母版版式"对话框中可以选择显示在母版中的占位符，如图 17-36 所示。

04 在"母版版式"对话框中取消对"日期"选项的选中，如图 17-37 所示。单击"确定"按钮，这样将在应用该母版的幻灯片中不显示日期。

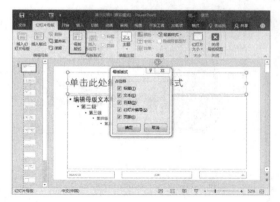

图 17-36

图 17-37

05 选择不需要的子幻灯片，单击"幻灯片母版"选项卡的"编辑母版"组中的▧(删除)按钮，删除子幻灯片，如图 17-38 所示。

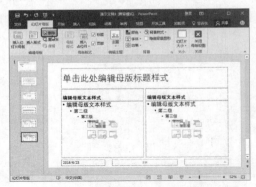

图 17-38

06 选择母版幻灯片，单击"主题"按钮，在弹出的下拉面板中选择一种幻灯片主题，如图 17-39 所示。

图 17-39

07 单击"颜色"按钮，在弹出的下拉列表中可以选择也可以设置一种颜色的主题，如图 17-40 所示。

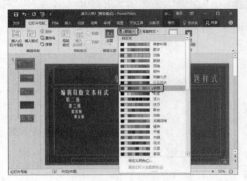

图 17-40

08 单击"背景样式"按钮，在弹出的下拉面板中选择一种合适的背景，如图 17-41 所示。

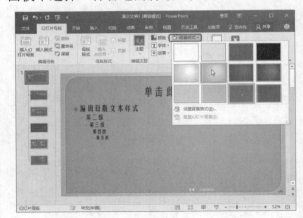

图 17-41

使用模板可以创建统一格式的演示文稿。

17.7 典型案例 1——创建会议演示文稿

下面通过制作会议演示文稿来介绍如何创建演示文本，如何添加和编辑幻灯片、文本以及存储等操作。

01 启动 PowerPoint 应用程序，从中选择演示文稿的模板，如图 17-42 所示。

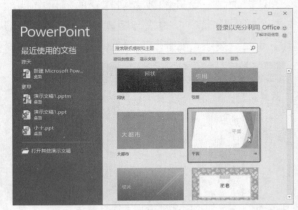

图 17-42

02 在弹出的如图 17-43 所示的模板面板中选择一个演示，并单击"创建"按钮。

03 在幻灯片中标题和副标题中单击，并输入文本，如图 17-44 所示。

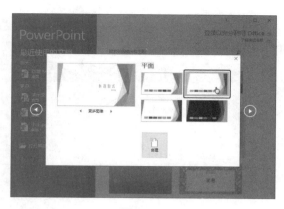

图 17-43

图 17-44

04 单击"插入"选项卡的"幻灯片"组中的"新建幻灯片"右侧的下三角按钮，在弹出的下拉面板中选择一个合适的幻灯片类型，如图 17-45 所示。

图 17-45

05 输入文本后并将其选择，为其设置一个项目符号，如图 17-46 所示。

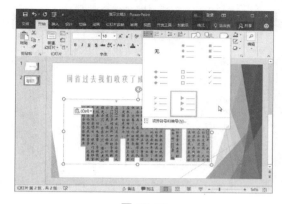

图 17-46

06 在缩览窗口中右击第 2 张幻灯片，在弹出的快捷菜单中选择"复制"命令，如图 17-47 所示。

图 17-47

07 继续在缩览窗口中右击，在弹出的快捷菜单中选择"粘贴"命令，如图 17-48 所示。

图 17-48

08 在复制的幻灯片中选择如图 17-49 所示的文本框,按 Delete 键删除。

图 17-49

09 单击"插入"选项卡的"文本框"组中的"文本框"按钮,在弹出的下拉菜单中选择"横排文本框"命令,如图 17-50 所示。

图 17-50

10 在幻灯片中创建文本框,如图 17-51 所示。

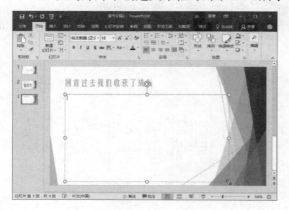

图 17-51

11 在文本框中输入文本,并为其设置项目符号,如图 17-52 所示。

图 17-52

12 设置第 2 张幻灯片中文本框的字体和字号,如图 17-53 所示。

图 17-53

13 使用同样的方法设置第 3 张幻灯片中字体和字号,如图 17-54 所示。

图 17-54

14 选择"文件"|"另存为"命令，进入"另存为"界面，单击"浏览"按钮，如图 17-55 所示。在弹出的对话框中选择一个存储路径，并为文件命名后，进行保存。

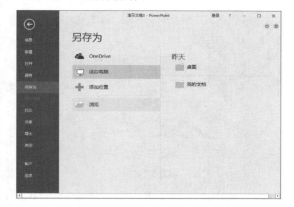

图 17-55

17.8　典型案例 2——创建生日演示文稿

下面通过创建演示文稿，为演示文稿设置一个背景图片，再为其插入艺术字来完成生日演示文稿的制作，具体操作步骤如下。

01 运行 PowerPoint 应用程序，新建空白演示文稿，如图 17-56 所示。

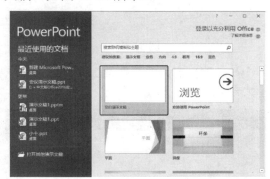

图 17-56

02 新建空白演示文稿之后，单击"设计"选项卡的"自定义"组中的"设置背景格式"按钮，如图 17-57 所示。

03 在窗口的右侧显示"设置背景格式"窗格，在"填充"选项组中选中"图片或纹理填充"复选框，单击"文件"按钮，如图 17-58 所示。

图 17-57

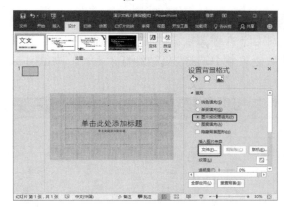

图 17-58

04 在弹出的"插入图片"对话框中指定一张背景图像，单击"打开"按钮，如图 17-59 所示。返回到"设置背景格式"窗格，单击"全部应用"按钮，将背景应用到该演示文稿中的所有幻灯片中。

图 17-59

05 设置图片背景的效果，如图 17-60 所示。在幻灯片中选择两个文本框，并按 Delete 键将其删除。

图 17-60

06 在缩览窗口中右击第 1 张幻灯片，在弹出的快捷菜单中选择"复制幻灯片"命令，如图 17-61 所示。

图 17-61

07 单击"插入"选项卡的"文本"组中的"艺术字"按钮，在弹出的下拉面板中选择一种艺术字效果，如图 17-62 所示。

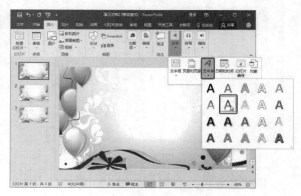

图 17-62

08 在第 1 张幻灯片中创建艺术字，如图 17-63 所示。然后设置其合适的字体和字号。

图 17-63

09 继续插入艺术字，设置合适的字体和字号，调整艺术字的位置，如图 17-64 所示。

图 17-64

10 在缩览窗口中选择第 2 张幻灯片，从中插入艺术字，如图 17-65 所示。

图 17-65

11 选择艺术字，单击"绘图工具"|"格式"选项卡的"艺术字样式"组右下角的按钮，打开"设置形状格式"窗格，从中选择需要的"图案"的颜色和"文本边框"颜色，如图 17-66 所示。

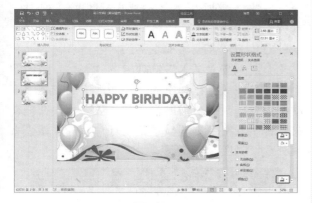

图 17-66

12 切换到 (文本效果)窗格，从中设置"发光"的"颜色"和"大小"，如图 17-67 所示。

图 17-67

13 复制或创建另一个艺术字，并选择艺术字，切换到"绘图工具"|"格式"选项卡的"艺术字样式"组中单击"文本效果"按钮，在弹出的下拉菜单中选择"转换"命令，并在弹出的子菜单中选择一种合适的效果，如图 17-68 所示。

14 用户在此也可以为文字转换为其他效果，如图 17-69 所示。

15 继续在第 3 张幻灯片中创建艺术字，如图 17-70 所示。这样就非常简单地将生日演示文稿制作完成了。

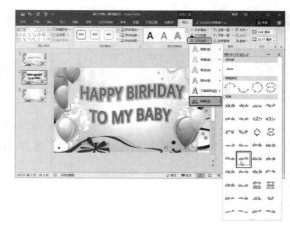

图 17-68

图 17-69

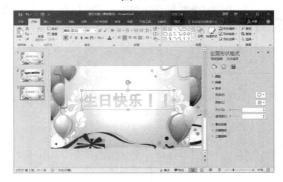

图 17-70

17.9　本章小结

本章介绍了如何创建演示文本、幻灯片、文本框的创建和编辑，并介绍了母版的创建和编辑。

通过对本章的学习，用户可以学会在 PowerPoint 中简单地创建演示文本，并简单地为演示文稿添加文本等操作。

图 18-2

方法二： 使用"插入表格"对话框创建表格，具体操作步骤如下。

01 激活需要添加表格的内容占位符。

02 单击"插入"选项卡的"表格"组中的"表格"按钮，在弹出的下拉面板中的表格上拖动，直至选择了所需的行数和列数为止。在拖动的过程中表格会立即显示在幻灯片上，以便查看其外观，如图 18-3 所示。

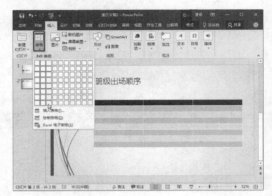

图 18-3

方法三： 直接绘制表格，具体操作步骤如下。

01 单击"开始"选项卡的"幻灯片"组中的"幻灯片版式"按钮，如图 18-4 所示。在弹出的下拉面板中选择"仅标题"版式，将版式切换到不包含内容占位符的版式，如图 18-5 所示。

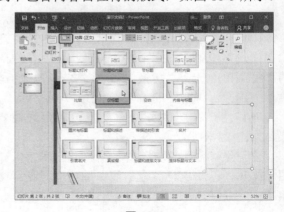

图 18-4

第18章 添加丰富的幻灯片内容

在本章中将为用户介绍如何让幻灯片的内容变得丰富起来，其中将介绍到如何为幻灯片插入表格、插入图片、插入与绘制形状、插入图表、插入 SmartArt 图形；并介绍如何编辑幻灯片中插入的图片等内容。

18.1 使用表格和图表

本节将介绍如何在 PowerPoint 中创建和管理表格，以及如何创建和管理图表。

18.1.1 创建表格

表格是将少量数据按照有意义的方式组织起来的好方法。例如，可以使用表格显示出场顺序。插入表格的方法有以下 3 种。

方法一： 使用"表格"按钮创建表格，具体的操作步骤如下。

01 在内容占位符中单击▦(表格)图标，如图 18-1 所示。

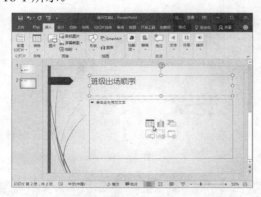

图 18-1

02 弹出"插入表格"对话框，从中设置合适的列和行，如图 18-2 所示。

> **提示** 单击"插入"选项卡的"表格"组中的"表格"按钮，在弹出的下拉面板中选择"插入表格"命令。同样也可以打开"插入表格"对话框。

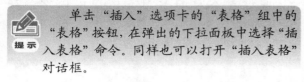

264

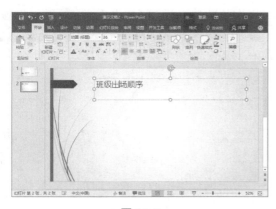

图 18-5

02 单击"插入"选项卡的"表格"组中的"表格"按钮,在弹出的下拉面板中选择"绘制表格"命令,如图 18-6 所示。

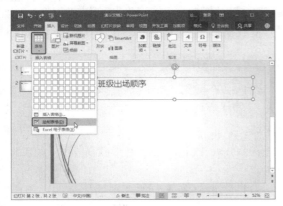

图 18-6

03 这时鼠标将呈现铅笔状,拖动鼠标指针,绘制代表表格外框的矩形,如图 18-7 所示。

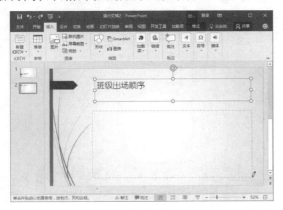

图 18-7

04 绘制出外框之后,显示"表格工具" |

"设计"选项卡,从中单击"绘制边框"组中的"绘制表格"按钮,重新启动铅笔工具。拖动鼠标指针,绘制所需的行和列。在绘制行或列时,可以表格的一条边框一直绘制到对边边框,也可在任何一点上停止,得到一个部分行或部分列,如图 18-8 所示。

05 选择要擦除的线段,可以单击"绘制边框"组中的"橡皮擦"按钮,然后单击需要擦除的线段。

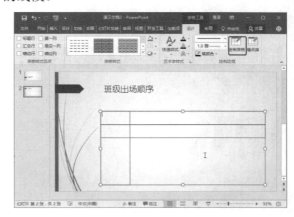

图 18-8

无论使用以上哪种方法都可以创建表格。创建表格后,可以在表格中输入相关的数据或文本;还可以通过设置表格样式来美化表格。其具体的表格操作与 Word 中的表格操作基本相同,这里就不详细介绍了。

18.1.2 插入图表

在非电子表格应用程序中(如 PowerPoint)创建图表的主要困难在于没有可以提取数字的数据表格。因此,PowerPoint 使用在 Excel 应用程序中输入的数据创建图表。默认情况下,它包含一些样本数据,可使用自己的数据进行替换。

在幻灯片上放置新图表的方法有以下两种。

方法一:直接使用版式中的图表占位符,如图 18-9 所示。

方法二:手动添加图表,其具体的操作步骤如下。

01 单击"插入"选项卡的"插图"组中的"图表"按钮,如图 18-10 所示。

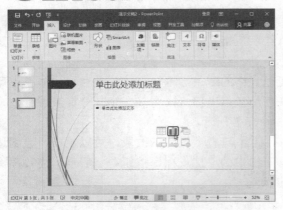

图 18-9

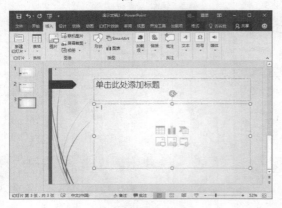

图 18-10

02 弹出“插入图表”对话框，从中选择合适的图表类型，如图 18-11 所示。

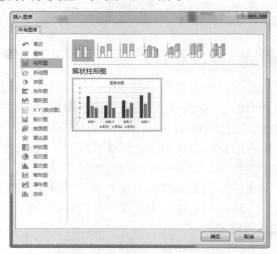

图 18-11

03 单击“确定”按钮，图表会在幻灯片上显示，另外会打开一个 Excel 的数据表，其中包含了详细的数据，如图 18-12 所示。

	A	B	C	D
1		系列 1	系列 2	系列 3
2	类别 1	4.3	2.4	2
3	类别 2	2.5	4.4	2
4	类别 3	3.5	1.8	3
5	类别 4	4.5	2.8	5

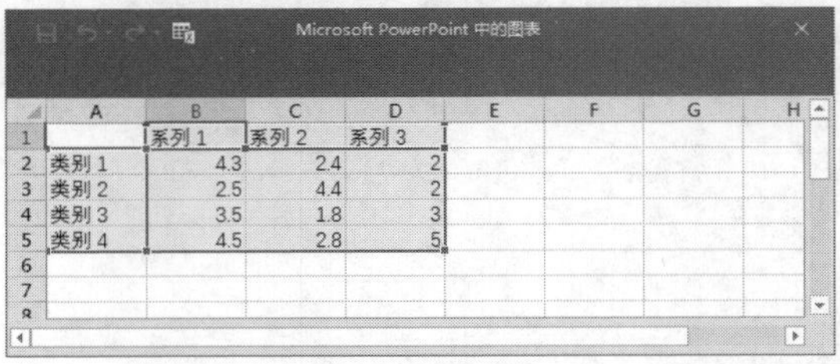

图 18-12

04 根据数据更改图表，即可得到最终的图表效果，这里就不详细介绍了。

18.2 使用形状

在演示文稿中添加形状可以使得枯燥的数字表格变得生动鲜活。使用形状可以在幻灯片中绘制方框、圆和箭头。

18.2.1 绘制形状

添加一个或多个形状后，用户可以为其添加文本、项目符号和编号，并可以更改其填充、轮廓和格式。

在 PowerPoint 中插入形状的具体操作步骤如下。

01 单击“插入”选项卡的“插图”组中的“形状”按钮，在弹出的下拉面板中选择一种合适的形状，如图 18-13 所示。

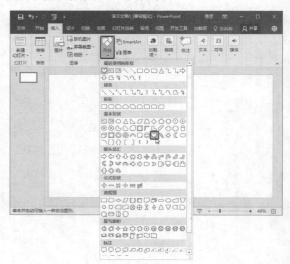

图 18-13

02 选择需要的形状后，在工作区中单击任意位置，然后拖动以放置形状，如图 18-14 所示。

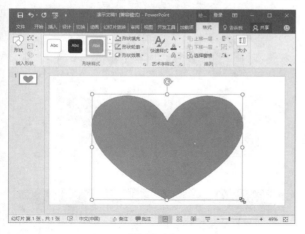

图 18-14

若要创建规范的正方形或圆形(或限制其他形状的尺寸)，请在拖动的同时按住 Shift 键。

18.2.2 形状样式的设置

使用"快速样式"只需一次单击即可将样式应用到形状。用户可在快速样式库中找到样式。将指针置于某个快速样式缩略图上，即可查看该样式对形状带来的影响，设置形状样式的具体操作步骤如下。

01 单击要更改的形状将其选择。

02 在"格式"选项卡的"形状样式"组中，单击想要使用的快速样式，如图 18-15 所示。

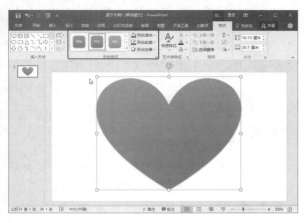

图 18-15

如果定义的快速样式中没有想要的样式，可以单击"形状样式"组右下角的 按钮，在打开的"设置形状格式"窗格中可以设置需要的样式，如图 18-16 所示。

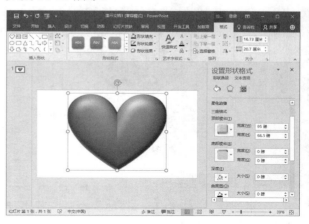

图 18-16

在"设置形状格式"窗格中可以设置填充和线条，可以设置效果(阴影、影像、发光、柔化边缘、三维格式和三维旋转)，还可以设置形状的大小和属性。这里用户可以根据情况分别尝试着设置这些功能的参数，看看效果，在此就不详细介绍了。

18.2.3 向形状中添加文本

插入一个形状，或单击现有形状，然后输入文本，其具体的操作步骤如下。

01 右击形状，在弹出的快捷菜单中选择"编辑文字"命令，然后添加文字并进行编辑。

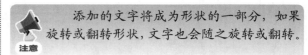
添加的文字将成为形状的一部分，如果旋转或翻转形状，文字也会随之旋转或翻转。

02 若要设置格式，并使文本对齐，单击"开始"选项卡，然后在"字体"和"段落"组中进行调整，选择需要的字体和段落格式，如图 18-17 所示。

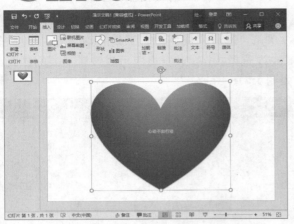

图 18-17

18.2.4 形状的位置

如果创建多个形状后，该如何对其位置进行调整，具体的操作步骤如下。

01 在一个图形的位置创建另一个图形，可以看到新创建的图形将原来的图形遮挡了，如图 18-18 所示。

图 18-18

02 在"绘图工具"|"格式"选项卡的"排列"组中单击"下移一层"按钮，将绘制的形状下移到原形状的下方，如图 18-19 所示。

03 同样，还可以将形状上移一层、置于底层或置于顶层。

另一种调整形状位置的方法是选择形状，然后右击，在弹出的快捷菜单中选择下移、上移、置于顶层或置于底层，如图 18-20 所示。

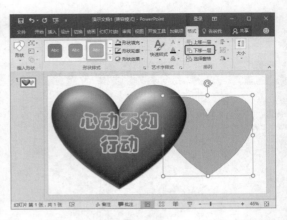

图 18-19

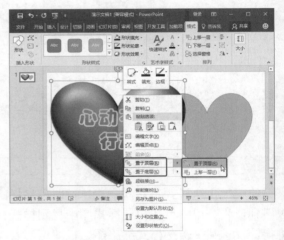

图 18-20

18.2.5 组合形状

为了方便调整和管理，可以将形状进行组合。组合形状的方法有以下两种。

方法一：选择需要组合的形状，单击"绘图工具"|"格式"选项卡的"排列"组中的 回▾(组合)按钮，可以将选择的形状组合到一起，组合形状后可以移动一个组的形状。

方法二：右击需要组合的形状，在弹出的快捷菜单中选择"组合"命令。

18.2.6 合并形状

合并形状可以将一个以上的形状进行合并。

选择需要合并的两个形状，如图 18-21 所示。单击"绘图工具"|"格式"选项卡的"插入形状"组中的 ⚪▾(合并形状)按钮，可以弹出合并的相关

命令。如图 18-22 所示为"联合"后的效果。

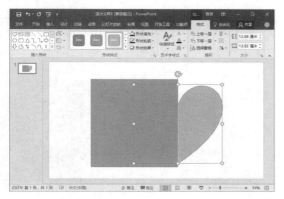

图 18-21

图 18-22

如图 18-23 所示为"组合"后的效果。

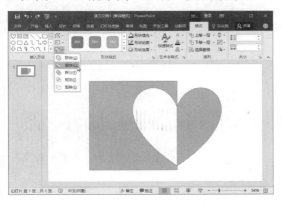

图 18-23

如图 18-24 所示为"拆分"后的效果。拆分后可以将重合的形状进行分离，并可以移动分离后的各个部位，如图 18-25 所示。

如图 18-26 所示为"相交"后的效果。

如图 18-27 所示为"剪除"后的效果。

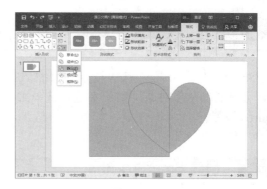

图 18-24

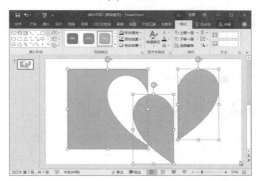

图 18-25

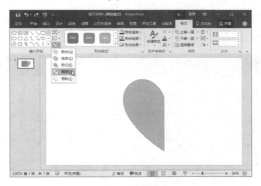

图 18-26

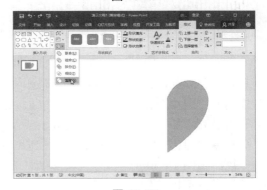

图 18-27

18.3 添加 SmartArt 图形

SmartArt 图形是信息和观点的视觉表示形式。可以通过从多种不同布局中进行选择来创建 SmartArt 图形，从而快速、轻松、有效地传达信息。

18.3.1 创建 SmartArt 图形

创建 SmartArt 图形的方法有以下两种。

方法一： 在内容占位符中单击 ▦(SmartArt 图形)图标。

方法二： 单击"插入"选项卡的"插图"组中的 SmartArt 按钮。

18.3.2 设计 SmartArt 图形

添加 SmartArt 图形后，会出现"SmartArt 工具"|"设计"选项卡，从中可以设置 SmartArt 图形的外观效果。

具体的 SmartArt 图形的设计操作步骤如下。

01 在演示文稿中创建 SmartArt 图形，并在图形中输入形状，如图 18-28 所示。

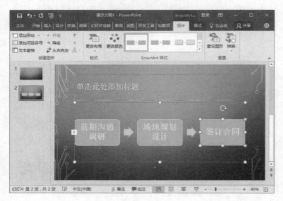

图 18-28

02 在"SmartArt 工具"|"设计"选项卡的"创建图形"组中单击"添加形状"按钮，可以在图形的最后添加一个图形，如图 18-29 所示。

03 用户可以继续添加形状直到得到最终的图形个数，如图 18-30 所示。

04 用户可以使用"文本窗格"，在需要的地方选择并按 Enter 键，添加形状，如图 18-31

所示。

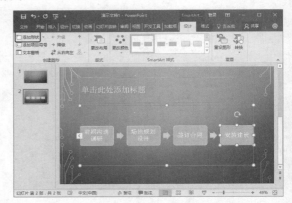

图 18-29

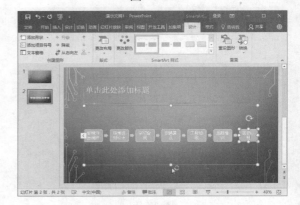

图 18-30

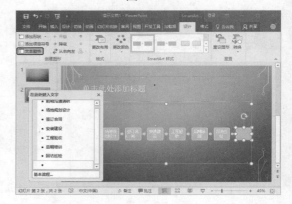

图 18-31

05 在"布局"组中单击"更改布局"右侧的下三角按钮，在弹出的下拉面板中选择"其他布局"命令，弹出如图 18-32 所示的对话框，从中可以选择一种合适的 SmartArt 图形，单击"确定"按钮。

06 返回到 SmartArt 图形，更改的图形如

图 18-33 所示。

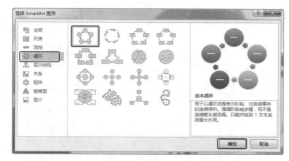

图 18-32

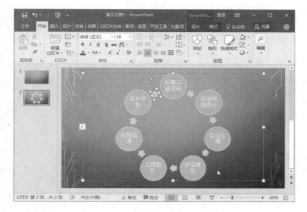

图 18-33

07 在"SmartArt 样式"组中单击"更改颜色"按钮，在弹出的下拉列表中选择一种合适的颜色，如图 18-34 所示。

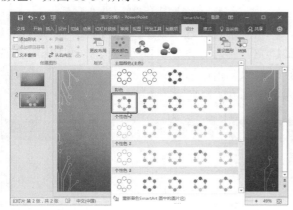

图 18-34

08 选择一种合适的自定义"SmartArt 样式"，如图 18-35 所示。

09 在该图形中如果有需要删除的图形时，单击"重置"组中的"转换"按钮，在弹出的下

拉菜单中选择"转换为形状"命令，如图 18-36 所示。

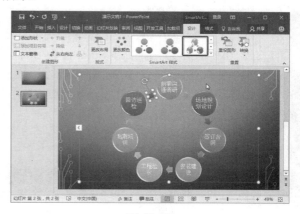

图 18-35

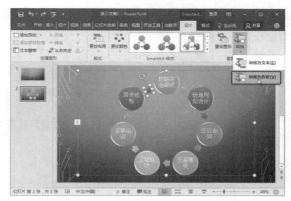

图 18-36

10 转换为形状之后就可以将不需要的形状选择，并按 Delete 键删除形状，如图 18-37 所示。

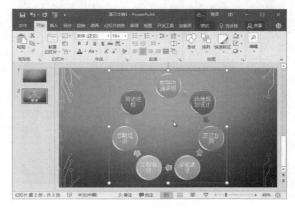

图 18-37

用户可以尝试使用其他工具设置 SmartArt 图形，这里就不详细介绍了。

18.3.3 设置 SmartArt 的格式

要设置 SmartArt 图形的格式，首先确定演示文稿中创建了 SmartArt 图形，然后选择要设置格式的 SmartArt 图形，切换到 "SmartArt 工具" | "格式"选项卡，从中设置 SmartArt 图形的格式。

例如已经创建了 SmartArt 图形后，要对其中的某个形状进行修改，其具体操作步骤如下。

01 创建 SmartArt 图形，然后选择需要更换形状的图形，如图 18-38 所示。

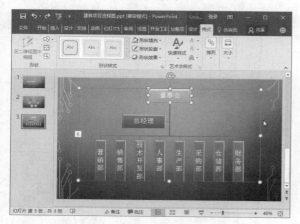

图 18-38

02 切换到 "SmartArt 工具" | "格式"选项卡的 "形状"组中，单击 (更改形状)按钮，在弹出的下拉列表中选择需要更改为的形状，如图 18-39 所示。

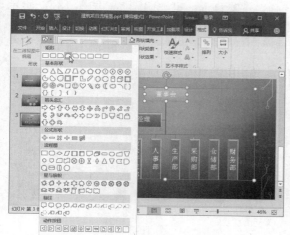

图 18-39

03 更改形状后，效果如图 18-40 所示。

图 18-40

04 使用同样的方法更改其他的形状，效果如图 18-41 所示。

图 18-41

在 "格式"选项卡中可以设置形状的格式，如填充、轮廓、效果、排列、大小，以及艺术字样式，根据情况可以尝试使用，与设置形状的样式基本相同，这里就不详细介绍了。

18.4 插入并编辑图片

在演示文稿中插入图片可以美化演示文稿。在本节中将介绍如何插入图片，并介绍如何对图片进行编辑。

18.4.1 插入图片

插入图片的方法有以下两种。

方法一： 在内容占位符中单击 (图片)图标。

方法二： 单击 "插入"选项卡的 "图像"组

中的"图片"按钮。

18.4.2 调整图片

插入图片后可以显示"图片工具"|"格式"选项卡，在该选项卡中的"调整"组中可以对图片进行简单的调整。例如，可以对插入的图像进行背景的删除，其具体操作步骤如下。

01 在演示文稿中插入图像，如图 18-42 所示。

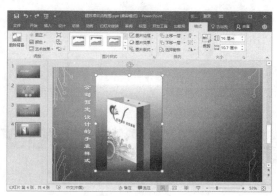

图 18-42

02 单击"调整"组中的"删除背景"按钮，进入如图 18-43 所示的窗口中。

图 18-43

03 单击"标记要保留的区域"按钮，在图像中标记出要保留到区域，如图 18-44 所示。

04 单击"保留更改"按钮，返回到演示文稿中，可以看到还有需要删除的区域，如图 18-45 所示。继续单击"删除背景"按钮。

05 单击"标记要删除的区域"按钮，在图像中标记出要删除的区域，如图 18-46 所示。

图 18-44

图 18-45

图 18-46

06 继续编辑删除区域，直到得到如图 18-47 所示的区域。

除此之外，还可以对图像进行更正，如图 18-48 所示。单击"调整"组中的"更正"按钮，在弹出的下拉面板中可以设置图像的锐化/柔化和亮度/对比度效果。

单击"调整"组中的"颜色"按钮，弹出如

中文版
Office 2016 大全

图 18-49 所示的下拉面板，从中可以设置饱和度、
色调、重新着色等颜色的编辑效果。

图 18-47

图 18-48

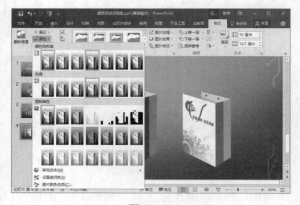

图 18-49

单击"调整"组中的"艺术效果"按钮，在
弹出的如图 18-50 所示下拉面板中可以选择一些
预设的艺术效果。如果没有满意的可以选择"艺
术效果选项"命令，在打开的"设置图片格式"
窗格中设置艺术效果，如图 18-51 所示。

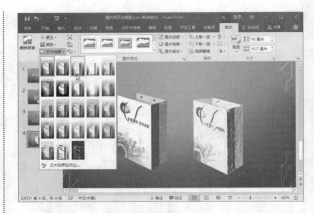

图 18-50

除上述的调整图像的命令外，还有 ▭(压缩图
片)、▤(更改图片)和 ▣(重置图片)3 个按钮，将光
标放置到相应的按钮上将出现相应的解释，这里
就不详细介绍其功能与用法了。

图 18-51

具体的如何编辑图片可参考第 7 章中的内容
介绍，这里就不再重复讲解了。

18.5 使用声音

在样式文稿中插入声音，使单纯的演示文稿
变得更加丰富和生动。

18.5.1 PC 机上的音频

要在演示文稿中插入 PC 机上的音频，其具
体操作步骤如下。

01 单击"插入"选项卡的"媒体"组中的
"音频"按钮，在弹出的下拉菜单中选择"PC 上
的音频"命令，如图 18-52 所示。

图 18-52

02 弹出"插入音频"对话框,从中选择需要插入的音频,如图 18-53 所示,单击"插入"按钮。

图 18-53

03 插入音频后,在演示文稿中显示一个喇叭形状的图标,如图 18-54 所示。

图 18-54

04 插入音频后,显示"音频工具"选项卡,从中可以设置音频的各种参数,例如可以在"播放"选项卡中单击"音频样式"组中的"在后台播放"按钮,即可在播放幻灯片时播放音频。

18.5.2 录制音频

在 PowerPoint 中还可以添加录制的音频,其具体操作步骤如下。

01 单击"插入"选项卡的"媒体"组中的

"音频"按钮,在弹出的下拉菜单中选择"录制声音"命令,弹出如图 18-55 所示的"录制声音"对话框。

图 18-55

02 在该对话框中可以单击 ● 按钮开始录制声音,如图 18-56 所示。

图 18-56

03 录制完声音之后,单击 ■ 按钮,停止录制,单击"确定"按钮可以确定插入音频,如图 18-57 所示。

图 18-57

04 可以看到插入的录制音频图标下面出现一个音频编辑器,从中可以播放和暂停声音,还可以向左或向右移动 0.25 秒,还可以调整声音的大小,如图 18-58 所示。

图 18-58

18.5.3 设置预览声音播放

插入音频之后会出现"播放"选项卡，从中可以通过设置播放的相关选项来控制播放演示文稿时音频的出现方式，如图18-59所示。

插入音频后，单击"播放"选项卡的"预览"组中的▶(播放)按钮，可以试听音频，播放过程中可以随时Ⅱ(暂停)播放音频。

图 18-59

18.5.4 剪裁音频

可以将音乐或声音剪辑的开头和结尾处不需要的音频剪掉，其具体操作步骤如下。

01 确定添加音频，然后选择音频，切换到"播放"选项卡的"编辑"组中单击"剪裁音频"按钮。

02 要确定从哪个位置剪裁声音剪辑，先在"剪裁音频"对话框中单击"播放"按钮，如图18-60所示。

图 18-60

03 到达剪切的位置时，单击Ⅱ(暂停)按钮，将左侧的绿色标记拖曳到需要剪辑的位置，作为剪辑的起始位置，如图18-61所示。这里右侧红色的箭头说明是结束位置。

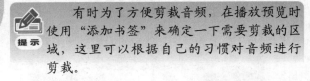

> **提示** 有时为了方便剪裁音频，在播放预览时使用"添加书签"来确定一下需要剪裁的区域，这里可以根据自己的习惯对音频进行剪裁。

04 单击"确定"按钮即可剪辑成功。返回到演示文稿的幻灯片中，播放预览一下音频。

图 18-61

剪裁音频之后，为了淡化持续时间，可以设置"淡入"和"淡出"的时间长度，使剪裁后的音频自然切入，时间可以根据情况设置。

18.5.5 在放映期间播放音乐

设置完成插入的音频后，可以设置音频在何时出现，如可以在播放幻灯片时自动播放，在跨幻灯片时播放、循环播放，直到停止幻灯片，同时还可以设置音量的大小，如果是作为背景音乐，可以设置的音量较低一些，如图18-62所示。

图 18-62

默认的播放幻灯片时音乐是在"单击"时响起，如果想让音乐播放幻灯片时就响起，选择"开始"为"自动"；如果"跨幻灯片播放"选项没有被选中，换页时上一页的音乐就会停止或播放当前幻灯片中的音乐；如果演示文稿中只有一个音乐，可以选中"跨幻灯片播放"复选框，可以在换页时也不会停止播放；如果幻灯片的数量很多，然而音频又非常短，可以选中"循环播放，直到停止"复选框，在没有播放完幻灯片时，音频不断地循环播放着；在放映幻灯片时默认的是显示小喇叭图标，可以选中"放映时隐藏"复选框，将该图标在放映时隐藏。

如果本页只有一个背景音乐，可以单击"音频样式"组中的"在后台播放"按钮，设置音频为自动、跨页、循环播放，并隐藏图标。

18.6 使用视频

制作演示文稿的时候，除了可以给幻灯片添加上文字和图片对象，还可以根据实际需要添加上视频。本节将介绍如何在演示文稿中使用视频。

插入视频的方法有以下两种。

方法一：在内容占位符中单击图标，弹出插入视频对话框，如图 18-63 所示。从中可以选择需要的视频来源，如这里选择"来自文件"，可以打开"插入视频文件"对话框，如图 18-64 所示。从中选择需要插入的视频来源，选择视频后单击"插入"按钮，即可插入视频。

图 18-63

方法二：单击"插入"选项卡的"媒体"组中的"视频"按钮，在弹出的下拉菜单中选择"PC

上的视频"或"联机视频"命令，可以根据需要寻找视频来源。

图 18-64

设置视频的各种属性可以参考声音的设置，这里就不详细介绍了。

18.7 典型案例 1——秋季运动会演示文稿

下面通过为幻灯片插入图片、形状、SmartArt图形以及表格等，并设置其各部分的格式和效果完成秋季运动会演示文稿，具体操作步骤如下。

01 启动 PowerPoint 应用程序，新建一个空白文档，如图 18-65 所示。

图 18-65

02 新建空白演示文档后，单击"设计"选项卡的"主题"组中的一种主题，如图 18-66所示。

03 在设计的主题上，输入标题和副标题，如图 18-67 所示。

图 18-66

图 18-67

04 单击"插入"选项卡的"幻灯片"组中的"新建幻灯片"按钮，在弹出的下拉面板中选择一个"仅标题"的幻灯片，如图 18-68 所示。

图 18-68

05 插入一个新的幻灯片，输入标题文字；单击"插入"选项卡的"表格"组中的"表格"按钮，在弹出的表格中框选 4×7 的表格，如图 18-69 所示。

图 18-69

06 插入表格后，在表格中输入文字，并设置文字的字体和大小，如图 18-70 所示。

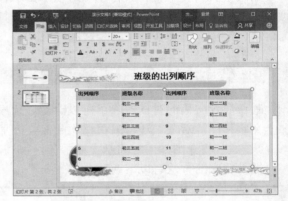

图 18-70

07 选择表格，切换到"表格工具"|"设计"选项卡的"表格样式"组中设置背景为"无填充颜色"，如图 18-71 所示。

图 18-71

08 对表格进行调整后，结果如图 18-72 所示。

图 18-72

09 继续插入新的幻灯片，然后为幻灯片输入标题。单击"插入"选项卡的"图像"组中的"图片"按钮，在弹出的"插入图片"对话框中选择一个操场的图像，如图 18-73 所示。

图 18-73

10 插入图像后，在"图片工具"|"格式"选项卡的"图片样式"组中单击"快速样式"按钮，从中选择一个预设的图片样式，如图 18-74 所示。

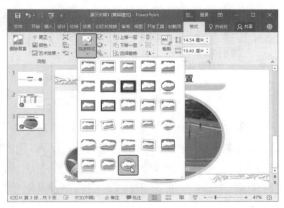

图 18-74

11 设置出的图像效果如图 18-75 所示。

图 18-75

12 继续添加一个新的幻灯片，输入文本标题。单击"插入"选项卡的"插图"组中的"形状"按钮，在弹出的下拉面板中选择合适的形状并进行创建，然后在形状中输入文字，如图 18-76 所示。

图 18-76

13 继续添加并调整形状，得到如图 18-77 所示的形状效果。

图 18-77

14 继续添加一个新的幻灯片，输入标题，如图 18-78 所示。

图 18-78

15 单击"插入"选项卡的"插图"组中的"图表"按钮，弹出"插入图表"对话框，从中选择一个柱形图，如图 18-79 所示。

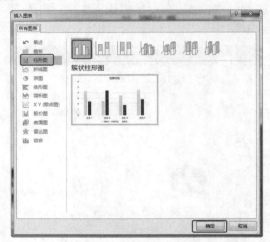

图 18-79

16 在打开的"Microsoft PowerPoint 中的图表"窗口中输入数据，并调整数据的范围，如图 18-80 所示。

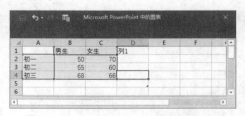

图 18-80

17 插入的图表数据如图 18-81 所示。

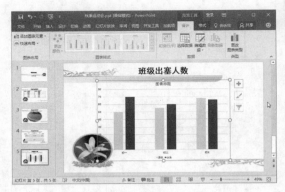

图 18-81

18 将图表的标题去除掉，如图 18-82 所示。

图 18-82

19 继续添加一个新的幻灯片，并输入标题，如图 18-83 所示。

图 18-83

20 单击"插入"选项卡的"插图"组中的 SmartArt 按钮，在弹出的"选择 SmartArt 图形"对话框中，选择左侧列表框中的"流程"选项，在右侧列表框中选择基本流程图，单击"确定"按钮，如图 18-84 所示。

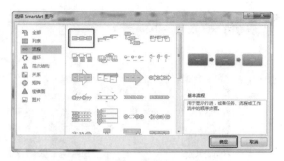

图 18-84

21 单击"SmartArt 工具"|"设计"选项卡的"创建图形"组中的"文本窗格"按钮，在弹出的窗格中输入需要的流程数据，如图 18-85 所示。

图 18-85

22 选择 SmartArt 图形，单击"SmartArt 工具"|"设计"选项卡的"版式"组中的"更改布局"按钮，在弹出的下拉面板中选择预设的布局，如图 18-86 所示。

图 18-86

23 选择一种预设的 SmartArt 样式，如图 18-87 所示。用户还可以对 SmartArt 图形更改

颜色。

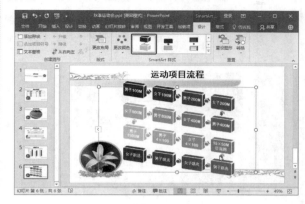

图 18-87

24 单击"文件"按钮，在弹出的窗口中选择"保存"命令，从中选择"浏览"按钮，在弹出的对话框中选择一个存储路径，并选择一个合适的"保存类型"，如图 18-88 所示。

图 18-88

18.8 典型案例 2——八月旅游路线演示文稿

下面通过创建表格、SmartArt 图形以及图片和背景音乐等，并设置其各部分的格式和效果完成旅游路线演示文稿，具体操作步骤如下。

01 运行 PowerPoint 应用程序，新建一个网状模板的演示文稿，如图 18-89 所示。

02 创建演示文稿后，在幻灯片中输入标题，如图 18-90 所示。

03 单击"插入"选项卡的"幻灯片"组中的"新建幻灯片"按钮，在弹出的下拉面板中选择一个预设的幻灯片样式，新建一个幻灯片，如图 18-91 所示。

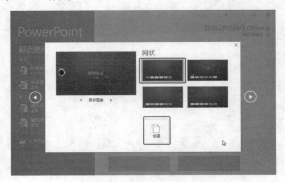

图 18-89

图 18-90

图 18-91

04 在内容占位符中单击 ▦(表格)图标，在弹出的"插入表格"对话框中设置"列数"为 5、"行数"为 2，单击"确定"按钮，如图 18-92 所示。

05 插入表格后，在表格中输入文本和数据，如图 18-93 所示。

图 18-92

图 18-93

06 添加一个新的幻灯片，并输入标题，如图 18-94 所示。

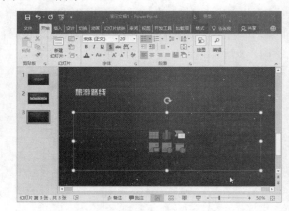

图 18-94

07 单击"插入"选项卡的"插图"组中的 SmartArt 按钮，在弹出的"选择 SmartArt 图形"对话框中选择一种合适的流程图，如图 18-95 所示。

图 18-95

08 插入流程图之后，在图形中通过"文本窗格"输入文本，如图 18-96 所示。

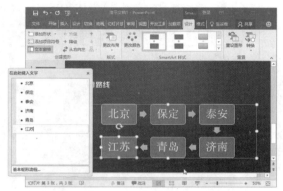

图 18-96

09 切换到"SmartArt 工具"|"设计"选项卡的"SmartArt 样式"组中选择一个预设的图形样式，如图 18-97 所示。

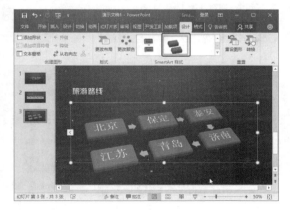

图 18-97

10 新建一个幻灯片，输入标题，如图 18-98 所示。

11 在内容占位符中单击 (图片)图标，选择插入的图像，如图 18-99 所示。

图 18-98

图 18-99

12 插图图像后，在"图片工具"|"格式"选项卡的"图片样式"组中选择一个预设的图片样式，如图 18-100 所示

图 18-100

13 在幻灯片缩览窗中选择第 4 张幻灯片，并右击，在弹出的快捷菜单中选择"复制幻灯片"命令，如图 18-101 所示。这样可直接复制出第 5 张幻灯片。

图 18-101

14 在复制出的幻灯片中选择图片,单击"图片工具"|"格式"选项卡的"调整"组中的按钮,如如 18-102 所示。

图 18-102

15 在弹出的"插入图片"对话框中单击"浏览"按钮,如图 18-103 所示。

图 18-103

16 接着在弹出的"插入图片"对话框中选择需要插入的图像,如图 18-104 所示。

图 18-104

17 更换图像后的效果如图 18-105 所示。

图 18-105

18 使用同样的方法,复制幻灯片并替换图像,效果如图 18-106 所示。

图 18-106

19 单击"插入"选项卡的"媒体"组中的"音频"按钮,在弹出的下拉菜单中选择"PC上的音频"命令,如图 18-107 所示。

图 18-107

图 18-108

20 在弹出的"插入音频"对话框中选择需要的音频，单击"插入"按钮进行插入。接着单击"音频工具"|"播放"选项卡的"音频样式"组中的"在后台播放"按钮，如图 18-108 所示。将该音乐在播放幻灯片时就开始播放。

18.9 本章小结

本章介绍如何为幻灯片插入表格、图片、绘制形状、图表、SmartArt 以及声音和视频；并介绍如何修改插入到幻灯片中的各部分的效果。

通过对本章的学习，用户可以学会如何使用表格、图片、绘制形状、图表、SmartArt、声音和视频来丰富演示文稿。

第19章 让幻灯片内容动起来

本章介绍如何设置幻灯片的转场动画和对象的动画，其中包括如何为对象创建链接、添加动作按钮，让静止乏味的幻灯片动起来。

19.1 设置切换

在 PowerPoint 中，动画指的是单个对象进入或退出幻灯片的方式。在没有动画的幻灯片中，幻灯片上的所有对象在显示该幻灯片时同时出现。如果希望幻灯片演示生动有趣，可对幻灯片应用转场效果。

19.1.1 设置切换动画

如果希望使用绚丽的效果，必须从"切换"选项卡中选择。

在设置切换动画效果时，可选择手动切换或自动切换。一般来说，如果有人控制和演示放映，应该选择手动切换。在采用这种切换方式时，演示者必须单击鼠标来移动到下一张幻灯片。这似乎有许多工作要做，但它有助于演讲者控制整个放映。如果有观众发问或希望发表评论，放映不会盲目地继续进行，而是可以暂缓一段时间。

然而，如果准备的是自动运行的演示文稿，基本上必须使用自动切换。

切换方式决定着如何从显示幻灯片 A 变为显示幻灯片 B。各个切换效果很难用语言描述，要理解它们，最好在屏幕上实际查看它们。在最终选择一种切换方式之前，应该多尝试几种切换方式，具体的操作步骤如下。

01 在幻灯片预览窗口中选择需要设置切换效果的幻灯片，进入"切换"选项卡的"切换到此幻灯片"组中，单击需要使用的切换效果。如果有必要可以打开切换效果库，查看其切换效果，如图 19-1 所示。

图 19-1

> **提示** 如果不想应用切换效果，就不要选择切换效果了，而应保留默认的设置"无"即可。

02 选择一种切换幻灯片的效果之后，可以在"效果选项"下拉列表中设置相应幻灯片切换的合适选项。选择切换的效果不同，这里列出的效果也不同，如图 19-2 所示。

图 19-2

19.1.2 设置切换的声音

在"计时"组中可以设置幻灯片切换时的声音，可以选择"无声音"，也可以在预设声音的下拉列表中选择已经有的声音效果，如图 19-3 所示。具体设置切换声音的操作步骤如下。

01 打开制作好的"宝宝纪念册.pptx"演示文稿。选择第 1 张幻灯片，在"切换"选项卡的"计时"组中单击🔊(声音)按钮后的下三角按钮，在弹出的下拉列表中选择一种合适的声音，这里选择"鼓掌"，如图 19-4 所示。

图 19-3

图 19-4

02 设置转换声音后，默认的 ⊙(持续时间)
为 1 秒钟，如图 19-5 所示。

图 19-5

03 选择第 2 张幻灯片，在"切换"选项卡
的"计时"组中单击 ◄(声音)按钮后的下三角按钮，
在弹出的下拉列表中选择一种合适的声音，这里
选择"照相机"，如图 19-6 所示。

04 设置转换声音后，设置 ⊙(持续时间)为 1
秒钟，如图 19-7 所示。

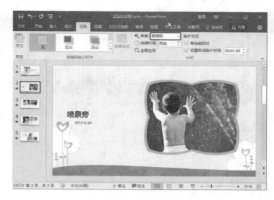

图 19-6

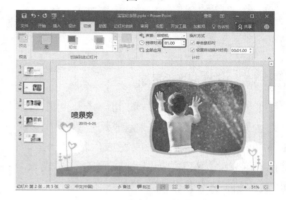

图 19-7

> **提示** 使用"持续时间"可以设置切换动画时
> 持续时间的长度，在经过指定的事件后应用切
> 换，可以在该微调框后输入时间，单位为秒。

05 使用同样的方法设置其他幻灯片的转场
声音。选择一张幻灯片，在"切换"选项卡的"计
时"组中单击 ◄(声音)按钮后的下三角按钮，在弹
出的下拉列表中选择"其他声音"选项，如图 19-8
所示。

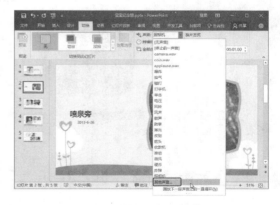

图 19-8

06 在弹出的"添加音频"对话框中可以加载其他声音音频，如图 19-9 所示。这里就不详细介绍了。

图 19-9

19.1.3 设置切换速度

通过"设置自动换片时间"选项可以控制时间无论是多少都会等播放完成幻灯片动画之后才能转场。如果想让动画播放完成后停留一些时间，可以设置"设置自动换片时间"的时间较长一些即可。具体的操作步骤如下。

01 在"切换"选项卡的"计时"组中选中"设置自动换片时间"复选框，默认的是单击鼠标才切换到下一页幻灯片。

02 设置"设置自动换片时间"为 00:05.00，如图 19-10 所示。意思是在不单击的情况下，幻灯片停留 5 秒钟就会自动切换到下一张幻灯片。

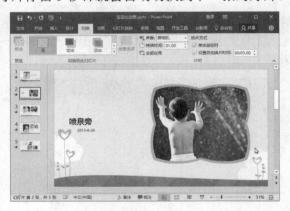

图 19-10

19.1.4 全部应用切换

要对演示文稿中的所有幻灯片指定相同的切换设置，可以单击"全部应用"按钮，否则就只应用于当前的幻灯片。具体的操作步骤如下。

01 选择第 2 张幻灯片，单击"切换"选项卡的"计时"组中的"全部应用"按钮，将该幻灯片的动画效果应用到全部幻灯片，如图 19-11 所示。

图 19-11

02 此时用户可以选择第 1 张幻灯片，看一下应用的效果，如图 19-12 所示。

图 19-12

19.2 添加动画

切换效果决定了整张幻灯片进入屏幕的方式，而动画决定了此后幻灯片的内容出现方式。

19.2.1 设置进入动画

使用动画时，可完全控制幻灯片上的对象显示、移动和消失方式。不只可以为每个对象选择多种动画效果，还可以指定对象以何种顺序显示，

以及对象出现时播放何种声音。具体的操作步骤
如下。

01 切换到需要添加进入动画的幻灯片页
面，在"动画"选项卡中选择一个合适的幻灯片
"动画"，这里可以根据喜好设置进入动画，如
图 19-13 所示。

图 19-13

02 在幻灯片中选择需要设置动画的内容，
如图片或文字，然后在"动画"选项卡的"动画"
组中，选择合适的进入动画，如图 19-14 所示。
这里选择"更多进入效果"命令。

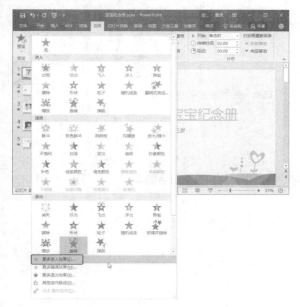

图 19-14

03 弹出"更多进入效果"对话框，从中选
择合适的进入效果，如图 19-15 所示。单击"确
定"按钮。

提示 在幻灯片中无论是图片、形状还是文本
框都可以设置动画。

04 设置图片或文本的动画后，单击"动画"
选项卡的"动画"组中的 ☆(效果选项)按钮，从中
可以设置施加动画的效果，如图 19-16 所示。

图 19-15

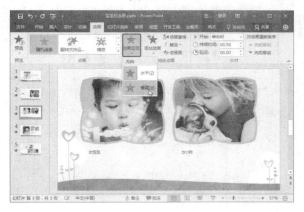

图 19-16

19.2.2 设置强调动画

添加强调动画的具体操作步骤如下。

01 在幻灯片中选择需要设置动画的素材。
单击"动画"选项卡的"动画"组中列表框右下
角的 ▾(其他)按钮，在弹出的下拉列表中选择"更
多强调效果"选项，如图 19-17 所示。

图 19-17

02 在弹出的"更改强调效果"对话框中选择一个合适的强调动画效果，如图 19-18 所示。单击"确定"按钮。

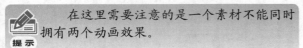

在这里需要注意的是一个素材不能同时拥有两个动画效果。

提示

图 19-18

03 设置好动画之后，可以使用"动画"选项卡的"高级动画"组中的★(动画刷)在幻灯片的其他素材上单击，可以将幻灯片中的动画赋予

给其他素材或标题。

19.2.3　设置退出效果

退出动画设置的具体操作步骤如下。

01 在幻灯片中选择需要设置动画的标题或其他素材，单击"动画"选项卡的"动画"组中列表框右下角的▾(其他)按钮，在弹出的下拉列表中选择"更多退出效果"选项，如图 19-19 所示。

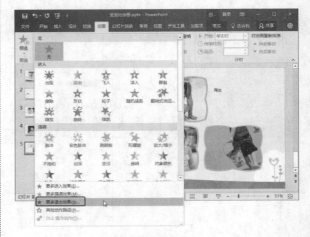

图 19-19

02 在弹出的"更改退出效果"对话框中选择一个合适的退出动画效果，如图 19-20 所示。单击"确定"按钮。

图 19-20

19.2.4　自定义物件的运动轨迹

素材自定义运动轨迹的具体操作步骤如下。

01 选择一个需要设置动画的素材,单击"动画"选项卡的"动画"组中列表框右下角的▼(其他)按钮,在弹出的下拉列表中选择"其他运动路径"选项,如图 19-21 所示。

图 19-21

02 在弹出的"更改运动路径"对话框中选择一个路径,如图 19-22 所示。单击"确定"按钮。

图 19-22

03 添加的运动路径如图 19-23 所示。

04 可以对路径进行移动、缩放、旋转等操作,如图 19-24 所示。

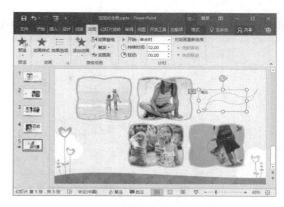

图 19-23

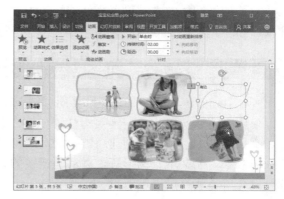

图 19-24

19.2.5　重新排列动画效果

排列动画效果的具体操作步骤如下。

01 在幻灯片中为图片和标题占位符设置动画后,可以看到动画的编号,如图 19-25 所示。

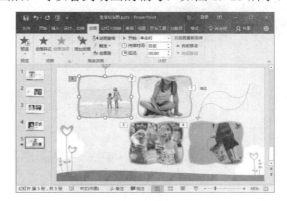

图 19-25

02 如果想要更改占位符动画的顺序,单击"动画"选项卡的"计时"组中的"向前移动"按钮,即可改变播放顺序,如图 19-26 所示。

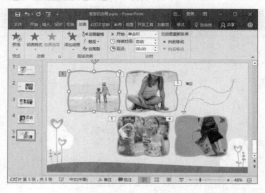

图 19-26

03 使用同样的方法设置其他幻灯片中素材的播放顺序。

19.3 设置幻灯片的交互动作

PowerPoint 中提供了功能强大的超链接功能，使用它可以实现跳转到某张幻灯片、另一个演示文稿或某个网址等。创建超链接的对象可以是任何对象，如文本、图形等，激活超链接的方式可以是单击或鼠标移过。

19.3.1 为对象创建链接

为对象创建链接的具体操作步骤如下。

01 选择需要创建链接的对象，如选择第 1 张幻灯片中的标题，如图 19-27 所示。

图 19-27

02 单击"插入"选项卡的"链接"组中的"超链接"按钮，如图 19-28 所示。

03 弹出"插入链接"对话框，选择可以链接的文件或网页，如图 19-29 所示。

图 19-28

图 19-29

04 链接还可以指定本文档中的位置，如图 19-30 所示。

图 19-30

05 链接还可以新建文档，并进行链接，如图 19-31 所示。

图 19-31

06 还可以链接到电子邮件，如图 19-32 所示。

图 19-32

07 设置链接后的标题，如图 19-33 所示。

图 19-33

08 播放幻灯片，可以看到当鼠标移到创建链接的标题上时，将提示链接的网址，如图 19-34 所示。

图 19-34

19.3.2　为对象添加动作按钮

为对象添加动作按钮的具体操作步骤如下。

01 单击"插入"选项卡的"插图"组中的 (形状)按钮，在弹出的下拉面板中选择"动作按

钮"选项组中的第 1 个 形状，如图 19-35 所示。

图 19-35

02 在第 1 张幻灯片中绘制形状，接着弹出"操作设置"对话框，该按钮默认的动作是超链接到上一张幻灯片，如图 19-36 所示。

图 19-36

03 由于该幻灯片是第一个，所以没有上一张幻灯片，可以设置该幻灯片超链接到结束放映，如图 19-37 所示。单击"确定"按钮。

04 单击"插入"选项卡的"图形"组中的 (形状)按钮，在弹出的下拉面板中选择"动作按钮"选项组中的第 2 个 形状，在幻灯片中绘制形状，弹出"操作设置"对话框，从中设置超链接到下一张幻灯片，如图 19-38 所示。

05 在幻灯片中选择"后退或前一项"动作

按钮，然后到"绘图工具|格式"选项卡的"大小"组中设置"宽度"和"高度"，如图19-39所示。

图 19-37

图 19-38

图 19-39

06 设置"前进或下一项"动作按钮为相同的大小。选择两个动作按钮，单击"绘图工具"|"格式"选项卡的"形状样式"组中的 (形状效果)按钮，在弹出的下拉列表中选择合适的效果即可，如图19-40所示。

图 19-40

07 继续为幻灯片插入 (声音)动作按钮，在"操作设置"对话框中选中"播放声音"复选框，设置声音为"鼓掌"，单击"确定"按钮，如图19-41所示。

图 19-41

08 还可以在下拉列表中选择使用其他的声音，这里就不详细介绍了。

09 使用同样的方法设置其他幻灯片中的按钮效果。

19.4 典型案例1——设置八月旅游路线演示文稿切换和动画

继续上一章的典型案例2来制作，为其幻灯片设置切换和内容的动画，以及插入形状和动作。

01 打开上一章制作的八月份旅游路线演示文稿，如图19-42所示。选择"切换"选项卡的"切换到此幻灯片"中的"剥离"切换效果，选择"声音"为"硬币"，单击"全部应用"按钮，将切换应用到所有的幻灯片。

图 19-42

02 在第 1 张幻灯片中选择主标题,选择"动画"选项卡的"动画"组中的"跷跷板"动画效果,如图 19-43 所示。

图 19-43

03 接着选择副标题,选择"动画"选项卡的"动画"组中的"淡出"动画效果,如图 19-44所示。

图 19-44

04 继续选择第 2 张幻灯片,从中设置标题的动画为"浮入"动画效果,如图 19-45 所示。

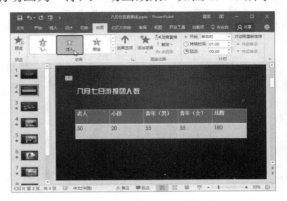

图 19-45

05 选择标题后,单击"高级动画"组中的"动画刷"按钮,当光标变为笔刷状态时,表格上单击即可应用动画,如图 19-46 所示。

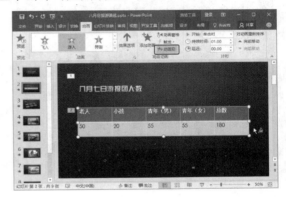

图 19-46

06 选择第 3 张幻灯片,设置标题的动画为"擦除"动画效果,如图 19-47 所示。

图 19-47

07 继续使用"动画刷"工具将动画应用到 SmartArt 图形上，如图 19-48 所示。

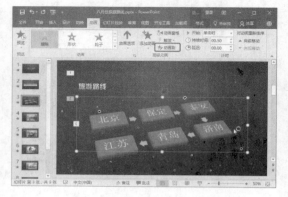

图 19-48

08 继续使用"动画刷"工具将动画应用到第 4 张幻灯片的标题上，如图 19-49 所示。

图 19-49

09 选择第 4 张幻灯片上的图片，设置其动画为"浮入"动画效果，如图 19-50 所示。

图 19-50

10 使用"动画刷"工具将第 4 张幻灯片上

的标题动画应用到第 5~9 张幻灯片的标题上，如图 19-51 所示。同样将第 4 张幻灯片上的图片动画应用到第 5~9 张幻灯片的图片上。

图 19-51

11 单击"插入"选项卡的"插图"组中的"形状"按钮，在弹出的下拉面板中选择"动作按钮"选项组中的▷形状，然后到第 1 张幻灯片中绘制形状，在弹出的"操作设置"对话框中设置超链接到下一张幻灯片，如图 19-52 所示。单击"确定"按钮。

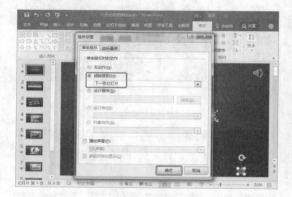

图 19-52

12 切换到"绘图工具"|"格式"选项卡，在"形状样式"组中单击"形状填充"按钮，设置形状填充为"无填充颜色"；单击"形状轮廓"按钮，设置形状轮廓为深红色，如图 19-53 所示。

13 在"绘图工具"|"格式"选项卡的"大小"组中设置其形状的大小，如图 19-54 所示。

14 接着在第 2 张幻灯片中绘制◁形状，在弹出的"操作设置"对话框中设置超链接到上一张幻灯片，如图 19-55 所示。单击"确定"按钮。

图 19-53

图 19-56

图 19-54

图 19-57

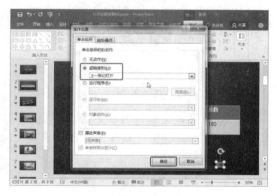

图 19-55

图 19-58

15 使用同样的方法创建▣形状，并设置其动作，如图 19-56 所示。

16 设置形状的格式和大小，并复制形状到其他的幻灯片中，完成幻灯片中动作的添加，如图 19-57 所示。

17 设置幻灯片中动画计时的"开始"为"上一个动画之后"，如图 19-58 所示。

18 使用同样的方法设置其他动画计时的"开始"为"上一个动画之后"，如图 19-59 所示。

图 19-59

19.5 典型案例2——设置秋季运动会演示文稿的切换和动画

为上一章制作的秋季运动会演示文稿的幻灯片设置切换、动画以及动作。

01 打开演示文稿，选择第1张幻灯片，切换到"切换"选项卡的"切换到此幻灯片"组，从中选择"悬挂"效果，选择"声音"为"风声"，单击"全部应用"按钮，如图19-60所示。

图 19-60

02 选择第1张幻灯片中的主标题，单击"动画"选项卡的"高级动画"组中的"添加动画"按钮，在弹出的下拉面板中选择"强调"选项组中的"波浪形"动画效果，如图19-61所示。

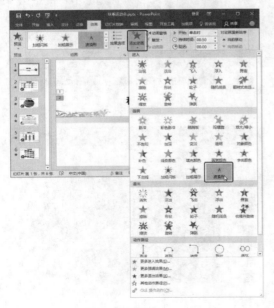

图 19-61

03 使用"动画刷"工具将动画应用到副标题2上，如图19-62所示。

图 19-62

04 使用"动画刷"工具将动画应用到其他图片上，如图19-63所示。

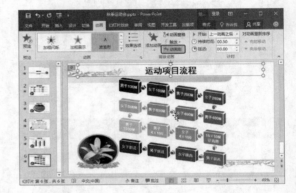

图 19-63

05 选择第6张幻灯片中的图形，添加进入动画为"弹跳"，如图19-64所示。

图 19-64

06 设置后选择"开始"为"上一动画之后"，

如图 19-65 所示。

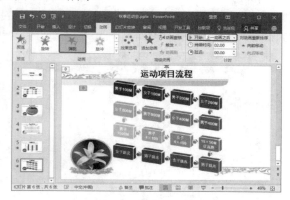

图 19-65

07 使用同样的方法设置第 5 张幻灯片中 SmartArt 图形的动画为"弹跳"。选择第 4 张幻灯片中的所有图形，右击，在弹出的快捷菜单中选择"组合"|"组合"命令，将图形组合为一个，如图 19-66 所示。

图 19-66

08 使用"动画刷"工具将动画应用到第 2 张幻灯片和第 3 张幻灯片中的表格和图片上，如图 19-67 所示。

09 单击"插入"选项卡的"插图"组中的"形状"按钮，在弹出的下拉面板中选择"公式形状"选项组中的乘号形状，并在幻灯片中绘制出形状，如图 19-68 所示。

10 选择乘号形状，单击"插入"选项卡的"链接"组中的"动作"按钮，如图 19-69 所示。

11 在弹出的"操作设置"对话框中设置超链接到结束放映，如图 19-70 所示。单击"确定"按钮。

图 19-67

图 19-68

图 19-69

图 19-70

12 同样的方法插入 ▷ 形状，在弹出的"操作设置"对话框中设置超链接到下一张幻灯片，如图 19-71 所示。单击"确定"按钮。

图 19-71

13 继续插入 ◁ 形状，并在弹出的"操作设置"对话框中设置超链接到上一张幻灯片，如图 19-72 所示。单击"确定"按钮。

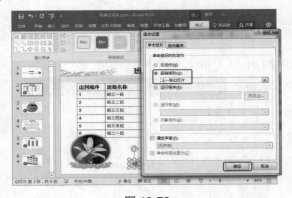

图 19-72

14 设置好动作后，将 ◁、▷ 和乘号形状复制到其他的幻灯片中，这样即可完成演示文稿的动画制作，如图 19-73 所示。

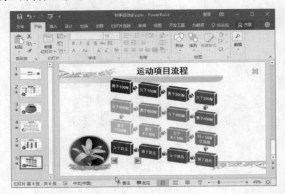

图 19-73

19.6　本章小结

本章介绍了如何设置幻灯片的转场效果、如何为幻灯片中的元素设置动画，以及介绍了幻灯片的交互动作。

通过对本章的学习，用户可以学会如何让幻灯片动起来。

<img src="chapter-icon" /> 第20章

演示文稿的放映

本章介绍演示文稿放映和设置，其中包括设置放映方式、幻灯片的显示与隐藏、自定义幻灯片放映、添加排练计时，并介绍如何启动幻灯片放映和控制幻灯片跳转，以及放映时遇到的一些问题的设置。

20.1 演示文稿放映前的准备

用户对幻灯片进行修饰并设置了一些特殊的效果后，就可以对演示文稿进行预演了。在本节中将介绍演示文稿放映前段准备操作。

20.1.1 放映幻灯片

放映幻灯片可以使用以下 4 种方式。

方法一： 在"幻灯片方式"选项卡的"开始放映幻灯片"组中单击"从头开始"或"从当前选项卡开始"按钮。

方法二： 单击屏幕右下角 <img src="icon" />(幻灯片放映)按钮，可以从当前幻灯片开始放映。

方法三： 按 F5 键，可以从头开始放映幻灯片。

方法四： 按 Shift+F5 快捷键将从当前幻灯片开始放映。

放映幻灯片时，将隐藏鼠标指针和放映控件。要显示它们，可以移动鼠标，执行该操作时，幻灯片的左下角将出现一串非常暗淡的按钮，如图 20-1 所示，同时鼠标指针会显示出来。PowerPoint 把这行按钮称为快捷工具栏。

◎ 后退：最左侧的按钮就是后退按钮，单击该按钮将返回上一张幻灯片。

◎ 前进：单击该按钮将切换到下一张幻灯片。

◎ 指针：单击该按钮可以打开一个菜单，可以从中控制绘图笔或指针的外观。

◎ 显示所有幻灯片：在"幻灯片放映"视图中打开一个类似"幻灯片浏览"的视图，从中可以查看缩览图，可以快速地从中选择要跳转的目标幻灯片。

图 20-1

◎ 缩放：可以缩放幻灯片的一部分，通过右击返回原视图。

◎ 选项：可以打开一个下拉菜单，其中包含控制演示文稿的各种命令，包括设置箭头选项、控制显示设置和演讲者视图。在幻灯片上的任意位置右击也可以打开此下拉菜单。

20.1.2 结束放映

在放映过程中，如果需要结束放映，可以执行以下两种方法。

方法一： 在放映过程中右击并选择"结束放映"命令。

方法二： 按 Esc 键或-(减号)。

如果希望在讨论时暂停放映，可按 W 键或,(逗号)显示白色屏幕，或按 B 键或。(句号)显示黑色屏幕。要继续放映，只需按任意键即可。

20.1.3 设置放映方式

设置幻灯片放映方式的具体操作步骤如下。

01 首先打开需要设置放映的幻灯片，单击"幻灯片放映"选项卡的"设置"组中的"设置幻灯片放映"按钮，弹出"设置放映方式"对话框，如图 20-2 所示。

02 在"放映类型"选项组中选中"观众自行浏览(窗口)"单选按钮，如图 20-3 所示，单击"确定"按钮。

03 播放幻灯片，可以看到幻灯片在窗口中播放，并不是默认的全屏，如图 20-4 所示。

图 20-2

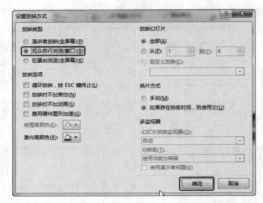

图 20-3

图 20-4

04 还可以通过设置"放映选项"，设置幻灯片在放映时的一些选项设置，如图 20-5 所示。用户可以尝试每个选项，这里就不详细介绍了。

在"放映幻灯片"选项组中可以筛选播放的幻灯片，还可以自定义放映哪些幻灯片。

在"换片方式"选项组中可以设置如何播放幻灯片，可以手动设置，也可以根据幻灯片本身

的排练时间进行播放。

图 20-5

20.1.4 幻灯片的显示与隐藏

在播放幻灯片时有些方案可能设置的不够理想，但又不想展示，这里就使用到了幻灯片的隐藏。在 PowerPoint 中显示/隐藏幻灯片的方法有两种。

第一种：使用"幻灯片放映"选项卡的"设置"组中的"隐藏幻灯片"按钮，隐藏或显示幻灯片。

01 选择需要隐藏的幻灯片，这里选择了幻灯片 2，单击"幻灯片放映"选项卡的"设置"组中的"隐藏幻灯片"按钮，隐藏的幻灯片如图 20-6 所示。

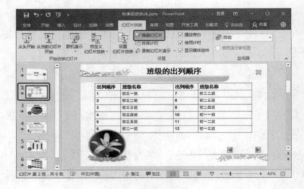

图 20-6

提示　　隐藏的幻灯片在放映预览时是看不到的，但是在编辑状态中可以看到，也可以对其进行编辑，隐藏的幻灯片在缩览窗口中会出现斜杠，如出现斜杠虚的缩览图表示该页幻灯片在放映时不显示。

02 如果隐藏的幻灯片需要显示出来，可以再次单击 ▣(隐藏幻灯片)按钮即可显示幻灯片，如图 20-7 所示。

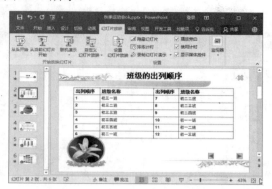

图 20-7

第二种：在幻灯片缩览窗口中选择需要隐藏的幻灯片，右击，在弹出的快捷菜单中显示或隐藏幻灯片，如图 20-8 所示。

图 20-8

 使用快捷菜单命令隐藏了幻灯片后，可执行相同的操作来显示幻灯片，也可以选择"幻灯片放映"选项卡的"设置"组中的 ▣(隐藏幻灯片)按钮，显示幻灯片。

20.1.5 自定义幻灯片放映

通过自定义放映可以设置幻灯片的先后顺序和隐藏，具体操作步骤如下。

01 切换到"幻灯片放映"|"开始放映幻灯片"选项卡，从中单击"自定义幻灯片放映"下拉按钮，在弹出的下拉菜单中选择"自定义放映"命令，如图 20-9 所示。

图 20-9

02 弹出"自定义放映"对话框，从中单击"新建"按钮，如图 20-10 所示。

图 20-10

03 弹出"定义自定义放映"对话框，在幻灯片放映名称中可以输入名称，在左侧"在演示文稿中的幻灯片"列表框中列出了当前演示文稿的所有幻灯片标题和编号(没有标题的幻灯片只显示编号)，这里选择全部幻灯片，如图 20-11 所示。

图 20-11

04 在"定义自定义放映"对话框中单击"添加"按钮，将左侧显示的选中后的幻灯片指定到右侧的"在自定义放映中的幻灯片"列表框中，如图 20-12 所示。

05 通过最右侧的上下箭头，可以调整"在自定义放映中的幻灯片"列表框中选择的幻灯片的先后顺序，如图 20-13 所示。

图 20-12

06 如果有不需要放映的幻灯片，可以选择并单击▨(删除)按钮，将其在"在自定义放映中的幻灯片"列表框中删除。

图 20-13

07 设置完成自定义放映中的幻灯片后，单击"确定"按钮，返回到"自定义放映"对话框中，如图 20-14 所示。如果需要更改可以单击"自定义放映"对话框中的"编辑"按钮，返回到"定义自定义放映"对话框再次进行修改和编辑。

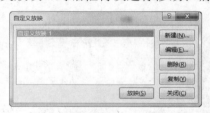

图 20-14

08 在"自定义放映"对话框中单击"放映"按钮，即可放映当前设置的自定义放映，放映的内容为"在自定义放映中幻灯片"列表框中的顺序和幻灯片，在"在自定义放映中幻灯片"列表框中被删除的幻灯片将隐藏，不放映。

20.1.6　添加排练计时

使用排练计时，可以在排练时自动设置幻灯片放映的时间间隔。使用排练计时的具体操作步骤如下。

01 打开需要排列计时的演示文稿。

02 切换到"幻灯片放映"|"设置"选项卡，从中单击"排练计时"按钮，如图 20-15 所示。

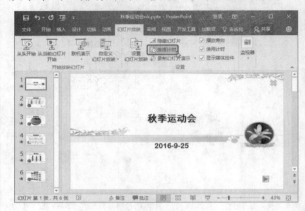

图 20-15

03 这样即可开始进入放映幻灯片模式，在左上角出现如图 20-16 所示的"录制"面板。

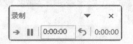

图 20-16

单击▮▮(暂停录制)按钮，则可暂停计时；单击➡(下一项)按钮可以排列下一张幻灯片；单击↺(重复)按钮可以重新排练该幻灯片。

04 排练完成后，则会弹出如图 20-17 所示的提示框，提示是否保留幻灯片的排练时间。

图 20-17

05 单击"是"按钮，确认应用排练计时。

20.2　控制演示文稿放映过程

接着上面的实例来介绍幻灯片动画的操作。

20.2.1　启动幻灯片放映

设置幻灯片放映方式的具体操作步骤如下。

01 选择一个需要放映的幻灯片，切换到"幻灯片放映"选项卡的"开始放映幻灯片"组中,如图 20-18 所示。

图 20-18

在"幻灯片放映"选项卡中可以看到放映幻灯片的一些选项和设置。在"开始放映幻灯片"组中可以单击 (从头开始)按钮,该按钮从字义上就可以很清楚,无论当前选择的是第几张幻灯片,只要单击该按钮,幻灯片就会从第 1 张幻灯片开始播放。

(从头开始)按钮与快速工具栏中的 (从头开始)按钮功能相同,从头开始播放幻灯片快捷键为 F5。

(从当前幻灯片开始)按钮可以理解为在当前选择的幻灯片上往后进行观看。

(从当前幻灯片开始)按钮与 PowerPoint 底部的 按钮功能相同。

02 播放演示文稿,如图 20-19 所示。默认为全屏播放。

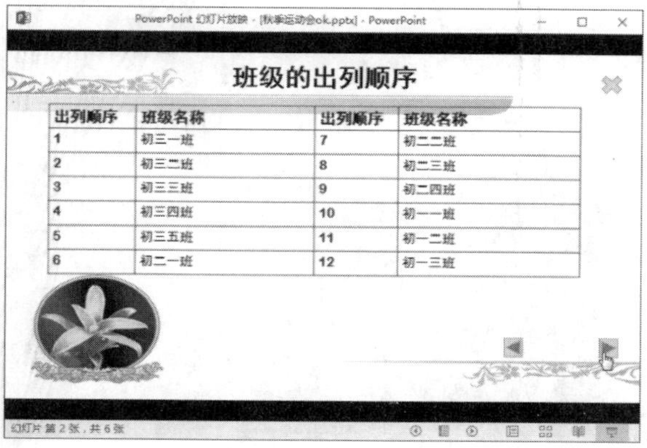

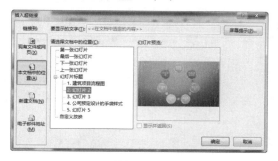

图 20-19

20.2.2 控制幻灯片跳转

在放映演示文稿时,经常需要从一张幻灯片跳转到另一张幻灯片上,具体的方法有以下两种。

方法一:播放演示文稿时,右击,在弹出的快捷菜单中定位。

01 在播放的幻灯片上右击,在弹出的快捷菜单中选择"定位至幻灯片"命令,在弹出的子菜单中选择定位到的幻灯片,如图 20-20 所示。这里选择了需要跳转的幻灯片。

图 20-20

02 定位到的需要跳转到的幻灯片,定位之后幻灯片继续播放。

方法二:使用超链接定位,这种方法仅限于固定的跳转幻灯片,如图 20-21 所示。使用链接中的"本文档中的位置"即可。

图 20-21

20.3 典型案例 1——创建相册并放映

下面介绍插入相册并设置相册的超链接和放映,具体操作步骤如下。

01 运行 PowerPoint 应用程序，新建空白演示文稿。单击"插入"选项卡的"图像"组中的 (相册)按钮，弹出"相册"对话框，单击"文件/磁盘"按钮，如图 20-22 所示。

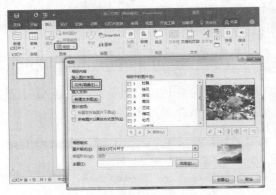

图 20-22

02 在弹出的"插入新图片"对话框中选择素材图像，单击"插入"按钮，返回到"相册"对话框，然后在"相册中的图片"列表框中选择要移动位置的图像，使用向上箭头和向下箭头调整图像的位置，如图 20-23 所示。

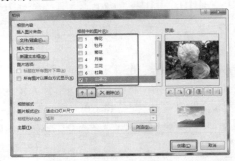

图 20-23

03 新建的相册如图 20-24 所示。

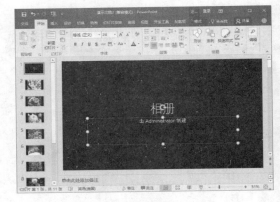

图 20-24

04 修改标题和副标题的文本内容，并修改字体和大小，如图 20-25 所示。

图 20-25

05 单击"绘图工具"|"格式"选项卡的"链接"组中的"超链接"按钮，弹出"插图超链接"对话框，如图 20-26 所示。

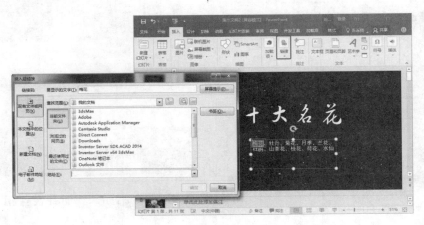

图 20-26

06 在"插图超链接"对话框中选择"本文档中的位置"选项，从中选择文本对应的幻灯片，设置超链接后的文本。使用同样的方法分别设置超链接，如图 20-27 所示。

图 20-27

07 单击"插入"选项卡的"文本"组中的"文本框"按钮，在幻灯片中创建文本框，并输入文本，设置合适的文本格式，如图 20-28 所示。

图 20-28

08 使用同样的方法创建其他幻灯片中花的名称，如图 20-29 所示。

09 复制并修改第 1 张幻灯片中的超链接文本到其他的幻灯片中，调整一下文本框，如图 20-30 所示。

10 使用同样的方法复制超链接文本到所有的幻灯片中，如图 20-31 所示。

图 20-29

图 20-30

图 20-31

11 单击"幻灯片放映"选项卡的"开始放映幻灯片"组中的"从头开始"按钮，开始播放幻灯片，如图 20-32 所示。

图 20-32

12 播放幻灯片的过程中，在左下角中可以控制幻灯片的播放，也可以通过鼠标单击来完成幻灯片的播放，这里就不详细介绍了。

20.4 典型案例2——排练放映时间

接着上面的实例介绍，使用"排练计时"工具调整放映时间，其操作步骤如下。

01 首先单击"幻灯片方式"选项卡的"设置"组中的"排练计时"按钮，如图 20-33 所示。

图 20-33

02 播放幻灯片，可以看到计时"录制"面板出现在左上角，单击切换到下一个幻灯片，计算幻灯片停留的时间长度，排列计时，如图 20-34 所示。

图 20-34

03 手动操作播放幻灯片，设置计时长度，直至幻灯片结束，出现如图 20-35 所示的提示框，从中单击"是"按钮，即可确定设置的播放计时速度，如果觉得时间不合适可以单击"否"按钮。

图 20-35

20.5 本章小结

本章介绍了如何设置幻灯片的放映、显示/隐藏幻灯片、自定义幻灯片放映、设置幻灯片的排练时间以及如何控制幻灯片的放映和跳转。

通过对本章的学习，用户可以掌握设置幻灯片的放映和跳转。

第21章 演示文稿的备份、分享与打印

本章介绍录制演示文稿放映过程、将演示文稿转换为视频、将演示文稿转换为 PDF 文件、将演示文稿转换为讲义的操作，并介绍分享与打印文稿的操作。

21.1 备份演示文稿

下面将介绍录制演示文稿、将演示文稿转为视频和打包演示文稿等操作。

21.1.1 录制演示文稿放映过程

在 PowerPoint 中可以对演示文稿轻松的录制，其操作步骤如下。

01 首先打开需要录制的演示文稿，单击"幻灯片放映"选项卡的"设置"组中的 ⏺(录制幻灯片演示)按钮，在弹出的下拉菜单中选择"从头开始录制"命令，如图 21-1 所示。

图 21-1

02 弹出"录制幻灯片演示"对话框，如图 21-2 所示。

为了让视频更加完美，可以将对话框中的两个选项全部选中，这样在 PowerPoint 中使用的动画、激光笔等功能可以一并录制下来。

图 21-2

03 单击"开始录制"按钮，对幻灯片进行录制，如图 21-3 所示。在录制的过程中可以录制音频和激光笔等效果。这里就不详细介绍了。

图 21-3

04 录制完成后可以看到录制音频后的轨迹，如图 21-4 所示。

图 21-4

05 如果录制完成后觉得不理想的话，可以重新录制。单击"幻灯片放映"选项卡"设置"组中的 ⏺(录制幻灯片演示)按钮，在弹出的下拉菜单中选择"清除"命令，在弹出的子菜单中可以根据需要删除录制的旁白或计时，如图 21-5 所示。

图 21-5

21.1.2 将演示文稿转换为视频

下面介绍将演示文稿转换为视频，具体操作步骤如下。

01 切换到"文件"选项卡，弹出界面，再选择左侧的"导出"命令，在右侧选择"创建视频"选项，如图 21-6 所示。

图 21-6

02 在"创建视频"选项组下可以设置是否使用录制的计时和旁白，还可以录制和预览计时和旁白，如图 21-7 所示。

图 21-7

03 设置显示方式，如图 21-8 所示。设置完成后单击"创建视频"按钮。

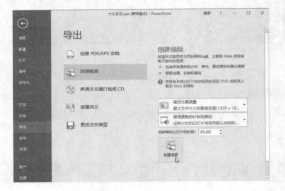

图 21-8

04 弹出"另存为"对话框，从中选择一个保存路径，为文件命名，并选择一个合适视频的保存类型，这里选择了 MPEG-4，如图 21-9 所示。单击"保存"按钮，保存视频。

图 21-9

05 保存的视频需要一段的输出时间，输出视频之后可以在存储的路径中找到，如图 21-10 所示。

图 21-10

06 双击可以打开播放视频软件，对输出的幻灯片视频进行播放，如图 21-11 所示。

图 21-11

21.1.3 将演示文稿转换为 PDF 文件

将演示文稿转换为 PDF 文件的操作步骤如下。

01 切换到"文件"选项卡，再选择左侧的"导出"命令，在右侧选择"创建 PDF/XPS 文档"选项，然后单击"创建 PDF/XPS"按钮，如图 21-12 所示。

图 21-12

02 弹出"发布为 PDF 或 XPS"对话框，从中选择一个存储路径，为文件命名，并选择保存类型为 PDF，单击"发布"按钮，如图 21-13 所示。

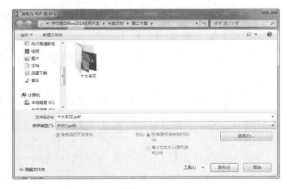

图 21-13

03 发布的 PDF 文件如图 21-14 所示。

图 21-14

21.1.4 将演示文稿转换为讲义

将制作的演示文档转换为讲义的具体操作步骤如下。

01 切换到"开始"选项卡，再选择左侧的"导出"命令，在右侧选择"创建讲义"选项，单击"创建讲义"按钮，如图 21-15 所示。

图 21-15

02 在弹出的"发送到 Microsoft Word"对话框中设置选项，选择布局，如图 21-16 所示。

图 21-16

03 这样就可以根据选项设置创建讲义，如图 21-17 所示。

图 21-17

 提示 在"导出"面板中还可以将讲义打包成 CD，还可以更改导出的文件类型，用户可以根据需要，导出文件，这里就不详细介绍了。

21.2 分享演示文稿

下面介绍如何分享制作的幻灯片，具体操作步骤如下。

01 切换到"文件"选项卡，再选择左侧的"共享"命令，如图 21-18 所示。

图 21-18

02 选择"共享"类型为"电子邮件"，如图 21-19 所示。在最右侧的"电子邮件"中选择以什么方式发送。

03 选择一种方式后，将启动 OutLook 软件，如图 21-20 所示。具体操作可以参考后面的章节，这里就不详细介绍了。

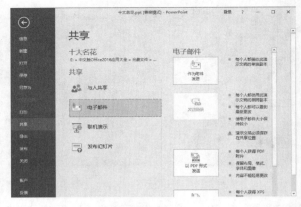

图 21-19

图 21-20

 提示 在"共享"面板中可以选择另外的几种共享方式，用户可以尝试，这里就不详细介绍了。选择每一种共享方式都会弹出相应的指示，根据提示创建共享即可。

21.3 打印演示文稿

打印演示文稿的具体操作步骤如下。

01 切换到"文件"选项卡，再选择左侧的"打印"命令，如图 21-21 所示。

02 选择"打印全部幻灯片"选项如图 21-22 所示。

03 拖动右侧的滑块可以看到其他的幻灯片，也可以通过底部的页数进行选择，如图 21-23 所示。

04 选择打印版式为"6 张水平放置的幻灯片"，如图 21-24 所示。

05 可以看到排列的效果，如图 21-25 所示。

图 21-21

图 21-22

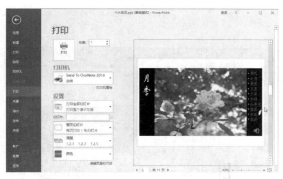

图 21-23

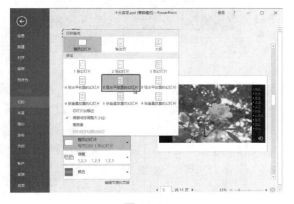

图 21-24

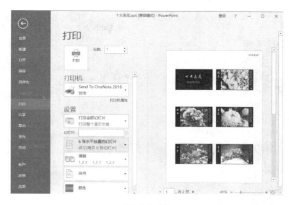

图 21-25

06 再次设置幻灯片排列为"幻灯片加框"、"根据纸张调整大小"和"高质量"，设置幻灯片的效果，如图 21-26 所示。

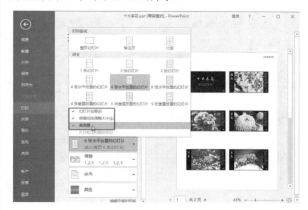

图 21-26

07 调整打印页面为"横向"，如图 21-27 所示。

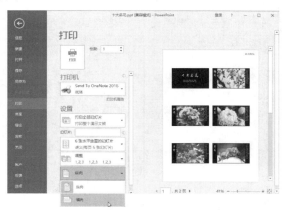

图 21-27

08 设置打印演示为"灰度"，如图 21-28

所示。

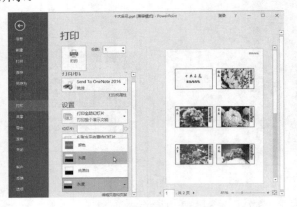

图 21-28

09 单击"编辑页眉和页脚"按钮,弹出"页眉和页脚"对话框,切换到"备注和讲义"选项卡,从中设置页眉和页脚,如图 21-29 所示。

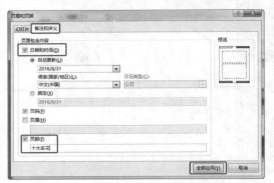

图 21-29

10 切换到"幻灯片"选项卡,从中选中"幻灯片编号"复选框,为幻灯片设置编号,单击"全部应用"按钮,如图 21-30 所示。

图 21-30

11 返回到打印窗口,可以查看设置打印后

的效果,如图 21-31 所示。

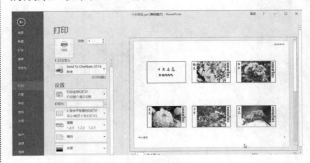

图 21-31

12 设置完成后,单击"打印"按钮,即可对当前设置进行打印。

21.4 典型案例——导出并打印旅游路线演示文稿

下面通过实例来讲解一下将演示文稿转换为 PDF 文件后并进行打印,具体操作步骤如下。

01 运行 PowerPoint 应用程序,打开前面章节中制作的八月份旅游路线演示文稿,如图 21-32 所示。

图 21-32

02 选择"文件"|"另存为"命令,在"另存为"面板中单击"浏览"按钮,如图 21-33 所示。

03 在弹出的"另存为"对话框中选择一个存储路径,为文件命名,选择"保存类型"为 PDF,单击"保存"按钮,如图 21-34 所示。

04 转换演示文稿为 PDF 文件的效果如图 21-35 所示。

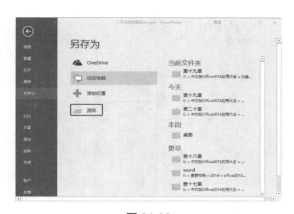

图 21-33

图 21-34

图 21-35

05 使用"另存为"与使用"导出"转换演示文稿的操作基本相同，这里就不详细介绍了。

06 选择"文件|打印"命令，显示"打印"面板，设置合适的打印参数，如图 21-36 所示。

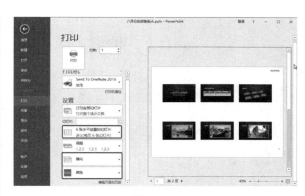

图 21-36

07 单击"编辑页眉和页脚"按钮，弹出"页眉和页脚"对话框，切换到"备注和讲义"选项卡，从中选中"日期和时间"和"页脚"复选框，输入页脚文本，单击"全部应用"按钮，如图 21-37 所示。

08 返回到打印窗口，设置完成后单击"打印"按钮，即可对演示文稿进行打印。

图 21-37

21.5　本章小结

本章主要介绍了如何录制演示文稿、转换演示文稿、分享演示文稿以及如何打印演示文稿等操作。

通过对本章的学习，用户可以学会如何备份、分享和打印演示文稿。

Access 是由微软发布的关联式数据库管理系统。它结合了 Microsoft Jet Database Engine 和图形用户界面两项特点，是 Microsoft Office 的系统程式之一。

Access 有强大的数据处理、统计分析能力，利用 Access 的查询功能，可以方便地进行各类汇总、平均等统计。并可灵活设置统计的条件。Access 用来开发软件，比如生产管理、销售管理、库存管理等各类企业管理软件。

本章介绍如何在 Access 中创建数据库和表，并介绍设置字段属性、创建索引、定义和更改主键等操作。

22.1 数据库的概述

Access 2016 是 Microsoft Office 办公软件的组件之一，是目前最新最流行的桌面数据库管理系统。Access 2016 以强大的功能和易学易用而著称。使用它仅仅通过直观的可视化操作即可完成大部分数据库管理工作。对于开发中小型数据库管理系统，使用 Access 2016 是一个非常明智的选择。

数据库就是与特定主题与任务相关的数据组合，在 Access 中，大多数数据存放在各种不同结构表中。所谓表，就是具有相同的数据集合。

一个 Access 数据库是许多数据库对象的集合。其中数据库对象包含表、查询、窗体、报表宏和代码。在任何时候，Access 只能打开运行一个数据库。但是在每个数据库中可以有众多的表、查询、窗体、报表、宏和代码。

22.2 创建数据库

一般来说，数据库是一个计算机术语，用来表示与某个主题或业务应用程序有关的信息集合。数据库能以符合逻辑的形式组织这些彼此相关的信息，方便访问和检索。

在 Access 数据库中，表示存储数据的主要地方，可以通过查询、窗体和报表访问数据，使用户能够添加或提取数据，并以有用的方式呈现数据。大多数开发人员会向窗体和报表添加宏或 Visual Basic for Applications(VBA)代码，使得 Access 应用程序更容易使用。

打开 Access 数据库时，数据库中的对象(表、查询等)会显示出来供操作。如有必要，可以打开几个 Access 副本，以便同时处理多个数据库。

许多 Access 数据库包含几百个甚至数千个表、窗体、查询、报表、宏和模块。除了个别例外情况，Access 数据库中的所有对象都保存在一个扩展名为.accdb、.accde、.mdb、.mde 或.adp 的文件中。

22.2.1 利用模板创建数据库

启动 Access 时将显示默认的 Access 的启动屏幕，在启动屏幕的中央位置是各种预定义的模板，以供用户下载部分或完整构建的 Access 应用程序，模板数据涵盖许多常见的业务需求。使用模板来制作数据库，具体操作步骤如下。

01 启动 Access 2016 应用程序后，弹出如图 22-1 所示的窗口，从中可以选择一个模板。

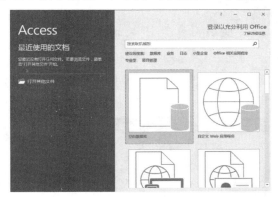

图 22-1

02 单击模板后，弹出如图 22-2 所示的对话框，单击"创建"按钮，即可创建学生列表数据表。

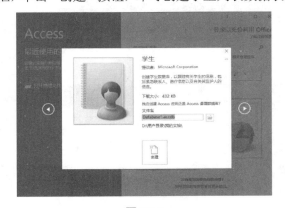

图 22-2

03 创建模板后可以在模板中设置并创建数据库。

22.2.2　创建空数据库

创建一个空数据库的具体操作步骤如下。

01 运行 Access 2016 应用程序后，要创建新的空白数据库，可单击启动屏幕上的"空白数据库"选项，如图 22-3 所示。

图 22-3

02 在弹出的对话框中单击"创建"按钮，如图 22-4 所示。这样就可以创建出空白数据库。

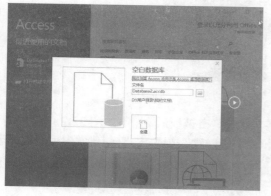

图 22-4

22.3　表

表就是原始信息(称为数据)的一个容器，类似于手工档案系统中的文件夹。在 Access 数据库中，每个表包含关于一个实体(如人员或产品列表)的信息，表中的数据按行或列的形式组织。

在 Access 中，表是一个实体。在设计和构建

Access 数据库时，甚至是在操作现有的应用程序时，必须考虑表和其他数据库对象如何表示数据库管理的具体实体以及实体之间存在什么关系。

创建表后，将以类似于电子表格的形式查看表。这种形式叫作数据表，由行和列组成。虽然看起来与电子表格很相似，但数据表是完全不同的一类对象。

在创建新的空数据库时，会自动插入一个新的空表。如果在现有数据库中创建新表，具体操作步骤如下。

01 创建空数据库后，单击"创建"选项卡的"表格"组中的▥(表)按钮，如图 22-5 所示。

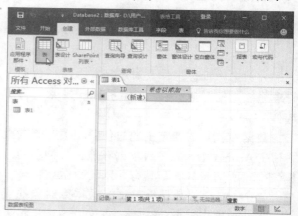

图 22-5

02 单击"表"按钮会向 Access 环境添加一个新表。新表(表 2)将在"数据表"视图左侧的导航窗格区域中，如图 22-6 所示。

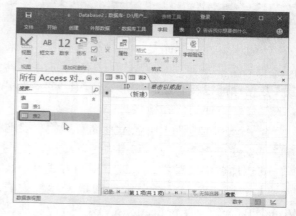

图 22-6

22.4　设置字段属性

通过设置字段属性可以控制字段的外观和行为,方便命名字段、更改字段的数据类型和格式等。

22.4.1　重命名字段

字段是表的基本存储单元,为字段命名可以方便地使用和识别字段。

重命名字段有以下 3 种方法。

方法一: 在数据表视图中,双击字段名,然后输入新的字段名,然后按 Enter 键。

方法二: 在字段名上右击,在弹出的快捷菜单中选择"重命名字段"命令。

01 在图表视图中,右击字段,在弹出的快捷菜单中选择"重命名字段"命令,如图 22-7 所示。

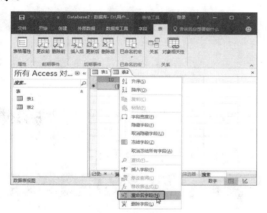

图 22-7

02 这样就可以输入名称,如图 22-8 所示。

图 22-8

方法三: 通过设计视图重命名字段,具体操作步骤如下。

01 在导航窗口中,右击,在弹出的快捷菜单中选择"设计视图"命令,如图 22-9 所示。

图 22-9

> **提示** 单击"字段"选项卡的"视图"组中的 ☑(设计视图)按钮,同样也可以进入数据表的设计视图。

02 弹出"另存为"对话框,在该对话框中可以为表输入新名称,如图 22-10 所示。输入新名称后,单击"确定"按钮。

图 22-10

03 切换到设计视图表中,如图 22-11 所示。

图 22-11

04 在"字段名称"中输入新的字段名称即可，这里输入"学号"，如图 22-12 所示。

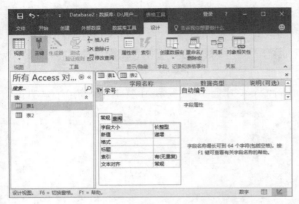

图 22-12

05 在"设计"选项卡中单击 (视图)按钮，如图 22-13 所示。

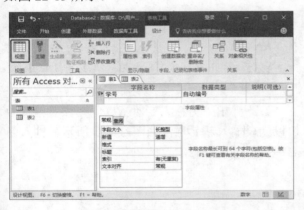

图 22-13

06 即可返回到数据表视图中，如图 22-14 所示。

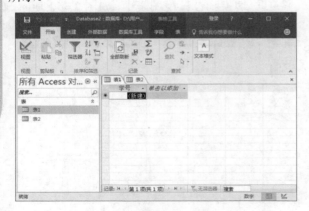

图 22-14

22.4.2 设置数据类型

为字段命名后，必须确定该字段的数据类型。数据类型决定了该字段能存储什么样的数据，例如，文本和备注数据类型允许字段保存文本或数据，单数字数据类型只允许字段保存数字。设置数据类型的主要方法如下。

方法一： 在数据表视图中，切换到"表格工具"|"字段"选项卡，在"格式"组中单击"数据类型"右侧的下三角按钮，在弹出的下拉菜单中选择一种数据类型即可，如图 22-15 所示。

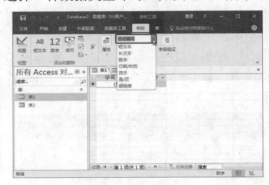

图 22-15

方法二： 在设计视图中，单击"数据类型"右侧的下三角按钮，在弹出的下拉菜单中选择一种数据类型即可，如图 22-16 所示。

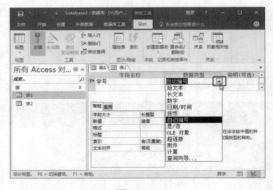

图 22-16

这里"学号"使用默认的自动编号即可。

22.4.3 输入字段说明

输入字段说明仅仅是帮助用户记住该字段的值用途或者便于其他用户了解。如果为某一字段输入字段说明，则每当在 Access 中使用该字段时，字段说明总是显示在状态栏中。

常用的输入方法就是在设计视图中的"说明"文本框中直接输入字段说明，如图 22-17 所示。

图 22-17

22.4.4 设置字段的其他属性

在设计视图中选择需要设置属性的字段，即可在"字段属性"窗格中显示出字段的属性了。在该窗格中可以对字段的大小、格式、标题、文本对齐等属性进行设置。

22.4.5 完成表

在设计视图中创建新表后，就准备好添加其字段。具体操作步骤如下。

01 在想要添加字段的行中，单击与"字段名称"列对应的单元格。

02 输入字段名称，并按 Enter 键或 Tab 键进入"数据类型"列。

03 在"数据类型"列的下拉列表中，选择字段的数据类型。

04 如有必要，可在"说明"列中为该字段添加说明信息。

重复这些步骤，为用户的表创建各个数据输入字段。可按方向键(↓)在行之间移动，或使用鼠标单击任意行。在表设计窗口中，按 F6 键可在顶部和底部之间来回切换。

22.5 创建索引

来自 Microsoft 的数据表明，超过一半的 Access 数据库表没有使用索引。这个数字还不包括没有正确使用索引的表，以及完全没有索引的表。看上去很多人并不知道在 Access 数据库中使用表索引的重要性。

在大量重复的测试中，索引表始终可以在少于 20 毫秒的时间内查找到某个单词，而非索引表需要花费 200~350 毫秒。显而易见的是，运行查询所需的实际时间在很大程度上取决于计算机的硬件，但在向字段添加索引之后，500%甚至更多的性能增强是非常普遍的现象。

因为索引意味着 Access 会对索引字段中包含的数据维护一个内部排序顺序，查询性能会得到提高。用户应该对几乎所有在查询中经常用到或者在窗体或报表中经常排序的字段建立索引。

如果没有索引，Access 必须搜索数据库中的每条记录，以寻找匹配的记录。这个过程称为表扫描，就像在一个 Rolodex 文件中翻看每张卡片来寻找为某个公司工作的每个人。除非翻完了所有卡片，否则无法确定已经找到了文件中所有符合指定条件的卡片。

22.5.1 创建单字段索引

创建单字段索引的方法比较简单，具体的操作步骤如下。

01 首先是切换到设计视图。

02 选择需要创建索引的字段，在"常规"选项卡中单击"索引"后的下三角按钮，在弹出的下拉菜单中选择"有(有重复)"或"有(无重复)"选项即可，如图 22-18 所示。

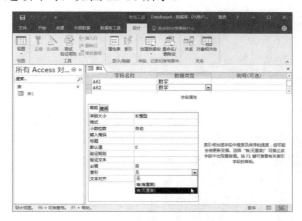

图 22-18

接下来关闭该视图后，索引就建立好了。此后，用户就可以将此字段中的值按升序或降序的方式进行排序，并让各行记录值重新排列后来显示。即这种重新排序的结果是使得各行记录按索引的定义在表中重新排列，从而有利于浏览数据记录。

用于索引的字段，通常是一些可以用于排序数据记录，如数字、英文单词，也能用于中文，但不常用。

22.5.2 创建多字段索引

用户很容易就能创建多字段索引(也叫作复合索引)。在设计视图中，单击"设计"选项卡的"显示/隐藏"组中的"索引"按钮，或者选择"视图"|"索引"命令。这将会显示"索引"对话框，从中可以指定要在索引中包含的字段。

创建多字段索引的具体操作步骤如下。

01 确定在设计视图中。

02 切换到"设计"选项卡的"显示/隐藏"组中，从中单击┦(索引)按钮，弹出"索引"对话框，如图 22-19 所示。

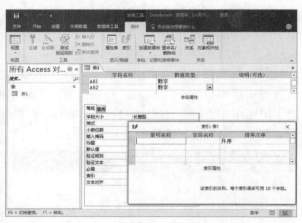

图 22-19

03 在"索引名称"列中可以输入索引名称，如图 22-20 所示。可以按照某一个索引字段的名称来命名索引，也可以使用其他名称。

04 在"字段名称"列中单击下三角按钮，在弹出的下拉列表中选择要用于索引的字段，然后在下一行中选择第二个字段。重复操作，直至选择了要包含在索引中的所有字段为止。

图 22-20

一个符合索引中最多可以包含 10 个字段。只要不将符合索引用作表的主键，符合索引中的任何字段都可以为空。

索引属性很容易理解(这些属性对单字段索引和复合索引同样适用)。

主索引设置为"是"时，Access 将使用这个索引作为表的主键。可以把多个字段指定为主键，但是要牢记主键规则，特别是主键值必须唯一和复合主键中不能有空字段。"主索引"属性的默认值为"否"。

唯一索引设置为"是"时，该索引在表中必须唯一。社会保障号码字段是作为唯一索引的一个恰当选择，因为应用程序的业务规则可能要求表中只能有一个社会保障号码实例。

与其不同，姓氏字段不能作为唯一索引，因为很多姓氏非常常见，使用姓氏字段作为唯一索引会导致问题。

对于复合键，字段值的组合必须是唯一的，复合键中的每个字段有可能在表中会重复出现。

忽略空值，如果记录的索引字段包含空值(在复合索引中，只有所有字段都为空时，复合索引才为空)，该记录的索引对整体索引不起作用。换句话说，除非记录的索引包含某种值，否则 Access 不知道在表的内部索引排序列表的什么地方插入记录。因此，可能会指示让 Access 忽略索引值为 Null 的记录。默认情况下，"忽略空值"属性被设为"否"，这意味着 Access 会把索引值为 Null 的记录与其他索引值为 Null 的记录放到一个索引方案中。

应该测试索引属性对 Access 表的影响，并使用最适合数据库处理的数据的属性。

一个字段可以既是表的主键，又是复合索引的一部分。应该根据需要对表建立索引，以便得到尽可能高的性能，同时不必担心过度使用索引或违反一些模糊的索引规则。例如，在像 CollectibleMini Cars 这样的数据库中，tblSales 中的发票号码经常用在窗体和报表中，所以应该为它们建立索引。另外，在很多情况中发票号码会与其他字段组合使用。

22.6　定义主键

每个表都应该有一个主键，即对应于每个记录的值唯一的一个(或一组)字段，在数据库管理中，这称为实体完整性。在 tbICustomers 中，CustomerID 字段是主键。每个客户都有一个唯一的 CustomerID 值，以便数据库引擎能够区分每条记录。例如，CustomerID 17 表示客户表中的一条记录，且仅表示一条记录。如果没有指定主键(唯一值字段)，Access 将自动创建。

主键就是主关键字。虽然定义主关键字对单个表，并不是必须要求的，但最好还是指定一个主关键字。主关键字是由一个或多个字段构成。它使记录具有唯一性，设置主关键字的目的就是要保证表中的所有记录都有唯一可识别的。

22.6.1　主键的类型

用户可以在 Access 中定义 3 种类型的主键，即自动编号主键、单字段主键以及多字段主键。

自动编号主键是向表中添加一条记录时，可将自动编号字段设置为自动输入连续数据的编号。将自动编号字段指定为表的主键，是创建主键的最简单的方法，如果在保存新建的表之前没有主键，单击"是"按钮，即可自动建立一个主键，对于每条记录，Access 将在该主键字段中自动设置一个连续的数字。

如果某字段中包含的都是唯一的值，例如，ID 和零件编号，用户可以将该字段指定为主键。如果选择的字段有重复值或 Null(空)值，Access 将不会设置主键。

在不能保证任何单字段都包含唯一值时，可

以将两个或更多的字段指定为主键，这种情况最常出现在多对象关系中关联另外两个表的表中。

22.6.2　设置或更改主键

设置或更改主键的具体操作步骤如下。

01 打开或制作一个数据表，切换到设计视图中，选择要定义的主键的一个字段行，如图 22-21 所示。

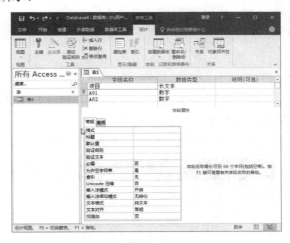

图 22-21

02 选择字段的行后，单击"表格工具"|"设计"选项卡的"工具"组中的 (主键)按钮，如图 22-22 所示。

图 22-22

03 如果设置多字段为主键，可以按住 Ctrl 键，选择需要设置多字段为主键的行，如图 22-23 所示。

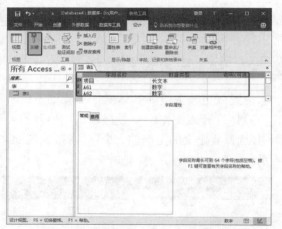

图 22-23

04 设置主键后，如果需要撤销主键，可以继续单击"设计"选项卡的"工具"组中的 ▼(主键)按钮，取消主键的设置，如图 22-24 所示。

图 22-24

22.7 典型案例 1——汽修装配单价数据

下面介绍汽修装配单价的数据，具体操作步骤如下。

01 运行 Access2016 应用软件，新建一个空白数据库，如图 22-25 所示。

02 在新建的数据库中双击 ID 表格，即可为其重新命名，如图 22-26 所示。在该单元格中输入"机滤"。

03 单击 ▼(设计视图)按钮，弹出"另存为"

对话框，在"表名称"文本框中输入表的名称，单击"确定"按钮，如图 22-27 所示。

图 22-25

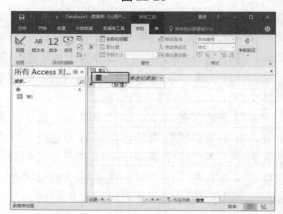

图 22-26

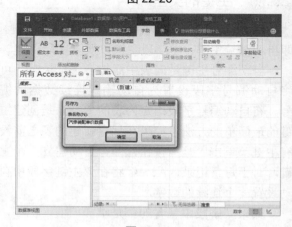

图 22-27

04 在设计视图中，可以设置"机滤"字段类型为"短文本"，如图 22-28 所示。

05 单击"表格工具"|"设计"选项卡的"视

图"组中的 (视图)按钮,在弹出的提示框中单击"是"按钮,如图 22-29 所示。

图 22-28

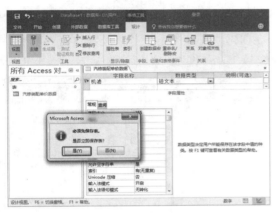

图 22-29

06 返回到视图中输入文本,如图 22-30 所示。

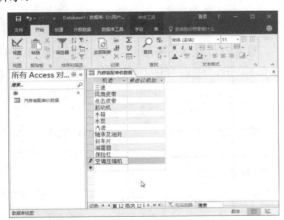

图 22-30

07 在数据表中单击"单击以添加"图标,

在弹出的下拉菜单中选择"货币"选项,设置出单元格的类型,如图 22-31 所示。

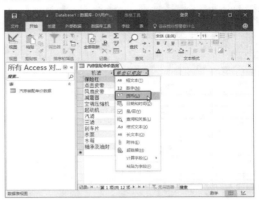

图 22-31

08 在单元格中输入数据,如图 22-32 所示。

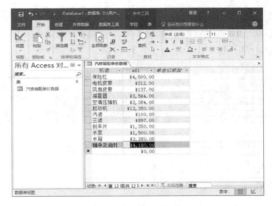

图 22-32

09 使用同样的方法设置其他单元格的数据类型,并在单元格中输入合适的数据,如图 22-33 所示。

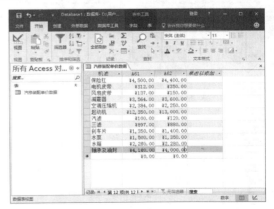

图 22-33

10 继续切换到设计视图，并设置第一列单元格的数据为"主键"，如图 22-34 所示。

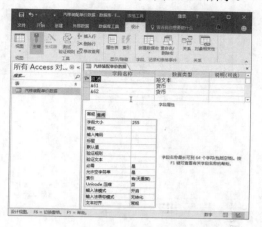

图 22-34

11 在"设计"选项卡中单击 ▦(视图)按钮，返回到数据库视图，这样汽修装配单价数据就制作完成。

22.8 典型案例2——文具入库数据

下面介绍图书销量数据库的简单制作，从中设置字段属性、创建热键和索引等，具体操作步骤如下。

01 运行 Access 2016 应用程序，新建一个空白数据库，双击第一个单元表格，并为其命名为"序号"，如图 22-35 所示。

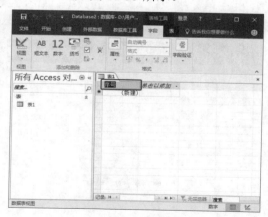

图 22-35

02 单击"表格工具"|"字段"选项卡的"视

图"组中的 ⊻(设计视图)按钮，在弹出的"另存为"对话框的"表名称"文本框中输入表的名称，单击"确定"按钮，如图 22-36 所示。

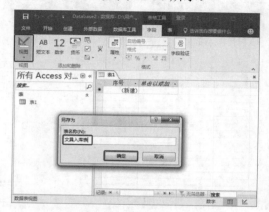

图 22-36

03 进入设计视图中，设置数据类型为"自动编号"，如图 22-37 所示。

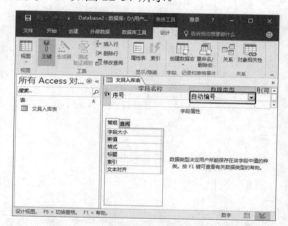

图 22-37

04 在"设计"选项卡的"视图"组中单击 ▦(视图)按钮，进入视图状态，从中单击"单击以添加"图标，在弹出的下拉列表中选择"日期和时间"选项，如图 22-38 所示。

05 输入数据后，单击"单击以添加"图标，在弹出的下拉列表中选择"短文本"选项，如图 22-39 所示。

06 输入数据，并选择日期，如图 22-40 所示。

07 继续单击"单击以添加"图标，在弹出的下拉列表中选择"数字"选项，如图 22-41 所示。

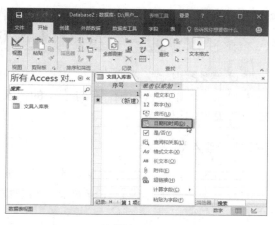

图 22-38

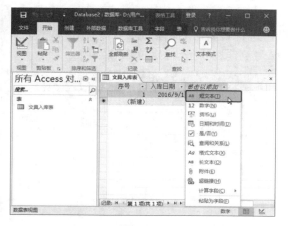

图 22-39

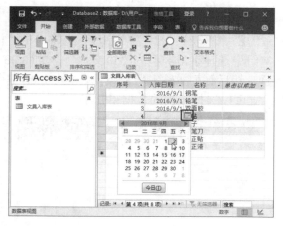

图 22-40

08 输入数据后，文具入库数据就制作完成，如图 22-42 所示。

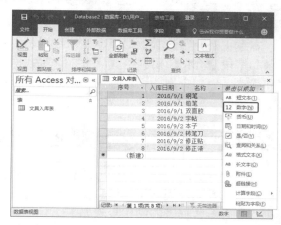

图 22-41

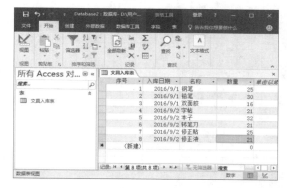

图 22-42

22.9 本章小结

本章介绍了 Access 的一些基础概念和操作，例如，如何创建数据库、如何创建表、设置字段的属性、创建索引、定义主键等。

通过对本章的学习，用户可以学会创建数据库和表的方法，还可以对设置字段属性、创建索引、定义和更改主键有一个初步的了解。

第23章 数据表

本章主要介绍查看数据表、显示数据表中的记录和字段，介绍使用和格式化数据、对数据排序和筛选、创建查询、汇总查询、建立操作查询等数据表的一些常用操作。

23.1 查看数据表

查看数据表时，最常用的方法就是利用数据表视图。在数据表视图中，信息按照行或列进行排列。要查看数据表的操作步骤如下。

01 打开制作好的数据库，如图 23-1 所示。

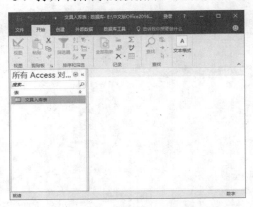

图 23-1

02 在导航窗格中双击表对象，即可显示数据表内容，如图 23-2 所示。

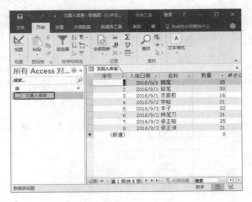

图 23-2

23.2 操作数据表

在设计视图中定义表结构后，用户可以使用数据表视图向表中输入记录，保存表中的记录，编辑修改表中的记录。

23.2.1 输入新记录

打开数据表后，可以看到表中的记录。如果打开的是一个空表或刚设置完成的表，则在数据表中看不到任何记录。

要输入记录到数据表中，具体操作步骤如下。

01 新建一个空白数据库，双击字段名称，即可进行重新命名，如图 23-3 所示。单击记录行第一个字段，将光标定位在该字段上。

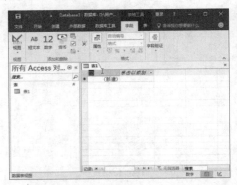

图 23-3

02 在"表格工具"|"字段"选项卡的"格式"组中选择字段类型为"短文本"，如图 23-4所示。然后到列中输入所需数据，按 Enter 键或Tab 键可以选择下列的数据单元格。

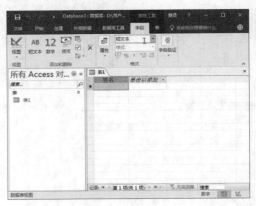

图 23-4

03 按 Tab 键，将光标置于下一个字段中，输入数据，如图 23-5 所示。

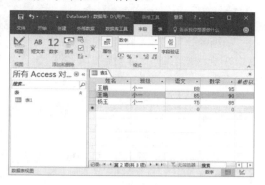

图 23-5

04 具体的操作也可以参考上一章中案例的操作与数据输入方法，这里就不详细介绍了。

23.2.2 保存记录

在记录中输入全部的字段值后，通常要移到下一条记录，每当移动到不同的记录或关闭该表时，所编辑输入的最后一条记录就被保存到表中。在数据表中，当看到行选择器上的铅笔状编辑记录指针消失时，就意味着该记录值被存储到表中。如图 23-6 所示为编辑状态；如图 23-7 所示为编辑记录指针效果，则这样表示该记录值已被保存。

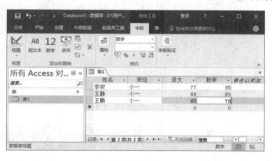

图 23-6

图 23-7

23.2.3 字段数据类型与输入方法

在数据表的字段中输入数据，通常收到字段数据类型的限制，例如，当输入的数据不符合定义的数据类型时，Access 就会给出一个提示框。

对于文本数据类型字段，默认文本长度为 255 个字符，文本字段其最大可输入的文本长度由该字段的字段属性值来决定，在文本字段中输入的数值都将作为文本字符保存。

数字及货币数据类型字段，只允许输入有效数字。

日期/时间数据类型字段，只允许输入有效的时间和日期。

是/否数据类型字段，只能输入 Yes、No、Ture、Flase、On、Off 及 0 和 -1 值之一。

自动编号数据类型字段不允许输入任何数据，该字段的数字自动递增。

备注数据类型字段，允许输入的文本长度可达 64000B。按 Shift+F2 组合键，可显示一个带有滚动条的"缩放"对话框。拖动滚动条就可以浏览备注字段中的文本。

OLE 对象数据类型可输入图形、图表和声音文件等，即 OLE 服务器所支持的对象均可存储在 OLE 对象数据类型字段中。要在该字段中输入对象，可右击该字段，在弹出的快捷菜单中选择"插入对象"命令，弹出设置插入对象的对话框，在其中选择"新建"选项后，在"对象类型"列表中选择所需的类型，或选中"由文件创建"选项后插入字段。

23.3 修改数据表

上一节学习了在数据表中输入和保存数据的一些内容，接下来介绍如何在数据表中修改记录、添加记录、查找和替换以及删除记录等。

23.3.1 修改记录

对于表中的记录，可以很容易地在数据表视图中进行修改。对于要修改的记录必须先选中它，然后再对其进行修改，具体操作步骤如下。

01 打开或创建一个数据表。若要用新值替换旧值，应先将光标移到该字段的左侧框线上，此时鼠标会变为➕形状，如图 23-8 所示。

图 23-8

02 单击选择字段值，输入新值后即可替换旧值，如图 23-9 所示。

图 23-9

03 若要在字段中插入数据，应先将光标定位在某字符前面。进入插入模式，如图 23-10 所示。

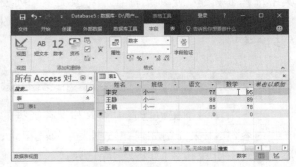

图 23-10

04 输入新值，新值就被插入到该字符前面，当光标定位在字段中时按 Backspace 键将删除光标左侧的字符，按 Delete 键将删除光标右侧的字符，如图 23-11 所示，删除整个字符。

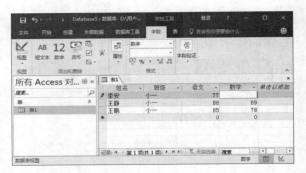

图 23-11

05 删除字符后重新输入新值即可，如图 23-12 所示。

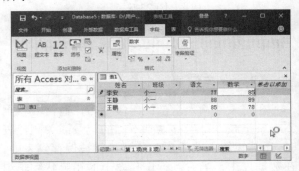

图 23-12

23.3.2 添加新记录

要在数据表中添加新记录，可使用以下两种方法。

方法一：可在数据表底部单击▸*(新空白记录)按钮。

01 要输入新的数据，在数据表底部单击▸*(新空白记录)按钮，如图 23-13 所示。

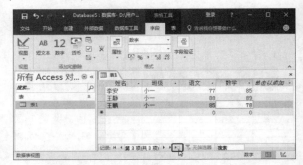

图 23-13

02 这样便可转到下一条记录的第一个字段处，如图 23-14 所示。

图 23-14

方法二：使用"开始"选项卡的"查找"组中的➜(转至)右侧的下三角按钮，在弹出的下拉菜单中选择需要的命令，这里选择"新建"命令，如图 23-15 所示。

图 23-15

23.3.3　查找和替换

当用户需要在数据库中查找所需的特定信息(这些信息可以是文本、数字或日期)时，最简单的方法就是使用"开始"选项卡的"查找"组中的"查找"按钮，具体操作步骤如下。

01 切换到"开始"选项卡的"查找"组中，单击"查找"按钮或按 Ctrl+F 键，弹出"查找和替换"对话框，如图 23-16 所示。

图 23-16

02 在"查找"选项卡中的"查找内容"文本框中输入要查找的内容，如图 23-17 所示。

图 23-17

03 单击"查找范围"右侧的下三角按钮，在弹出的下拉列表中选择"当前文档"选项，如图 23-18 所示。

图 23-18

04 单击"匹配"右侧的下三角按钮，在弹出的下拉列表中选择"整个字段"选项，如图 23-19 所示。

图 23-19

05 单击"搜索"右侧下三角按钮，在弹出的下拉列表中选择"向下"选项，如图 23-20 所示。

图 23-20

06 单击"查找下一个"按钮,开始进行查找,如图 23-21 所示。

图 23-21

07 查找到数据后,关闭"查找和替换"对话框。如图 23-22 所示为找到的整个字段。

图 23-22

与 Office 其他的应用程序一样,Access 也可以用指定的数据来替换表中匹配的字符串、数字或日期,具体操作步骤如下。

01 切换到"开始"选项卡的"查找"组中,单击 (查找)按钮或按 **Ctrl+F** 快捷键,弹出"查找和替换"对话框,切换到"替换"选项卡,如图 23-23 所示。

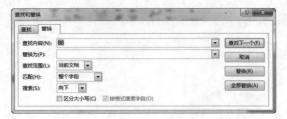

图 23-23

02 在"查找内容"文本框中输入需要查找

的数据,在"替换为"文本框中输入要替换的数据,如图 23-24 所示。单击"全部替换"按钮。

图 23-24

03 被替换的数据如图 23-25 所示。

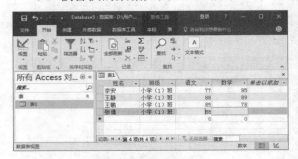

图 23-25

> **提示** 在"查找和替换"对话框中单击"查找下一个"按钮,继续查找下一个匹配的字符,而不替换当前找到的字符;也可以单击"全部替换"按钮,一次性替换全部符合条件的字符。

23.3.4 删除记录

删除数据表中的某一条或多条记录的具体操作步骤如下。

01 单击数据表中的行选择器,如图 23-26 所示,选择需要删除的整行记录;或在行选择器上按住鼠标左键不放进行拖动,以选择多行记录。

图 23-26

02 按 Delete 键或切换到"开始"选项卡的"记录"组中，单击✕(删除)右侧的下三角按钮，从中选择"删除记录"命令，如图 23-27 所示。

图 23-27

03 弹出如图 23-28 所示的信息提示框，提示是否删除选定的记录。

图 23-28

04 单击"是"按钮，可以删除选定的记录，如图 23-29 所示。

图 23-29

23.4 格式化数据表

在数据表视图中，可以重新调整行高与列宽、改变列字段顺序、隐藏列或显示被隐藏的列、冻结列，还可以设置数据表的格式和字体的格式。

23.4.1 改变行高和列宽

在数据表视图中，Access 一开始是以默认的

行高和列宽来显示所有的行和列，但用户可以自己改变行高与列宽，方法有以下两种。

方法一： 使用鼠标改变行高。

01 将鼠标指针移到行高标记处，此时鼠标将会变为如图 23-30 所示的形状。

图 23-30

02 按住鼠标左键不放，并上下拖动鼠标，即可改变行高，如图 23-31 所示。

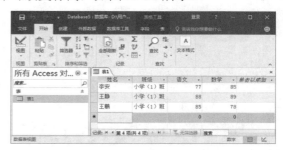

图 23-31

 使用同样的方法将鼠标指针移动到列标记处，可调整列宽。

方法二： 使用"行高"对话框改变行高。

01 单击"开始"选项卡的"记录"组中的▦(其他)按钮，在弹出的下拉菜单中选择"行高"命令，如图 23-32 所示。

图 23-32

02 弹出"行高"对话框，如图 23-33 所示。

图 23-33

03 在"行高"对话框中输入新数据即可调整行高。

> 在▦(其他)的下拉菜单中选择"字段宽度"命令，可以调整列宽，这里就不详细介绍了。

23.4.2 隐藏列或显示被隐藏的列

在数据表视图中，Access 一般会显示表中所有的字段。如果表中的字段比较多或数据比较长，需要通过单击字段滚动条才能看到它们的字段。如果不想浏览或打印表中的所有字段，可以把其中的一部分隐藏起来，具体的操作步骤如下。

01 单击需要隐藏的列中的任意位置，单击"开始"选项卡的"记录"组中的▦(其他)右侧的下三角按钮，在弹出的下拉菜单中选择"隐藏字段"命令，如图 23-34 所示。

图 23-34

02 弹出"取消隐藏列"对话框，从中选中字段，其中选中的字段为没有隐藏，未选中的则是被隐藏的列。如图 23-35 所示为选中所有选项即可全部取消隐藏。

图 23-35

23.5 排序和筛选记录

在数据表视图中对记录进行排序和筛选，有利于清晰地了解数据、分析数据和获取有用的数据。

23.5.1 排序

在数据表视图中打开一个表时，Access 一般是以表中自定义的关键字值排序显示记录的。如果在表中没有定义主关键字，那么将按照记录在表中的物理位置来显示记录。如果想改变记录的显示顺序，则需要在数据表中对记录进行排序。

在数据表中，可根据某一字段进行排序，具体操作步骤如下。

01 单击要根据字段进行排序的列，将光标定位在该字段中，如图 23-36 所示。

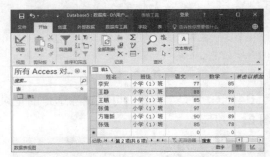

图 23-36

02 单击"开始"选项卡的"排序和筛选"组中的↑(升序)按钮，可以以升序的方式排列选择的列，如图 23-37 所示。

图 23-37

03 单击↓(降序)按钮，可以以降序的方式排列选择的列，如图 23-38 所示。

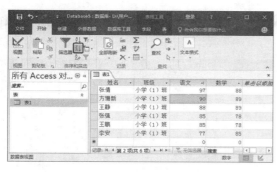

图 23-38

23.5.2　筛选记录

有时用户可能希望只显示与自己的条件匹配的记录，而不是显示表中的所有记录。此时，可以使用 Access 中提供的筛选功能。

可以通过以下 4 种筛选类型进行筛选。

方法一：按窗体筛选。

01 打开或创建一个工作表，切换到"开始"选项卡的"排序和筛选"组中，单击 （高级筛选选项）按钮，在弹出的下拉菜单中选择"按窗体筛选"命令，如图 23-39 所示。

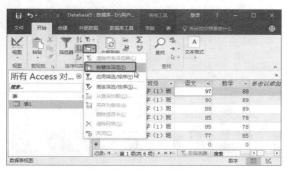

图 23-39

02 此时数据表为如图 23-40 所示的效果。

图 23-40

03 在"姓名"字段下拉列表中选择需要查询的姓名，如图 23-41 所示。

图 23-41

04 设置好筛选选项后，单击"开始"选项卡的"排序和筛选"组中的 （应用筛选）按钮，筛选的结果如图 23-42 所示。

图 23-42

> **提示**　单击"开始"选项卡的"排序和筛选"组中的 （应用筛选）按钮后，筛选出结果。此时 （应用筛选）按钮将变为 （取消筛选）按钮，单击该按钮则可以取消筛选，如图 23-43 所示。

图 23-43

方法二：按选定内容筛选。

01 在数据表视图中选取特定的字符串。例如，这里选择了"语文"列下的97，然后单击"开始"选项卡的"排序和筛选"组中的▼(选择)按钮，在弹出的下拉菜单中选择"大于或等于97"命令，如图23-44所示。从中还可以选择"等于"、"不等于"、"小于或等于"和"介于"命令。

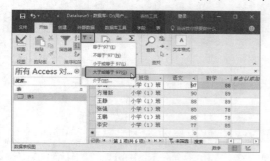

图 23-44

02 这样将符合条件的记录显示在数据表中，如图23-45所示。

图 23-45

方法三：按内容排除筛选。

01 在数据表视图中选择特定的字符串，例如，这里选择"数学"列下的88，然后在"开始"选项卡的"排序和筛选"组中单击▼(选择)按钮，在弹出的下拉菜单中选择"不等于'88'"命令，如图23-46所示。

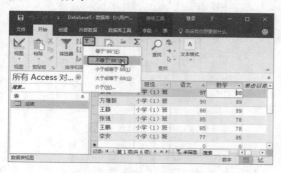

图 23-46

02 符合条件的记录显示在数据表中，如图23-47所示。

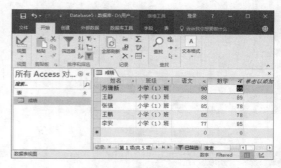

图 23-47

方法四：高级筛选/排序。

01 在"开始"选项卡的"排序和筛选"组中单击▼(高级筛选选项)按钮，在弹出的下拉菜单中选择"高级筛选/排序"命令，如图23-48所示。

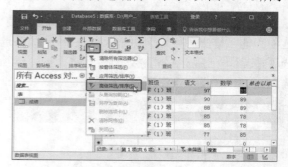

图 23-48

02 弹出如图23-49所示的窗口。

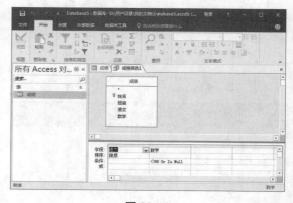

图 23-49

03 单击字段第一个单元格右侧的下拉按钮，从中选择"语文"和"数学"，在"条件"的单元格中输入">80"的条件，如图23-50所示。

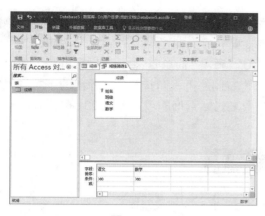

图 23-50

04 如果想用表达式生成器,可在相应的"条件"单元格中右击,在弹出的快捷菜单中选择"生成器"命令,如图 23-51 所示。

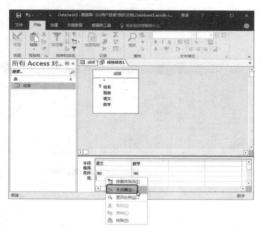

图 23-51

05 弹出"表达式生成器"对话框,从中输入条件表达式,这里输入">90",如图 23-52 所示。

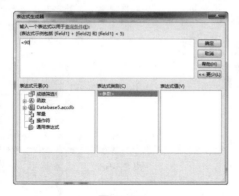

图 23-52

06 可以看到生成的条件,如图 23-53 所示。然后单击 ▼(应用筛选)按钮。

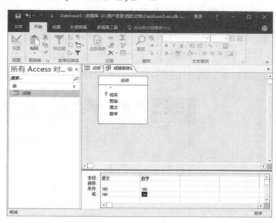

图 23-53

07 筛选出">80"及\"<90"的数据,如图 23-54 所示。

图 23-54

23.6 创建查询

查询就是对存储在表内的数据的查找或对数据进行某一要求的操作。利用查询可以按照不同的方式查看、更改和分析数据,也可以将查询作为窗体、报表和数据访问页的记录源。设置查询的目的就是告诉 Access 需要检索哪些数据。

在 Access 中,创建查询到方法有以下两种。

方法一: 使用向导创建查询。

方法二: 利用设计视图建立查询。使用向导创建查询时,用户需要按向导的提示一步一步地完成操作,Access 提供了"简单查询向导"和"交叉表查询向导"这两种查询向导。

23.6.1 使用"简单查询向导"创建单表查询

使用"简单查询向导"创建单表查询的具体操作步骤如下。

01 打开或创建工作表，单击"创建"选项卡的"查询"组中的▦(查询向导)按钮，弹出"新建查询"对话框，如图23-55所示。从中选择"简单查询向导"选项，单击"确定"按钮。

02 弹出"简单查询向导"对话框，单击"表/查询"右侧的下三角按钮，在弹出的下拉列表中选择用来建立查询的表，如图23-56所示。

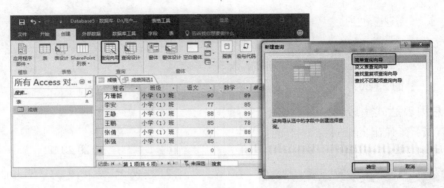

图 23-55

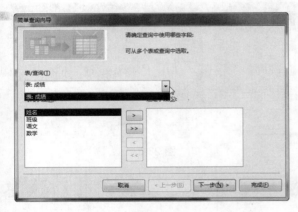

图 23-56

图 23-57

03 在"可用字段"列表框中选择用到的查询字段，单击 > 按钮将其添加到"选定字段"列表框中，如图23-57所示。

04 单击"下一步"按钮，弹出如图23-58所示的界面，选中"明细(显示每个记录的每个字段)"单选按钮。

05 单击"下一步"按钮，弹出如图23-59所示的界面，在此可以为查询指定标题。

06 单击"完成"按钮，即可显示出查询的结果，如图23-60所示。

图 23-58

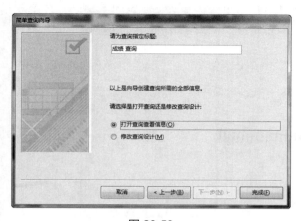

图 23-59

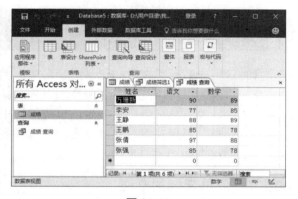

图 23-60

23.6.2　使用"交叉表查询向导"创建交叉表查询

使用"交叉表查询向导"创建交叉表查询的操作步骤如下。

01 继续使用学习成绩数据表，在左侧的导航窗格中双击需要的数据表，显示数据表内容，如图 23-61 所示。

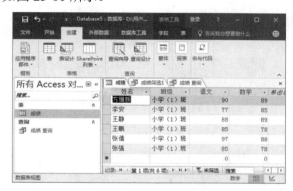

图 23-61

02 单击"创建"选项卡的"查询"组中的 (查询向导)按钮，弹出"新建查询"对话框，如图 23-62 所示。从中选择"交叉表查询向导"选项，单击"确定"按钮。

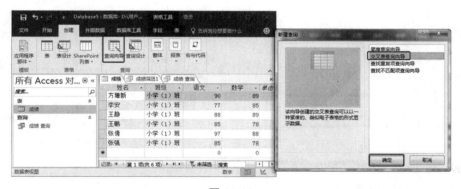

图 23-62

03 弹出"交叉表查询向导"对话框，如图 23-63 所示。使用默认参数即可，单击"下一步"按钮。

04 在如图 23-64 所示的界面中将"班级"从"可用字段"列表框中添加到"选定字段"列表框中，单击"下一步"按钮。

05 弹出如图 23-65 所示的界面，从中选择

"姓名"作为列标题，单击"下一步"按钮。

06 在"字段"列表框中选择一个字段，并在"函数"列表框中选择一个函数，如图 23-66 所示。单击"下一步"按钮。

07 再在进入的界面中单击"完成"按钮。

08 创建的交叉表查询如图 23-67 所示。

图 23-63

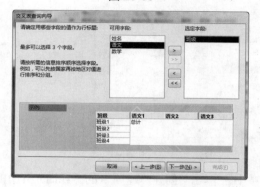

图 23-64

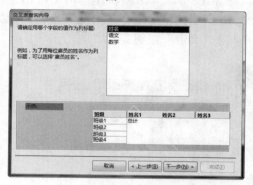

图 23-65

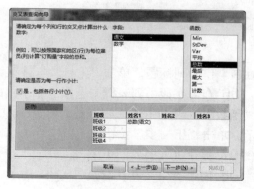

图 23-66

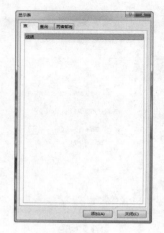

图 23-67

23.7 汇总查询

有时，用户需要对表中的记录进行汇总。例如，在成绩表中，可以查看学生所需的课程及其成绩，但是并没有显示每一名学生的总成绩、平均成绩等信息。要想获得这些汇总数据，就必须创建一个汇总查询。

23.7.1 汇总查询的概述

汇总查询也是一种选择查询，所以创建汇总查询与前面介绍的创建选择查询是一样的。唯一不同之处在于：创建汇总查询时，需要切换到"创建"选项卡的"查询"组中，单击"查询设计"按钮，弹出如图 23-68 所示的"显示表"对话框，从中选择需要查询的表。

图 23-68

切换到"查询工具"|"设计"选项卡的"显示/隐藏"组中单击∑(汇总)按钮，Access 就会在设计视图下方的表格中增加"总计"行，如图 23-69 所示。

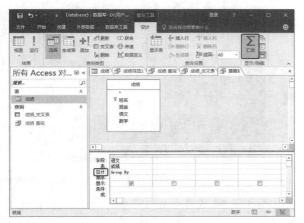

图 23-69

23.7.2　对所有记录执行汇总

用户可以用汇总查询对表或查询中的所有记录进行汇总。例如，可以在成绩表中为每一名学生计算出各自的总成绩、平均成绩、最高分数以及最低分数，具体的操作步骤如下。

01 新建或打开考试成绩数据表，如图 23-70 所示。

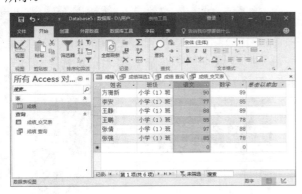

图 23-70

02 切换到"创建"选项卡的"查询"组中，单击(查询设计)按钮，弹出"显示表"对话框，如图 23-71 所示。在"表"选项卡的列表框中选择"成绩"，单击"添加"按钮，添加数据表后，单击"关闭"按钮。

图 23-71

03 单击"查询工具"|"设计"选项卡的"显示/隐藏"组中的∑(汇总)按钮，Access 就会在设计视图下方的表格中增加"总计"行，如图 23-72 所示。

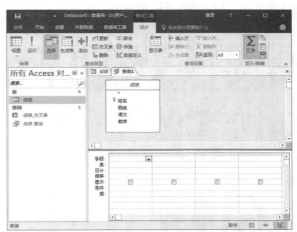

图 23-72

04 在表格中选择"字段"为"语文"和"数学"，接下来将查询"平均值"，在"表"中选择"成绩"，如图 23-73 所示。

05 切换到"查询工具"|"设计"选项卡的"结果"组中，单击!(运行)按钮，运行的总计结果如图 23-74 所示。

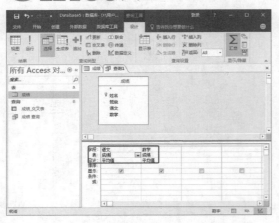

图 23-73

图 23-74

23.8 典型案例 1——创建并查询员工档案

下面简单介绍制作与筛选员工资料，其操作步骤如下。

01 运行 Access 应用程序，新建一个空白数据库，如图 23-75 所示。

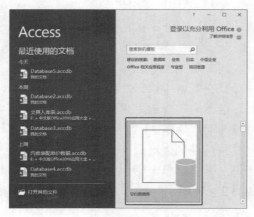

图 23-75

02 在弹出的创建数据面板中单击 (创建)按钮，如图 23-76 所示。

图 23-76

03 在弹出的"文件新建数据库"对话框中选择一个存储路径，并为文件命名，单击"确定"按钮，如图 23-77 所示。

图 23-77

04 设置存储路径后，单击"创建"按钮，如图 23-78 所示。

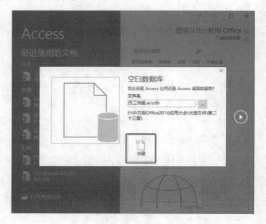

图 23-78

05 创建的数据库如图 23-79 所示。

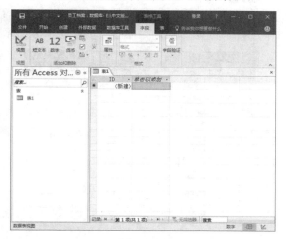

图 23-79

06 选择第一个字段，并设置字段属性，输入文本，如图 23-80 所示。

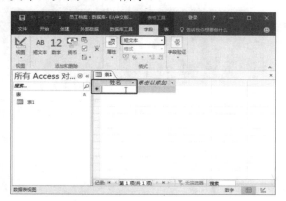

图 23-80

07 使用同样的方法设置字段属性，并输入数据，如图 23-81 所示。

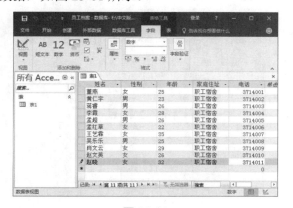

图 23-81

08 单击"表格工具"|"字段"选项卡的"视图"组中的 (设计视图)按钮，首先将"表 1"存储并重命名为一个名称，如图 23-82 所示。

图 23-82

09 进入数据表的设计视图，设置数据类型，如图 23-83 所示。

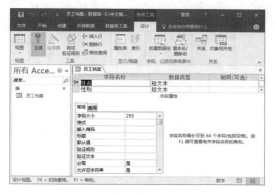

图 23-83

10 单击"表格工具"|"设计"选项卡的"视图"组中的 (视图)按钮，在弹出的对话框中单击"是"按钮，如图 23-84 所示。

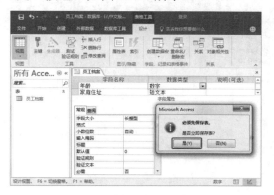

图 23-84

11 返回到视图中，在列窗格中对其列宽进行调整，如图 23-85 所示。

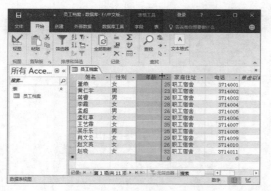

图 23-85

12 使用同样的方法调整列宽，如图 23-86 所示。

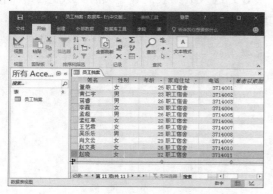

图 23-86

13 选择"年龄"列，单击"开始"选项卡的"排序和筛选"组中的 降序)按钮，设置年龄的降序，如图 23-87 所示。

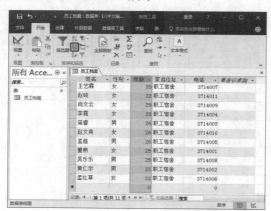

图 23-87

14 单击"开始"选项卡的"排序和筛选"组中的 (高级筛选选项)按钮，在弹出的下拉菜单中选择"按窗体筛选"命令，如图 23-88 所示。

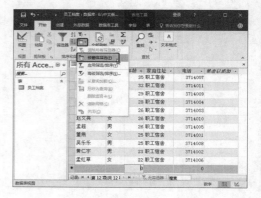

图 23-88

15 进入筛选窗口，并单击"性别"列下的下三角按钮，从中选择"女"，如图 23-89 所示。

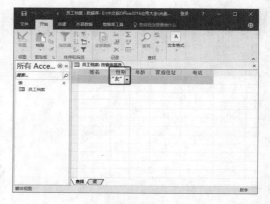

图 23-89

16 单击 (应用筛选)按钮，筛选出性别为女的数据，如图 23-90 所示。

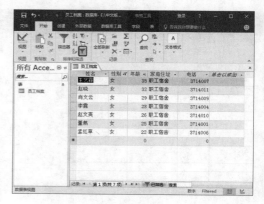

图 23-90

23.9 典型案例2——查询员工资料

继续上面数据表的应用，下面介绍员工工资的简单查询，具体操作步骤如下。

01 首先单击 ▼(取消筛选)按钮，并在工作表中输入工资数据，如图23-91所示。

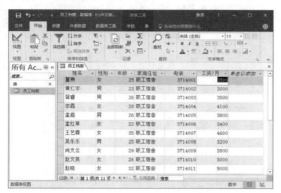

图 23-91

02 返回到数据表，单击"创建"选项卡的"查询"组中的 🔲(查询向导)按钮，弹出"新建查询"对话框，从中选择"简单查询向导"，单击"确定"按钮，如图23-92所示。

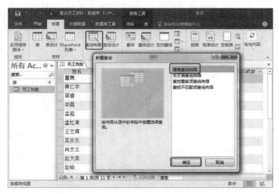

图 23-92

03 在弹出的"简单查询向导"对话框中将可用字段"姓名"、"电话"和"工资/月"指定到右侧的"选定字段"列表框中，单击"下一步"按钮，如图23-93所示。

04 进入如图23-94所示的界面，从中使用默认选项，单击"下一步"按钮。

05 进入如图23-95所示的界面，单击"完成"按钮。

图 23-93

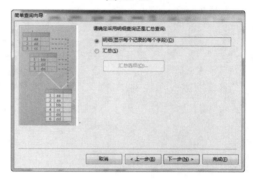

图 23-94

图 23-95

06 创建的查询如图23-96所示。

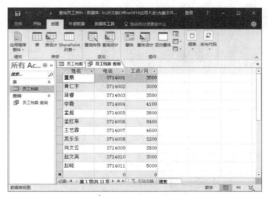

图 23-96

23.10　本章小结

　　本章介绍了数据表的应用，其中主要介绍如何查看、修改和格式化数据表，并介绍了如何排序、筛选查询数据表内容。

　　通过对本章的学习，用户可以学会如何查看、修改和格式化数据表，并学会如何使用各种排序、筛选和查询。

第24章

窗体、报表和打印

本章主要介绍如何创建基本报表、使用报表向导创建报表、创建空报表；介绍如何设计销售记录报表，其中包括格式化报表、创建计算字段；介绍如何导入、导出数据以及如何打印报表。

24.1 窗体

窗体为查看、添加、编辑和删除数据提供了最灵活的方式。它们也可以用于创建切换面板(即带有提供导航功能的按钮的窗体)、控制系统流程的对话框和显示的消息。控件是窗体中的对象，如标签、文本框、按钮等。本节将介绍如何创建各类窗体，以及在窗体上可以使用哪些控件类型。另外，还将介绍窗体和控件属性，以及如何通过设置或更改属性值来确定 Access 界面的外观和行为。

添加到 Access 数据库的窗体是所创建应用程序的一个重要方面。大多数情况下，不应该允许用户直接访问表或查询数据表，因为用户非常有可能会删除表的有价值信息，或在表中输入不正确的数据。窗体为管理数据库数据的完整性提供了很有帮助的工具。因为窗体可以包含 VBA 代码或宏，所以可以预先验证数据输入或确认删除。而且，当用户使用 Tab 键在控件中移动时，设计合理的窗体可以显示一些消息，帮助用户理解需要什么样的数据，这样就不必对用户进行大量培训。窗体还可以提供默认值，或根据用户输入的数据或者从数据库表检索的数据执行计算。

一般来说，窗体可以完成的操作是显示和编辑数据、控制应用程序的流程、接收输入、显示信息。创建窗体的类型有许多种，下面就来介绍一种最为简单和实用的分割窗体。

分割窗体可以同时提供数据的两种视图，即窗体视图和数据表视图，这两种视图连接到同一数据源，并且总是保持相互同步。如果在窗体的一个部分中选择了一个字段，则会在窗体的另一部分中选择相同的字段。

使用分割窗体可以在一个窗体中同时利用两种窗体类型的优势。例如，可以使用窗体的数据表部分快速定位记录，然后使用窗体部分查看或编辑记录。

24.1.1 创建新窗体

与 Access 开发的其他许多方面一样，也可通过以下两种方法向应用程序添加新窗体。

方法一： 选择一个数据源(例如一个表)，然后在功能区的"创建"选项卡中单击"窗体"按钮。要基于一个表创建窗体，具体的操作步骤如下。

01 在导航窗格中选择表。

02 切换到功能区中的"创建"选项卡。

03 单击"窗体"组中的"窗体"按钮，如图 24-1 所示。Access 会创建一个包含表的所有字段的新窗体，并在布局视图中进行显示，如图 24-2 所示。布局视图允许在更改窗体控件布局的同时看到窗体的数据。

新窗体是在布局视图下打开的，并且已经填充了控件，每个控件绑定到底层数据源中的一个字段。在布局视图下可以清晰地看到控件之间的相对位置，但不能调整控件的大小或在窗体上四处移动控件。要重新排列窗体上的控件，可右击窗体的标题栏，在弹出的快捷菜单中选择"设计视图"命令。

图 24-1

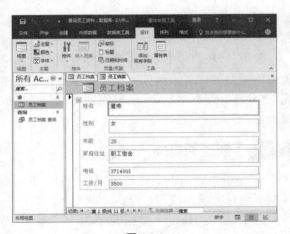

图 24-2

"窗体"组中的"窗体设计"按钮基本上完成与"窗体"按钮相同的操作，但不会向窗体的设计界面添加控件，并且窗体是在设计视图下打开的。当创建的新窗体可能不会用到底层数据源的所有字段，并且想要从一开始就更细致地控制控件的位置时，"窗体设计"按钮最有用。

类似地，"空白窗体"按钮会在布局视图下打开一个新的空白窗体。用户可以使用字段列表向窗体表面添加控件，但是基本上不能控制控件的位置。在快速构建对绑定控件的位置没有精确要求的窗体时，"空白窗体"按钮最有用。短时间内就可以生成一个新的空白窗体。

方法二：使用"窗体向导"对话框完成指定新窗体的数据源和其他细节的过程。使用"窗体"组中的"窗体向导"命令，可在向导的引导下创建一个窗体。"窗体向导"以直观方式提出一系列关于想要创建什么样的窗体的问题，然后自动创建窗体。"窗体向导"允许选择在窗体上使用哪些字段、窗体布局("纵栏表"、"表格"、"数据表"、"两端对齐")和窗体标题，具体的操作方法如下。

01 在导航窗格中选择表。

02 切换到功能区中的"创建"选项卡。

03 在"窗体"组中单击圖(窗体向导)按钮，如图 24-3 所示。弹出"窗体向导"对话框，如图 24-4 所示。在该对话框中可以向"可用字段"和"选定字段"列表框中添加字段或移除字段，

该向导最初填充了选定表中的字段，但可以使用字段选择区域上方的"表/查询"下拉列表选择其他的表或查询。

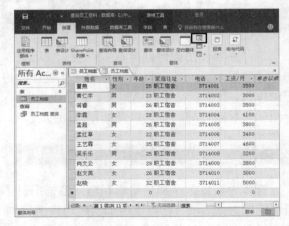

图 24-3

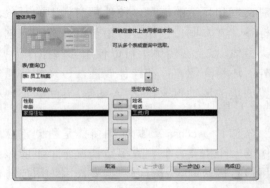

图 24-4

04 单击"下一步"按钮，进入如图 24-5 所示的界面，在该界面中可以指定整体窗口的布局。

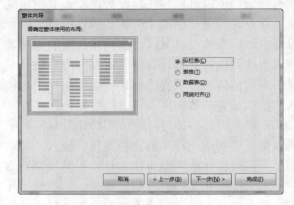

图 24-5

05 单击"下一步"按钮，进入如图 24-6 所

示的界面,进入向导的最后一个窗口,这里可以输入新窗体的名称。

图 24-6

06 单击"完成"按钮,即可完成根据窗体向导完成窗体的建立。

24.1.2 创建导航窗体

Access 2016 引入了一种全新窗体,专门用作用户的导航工具。导航窗体包括几个标签,可以让用户立即访问按照窗体/子窗体形式排列的任意数量的其他窗体。功能区的"导航"按钮提供了多个标签位置选项(如图 24-7 所示)。默认选项为"水平标签"。

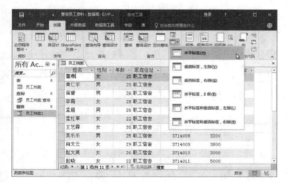

图 24-7

在"导航"下拉列表中选择一个标签位置会在设计视图下打开一个新的导航窗体(如图 24-8 所示)。这个新窗体在顶部包含一行标签,标签下方是用于嵌入子窗体的大片区域。可在标签中直接输入标签的名称(例如"姓名"),也可以通过标签的"性别"属性添加。输入标签的名称后,Access 会在当前标签的右侧添加一个新的空白标签。

图 24-8

在图 24-8 所示中,选择导航窗体模板时选中了"水平标签"选项,并且将标签命名为"姓名",这会生成一个新的"新增"标签。在图 24-9 所示中可以看到其他一些选项("垂直标签,左侧"、"垂直标签、右侧"等)。

图 24-9

"姓名"标签的"属性表"(如图 24-10 所示)包含一个"导航目标名称"属性,用于指定使用哪个 Access 窗体作为该标签的子窗体。从"导航目标名称"属性的下拉列表中选择一个窗体,Access 将自动创建与子窗体的关联。

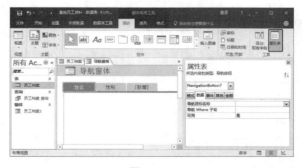

图 24-10

24.1.3 创建多项目窗体

单击"创建"选项卡的"窗体"组中的 回·(其他窗体)按钮，然后在弹出的下拉列表中选择"多个项目"选项，可以基于在导航窗格中选择的表或查询创建一个表格式窗体。表格式窗体与数据表十分类似，但比普通的数据表美观得多。

因为表格式窗体实际上还是 Access 窗体，所以可以把窗体上默认的文本框控件转换为组合框、列表框和其他高级控件。表格式窗体一次可以显示多条记录，所以在查看或更新多条记录时十分有用。要基于一个表创建多项目窗体，具体操作步骤如下。

01 在导航窗格中选择表。

02 在功能区中切换到"创建"选项卡。

03 单击"窗体"组中的 回·(其他窗体)按钮，然后在弹出的下拉菜单中选择"多个项目"命令，Access 基于在步骤 1 中选定的表创建一个新的多项目窗体，并在布局视图中进行显示(如图 24-11 所示)。

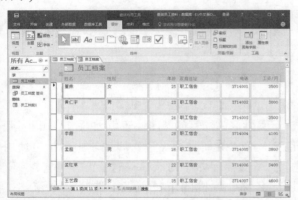

图 24-11

24.1.4 创建分割窗体

单击"创建"选项卡的"窗体"组中的 回·(其他窗体)按钮，然后在弹出的下拉菜单中选择"分割窗体"命令，可以基于在导航窗格中选择的表或查询创建一个分割窗体。分割窗体功能可以同时呈现数据的两种视图，并允许在下半部分的数据表中选择记录，在上半部分的窗体中编辑信息。

要基于一个表创建分割窗体，可执行的操作

步骤如下。

01 在导航窗格中选择表。

02 在功能区中切换到"创建"选项卡。

03 单击"窗体"组中的 回·(其他窗体)按钮，然后在弹出的下拉菜单中选择"分割窗体"命令，Access 将基于在步骤 1 中选择的表创建一个新的分割窗体，并在布局视图下显示，如图 24-12 所示。调整窗体大小，并使用两部分中间的拆分条使得下半部分完全可见。

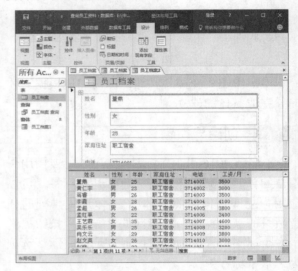

图 24-12

"分割窗体方向"属性(位于窗体属性表的"格式"选项卡上)决定了数据表是显示在窗体区域的上方、下方、左侧或右侧。默认值如图 24-12 所示，即数据表区域位于下方。

24.1.5 创建数据表窗体

单击"创建"选项卡的"窗体"组中的 回·(其他窗体)按钮，然后在弹出的下拉菜单中选择"数据表"命令，可以创建一个看上去与表或查询的数据表类似的窗体。当想以行列格式查看数据，同时还想限制哪些字段会显示并可编辑时，数据表窗体特别有用。

要基于一个表创建数据表窗体，可执行的操作步骤如下。

01 在导航窗格中选择表。

02 在功能区中切换到"创建"选项卡。

03 单击"窗体"组中的▦·(其他窗体)按钮，然后在弹出的下拉菜单中选择"数据表"命令。通过从"开始"选项卡的"视图"组中的"视图"下拉菜单中选择"数据表视图"命令，可将创建的任何窗体作为数据表查看。默认的情况下，打开数据表窗口时，将在数据表视图中显示。

24.1.6 保存窗体

任何时候都可以通过单击"快速访问工具栏"中的"保存"按钮保存窗体。如果 Access 要求为窗体输入名称，则为它取一个意义明确的名称(例如 frmProducts、frmCLrstomers、frmProductList)。指定窗体名称后，下一次单击"保存"按钮时 Access 就不会提示输入名称。

当进行改动后关闭窗体时，Access 会询问是否保存更改。如果不保存，那么打开窗体(或者最后一次单击"保存"按钮)之后所做的所有更改都会丢失。如果对修改结果感到满意，工作时应该经常保存窗体。

24.2 报表

报表在数据库应用程序中占有重要地位。许多从没有亲自使用过 Access 应用程序的人会使用 Access 创建的报表。数据库项目的许多维护工作就是在创建新报表和增强现有的报表。Access 的报表设计功能十分强大，这一点广为人知。

报表提供了查看和打印汇总信息的最灵活方法。报表使用所希望的细节程度显示信息，同时允许许多不同的格式查看或打印信息。用户可以在报表中添加多级汇总、统计数据比较信息以及图片和图形。

Access 作为一种办公软件，优点之一便是它的简便、易用性，在创建报表时也是如此。虽然它提供了报表设置图来设计报表，但这是个很复杂的过程，需要了解数据库的一些详细情况，以及报表设计视图的使用方法。

24.2.1 创建基本报表

用户之所以创建报表，是因为想要以不同于窗体或数据表显示的方式查看数据。报表的目的是将原始数据转换成有意义的信息集。创建报表的具体操作步骤如下。

01 打开或创建一个新的数据表，如图24-13所示。单击"创建"选项卡的"报表"组中的▦(报表)按钮。

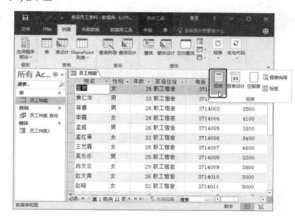

图 24-13

02 即可创建一个基本的报表窗口，如图24-14所示。

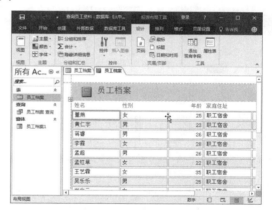

图 24-14

24.2.2 使用报表向导创建报表

Access 能够创建几乎任何类型的报表。然而，一些报表比其他报表更容易创建，在使用"报表向导"作为起点时尤其如此。与窗体向导一样，报表向导为报表提供一个基本布局，然后用户可以进行自定义。

报表向导通过提出一系列关于要创建的报表的问题，简化了控件的布局。

使用报表向导创建报表的方法也相当简单，其具体操作步骤如下。

01 选择需要创建报表的数据表，如图 24-15 所示。单击"创建"选项卡的"报表"组中的"报表向导"按钮，如图 24-16 所示。

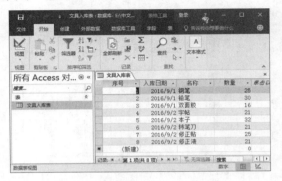

图 21-15

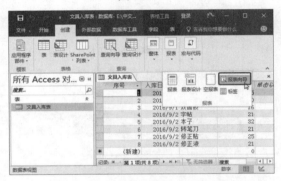

图 21-16

02 弹出"报表向导"对话框，如图 24-17 所示。

图 24-17

03 在"报表向导"对话框中可以将"可用字段"列表框中的选项指定到"选定字段"列表框中，如图 24-18 所示。指定完成后，单击"下一步"按钮。

图 24-18

04 进入如图 24-19 所示的向导对话框中，在此可以设置选项的优先级，单击"下一步"按钮。

图 24-19

05 进入如图 24-20 所示的向导对话框中，设置升序的字段，单击"下一步"按钮。

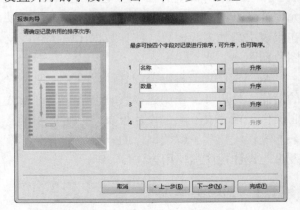

图 24-20

06 进入如图 24-21 所示的向导对话框中，选择报表的布局，单击"下一步"按钮。

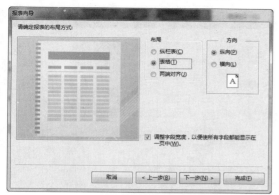

图 24-21

07 进入如图 24-22 所示的向导对话框中，选中"预览报表"单选按钮，单击"完成"按钮。

图 24-22

08 可以看到，此时已进入打印预览窗口，如图 24-23 所示。然后单击"关闭预览"组中的 ⊠ (关闭打印预览)按钮。

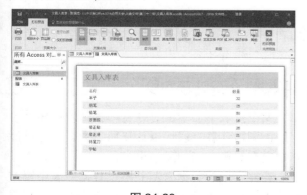

图 24-23

09 退出打印预览后进入报表窗口，如图 24-24 所示。

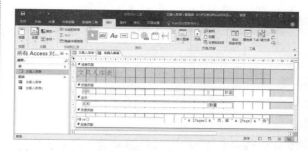

图 24-24

24.2.3 创建空报表

创建空报表的具体操作步骤如下。

01 创建或使用前面制作的工作表，选择"创建"选项卡的"报表"组中的 □(空报表)按钮，如图 24-25 所示。

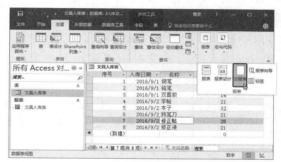

图 24-25

02 新建一个空报表，在右侧显示"字段列表"窗格，如图 24-26 所示。

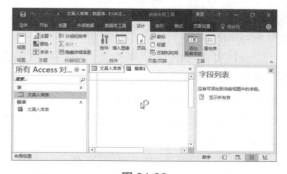

图 24-26

03 在右侧的"字段列表"窗格中双击需要添加的字段数据，即可在报表窗口中得以添加，如图 24-27 所示。

图 24-27

24.3 设计报表

使用 Access 可自动生成报表或根据"报表向导"创建报表，但有它的局限性。用户可以使用设计视图设计出符合自己要求的报表。

24.3.1 格式化报表

格式化报表包括移动控件、对齐控件、改变控件大小/颜色和文本的颜色。

移动控件。在创建窗体和报表时，通常要做的第一件事就是将控件在窗体或报表中重新定位，可以使用鼠标拖曳控件来移动其位置。

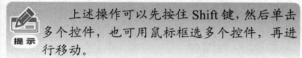

提示　上述操作可以先按住 Shift 键，然后单击多个控件，也可用鼠标框选多个控件，再进行移动。

对齐控件。选择要对齐的控件右击，在弹出的快捷菜单中选择"对齐"命令，在弹出的子菜单中选择合适的对齐方式，即可将一组控件按指定的方式对齐，如图 24-28 所示。也可以切换到"排列"选项卡，从中设置大小、排列和对齐，如图 24-29 所示。

改变控件大小。选择要改变大小的控件后右击，在弹出的快捷菜单中选择"大小"命令，在弹出的子菜单中选择相关命令，即可调整控件的大小。也可以切换到"排列"选项卡，从中设置大小。

改变控件的颜色。每一类控件都有其相应的一组颜色方案，例如，有的颜色用于控件的背景，有的颜色用于控件中的文本。此外，大多数控件都有一个边框，边框可以有多种效果。

在选择控件后，切换到"格式"选项卡，通

过使用控件格式中的 🖌(形状填充)和 🖉(形状轮廓)可改变控件的背景颜色和边框颜色。

图 24-28

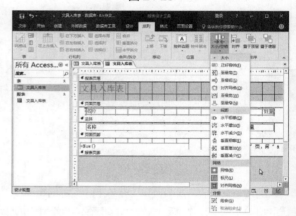

图 24-29

改变文本的颜色，需要先选中文本，然后切换到"格式"选项卡，在"字体"组中通过设置字体颜色即可改变文本颜色。

24.3.2 创建计算字段

要在报表中显示汇总数据，就必须创建计算字段，利用计算字段可以计算所需数据，并且能够把它在计算空间中显示出来。

计算字段的数据来源并不是数据库表中直接存放的数据，而是表达式。表达式可以直接使用表或查询中存放的数据，在控件中具有"控件来源"属性的控件一般都可以作为一个计算控件来使用。

创建计算字段的具体操作步骤如下。

01 首先创建一个工作表，如图 24-30 所示。

图 24-30

02 为工作表设置一个报表，切换到"报表布局工具"|"设计"选项卡，单击"视图"组中的"视图"按钮，在弹出的下拉列表中选择 (设计视图)选项，如图 24-31 所示。

图 24-31

03 切换到"报表设计工具"|"设计"选项卡，单击"控件"组中的 abl (文本框)按钮，如图 24-32 所示。

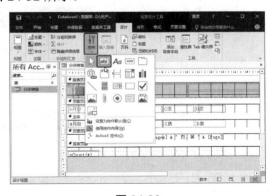

图 24-32

04 在报表的"主体"节中单击放置该控件，从中选择 Text 字段，按 Delete 键将其删除，如图 24-33 所示。

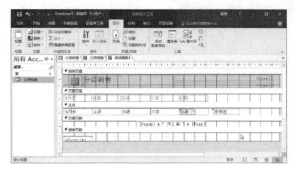

图 24-33

05 调整添加的文本框的位置，并在文本框中输入"总计数量"，如图 24-34 所示。

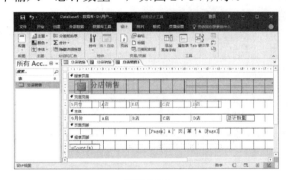

图 24-34

06 接着右击文本框，在弹出的快捷菜单中选择"报表属性"命令，如图 24-35 所示。

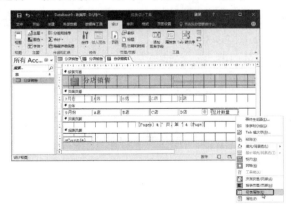

图 24-35

07 打开"属性表"窗格，选择"未绑定"文本框，然后在"属性表"窗格中选择"全部"

选项卡，从中单击"控件来源"后的[…]按钮，如图 24-36 所示。

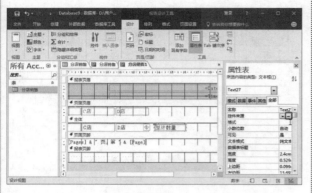

图 24-36

08 弹出"表达式生成器"对话框，如图 24-37 所示。

图 24-37

09 在"表达式生成器"对话框中输入表达式"A 店+B 店+ C 店+ D 店"，单击"确定"按钮，如图 24-38 所示。

图 24-38

10 返回到设计窗口，如图 24-39 所示。

图 24-39

11 切换到"报表设计工具"|"设计"选项卡，单击"视图"组中的"视图"按钮，在弹出的下拉菜单中选择 ■(布局视图)命令，结果如图 24-40 所示。

图 24-40

12 调整一下报表，完成后的报表如图 24-41 所示。

图 24-41

24.4 导入、导出数据

在 Access 2016 中不仅可以导入或导出其他类型的文件，还可以将一个 Access 数据库中的对象导出到另一个 Access 数据库中。本节将介绍数据的导入和导出方法。

24.4.1 导入数据

导入就是对 Access 或者其他格式的数据文件做一个备份，然后把它存放到 Access 的数据库中。

Access 可以导入很多种类型的数据文件，例如 dBaseIV、Paradox、HTML、Excel、Exchange、Outlook 文件等。

下面介绍如何导入 Excel 数据文件，具体的操作步骤如下。

01 运行 Access 应用程序，新建一个空白数据库，如图 24-42 所示。单击"外部数据"选项卡的"导入并链接"组中的 (Excel)按钮。

图 24-42

02 弹出"获取外部数据-Excel 电子表格"对话框，如图 24-43 所示。

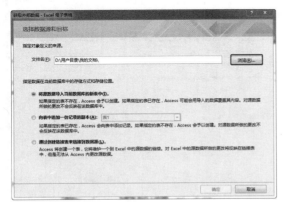

图 24-43

03 单击"指定对象定义的来源"中的"文件名"右侧的"浏览"按钮，在弹出的"打开"

对话框中选择一个前面章节中制作的 Excel 数据即可，如图 24-44 所示。单击"打开"按钮。

图 24-44

04 指定文件后的路径如图 24-45 所示。单击"确定"按钮。

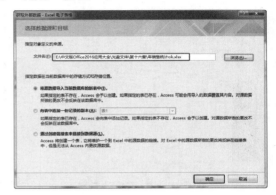

图 24-45

05 进入"导入数据表向导"对话框，选中"显示工作表"单选按钮，如图 24-46 所示。单击"下一步"按钮。

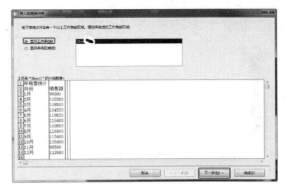

图 24-46

06 进入如图 24-47 所示的向导对话框中，

选中"第一行包含列标题"复选框，设置字段选项，单击"下一步"按钮。

拉列表中选择"年销售统计"选项。

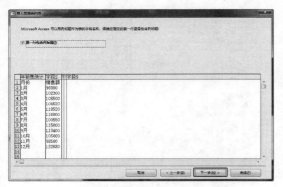

图 24-47

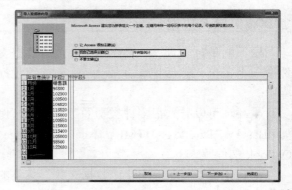

图 24-50

07 进入如图 24-48 所示的向导对话框中，依照默认设置，单击"下一步"按钮。

10 进入如图 24-51 所示的向导对话框中，为导入的数据命名，这里使用默认即可，单击"完成"按钮。

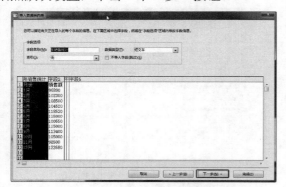

图 24-48

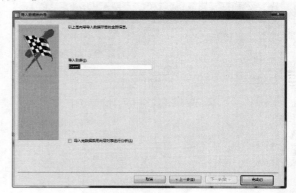

图 24-51

08 进入如图 24-49 所示的向导对话框中，依照默认设置，单击"下一步"按钮。

11 弹出如图 24-52 所示的对话框，直接单击"关闭"按钮即可。

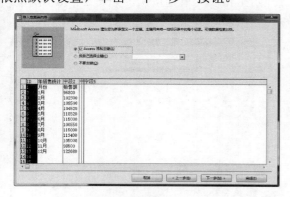

图 24-49

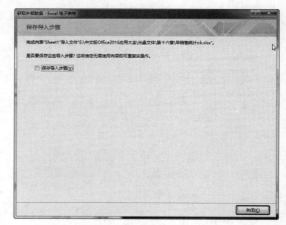

09 进入如图 24-50 所示的向导对话框中，选中"我自己选择主键"单选按钮，在右侧的下

图 24-52

12 导入的数据如图 24-53 所示。

图 24-53

用户可以根据向导导入其他格式的文件，这里就不详细介绍了。

24.4.2 导出数据

导出是把 Access 数据库中的数据做一个备份，并把这个备份传送到其他格式的文件中。

Access 数据库中的数据可以导出到数据库、电子表格、文本文件和其他应用程序中，当然，也可以把一个 Access 数据库中的对象导出到另一个 Access 数据库中。

如图 24-54 所示为选择导出 Excel 文件的"导出-Excel 电子表格"对话框。

图 24-54

如图 24-55 所示为导出文本文件的"导出-文本文件"对话框。

根据"导出"向导对话框的提示即可导出需要的文件。

图 24-55

24.5 打印报表

打印报表的具体操作步骤如下。

01 设置完成一个销售记录报表，如图 24-56 所示。

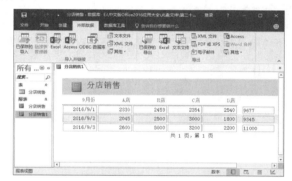

图 24-56

02 单击"开始"选项卡的"视图"组中的"视图"按钮，在弹出的下拉菜单中选择（打印预览)命令，如图 24-57 所示。

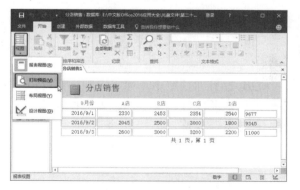

图 24-57

03 进入打印预览视图，如图 24-58 所示。

图 24-58

04 在"打印预览"选项卡中选择页面的布局类型、显示比例页面大小，如图 24-59 所示。设置页面的"横向"布局方式。

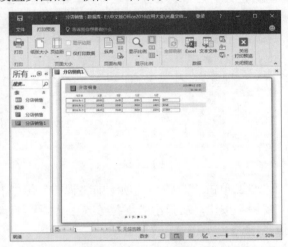

图 24-59

05 为页面设置一个较宽的页边距，如图 24-60 所示。

06 在打印预览中，如果出现如图 24-61 所示的效果，关闭打印预览，必须切换到"设计视图"对其进行调整。

07 在设计视图中调整文本框位置，如图 24-62 所示。

08 在设计视图中调整好报表后，继续打印预览看一下效果，如图 24-63 所示。如果对打印

预览的效果不满意可以继续返回到设计视图中进行调整。

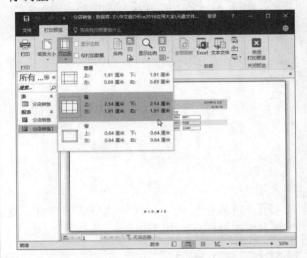

图 24-60

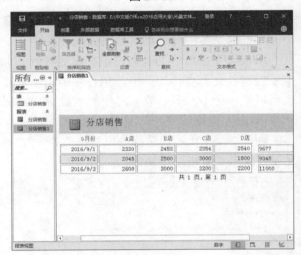

图 24-61

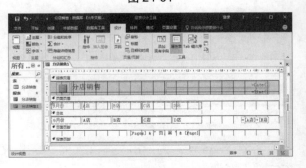

图 24-62

09 单击🖶(打印)按钮，通过向导设置，即可对当前预览的表进行打印输出。

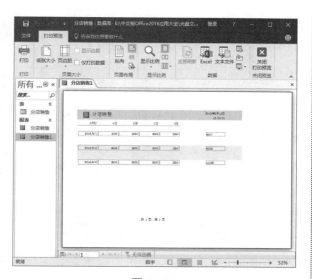

图 24-63

24.6 典型案例 1——导入茶叶销售数据并创建报表

利用导入数据来介绍如何创建简单的报表，具体的操作步骤如下。

01 运行 Access 应用程序，新建一个空白数据库，如图 24-64 所示。切换到"表格工具"|"外部数据"选项卡，单击"导入并链接"组中的 📊 (Excel) 按钮。

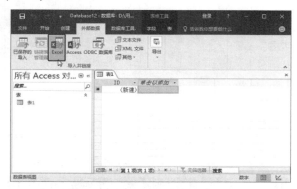

图 24-64

02 弹出"获取外部数据-Excel 电子表格"对话框，如图 24-65 所示。单击"指定对象定义的来源"下的"文件名"右侧的"浏览"按钮。

03 在弹出的"打开"对话框中选择前面章节中制作的茶叶数据 Excel 文件，如图 24-66 所示，单击"打开"按钮。

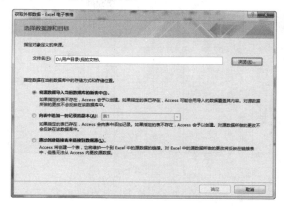

图 24-65

图 24-66

04 在"获取外部数据-Excel 电子表格"对话框中单击"确定"按钮，如图 24-67 所示。

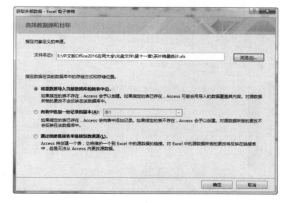

图 24-67

05 进入如图 24-68 所示的向导对话框中，选中"第一行包含列标题"复选框，单击"下一步"按钮。

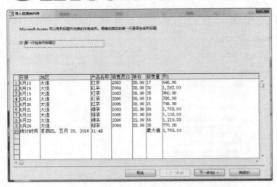

图 24-68

06 进入如图 24-69 所示的向导对话框中，依照默认设置，单击"下一步"按钮。

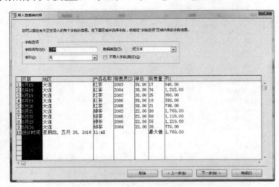

图 24-69

07 进入如图 24-70 所示的向导对话框中，选中"让 Access 添加主键"单选按钮，单击"下一步"按钮。

图 24-70

08 进入如图 24-71 所示的向导对话框中，命名导入的表，单击"完成"按钮。

09 弹出如图 24-72 所示的对话框，从中单击"关闭"按钮。

图 24-71

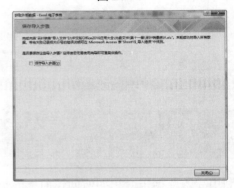

图 24-72

10 此时，导入到 Access 中的 Excel 数据如图 24-73 所示。

图 24-73

11 单击"表格工具"|"创建"选项卡的"报表"组中的(报表)按钮，如图 24-74 所示。

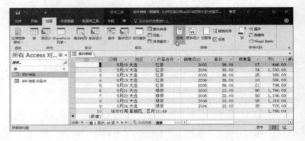

图 24-74

12 创建的报表如图 24-75 所示。

图 24-75

13 此时可以进入设计视图中，调整页面为横向，并调整一下数据和格式，如图 24-76 所示。

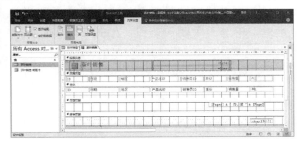

图 24-76

14 调整之后看一下打印预览窗口，效果如图 24-77 所示。

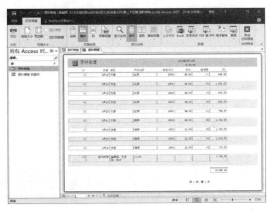

图 24-77

24.7 典型案例2——创建家用电器销售报表计算字段

在报表中创建家用电器销量报表计算的具体操作步骤如下。

01 新建一个空白数据库，然后单击"表格工具"|"外部数据"选项卡的"导入并链接"组中的 (Excel)按钮，弹出"获取外部数据-Excel电子表格"对话框，如图 24-78 所示。单击"指定对象定义的来源"下的"文件名"右侧的"浏览"按钮。

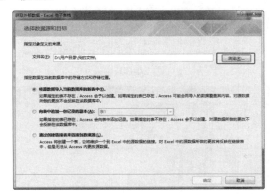

图 24-78

02 弹出"打开"对话框，从中选择前面章节中的家用电器销售统计 Excel 文件，如图 24-79 所示，单击"打开"按钮。

图 24-79

03 打开数据后，在"获取外部数据-Excel电子表格"对话框中单击"确定"按钮，如图 24-80所示。

04 进入如图 24-81 所示的向导对话框中，选中"第一行包含标题"复选框，单击"下一步"按钮。如图 24-81 所示。

05 在如图 24-82 所示的向导对话框中，单击"下一步"按钮。

06 进入如图 24-83 所示的向导对话框中，选中"让 Access 添加主键"单选按钮，单击"下一步"按钮。

图 24-80

图 24-81

图 24-82

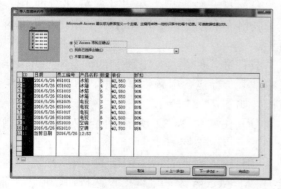

图 24-83

07 进入如图 24-84 所示的向导对话框中，命名导入的表名称，单击"完成"按钮。

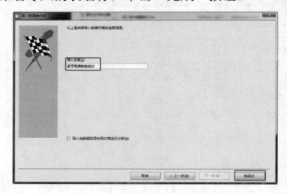

图 24-84

08 进入"获取外部数据-Excel 电子表格"对话框，单击"关闭"按钮，如图 24-85 所示。

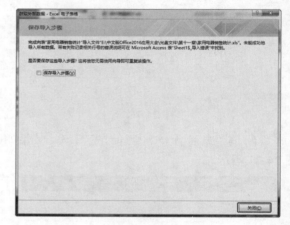

图 24-85

09 将 Excel 数据导入到 Access 中，单击"开始"选项卡的"视图"组中的"视图"按钮，在弹出的下拉菜单中选择"设计视图"命令，如图 24-86 所示。

图 24-86

10 进入设计视图,设置数据的"数据类型",如图 24-87 所示。

图 24-87

11 接着在设计视图中设置 ID 为"主键",如图 24-88 所示。

图 24-88

12 在"表格工具"|"字段"选项卡的"视图"组中单击"视图"按钮,在弹出的下拉菜单中选择"数据表视图"命令,返回到视图中,在"创建"选项卡的"报表"组中单击"报表"按钮,如图 24-89 所示。

13 创建报表后,在"报表布局工具"|"页面设置"选项卡的"页面布局"组中单击"横向"按钮,设置页面为横向,如图 24-90 所示。

14 进入设计视图后,调整一下单元格的高度,如图 24-91 所示。

图 24-89

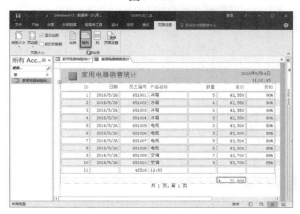

图 24-90

图 24-91

15 切换到"设计"选项卡,在"控件"组中单击 ab (文本框)按钮,在报表中"页面页眉"中绘制文本框如图 24-92 所示。

16 在设计视图中选择 Text 文本框,并按 Delete 键删除,可以在新建的文本框中输入"统计价格",如图 24-93 所示。

17 使用同样的方法,在"主体"中绘制文本框,删除 Text 文本框,在主体上新建的空白文本框上右击,在弹出的快捷菜单中选择"报表属性"命令，如图 24-94 所示。

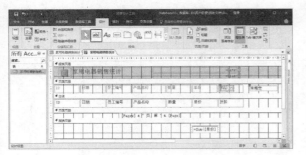

图 24-92

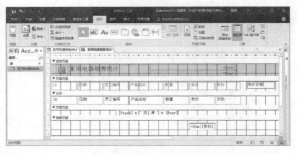

图 24-93

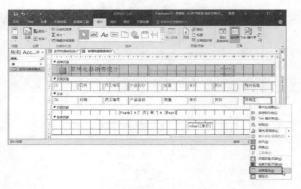

图 24-94

18 在显示的"属性表"窗格中单击"控件来源"后的 ⋯ 按钮，如图 24-95 所示。

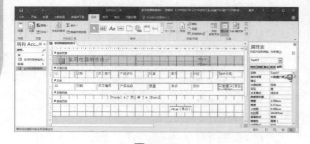

图 24-95

19 弹出"表达式生成器"对话框，如图 24-96

所示。

20 在该对话框的上边的文本框中输入表达式"数量*单价*折扣"，单击"确定"按钮，如图 24-97 所示。

图 24-96

图 24-97

21 单击"设计"选项卡的"视图"组中的"视图"按钮，在弹出的下拉列表中选择"报表视图"选项，如图 24-98 所示。

图 24-98

22 此时弹出如图 24-99 所示的"输入参数值"对话框，在"统计价格"文本框中输入"统计价格值"，单击"确定"按钮。

图 24-99

23 完成的统计报表如图 24-100 所示。

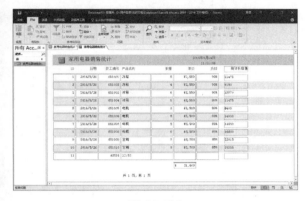

图 24-100

24.8　本章小结

　　本章简单介绍了窗体，详细介绍了报表的创建和设计，同时还介绍了如何导入和导出 Access 数据，以及如何打印报表等内容。

　　通过对本章的学习，用户可以学会如何创建窗体和报表，学会设置报表和打印报表，以及导入到数据库中其他文件的数据和导出 Access 数据等操作。

Outlook

篇

Outlook 是 Microsoft Office 套装软件的组件之一，它对 Windows 自带的 Outlook Express 的功能进行了扩充。Outlook 的功能很多，可以用它来收发电子邮件、管理联系人信息、记日记、安排日程和分配任务。

使用邮件

本章主要讲解 Outlook 的基础知识，如创建 Outlook 账户、发送和接收邮件、查看与处理邮件的基本操作。

在使用 Outlook 发送和接收电子邮件之前，必须至少设置一个电子邮件账户，并为 Outlook 提供连接到在线电子邮件账户所需的信息。然后，就可以撰写、发送和接收邮件。Outlook 为创建和管理邮件提供了强大的工具，也允许自定义处理邮件的方式。本章将介绍在 Outlook 中执行这些操作的基本知识。

25.1　创建 Outlook 账户

设置电子邮件账户后，才能使用 Outlook 发送和接收电子邮件。在 Outlook 中可以设置多个账户，每个账户的设置步骤都是相同的，账户设置由两个步骤组成。

首先，必须在服务器或 ISP 上设置账户。这个过程是在 Outlook 外部完成的。如果是工作中用到的账户，IT 人员很可能已经为用户设置了账户，并提供必要的信息，如电子邮件地址、登录名和密码。如果要设置家用或小型商务账户，可能需要自行完成这个过程。设置的具体细节取决于 ISP，在此过程中需要指定访问凭据。

其次，必须在 Outlook 中设置账户。这个过程为 Outlook 提供连接到电子邮件服务器以及收发邮件所需的信息，例如电子邮件地址、登录名、用户名和密码。如果是工作账户，可能 IT 管理员已经为用户设置好了 Outlook，此时可以跳过本节。如果必须自己配置，那么至少需要提供登录名和密码，可能还需要知道组织或 ISP 的电子邮件服务器的地址。看上去与网页地址十分相似，类似于 mail.hosting.com。有些邮件账户需要两个地址，一个用于接收邮件，另一个用于发送邮件。

Outlook 支持几种不同类型的电子邮件账户，包括 Microsoft Exchange Server 账户。当账户类型不同时，例如使用 Exchange 账户、Web 账户(例如 Outlook.com 或 Gmail)或其他某种 Outlook 支持的账户类型(POP 和 IMAP)，设置账户的过程也不同。

Outlook 可自动配置一些电子邮件账户，这项功能称为"自动账户设置"。部分 POP、IMAP\Exchange Server 或 Web 账户可以利用这种功能。许多情况下，要使用自动的电子邮件账户设置功能必须提供电子邮件地址和密码(如果公司服务器被设置为使用自动账户设置，甚至可能不需要这些信息)。具体的操作步骤如下。

01 如果用户刚刚安装完 Outlook 应用程序，没有设置过任何的邮件账户，会启动欢迎界面，如图 25-1 所示。单击"下一步"按钮。

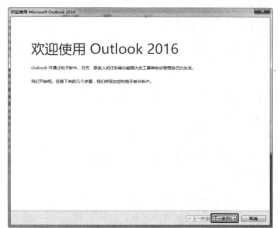

图 25-1

 如果不是初次启动，可以选择"文件"|"信息"命令，然后单击"添加帐户"按钮，打开"添加帐户"对话框。

02 进入如图 25-2 所示的对话框中，使用默认的"是"选项，单击"下一步"按钮。

03 进入如图 25-3 所示的对话框中，选中"手动设置或其他服务器类型"单选按钮，单击"下一步"按钮。

04 进入如图 25-4 所示的对话框中，选中"POP 或 IMAP"单选按钮，如图 25-4 所示。

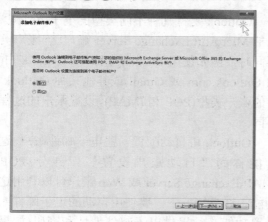

图 25-2

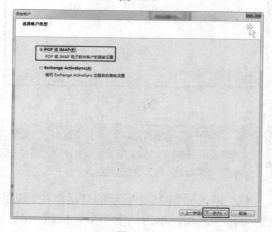

图 25-3

图 25-4

这里我们介绍使用Outlook绑定腾讯的邮箱，必须进入腾讯邮箱，从中选择"设置"|"账户"选项，并从中开启"POP3/SMTP服务"，开启服务之后，系统会自动显示一个授权码，如图25-5

所示。将该授权码作为"登录信息"中的"密码"即可。

图 25-5

05 在 Outlook 中填写添加账户的信息，如图 25-6 所示。填写信息后，单击"其他设置"按钮。

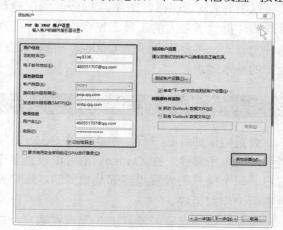

图 25-6

06 在弹出的"Internet 电子邮件设置"对话框中切换到"发送服务器"选项卡，从中选中如图 25-7 所示的选项。

图 25-7

07 切换到"高级"选项卡，从中设置如图 25-8 所示的选项参数。

图 25-8

08 返回到如图 25-6 所示的对话框，从中单击"下一步"按钮，测试账户，如图 25-9 所示。

图 25-9

09 测试完成后单击"关闭"按钮，返回到设置账户对话框，单击"完成"按钮，即可进入到 Outlook 应用程序中，如图 25-10 所示。

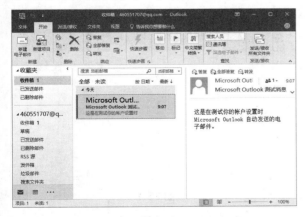

图 25-10

更改账户设置的步骤与最初设置账户的步骤类似。选择"文件"|"信息"命令，然后单击"账户设置"按钮。确保显示"电子邮件"选项卡，如图 25-11 所示。选择要更改的账户(只有存在多个账户时才有必要这么做)，然后单击"更改"按钮。最后可能需要在一个或多个对话框中查看并更改该账户的设置。具体设置取决于账户类型，这里就不详细介绍了。

图 25-11

25.2 撰写和发送邮件

Outlook 的电子邮件功能十分全面，并且很复杂。在强大的功能之下，最基本的任务是撰写、发送和阅读邮件。本节讨论撰写和发送电子邮件的基础知识。

25.2.1 快速撰写和发送

Outlook 在创建和设置电子邮件格式方面非常灵活。然而，通常要做的只是快速创建和发送基本邮件。具体的操作步骤如下。

01 在"开始"选项卡中，单击"新建"组中的"新建电子邮件"按钮，创建一个新的空白电子邮件。此时将显示新邮件，如图 25-12 所示。

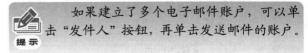
> 如果建立了多个电子邮件账户，可以单击"发件人"按钮，再单击发送邮件的账户。

02 在"收件人"字段中输入收件人的地址，或者单击"收件人"按钮，从通讯簿中选择收件单，单击"确定"按钮。

03 在"主题"字段中输入邮件主题。

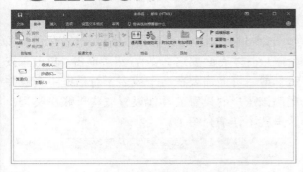

图 25-12

04 在邮件窗口的正文区域输入邮件正文。

05 单击"发送"按钮即可。

单击"发送"按钮发送电子邮件时，Outlook 会将邮件放到"发件箱"中。"发件箱"是在导航窗格中显示的邮件文件夹之一，默认为折叠状态。根据连接状态和 Outlook 选项设置，邮件可能会立即发送到电子邮件提供商，也可能等到联机或执行预定的发送/接收操作时再发送。无论对于哪种情况，只要邮件被发送出去，它就会从"发件箱"文件夹中删除，并在"已发送邮件"文件夹中保存一个副本(除非设置了不保存已发送邮件的副本)。

基本步骤就是这样。选择 Outlook 的"发送"和"接收"选项，邮件可能会被立即发送，也可能会放到"发件箱"中，在下次执行"发送"或"接收"时再发送。

也可以不使用默认设置创建新电子邮件，方法是单击"新建"组中的"新建项目"按钮，指向"使用电子邮件"，然后在其子菜单中执行以下一种操作。

◎ 要创建基于信纸的邮件，可选择"其他信纸"，从全部可用的信纸中进行选择。

◎ 要使用不同于默认格式的格式(HTML、RTF 或纯文本)创建邮件，只需选择相应的格式。

25.2.2 邮件地址选项

一封电子邮件可以有多个收件人，每个收件人可以是以下 3 种类型中的一种。

◎ 收件人。邮件的主要收件人。每封邮件

通常在"收件人"字段中至少有一个收件人。

◎ 抄送。通常在某个人需要知道邮件内容，但他又不是主要收件人(即不需要回复或采取行动)时使用。邮件的所有收件人都可以看到"抄送"列表中有哪些人。

◎ 密件抄送。类似于"抄送"，但是"密件抄送"收件人的姓名和电子邮件地址对其他收件人是不可见的。

> **提示** 默认情况下，电子邮件窗口不显示带有其他地址信息的"密件抄送"字段，只显示"收件人"和"抄送"字段。如果想要显示"密件抄送"字段，可单击邮件窗口顶部的"选项"选项卡，然后单击"显示字段"组中的"密件抄送"按钮。

25.2.3 更改答复地址

默认情况下，所发送的每封电子邮件中的答复地址都是在设置电子邮件账户(在设置了多个账户时，就是在邮件窗口中使用"发件人"按钮选择的账户)时指定的答复地址。有时，可能想让答复邮件发送到不同的电子邮件地址。为此，具体的操作步骤如下。

01 在邮件窗口中，单击功能区的"选项"选项卡的"其他选项"组中的"发送答复至"按钮，如图 25-13 所示。Outlook 将弹出"属性"对话框。

图 25-13

02 在"传递选项"选项组中，确保选中"将答复发送给"复选框，如图 25-14 所示。

03 在右侧的文本框中输入目标答复地址，

或者单击"选择姓名"按钮，从通讯簿中做出选择。

04 单击"关闭"按钮即可。

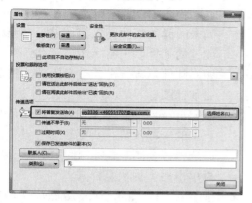

图 25-14

25.2.4 发送附件

附件是随电子邮件一起发送的文件。当收件人收到邮件时，可将附件保存到磁盘上并打开。附件是传递文档的一种很有用的方式，无论是将孩子的照片发给其他家庭成员，还是将 Word 文档发给同事审阅。

关于附件，首先需要注意的是文件大小。大多数电子邮件账户都对每封电子邮件的附件大小进行限制。不同账户施加的限制也不一样，但10MB 的限制十分常见。即使用户的账户允许发送较大的附件，收件人的账户也有可能阻止接收它们。

另外，需要注意的一点与安全性有关。某些类型的文件可能携带病毒，或以其他方式损害计算机。Outlook 和其他电子邮件客户端程序会根据文件扩展名(表明文件的类型)阻止可能有害的附件。例如，可执行程序文件使用.exe 扩展名，Outlook 会阻止它们。

解决这两个问题的一种方法是使用文件存档工具将文件压缩为 ZIP 或其他存档格式。压缩不仅可以减少文件大小，而且有可能发送原本会被接收端(根据接收端的电子邮件程序上的设置，或ISP 和公司电子邮件服务器上的设置)阻止的某些类型的文件。

什么样的文件可作为附件发送和接收？任何图像文件都可以，包括扩展名为.jpg、.gif、.png和.tif 的文件。另外，还有文本文件(扩展名为.txt)、XML 文件(扩展名为.xml)、PDF 文件以及大多数 Microsoft Office 文档，如 Word(扩展名为.doc 和 .docx)、 Excel(扩展名为.xls 和 .xlsx)和 PowerPoint(扩展名为.ppt 和.pptx)。ZIP 压缩文件(扩展名为.zip)也没有问题。

撰写电子邮件时，添加附件的具体操作步骤如下。

01 如有必要，在邮件窗口中单击"开始"选项卡的"新建"组中的"新建电子邮件"按钮，新建一个空的电子邮件。

02 单击"插入"选项卡的"添加"组中的"附加文件"按钮，弹出如图 25-15 所示的下拉菜单，单击"浏览此电脑"按钮。

图 25-15

03 弹出"插入文件"对话框，从中选择需要附加的文件或文件夹，如图 25-16 所示。单击"插入"按钮。

04 插入附件后就可以完成邮件的创建，如图 25-17 所示。输入收件人和主题，即可发送该带有附件的邮件。

附加一个或多个文件后，邮件会在标题中显示"附件"栏。该栏中会列出附件文件及其大小。如果改变了主意，不想附加某个文件，可在"附件"框中单击其名称，然后按 Delete 键。

图 25-16

图 25-17

 注意　除非账户设置为立即收发邮件，否则 Outlook 的默认设置是：在程序启动时使用所有账户发送和接收邮件，然后每 30 分钟进行一次发送和接收操作。如果想手动发送或接收邮件，可在"发送/接收"选项卡的"发送/接收"组中单击"发送/接收所有邮件"按钮或者按 F9 键。

25.3　阅读和答复邮件

默认情况下，Outlook 会将收到的电子邮件放在"收件箱"文件夹中，如图 25-18 所示。并根据接收日期和时间进行存储。要查看默认折叠的"导航窗格"，可以单击屏幕左边折叠窗格顶部的箭头按钮(展开"导航夹窗格")。根据电子邮件账户的类型，邮件可能显示在"Outlook 数据文件"的"收件箱"文件夹中。对于其他账户类型，Outlook 会创建一组单独的本地文件夹，该账户的电子邮件地址下的"收件箱"文件夹会接收发送过的邮件。未读邮件数在"收件箱"文件夹名旁边显示为蓝色。在中间窗格的邮件列表中，邮件

默认按收到的时间和日期排序。可以看到，发件人、主题、接收时间和日期以及邮件大小都会列出来。同时还要注意以下几点。

- ◎ 尚未阅读的邮件会以粗体显示，已经阅读过的邮件以正常字体显示。
- ◎ 如果邮件包含一个或多个附件，将显示曲别针图标。
- ◎ 在 Outlook 中，邮件列表默认显示邮件正文的一行预览。要更改这个设置，可以选择"视图 | 排列 | 邮件预览"选项，再单击另一种预览样式。
- ◎ 基于安全的原因，大多数图片默认为不能下载。如果信任邮件的发件人，则单击"单击这里"会下载图片邮件，并显示隐藏的图片。

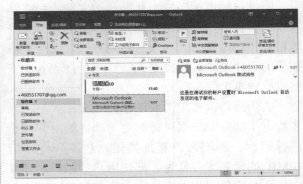

图 25-18

25.3.1　阅读邮件

要阅读邮件，可在"邮件列表"中单击它。默认情况下邮件会在右侧的"阅读窗格"中打开，如图 25-19 所示。

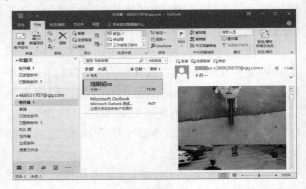

图 25-19

也可以双击邮件，在单独的窗口中将其打开。

可将邮件从"收件箱"移到其他文件夹中。在管理收到的电子邮件时，这种操作很有用。移动一个打开的邮件的基本操作步骤如下。

01 单击"开始"选项卡的"移动"组中的"移动"按钮，在弹出的下拉菜单中选择"其他文件夹"命令，如图 25-20 所示。

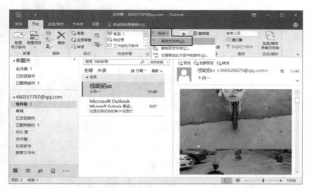

图 25-20

02 Outlook 将弹出"移动项目"对话框，如图 25-21 所示。

图 25-21

03 单击目标文件夹。或者也可以创建一个新文件夹，方法是单击"新建"按钮。后面将给出创建新文件夹的详细信息。

04 单击"确定"按钮，邮件将被关闭，并移到指定的文件夹。

25.3.2 答复和转发邮件

答复和转发邮件是使用 Outlook 时可以对邮件执行的两个十分有用的操作。在独立的邮件窗口中打开邮件后，在"开始"选项卡的"相应"组中找到相应的 5 个按钮，如图 25-22 所示。

图 25-22

◎ 答复：创建新邮件，以发送给最初向你发送邮件的人。默认情况下，新邮件包含完整的原邮件，而且新邮件的主题为"答复："，后面是原邮件的主题。

◎ 全部答复：与"答复"类似，只是新邮件也会发送给原邮件的"收件人"和"抄送"字段中的其他所有收件人。

◎ 转发：创建新的、没有收件人地址的邮件。新邮件将引用整个原邮件，包括随原邮件一起发送的附件，并且主题为"转发："，后面是原邮件的主题。

◎ 会议：会创建一个响应邮件，该邮件也是一个会议邀请函。可以指定会议的开始时间和结束时间，以及其他信息。

◎ 其他：单击该按钮后，再单击"作为附件转发"按钮，会创建一个新邮件，其中把完整的原邮件包含为一个附件，而不显示在邮件正文中。

现在，就可以编辑新邮件了。可在邮件正文中添加自己的文本、添加或删除收件人(转发时必须添加至少一个收件人)、添加附件等。完成后单击"发送"按钮。

可以单击"阅读窗格"顶部的"答复"、"全部答复"或"转发"。Outlook 的新联机答复功能允许在"阅读窗格"中输入邮件答复的内容，如图 25-23 所示。输入邮件的内容，单击"发送"

按钮。如果要在单独的窗口中打开邮件，可单击"阅读窗格"顶部的"弹出"按钮，如果要取消邮件，就单击"取消"按钮完成后，单击"发送"按钮，发送邮件。

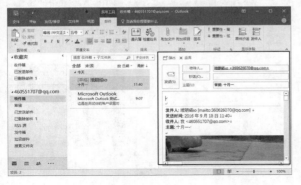

图 25-23

发送答复邮件后，邮件列表中的邮件预览会显示一个信封图标和一个箭头，表示已经恢复了邮件。在"阅读窗格"中，邮件标题现在还包含发送答复邮件的时间，以进行跟踪。

25.4 接收邮件

接收邮件的具体操作步骤如下。

01 链接 Internet，切换到"发送/接收"选项卡，单击(发送/接收所有文件夹)按钮，如图 25-24 所示。

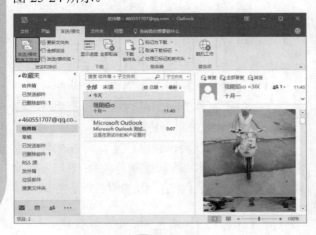

图 25-24

02 如果用户有多个账户，则在单击(发送/接收所有文件夹)后，Outlook 会一次接收各个账号下的邮件，如图 25-25 所示，该按钮与刷新差不多，可以刷新出刚刚收到且没有显示的邮件。

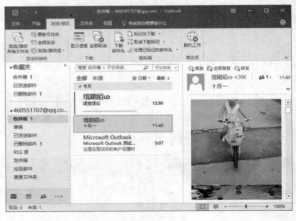

图 25-25

如果只想接收某一个账户下的邮件，选择选择"发送/接收"选项卡，在"发送和接收"组中单击(发送/接收组)按钮，在弹出的下拉菜单中选择相应的账号，如图 25-26 所示。

图 25-26

25.5 删除邮件

当删除某个文件夹或 Outlook 项目时，并不会立即删除它。相反，它会进入"已删除邮件"文件夹。这是一项安全功能，允许用户在意外删除后可以找回误删的内容。可按正常方式删除项目(选中它们并按 Delete 键)，也可以通过将项目拖动到"已删除邮件"文件夹来删除它们。

> **提示** 如果项目尚未被永久删除，即它仍然存在于"已删除邮件"文件夹中，就可以通过将其移回原来所在的文件夹(或者同类型的其他文件夹)来撤销删除。

从"已删除邮件"文件夹删除项目时，它就

彻底被删掉了。大多数人喜欢通过选中一个或多个项目，然后按 Delete 键，手动删除此文件夹中的项目。要删除"已删除邮件"文件夹中的所有项目，可单击"文件 | 信息 | 工具"按钮，在弹出的下拉列表中选择"清空已删除项目文件夹"选项，如图 25-27 所示。也可将 Outlook 设置为在每次退出时自动清空"已删除邮件"文件夹，具体的操作步骤如下。

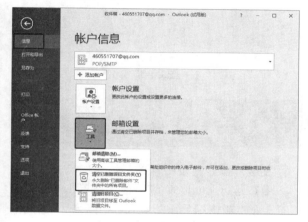

图 25-27

01 选择"文件 | 选项"命令，如图 25-28 所示。

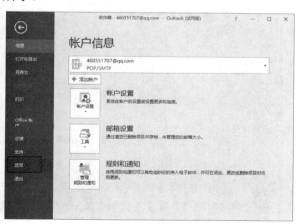

图 25-28

02 弹出"Outlook 选项"对话框，在左侧的列表框中选择"高级"选项。

03 在"Outlook 启动和退出"选项组中选中"退出 Outlook 时清空'已删除邮件'文件夹"复选框，单击"确定"按钮，如图 25-29 所示。

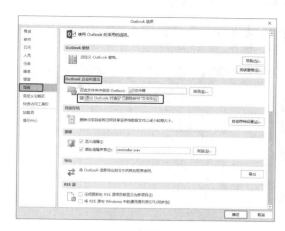

图 25-29

25.6 典型案例 1——使用 Outlook 发送邮件

使用 Outlook 发送邮件的具体操作步骤如下。

01 运行 Outlook 应用程序，单击"开始"选项卡的"新建"组中的 ⬚(新建电子邮件)按钮，如图 25-30 所示。

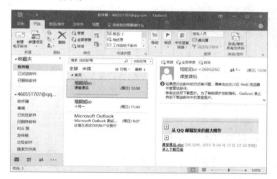

图 25-30

02 弹出新的邮件窗口，如图 25-31 所示。

图 25-31

03 从中输入"收件人"、"抄送"和"主题",如图 25-32 所示。

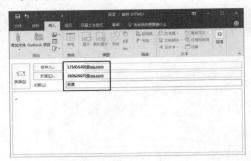

图 25-32

04 单击"插入"选项卡的"添加"组中的"附加文件"按钮,在弹出的下拉菜单中选择"浏览此电脑"命令,如图 25-33 所示。

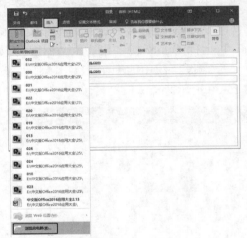

图 25-33

05 在弹出的对话框中选择合适的文件,单击"插入"按钮,插入附件;单击"发送"按钮,即可发送该邮件,如图 25-34 所示。

图 25-34

06 发送邮件后,可以在"已发送邮件"中看到,如图 25-35 所示。

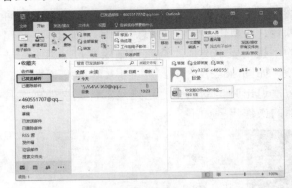

图 25-35

25.7 典型案例 2——发送草稿邮件并删除邮件

发送草稿和转发邮件的具体操作步骤如下。

01 运行 Outlook 应用程序,单击"开始"选项卡的"新建"组中的 ▭ (新建电子邮件)按钮,如图 25-36 所示。

图 25-36

02 在弹出的新建邮件窗口中,输入"收件人"和"主题",并输入邮件内容,如图 25-37 所示。

03 如果当前邮件不确定发送,可以单击窗口右上角的"关闭"按钮,在弹出的对话框中单击"是"按钮,将邮件存储为草稿,如图 25-38 所示。

04 转到 Outlook 窗口,选择"草稿"选项,可以看到关闭的草稿邮件。用户可以在该草稿中双击，打开邮件对其进行编辑，也可以单击"发送"按钮，将编辑后的邮件进行发送，如图25-39所示。

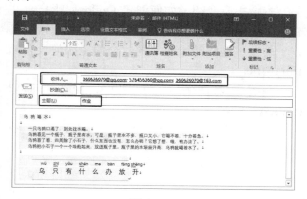

图 25-37

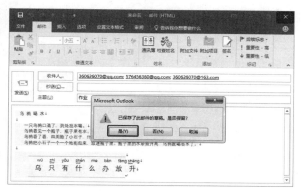

图 25-38

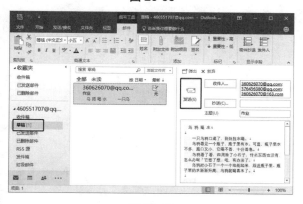

图 25-39

05 在"已发送邮件"文件夹中可以看到发送出去的草稿，如图25-40所示。

06 用户可以将已发送的邮件进行删除。直接选择需要删除的邮件，按 Delete 键，删除邮件，如图25-41所示。

07 删除邮件之后，在"已删除邮件"文件夹中可以看到删除的邮件，如图25-42所示。

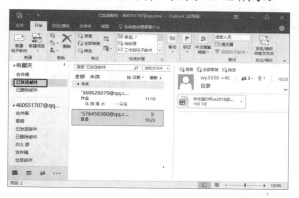

图 25-40

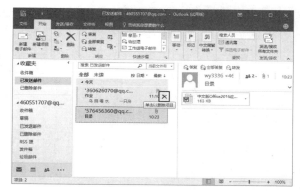

图 25-41

图 25-42

08 关闭 Outlook 应用程序时，弹出如图25-43所示的提示框。由于在25.5节中选中了"退出 Outlook 时清空'已删除邮件'文件夹"复选框，所以在退出之后将会清空"已删除邮件"文件夹中的邮件，这里就不详细介绍了。

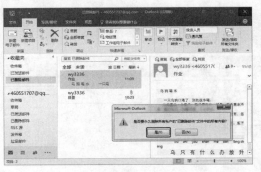

图 25-43

25.8 本章小结

　　本章主要介绍了如何创建 Outlook 账户，并介绍了如何使用 Outlook 发送、接收、阅读、答复、转发、删除等操作，同时介绍了如何设置邮件的信纸。

　　通过对本章的学习，用户可以学会使用 Outlook 操作邮件。

第26章 管理日常工作

本章将介绍使用 Outlook 进行日常生活的安排和管理，其主要介绍如何使用日历、联系人、任务、日记和便笺。

26.1 日历

Outlook 的日历可以帮助用户将工作日程安排得井井有条，有效地提高工作效率。在日历中，用户可以安排约会和策划会议，还可以在用户设置的时间自动显示提示信息，以保证用户不会耽误工作。

要显示日历，可单击 Outlook 底部导航条的▦(日历)按钮。日历默认显示在"月份"视图中，稍后将介绍更多视图。文件夹窗格的上方有一个显示当前月份和下个月的小日历，称为"日期选择区"。这个小日历有几项有用的功能，如图26-1所示。

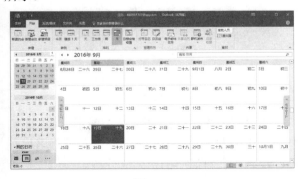

图 26-1

下面描述了这些功能。

◎ 当天的日期用框圈住。

◎ 今天的日期会显示在方框中。

◎ 大的"日历"视图中显示的天数会在小日历中突出显示。

◎ 安排了至少一个约会的日期用粗体显示。

◎ 单击"年"和"月"左右两边的箭头可以移动到上一个或下一个月份，"日历"

视图会相应更新(也可单击当前月份的左右箭头，或者单击主日历顶部的其他时间段，显示以前或以后的日期)。

◎ 可单击任意一天来相应更改"日历"视图。

"文件夹窗格"包含"我的日历"日历组，它有一个用于 Outlook 数据文件的日历、其他每个邮件账户也都有一个日历。使用所列出的日历复选框可以确定显示哪些日历，以便使用它们。开始添加约会时，确保在"文件夹窗格"中选择需要的日历。另外，在主日历窗口中，多个日历会并排显示。每个日历上方的选项卡表示日历用于哪个账户，单击所需日历的选项卡，就可以选择该日历。

26.1.1 日历的基本操作

显示日历后，可以选择查看单独的一天(默认值)、一个工作周、一周或一整月。在"周"视图中，可选择查看整周或是工作周(星期一至星期五)。在"月"视图中，可将显示信息的详细程度设置为低、中或高。使用"日程安排"视图便于查找两个日历之间的空闲时间，避免日程安排冲突。要选择视图，可使用"视图"选项卡或"开始"选项卡的"排列"组中的选项。在日历上方，Outlook 不但显示日期或日期范围，还显示用于前后翻动日历的按钮，这些按钮按照日历上方显示的单位(天、周或月)前后翻动日历，如图26-2所示。

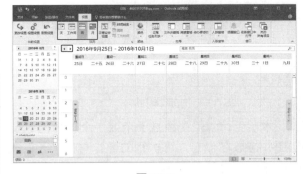

图 26-2

显示单独一天的日历，如图26-3所示。窗口的左边列出了一天的时间，每个约会分别显示在为它们分配的时间区段中。使用滚动条可看到不同的时间。窗口顶端显示当天的全天事件。

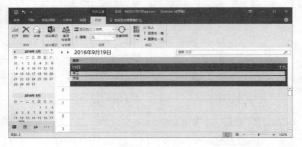

图 26-3

单击一个约会可以选中它，此时该约会将显示一个黑色边框，其上边框和下边框各有一个控制手柄(框)。

此时可执行如下操作：

◎ 指向该约会，并将其拖动到其他时间区段。

◎ 制定黑色边框顶部或底部中间的控制手柄，通过拖动改变约会的开始或结束时间。

如果双击一个约会，可打开它并进行编辑。

日历的"工作周"视图，如图 26-4 所示。也可以选择"周"视图来显示完整的一周。

图 26-4

本质上，"周"视图是 5 个或 7 个单独的"天"视图并排放在一起，可执行的操作与在"天"视图中相同。另外，可将约会拖动到不同的天中。

如果想要查看选定约会的详细信息，可显示"阅读"窗格，如图 26-5 所示。当日历本身十分拥挤，无法显示每个约会的这些详细信息时，这个功能十分有用。要切换"阅读"窗格的开关状态，可切换到"视图"选项卡，单击"布局"组

中的"阅读窗格"按钮，然后单击想要的位置。单击"关闭"按钮会隐藏"阅读"窗格，这是默认设置。

图 26-5

"月"视图显示整个月的约会，如图 26-6 所示。每天的约会按顺序显示，但不显示详细的时间信息。如果某一天包含全天事件，其左边有一个白条。如果某一天有多个约会，以至于无法完全显示，就会出现一个向下的小箭头。单击该箭头将打开"天"视图，从中可以查看该天所有的约会。

图 26-6

"日程安排"视图如图 26-7 所示。将当前打开的日历沿着水平时间线布置，以便比较各时间段，找到所有日历中的空闲时间段。

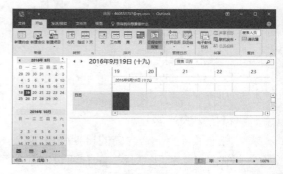

图 26-7

26.1.2 约会

约会是在日历中限定时间的活动，这种活动在日常安排上占用时间不会超过 24 小时，并且不需要邀请其他人出席。

在使用约会时，Outlook 的"待办事项栏"十分有用。要显示"待办事项栏"，可单击"视图"选项卡的"布局"组中的"待办事项栏"按钮，在弹出的下拉菜单中选择需要的事项，如图 26-8 所示。

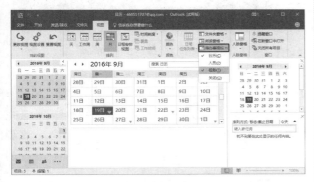

图 26-8

"待办事项栏"中显示了 3 个项目。

◎ 日历约会列表，这是在窗格的日历中被单击日期的约会列表。

◎ 一个首选联系人列表和搜索联系人的文本框。

◎ 任务列表，任务与日历并不直接相关。

可控制"待办事项栏"中显示的内容：前面列表中的一个、两个或所有项目。要更改"待办事项栏"的显示方式，可选择"视图"|"布局"|"待办事项栏"，然后在如图 26-8 所示的下拉菜单中选择或取消各个项目(日历、人员和任务)。

在 Outlook 中，不必在"日历"中查看未来某天的约会，而可使用在导航条中显示一个弹出的日历，单击一个日期进行预览。要在"日历"的外部使用这个功能，把鼠标指针移到导航条的"日历"上，再在弹出的日历中单击需要的日期。如图 26-9 所示，该天的所有约会都会列在日历的下面。把鼠标指针移出弹出的日历，就可以将其关闭。

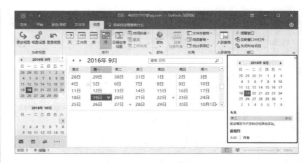

图 26-9

Outlook 的约会非常简单，可以利用 Outlook 的工具为约会添加各种功能和选项。创建约会的具体操作步骤如下。

01 启动 Outlook 应用程序，单击"开始"选项卡的"新建"组中的"新建项目"按钮，在弹出的下拉菜单中选择"约会"命令，如图 26-10 所示。

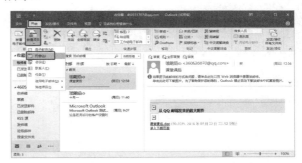

图 26-10

02 弹出一个"约会"窗口，如图 26-11 所示。

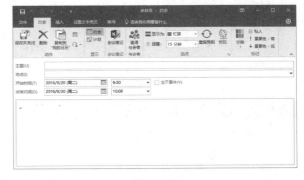

图 26-11

03 在该窗口中需要输入约会主题，主题是约会的标题，并且会显示在"日历"中。

04 输入约会地点。如果单击"地点"字段旁边的箭头，Outlook 会显示以前使用过的地点列表，可以从中选择一个地点。否则，可直接在字段中输入地点。如果有足够的空间，地点将和约会主题一同显示在日历中。

05 如有必要，单击所显示的日期右侧的下三角按钮，从 Outlook 显示的日历中选择日期，调整开始日期和结束日期。

06 如果约会是全天事件，确保选中"全天事件"复选框。全天事件会将一天或多天标记为"忙"，但是没有指定的开始时间和结束时间。

07 如果约会不是全天事件，取消选中"全天事件"复选框。Outlook 将启用开始和结束时间字段。如果双击"月"视图中的日期，则只有清除该复选框才能更改约会的时间。

08 要选中开始或结束时间，单击右侧的下三角按钮，从弹出的下拉列表中进行选择，如图 26-12 所示。

图 26-12

09 在"约会"窗口提供的字段中输入所需的备注消息。

10 在功能区的"约会"选项卡的"动作"组中单击"保存并关闭"按钮，即可添加约会，如图 26-13 所示。

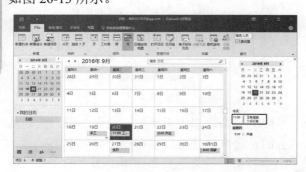

图 26-13

26.1.3 安排会议

"日历"中的"会议安排"功能可以帮助用户快速安排会议，"安排会议"将显示会议所涉及的人员和资源的闲/忙时间，这样对确定会议的时间是十分方便的。

要安排会议，具体的操作步骤如下。

01 启动 Outlook 应用程序，在"导航窗格"中单击"日历"按钮，如图 26-14 所示。

图 26-14

02 在打开的"日历"界面中选择下午 14点。切换到"开始"选项卡的"新建"组中，单击"新建会议"按钮，如图 26-15 所示。

图 26-15

03 单击"新建会议"按钮后，即可打开"会议"窗口，如图 26-16 所示。

04 在"收件人"文本框中输入参加会议人员的邮件地址，然后输入"主题"和"地点"，如图 26-17 所示。

05 输入完成后，单击"发送"按钮，将会议邀请发送出去。当会议约定时间到达提前提醒时间，会弹出如图 26-18 所示的提示框。

图 26-16

图 26-17

图 26-18

26.1.4 取消会议

取消会议的具体操作步骤如下。

01 单击 Outlook "导航窗格"中的"日历"按钮,打开"日历"界面。

02 双击要取消的会议,打开"会议"窗口。

03 切换到"会议"选项卡,在"动作"组中单击 (取消会议)按钮,如图 26-19 所示。用户可以根据需要发送取消通知。

图 26-19

当取消会议但并不发送取消通知时,关闭"会议"窗口会弹出一个提示框,如图 26-20 所示。用户可以根据情况在提示框中选择任意一项,然后单击"确定"按钮即可。

图 26-20

26.2 联系人

Outlook 的联系人功能并不只是一个通讯簿。它提供了一些功能强大的工具,不仅可以保存商业和私人联系人的信息,还可以查找和使用这些信息。

Outlook 的联系人功能是其最强大的功能之一。本质上,该功能仅是一个通讯簿,这个通讯簿做得太出色了!它可以完成管理姓名、地址和电话号码等基本操作,但这并不是它的全部。很多人主要使用"联系人"功能来存储电子邮件地址,以便发送电子邮件。这是一种重要的用途,但如果只用到这个方面,就有些大材小用了。例如,Outlook 的"联系人"功能还能实现以下操作。

◎ 创建电子名片，这样就可以通过电子邮件发送自己或其他人的联系信息。

◎ 存储某个人的多个电话号码、电子邮件地址和邮寄地址。

◎ 自动执行邮件合并，向部分或全部联系人发送邮件。

◎ 在联系人信息中存储其照片。

◎ 通过自定义字段，在联系人信息中存储任何需要的信息。

◎ 通过 Lync 或 Skype 通信。

◎ 在地图上查看联系人地址。

理解了 Outlook 联系人的所有强大功能后，就可以根据需要选择使用多个或少量功能。

单击 Outlook 底部的导航条中的"联系人"，并在左边展开"文件夹窗格"时(如果它是折叠的，就单击顶部的"展开文件夹窗格"箭头按钮)，窗格会显示可用的通讯簿列表，它们组合在"我的联系人"下。如果有多个通讯簿，它们都会显示在这里。

默认情况下，联系人在"人员"视图下显示，如图 26-21 所示。单击"视图"选项卡的"当前视图"组中的"更改视图"按钮，可选择"联系人"窗口中的信息以哪种方式显示。在此有"人员""名片""卡片""电话"和"列表"5 个选项供选择。

图 26-21

26.2.1 创建联系人

默认情况下，通讯簿将不包含分支。随着联系人数量的增加，可能会发现用一种便于查找和使用的方式来定义一些组，以管理联系人十分有用。

添加联系人的具体操作步骤如下。

01 启动 Outlook 应用程序，在窗口左侧单击 按钮，进入联系人界面(见图 26-21)。

02 单击"开始"选项卡的"新建"组中的"新建联系人"按钮，弹出如图 26-22 所示的窗口。

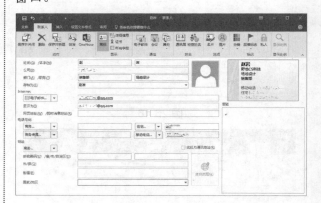

图 26-22

03 输入完成后，在"联系人"选项卡的"动作"组中单击 (保存并关闭)按钮，保存联系人信息，如图 26-23 所示。使用同样的方法，用户可以添加其他联系人。

图 26-23

26.2.2 查看联系人信息

在 Outlook 中，用户可以随便查看联系人的信息。查看联系人信息的具体操作步骤如下。

01 启动 Outlook 应用程序，在"导航窗格"中单击"联系人"按钮，进入联系人界面。

02 在联系人界面中，联系人以名片的形式显示所有联系人的信息，如果要修改联系人的显示形式，可以切换到"开始"选项卡的"当前视图"组中，从中选择一种显示方式，如图 23-24 所示。

图 26-24

03 这里我们选择了以"名片"方式显示联系人，如图 26-25 所示。

图 26-25

04 如果需要查看联系人的信息，在联系人所在的位置双击，即可查看该联系人的信息，如图 26-26 所示。

图 26-26

26.2.3　删除联系人

要删除联系人的具体操作步骤如下。

01 启动 Outlook 应用程序，单击"导航窗格"中的"联系人"按钮，打开联系人界面。

02 选择要删除的联系人，切换到"开始"选项卡的"删除"组中，从中单击✕(删除)按钮即可。

　　删除联系人后不会删除与该联系人的有互动邮件以及会议和约会内容。

26.2.4　查找联系人

如果联系人过多，用户可以通过 Outlook 自带的"查找联系人"功能来自动查找，具体操作步骤如下。

01 将鼠标定位到"搜索联系人"文本框中，在该文本框中输入需要查找联系人的信息，如图 26-27 所示。系统将会显示搜索提示。

图 26-27

02 按 Enter 键确定，查找搜索的结果将显示在新窗口中，如图 26-28 所示。

图 26-28

另一种方法是通过"高级查找"查找联系人，具体的操作步骤如下。

01 将鼠标指针定位到"搜索联系人"文本框中，如图 26-29 所示。

02 显示并切换到"搜索工具"|"搜索"选项卡的"选项"组中，从中单击∦(搜索工具)按钮，在弹出的下拉菜单中选择"高级查找"命令，如图 26-30 所示。

03 弹出"高级查找"对话框，如图 26-31

所示。

图 26-29

图 26-30

图 26-31

04 在"查找文字"文本框中输入查找内容，单击"立即查找"按钮，即可查找出该字段的联系人。

26.2.5 编辑联系人的名片

用户在打印或者发送联系人名片之前，可以对名片的显示内容和形式进行设置。编辑联系人的名片，其具体操作步骤如下。

01 启动 Outlook 应用程序，选择"导航窗格"中的"联系人"，在界面中选择要进行编辑的联系人，如图 26-32 所示。

02 双击需要设置名片的联系人，打开"联系人"界面，从中单击"联系人"选项卡的"选项"组中的(名片)按钮，如图 26-33 所示。

图 26-32

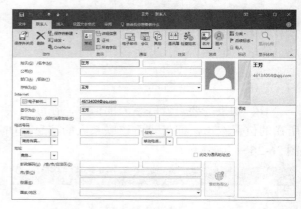

图 26-33

03 弹出"编辑名片"对话框，如图 26-34 所示。

图 26-34

04 单击"卡片设计"选项组中的按钮，弹出"颜色"对话框，从中选择合适的背景颜色，如图 26-35 所示。

图 26-35

05 设置背景后，预览框中显示效果如图 26-36 所示。

图 26-36

06 用户还可以在"编辑名片"对话框中设置背景图像和 **A**(字体颜色)，如图 26-37 所示。

图 26-37

07 设置名片后，单击(保存并关闭)按钮，可以看到设置的名片，如图 26-38 所示。

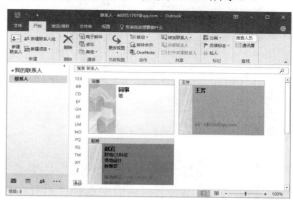

图 26-38

26.3 任务

任务是一项属于个人或工作上的责任与实务，且在完成过程中要对其进行跟踪，用户一次只能向任务列表中添加一项定期任务。

26.3.1 创建任务

要创建任务，其具体操作步骤如下。

01 启动 Outlook 应用程序，在"导航窗格"中单击"任务"按钮，打开"任务"界面，如图 26-39 所示。

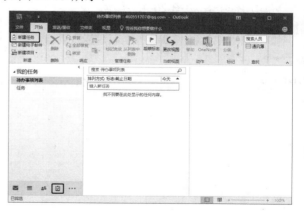

图 26-39

02 在"开始"选项卡的"新建"组中单击(新建任务)按钮，在弹出的"任务"窗口中输入任务的内容，在"开始日期"和"截止日期"下拉列表中选择任务时间，如图 26-40 所示。

图 26-40

03 在"任务"中，单击"状态"右侧的下三角按钮，在弹出的下拉列表中选择"进行中"选项，如图 26-41 所示。

图 26-41

04 设置完成后，单击"保存并关闭"按钮，即可添加任务，如图 26-42 所示。

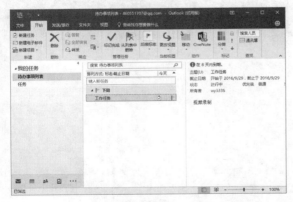

图 26-42

26.3.2　打开任务

打开任务的具体操作步骤如下。

01 首先打开"任务"界面。

02 在"任务"界面的任务列表中选择要打开的任务，然后双击鼠标，即可打开任务。

26.3.3　删除任务

删除任务的具体操作步骤如下。

01 首先打开"任务"界面。

02 在"任务"界面的任务列表中选择要删除的任务，切换到"开始"选项卡的"删除"组中，从中单击✕(删除)按钮，即可将选中的任务删除。

26.3.4　分配任务

在 Outlook 中，用户可以根据需要将任务分配给下属完成。分配任务的具体操作步骤如下。

01 打开"任务"界面，选择一个任务，右击，在弹出的快捷菜单中选择"分配任务"命令，如图 26-43 所示。

图 26-43

02 弹出如图 26-44 所示的界面。

图 26-44

03 单击"收件人"按钮，弹出"选择任务收件人：联系人"对话框，如图 26-45 所示。

图 26-45

04 双击需要接受任务的收件人，即可添加，如图 26-46 所示。然后单击"确定"按钮。

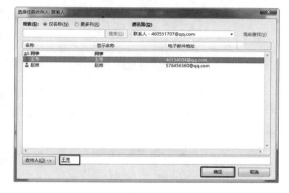

图 26-46

05 添加收件人后，单击 📧(发送)按钮，将会弹出一个对话框，依照默认设置，单击"确定"按钮，即可发送邮件给收件人。

26.4 日记

日记可以记录重要联系人的交流活动、重要的项目或文件，以及记录所有类型的活动等。

26.4.1 创建日记条目

创建日记条目的操作步骤如下。

01 启动 Outlook 应用程序，单击"导航窗格"中的…(省略号)按钮，弹出下拉菜单，从中选择"文件夹"命令，如图 26-47 所示。

02 在窗口的左侧将显示出一些项目列表，

如图 26-48 所示。

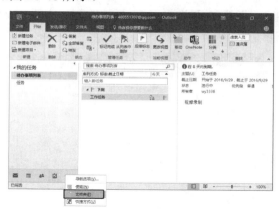

图 26-47

图 26-48

03 在项目列表中选择"日记"选项，如图 26-49 所示。

图 26-49

04 切换到"开始"选项卡的"新建"组中，单击 📖(日记条目)按钮，弹出"日记条目"界面，从中输入"主题"和"条目类型",并输入日记的内容,单击 (保存并关闭)按钮即可,如图 26-50 所示。

图 26-50

26.4.2　打开日记条目

打开日记条目的具体操作步骤如下。

01 单击"导航窗格"中的…(省略号)按钮,弹出下拉菜单,从中选择"文件夹"命令,在左侧的项目列表中选择"日记"选项。

02 弹出"日记"界面,在界面中选择要查看的日记条目,双击要打开的日记条目,即可打开该日记条目。

26.5　便笺

便笺可记下问题、想法、提醒及任何要写在便笺上的内容。工作时,可让便笺在屏幕上呈打开状态,以便随时使用。当然,Outlook 可自动保存对便笺所做的更改。

26.5.1　创建便笺

创建便笺的具体操作步骤如下。

01 单击"导航窗格"中的…(省略号)按钮,弹出下拉菜单,从中选择"文件夹"命令,在左侧的项目列表中选择"便笺"选项,如图 26-51 所示。切换到"开始"选项卡的"新建"组中,单击 (新建便笺)按钮。

02 选择新建便笺后,即可弹出"便笺"窗口,输入内容,如图 26-52 所示。

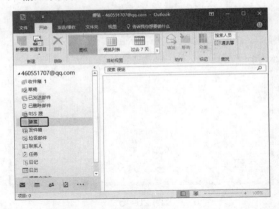

图 26-51

图 26-52

03 在 (便笺)图标上单击,弹出下拉菜单,从中选择"保存并关闭"命令,返回到"便笺"界面,如图 26-53 所示。

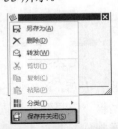

图 26-53

加会议的联系人，单击"确定"按钮。

26.5.2 打开便笺

如需要打开便笺，其操作步骤如下。

01 单击"导航窗格"中的…(省略号)按钮，弹出下拉菜单，从中选择"文件夹"命令，在左侧的项目列表中选择"便笺"选项，打开"便笺"窗口。

02 双击要打开的标签图标，即可打开便笺。

26.5.3 更改便笺的大小

要更改便笺的大小，其具体操作步骤如下。

01 单击"导航窗格"中的…(省略号)按钮，弹出下拉菜单，从中选择"文件夹"命令，在左侧的项目列表中选择"便笺"选项，打开"便笺"窗口。

02 双击打开便笺。

03 将鼠标指针移到便笺的任意边框或其右下角，待鼠标指针变为双向箭头时，按住鼠标左键不放并进行拖动，即可改变便笺的大小。

26.5.4 删除便笺

要删除便笺，其具体操作步骤如下。

01 打开"便签"窗口。

02 选择需要删除的便笺。

03 切换到"开始"选项卡的"删除"组中，单击"删除"按钮，即可将选中的任务删除。

26.6 典型案例1——发送会议邮件

通过本节实例来学习如何群发会议邮件，具体操作步骤如下。

01 启动 Outlook 应用程序，在"导航窗格"中单击"日历"按钮，如图 26-54 所示。在打开的"日历"界面中，切换到"开始"选项卡的"新建"组中，单击"新建会议"按钮。

02 进入"会议"界面，如图 26-55 所示。从中单击"收件人"按钮。

03 弹出"选择与会者及资源:联系人"对话框，如图 26-56 所示。在该对话框中双击需要参

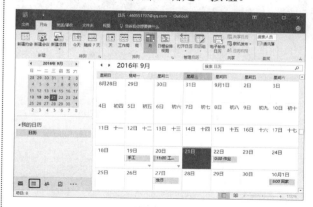

图 26-54

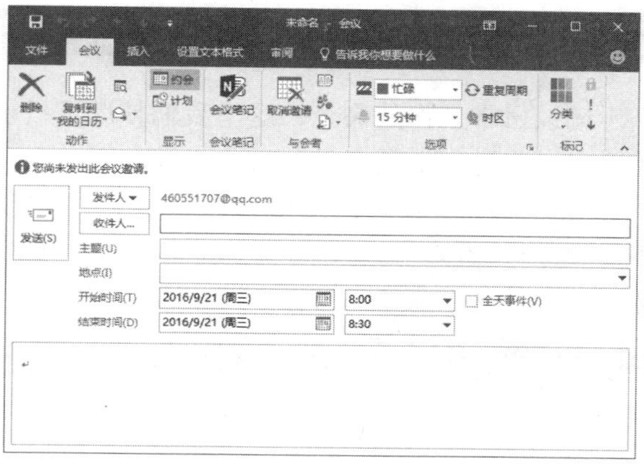

图 26-55

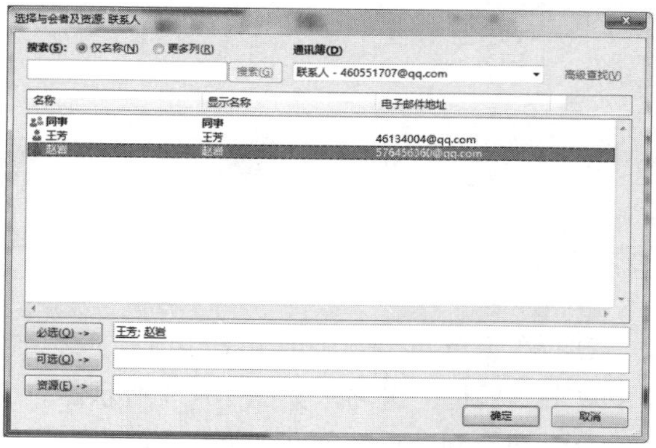

图 26-56

04 添加联系人后，输入会议主题与地点，设置开始时间和结束时间，如图 26-57 所示。单击(发送)按钮即可。

05 将会议邀请发送出去后，当会议约定时间到达提前提醒时间，提醒会议对话框。

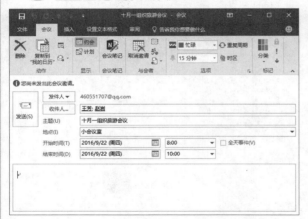

图 26-57

26.7 典型案例2——记录日常工作

记录日常工作的命令，这里我们使用了日记的形式对其进行记录，具体操作步骤如下。

01 启动 Outlook 应用程序，单击"导航窗格"中的…(省略号)按钮，弹出下拉菜单，从中选择"文件夹"命令，如图 26-58 所示。

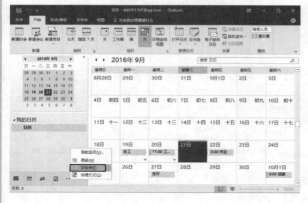

图 26-58

02 在窗口的左侧显示出一些项目列表，在其中双击"日记"选项，如图 26-59 所示。

03 切换到"开始"选项卡的"新建"组中，单击"日记条目"按钮，弹出"日记条目"界面，如图 26-60 所示。

04 在"日记条目"界面中输入"主题"和"条目类型"，如图 26-61 所示。输入日记的内容后，单击 (保存并关闭)按钮即可。

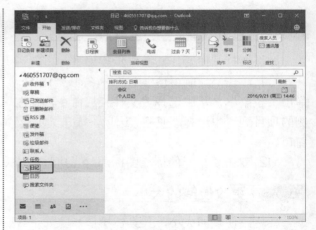

图 26-59

图 26-60

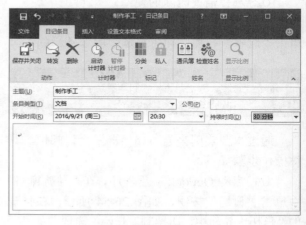

图 26-61

05 返回到 Outlook "日记"窗口中，可以看到添加的日记条目，如图 26-62 所示。

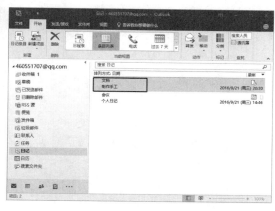

图 26-62

26.8 本章小结

本章主要介绍了如何创建 Outlook 日历、联系人、任务、日记、便笺等记录、管理和提醒我们。

通过对本章的学习，用户可以学会使用 Outlook 来记录和管理自己的工作以及休闲娱乐信息。

Publisher

——篇——

　　如果尝试在 Word 中设计图形较多的文档时，希望获得更多的设计帮助，因此，学习本篇讲解的 Publisher 内容可能会获益匪浅。

　　桌面出版使创建印刷出版物变得更加便捷。多年以来，桌面出版一直是有才能的设计师的领地，而且也只是用来设计图形艺术。桌面出版软件价格昂贵，难以精通掌握，并且也没有为普通用户提供多少设计帮助。

　　Microsoft Publisher 是最早让普通计算机用户能够以可接受的价格来设计出版物的程序之一。从第一个版本开始，Publisher 就提供了简明直观的布局、易用的工具、多种样式和图形以及具有吸引力的出版物设计模板。

第27章 Publisher 出版物的制作

每次启动 Publisher 时，程序都会提示通过选择"新模板"库中的模板，来创建一个新的出版物文件。通过选择"最近使用的文档"下的某个选项，打开最近使用的文档，或者选择"打开其他出版物"命令打开以前创建的出版物。无论属于哪种情况，Publisher 都会在其工作区中显示一个出版物和功能区(如图 27-1 所示)。

图 27-1

设计出版物时，可将文本、图形对象和其他元素添加到空白页面区域。当出版物具有多个页面时，可按 Ctrl+PageUp 和 Ctrl+PageDown 组合键在页面之间切换，也可直接单击工作区左侧的"页面设计"窗格中的页面图标。页面周围的灰色区域称为"草稿区"，该区域用来放置想要从一个页面拖出，然后在其他页面重复利用的任何对象。例如，可将某个图形从页面中拖动到草稿区，然后显示另一个页面，并将图形拖动到该页面。

使用垂直和水平标尺可以在页面上精确地对齐对象。拖动对象时，两个标尺上都会出现表明鼠标位置的标记，同时状态栏会显示鼠标的位置。默认情况下，当拖动对象并释放鼠标时，对象将与显示或添加的绿色标尺对齐。通过"页面设计"选项卡的"版式"组中的"参考线"复选框来启用或关闭此自动贴靠功能。选中"页面设计"选项卡的"版式"组中的"参考线"复选框，然后

单击出现的库中"内置标尺参考线"下方的某个缩略图，可显示内置的标尺参考线来排列对象。也可以通过从标尺上拖动，创建自定义标尺参考线，如图 27-2 所示。然后，拖动对象与参考线对齐即可。

Publisher 的功能区提供了各种按钮、库和列表，可以用来添加和操作出版物内容和出版物文件。

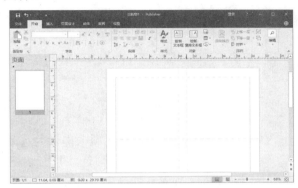

图 27-2

Publisher 默认在屏幕上显示 7 个功能区选项卡，其功能介绍如下。

◎ "文件"选项卡：与 Office 中的其他应用程序一样，"文件"选项卡显示 Backstage 视图，其中提供了用于创建、管理、共享和打印文件的选项。

◎ "开始"选项卡：该选项卡中包含的按钮用于添加文本和设置文本格式、复制和粘贴、处理对象定位以及查找和替换。

◎ "插入"选项卡：该选项卡可用来插入页面、创建表格、插入不同类型的插图(例如联机图片)、使用构建基块来创建内容、添加业务信息或插入来自其他文档的文本、添加超链接以及使用页眉和页脚。

◎ "页面设计"选项卡：该选项卡允许更改页面模板、修改边距以及设置颜色主题和字体主题。例如，图 27-3 显示了向原本空白的文档应用模板后的效果。

◎ "邮件"选项卡：该选项卡允许合并来自一个列表的数据，以创建某个文档的

自定义副本，就像在 Word 中一样。

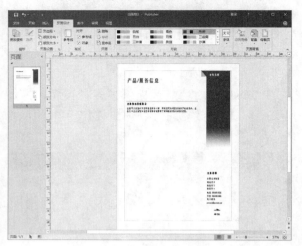

图 27-3

◎ "审阅"选项卡：该选项卡提供的选项可以对文档进行拼写检查、执行内容搜索、使用字典替换字词以及更改语言设置。

◎ "视图"选项卡：可使用该选项卡提供的选项来更改文档在屏幕上的显示方式，包括隐藏和重新显示屏幕上的特定元素(例如参考线和标尺)的设置。

> **提示** 要查看任何功能区按钮或列表的功能，可使用鼠标指针指向它，此时会弹出一个屏幕提示，说明该按钮或列表的功能。

27.1 使用模板创建出版物

每次启动 Publisher 或选择"文件"|"新建"(Ctrl+N 组合键)命令时，Publisher 都会在 Backstage 视图中显示"新模板库"选项，可以从中导航并选择模板来创建新的出版物文件。系统连接到 Internet 上，登录到 Publisher 后，就可以单击模板缩略图上方的"特色"，向下滚动，查看可下载的推荐模板，如图 27-4 所示。单击一个模板缩略图，查看带有预览和说明的窗口，再单击"创建"下载模板，创建一个基于它的新出版物。

如果单击模板缩略图上方的"内置"，

Publisher 会显示模板类别，包括广告、横幅、小册子、商务表单、传单等。向下滚动，然后单击某个类别缩略图和该模板类型的 Publisher 子类别。单击想要使用的模板，右上角会显示预览效果，如图 27-5 所示。向下滚动可以显示更多子类别，或者单击子类别右端的一个文件夹图标，查看该子类别的更多模板。如果要查看更多的模板子类别，可以继续向下滚动。

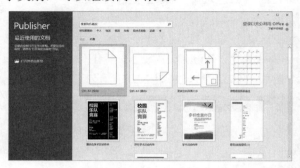

图 27-4

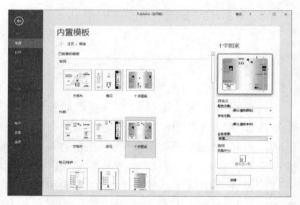

图 27-5

> **注意** 一些内置的模板类别，例如"新闻稿"类别，不包含子类别，可以向下滚动，单击需要的模板缩略图。

单击想要使用的模板缩略图时，可在模板预览效果下面的"自定义"和"选项"区域中选择选项来设置模板。只有已经安装的模板才可以进行模板设置。下载联机模板时显示的窗口不显示任何选项。做出合适的选择后，单击"创建"按钮。基于模板的新出版物将显示在工作区中，如图 27-6 所示，现在就可以使用出版物中的独特信息来替换占位符信息。

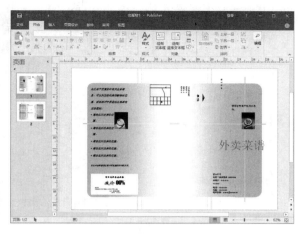

图 27-6

使用"文件"|"另存为"命令(Ctrl+S 组合键)或单击快速访问工具栏上的"保存"按钮，可以对出版物命名并指定其保存位置。不时按 Ctrl+S 组合键来保存文件更改，使用"文件"|"打开"命令(Ctrl+O 组合键)或单击标准工具栏上的"打开"按钮，打开任何现有文件。

27.2　创建空白模板

空白模板可以根据自己的需求进行创建和排版设计。具体创建空白模板的操作步骤如下。

01 选择"文件"|"新建"命令，在弹出的窗口中选择"空白"模板，如图 27-7 所示。

图 27-7

02 新建的空白文件如图 27-8 所示。

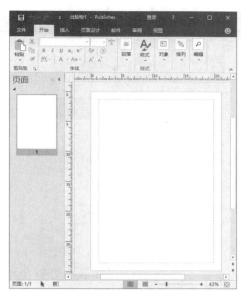

图 27-8

27.3　使用文本和图形

在 Publisher 中，可以向文本框中添加文本。将鼠标移动到文本框上时，会显示一个虚线边界，文本将显示在这个边界内(在文本框内单击时，边界会变成带有选择手柄的实线)。如果使用模板创建出版物，模板设计提供了出版物中的文本框。此时，可以直接使用现有文本框添加文本。也可以根据对出版物设计的要求，创建自己的文本框。

27.3.1　在占位符中输入文本

要将文本添加到占位符文本框中，需要先选中该占位符，然后在占位符内输入文本来替换示例文本。要在基于模板的文件中向占位符文本框中添加文本，具体操作步骤如下。

01 单击占位符中的文本。大多数情况下，此操作会选中文本框和文本框中的所有占位符文本，如图 27-9 所示。文本框周围会出现选择手柄，而且占位符文本会突出显示。

02 输入替换文本后，新的文本将出现在文本框中。

03 在文本框的外部单击出版物的空白区域，这将取消选中文本框，从而完成输入。

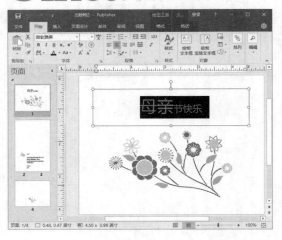

图 27-9

许多模板都有自动占位符，可以自动插入 Publisher 的业务信息集中存储的业务信息。如果尚未为业务信息集指定信息，可以单击"文件"|"信息"|"编辑业务信息"按钮，如图 27-10 所示。在弹出的"新建业务信息集"对话框中，输入相应的信息，单击"保存"按钮，如图 27-11 所示。接着在弹出的"业务信息"对话框中单击"更新出版物"按钮，如图 27-12 所示。

图 27-10

用户可在"插入"选项卡的"文本"组中的"业务信息"下拉列表选择一个业务信息组件，并将该组件添加到出版物中的插入点，如图 27-13 所示。业务信息项在出版物中可以有自己的占位符，如图 27-14 所示。指向这种业务信息项时，会出现一个选项按钮，可单击该按钮，然后在弹出的下拉菜单中选择如何处理业务信息。

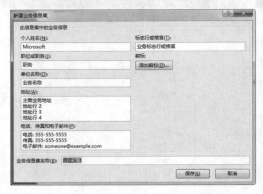

图 27-11

图 27-12

提示　在文本框中单击，然后按 Delete 键可将其在出版物中删除。

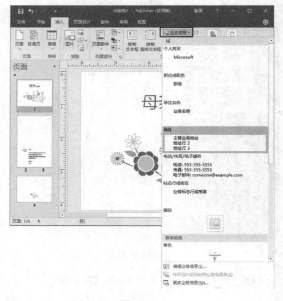

图 27-13

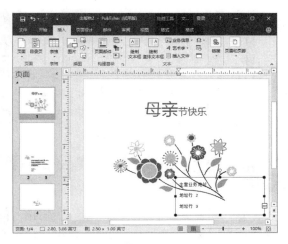

图 27-14

27.3.2 创建占位符和添加文本

不管以模板为基础创建出版物，还是从头创建出版物，都可以添加新文本框，以便在出版物中任意需要的位置显示文本。要添加文本框，需要使用"绘制文本框"功能，Publisher 在两个功能区选项卡中提供了该功能。

01 单击"开始"选项卡的"对象"组中的"绘制文本框"按钮，或单击"插入"选项卡的"文本"组中的"绘制文本框"按钮。

02 在出版物页面上斜着拖动鼠标，按所需的大小和形状创建文本框(如图 27-15 所示)，释放鼠标时，文本框中会显示闪烁的插入点。

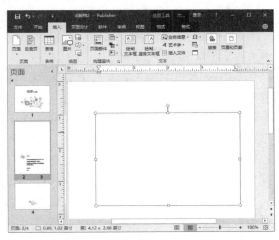

图 27-15

03 输入文本后，新文本将显示在文本框中。

04 在文本框的外部单击出版物的空白区域，这将取消选中文本框，从而完成输入。

 提示　添加到文本框中的文本也称为文章。

27.3.3 插入文本文件

通常情况下，文本创作和出版物设计是两项独立活动，由组织或团队中的两个不同的人完成，对于需要文字量很大的出版物(如新闻稿或目录)而言尤其如此。负责写文字的人员通常使用 Word、WordPad 或其他文字处理程序来编写和编辑文本，因为在处理这些事项时，文字处理程序是更好的工具。

负责设计的人不必重复输入文本。相反，可将常见格式(包括 Word、WordPerfect、纯文本(.txt)或富文本格式(.rtf))，的文字处理文件直接插入到文本占位符中。下面列出了执行此操作的具体步骤，它把向文本框中添加文本和打开文件的过程结合了起来。

01 单击占位符中的文本，全选文本。

02 单击"插入"选项卡的"文本"组中的"插入文件"按钮，如图 27-16 所示。

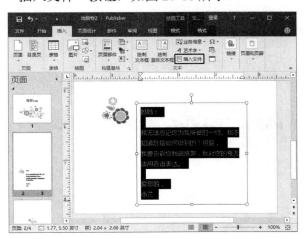

图 27-16

03 弹出"插入文字"对话框，从中选择需要插入的文本文件，如图 27-17 所示。然后单击"确定"按钮即可。

图 27-17

单击"插入文字"对话框右下角的"所有文字格式"下三角按钮，在弹出的下拉列表中选择"从任意文件还原文本"选项，可列出该文件夹中的所有文件。

04 弹出"文件转换"对话框，从中使用默认设置即可，单击"确定"按钮，如图 27-18 所示。

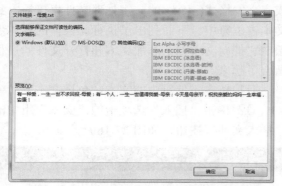

图 27-18

05 插入的文本文件如图 27-19 所示。

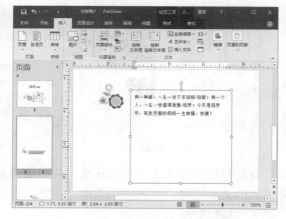

图 27-19

如果为所创建的出版物创作文字的用户使用了老版本或不受支持的文字处理程序(该程序生成的文件采用 Publisher 不能打开的格式)，可使用该程序中的"另存为"或"导出"命令将需要使用的文件保存为纯文本或 RTF 格式文件，即使用 PowerPoint 也可以将文件保存为 RTF 格式。

27.3.4 调整文本框的大小、自动排列和链接

有时，如许多模板中的文本框，即使输入的文本或插入的文件太长，Publisher 也不会调整文本框的大小。如果输入或插入文本框的字数超过文本框能够容纳的字数，而用户又不允许文字溢出到链接文本框中或者其后没有链接的文本框，那么文本框的右下角附近会显示"溢出的文字"图标，如图 27-20 所示。当看到这个图标时，可拖动文本框的一个手柄来扩大文本框，从而使文本完整地显示出来。也可按本节稍后的描述，使文本排列到另一个文本框中。

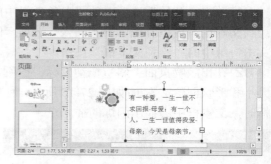

图 27-20

如果在文本框中插入的文件内容太多，文本框容纳不下，Publisher 会显示如图 27-21 所示的一个消息框。如果单击"是"按钮，Publisher 将把多出的文本自动排列到出版物中后面的文本框中，直到添加完所有文本，这种功能称为"自动排列"。如果单击"否"按钮，可以通过手动调整文本框的大小来处理多出的文本，也可以把文本框链接到所选的另一个文本框中，这样可以精确选择哪一个文本框将接受排列的文本。使用链接文本框可以控制文章如何从一个文本框过渡到另一个文本框。

图 27-21

提示　可通过设置一些文本框来调整其中文本的大小，使文本在一定程度上能够"适合"文本框的现有边界。要打开或关闭"自动调整"功能，可右击文本框，然后选择"最佳匹配"或"溢出时缩排文字"命令。如果这些命令不可用，可选择快捷菜单中的"设置文本框格式"命令。在"设置文本框格式"对话框中，切换到"文本框"选项卡，然后选中"文字自动调整"选项组中的"最佳"或"溢出时缩排文字"单选按钮，单击"确定"按钮应用更改。

要链接两个文本框，使溢出的文本从一个文本框排列到另一个文本框中，具体操作步骤如下。

01 单击存放溢出文本的文本框，文本框右下角会显示"溢出的文字"图标。

02 在"文本框工具"|"格式"选项卡的"链接"组中单击"创建链接"按钮，此时鼠标指针变为水罐形状。

03 将鼠标指针移到希望排列溢出文本的文本框，如图 27-22 所示，鼠标指针会变为倾倒的水罐形状，表示可将溢出的文本添加到该文本框中。

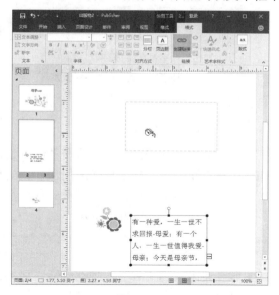

图 27-22

04 单击要链接的文本框，溢出文本将出现在该文本框中。如果新链接的文本框下方依然显示"溢出的文字"图标，就说明该文本框仍存放有过多的溢出文本，可以通过调整文本框的大小或链接到另一个文本框来显示它们，如图 27-23 所示。

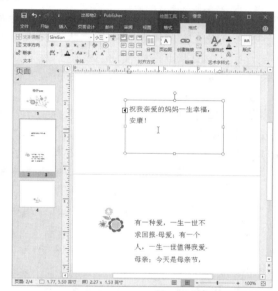

图 27-23

注意　当文本在最初插入它们的文本框中溢出时，Publisher 通常会在文档中创建一个新页，并使文本自动排列到该页中。如果这不符合自己的需要，可单击添加文本或文件的第一个文本框，然后单击"文本框工具"|"格式"选项卡的"链接"组中的"分隔符"按钮。然后按照上面的步骤操作，链接到想要放置溢出文本的文本框即可。

当单击链接的文本框时，会显示其他特殊按钮。在链接文本框上方会看到"定位至前一文本框"按钮。单击该按钮将选中前一文本框。当链接文本框的下方显示"定位至下一文本框"时，可以单击该按钮选择下一文本框。

27.3.5 设置文本格式

Publisher 中的一些文本格式设置与 Word 和 PowerPoint 类似，用户可以参阅前面介绍的有关字体、字号、对齐方式以及可以应用的文本格式类型的更多内容。单击要设置文本格式的文本框，通过在文本框中的文本上拖动鼠标来具体选择要设置格式的文本部分，也可以按 Ctrl+A 组合键选中整篇文章，然后使用"开始"选项卡的"字体"和"段落"组中的选项来应用所需格式。例如，可单击"加粗"按钮来应用粗体，单击"项目符号"按钮将文本转换为项目列表。

通常情况下，从另一个文件导入的文本会有自己的格式设置，而不是使用为出版物模板确定的格式。这种情况下，可使用"样式"库对这些文本应用模板格式，具体操作步骤如下。

01 单击要设置格式的文本框。

02 在文本框中通过拖动鼠标选择文本，也可按 Ctrl+A 组合键选中整篇文章。注意，按 Ctrl+A 快捷方式甚至会选中链接文本框中的文本。当需要重新设置分布在多个文本框中的大量文本的格式时，这个快捷方式十分方便。

03 单击"开始"选项卡的"样式"组中的"样式"按钮，打开样式库下拉列表。

04 单击所需样式(如图 27-24 所示)，Publisher 将把该样式应用于所选文本。

图 27-24

许多正文样式会在段落之间自动添加间距，所以在 Publisher 或某个文字处理程序中创建文本时，如果按 Enter 键在段落之间添加间距，那么在 Publisher 中应用正文样式后，可能需要删除这些额外的回车符。

Publisher 与其他一些 Microsoft Office 应用程序共有的一项功能是向出版物应用新字体方案。更改字体方案会将出版物中的整个样式集改为使用不同的字体、字号等格式。通过在任务窗格中进行选择，可更新整个出版物中所有文本的外观。通过"设置出版物格式"任务窗格选择新字体方案的操作步骤如下。

01 单击"页面设计"选项卡的"方案"组中的"字体"按钮，此时将会显示一个内置的字体方案库，如图 27-25 所示。

图 27-25

02 滚动方案列表，单击要应用的新方案，Publisher 将更新整个文档中已经应用了样式的任何文本的字体。如果要重新使用模板的默认字体方案，可选择顶部的字体方案选项。

27.3.6 插入图片文件

图形可让出版物文章变得生动鲜活。如果你是一位房地产经纪人，需要为所销售的一栋房子创建一份宣传单，那么要是能够在宣传单中包含花岗岩厨房台面、豪华的浴室、典雅的庭院和后院美景的图片，任何看到宣传单的人就会知道这栋房子真的美轮美奂。使用 Publisher 可以十分方便地添加图片和其他图形元素来增加文章的吸引力，从而更有效地传达信息。

数码相机和扫描仪基本上和过去的胶卷相机一样便宜。即使是普遍家庭或小型企业也会有数码相机，并且会有人使用数码相机拍摄和传输几十张数码照片到计算机的硬盘上。Publisher 允许在出版物中直接插入数码相机捕捉到的照片(JPEG 和 TIFF 等)，使用绘图程序创建的其他许多图形格式。

此过程不需要图片占位符，当准备将数码图片文件插入到出版物时，可按照以下步骤进行操作。

01 单击"页面设计"任务窗格中的页面图标可进入要插入图片的出版物页面。

02 选择"插入"选项卡的"插图"组中的"图片"按钮，此时将会弹出"插入图片"对话框。

03 导航到保存要插入文件的文件夹。该对话框列出了该文件夹中以可读图形格式存储的文件。

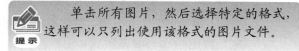

> 单击所有图片，然后选择特定的格式，这样可以只列出使用该格式的图片文件。

04 选择要插入的文本文件名称，然后单击"插入"按钮，插入的图片文件将在页面上显示出来。

插入图片后，可根据需要调整其大小和位置。拖动图片角上和边上的控制手柄可调整其大小，将鼠标放到图片内并进行拖动可以将其移动。还可以按照前面的描述，使用"度量"任务窗格设置图片的大小和位置。在"图片工具"|"格式"选项卡的"大小"组中还包含精确调整图片大小的设置。如图 27-26 所示，拖动图片以移动它，或者拖动手柄调整其大小时，对齐线(现在 Word 和 PowerPoint 也有这些对齐线)有助于将图片与文本和其他对象精确对齐。调整完成后，可在图片外部单击将其取消。

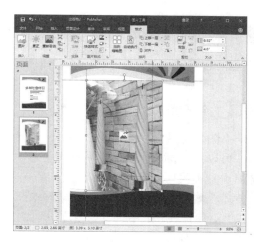

图 27-26

27.3.7 设置图片格式

用户可以通过调整许多设置来精细调整图片及其位置，包括添加的填充颜色或线条、尺寸和旋转、版式和文字环绕、亮度和对比度等设置。根据所选的图片是数码图像文件还是剪贴画图像，是单独插入的还是与其他对象组合在一个文本框中，可用的设置会有所变化。

图片格式的设置位于"设置图片格式"对话框中。要显示该对话框，可右击图片(如有必要，首先右击组合的对象，并在弹出的快捷菜单中选择"取消组合"命令，然后单独选择图片)，然后在弹出的快捷菜单中选择"设置图片格式"命令。根据需要在"设置图片格式"对话框(如图 27-27 所示)的各个选项卡中更改设置，然后单击"确定"按钮，对图片应用所完成的更改。

图 27-27

提示　旋转手柄就是所选图片、剪贴画对象或其他绘制对象的顶部中间显示的绿色控制手柄，通过旋转手柄可以旋转所选对象。

27.3.8　添加图片效果

在"图片工具"|"格式"选项卡中包含许多设置，可以从"图片样式"组中选择不同样式来美化图片。不仅可以在"图片样式"库中对图片应用整体样式，包括裁剪、框架、阴影或反射，还可在"图片样式"组中选择"图片边框"或"图片效果"下拉列表中的选项。使用"图片样式"组中的"标题"功能，可以给图片添加标题。

27.3.9　绘制线条和形状

用户可以使用"插入"选项卡的"插图"组中的"形状"功能绘制形状，以润色出版物。例如，可绘制一个箭头指向一条重要信息，或者绘制一个旗帜"自选图形"放到标题文本下面。

要绘制形状，切换到"插入"选项卡，然后单击"插图"组中的"形状"按钮，在弹出的下拉列表中选择想要使用的形状，如图 27-28 所示。

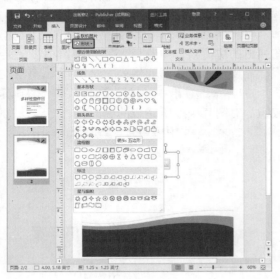

图 27-28

选择所需的线条或形状后，在出版物页面上拖动鼠标来绘制对象。在绘制和处理形状时，需要记住以下提示。

◎　沿所需方向拖动来创建线条或箭头。如果想让线条保持垂直、水平或成 45°角，可在线条接近目标角度时按住 Shift 键。

◎　沿对角线方向拖动来绘制椭圆和矩形等形状。在拖动过程中，按住 Shift 键来使形状保持一定比例。这样可以得到正圆形、正方形或刚好可以放在一个正圆形或正方形中的"自选图形"。

◎　一些形状在被选中时会包含特殊的黄色控制手柄。使用这个控制手柄可以修改该形状，如通过拖动增加该形状的三维角度。

◎　右击形状，然后在弹出的快捷菜单中选择"设置自选图形格式"命令，弹出"设置自选图形格式"对话框。在该对话框中可以更改形状设置，就像图片的对话框一样。可在形状或"自选图形"中插入图片。为此，单击"颜色和线条"选项卡的"填充"选项组中的"填充效果"按钮。在弹出的"填充效果"对话框中，进入"图片"选项卡，然后单击"选择图片"按钮，在弹出的"选择图片"对话框中，导航到所需的图片文件，将其选中，单击"插入"按钮，然后单击"确定"按钮两次来填充形状。

◎　右击形状，然后在弹出的快捷菜单中选择"添加文字"命令，此后就可以在形状中插入文本。

◎　为了能够重新使用已经设置了格式的形状，可右击它，然后在弹出的快捷菜单中选择"另存为构建基块"命令，在弹出的"新建构建基块"对话框中指定所需信息，然后单击"确定"按钮。现在就可以在"插入"选项卡的"构建基块"组中使用自己在该对话框中指定的库来插入这个形状。

27.4　使用表格

当需要按一系列的行和列组织信息时，并不需要为每条数据绘制和排列文本框，而是可以创建一个表格，表格中行和列的交叉形成了单元格。创建表格时，可以指定行数和列数，并选取最初的表格设计，其操作步骤如下。

01 显示单击"页面设计"窗格中的页面图标可进入想要插入表格的出版物页面，此时需要单击页面上插入图片的位置。

02 单击"插入"选项卡的"表格"组中的"表格"按钮，在弹出的下拉面板中会显示一个表格网格，如图27-29所示。

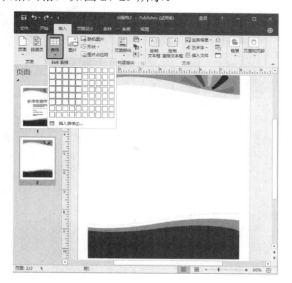

图 27-29

03 在网格上斜向拖动，以指定表格的行数和列数。当释放鼠标时，页面上会出现一个表格。

04 打开"表格工具"|"设计"选项卡的"表格格式"库，如图27-30所示。将鼠标指针移动到某种格式上，但是先不单击它，会在表格上显示所选格式的实时预览效果。

05 单击选择该格式，所选格式将应用到表格上。然后可根据需要移动表格并调整其大小。

用户也可以通过"创建表格"对话框来创建表格。单击"插入"选项卡的"表格"组中的"表格"按钮，在弹出的下拉面板中选择"插入表格"命令，在弹出的"创建表格"对话框中输入"行数"和"列数"，单击"确定"按钮，Publisher自动将表格创建到当前出版页面上，可根据需要移动并调整其大小。

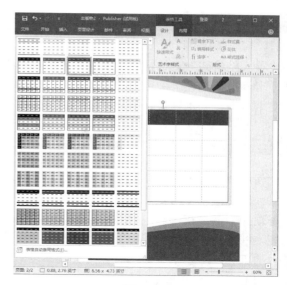

图 27-30

27.4.1 输入和编辑表格数据

新表格出现时，插入点会显示在左上角的单元格中。在一个单元格中输入内容后，按 Tab 键可移到下个单元格。如果输入的文本超出了单元格最初的容纳能力，Publisher 将自动换行，并根据需要增加行高。可根据需要按 Shift+Tab 组合键返回到上一单元格。

要编辑任意表格单元格中的数据项，可单击该单元格，然后通过选择和替换文本，或使用编辑键(如 Backspace 键)执行所需的更改即可。完成表格文本的输入和编辑后，单击表格外部来取消选中。然后可在任意时刻单击表格来重新选中。

27.4.2 使用表格格式

与本章中介绍的其他对象一样，可右击表格，然后在弹出的快捷菜单中选择"设置表格格式"命令，弹出"设置表格格式"对话框。注意，"颜色和线条"选项卡上的设置只适用于所选单元格，即通过右击打开该对话框时所在的单元格。如果需要处理多个单元格的颜色和填充效果，必须在右击并选择"设置表格格式"命令之前选中这些单元格。要选择多个单元格，首先单击表格，然后通过拖动选中多个单元格。也可将鼠标指针移动到表格外部，然后放到需要选择的列的上方或行的左侧。当鼠标指针变为指向行或列的黑色箭头时，单击鼠标可以选中整行或整列。还要注意，"设置表格格式"对话框中包括"单元格属性"选项卡，在该选项卡中可以更改选定单元格的垂直文本对齐、文本框边距和文字旋转。

27.5 添加特殊效果

使用 Publisher 设计出版物的优点之一是布局和设计文档文本变得更加容易。链接文本框可以更好地控制信息在文档中的显示位置。除了这种功能，Publisher 还提供了修饰文本来吸引用户注意力的工具，即艺术型边框、首字下沉、艺术字和专门的文本格式选项及效果。

27.5.1 艺术型边框

在前面小节中看到，右击插入的图片、剪贴画或表格对象，并选择一个格式命令，可以打开一个格式设置对话框。与此类似，可右击出版物中的任何文本框，然后选择"设置文本框格式"命令，打开"设置文本框格式"对话框，具体操作步骤如下。

01 单击"插入"选项卡的"文本"组中的"绘制文本"按钮，在窗口中绘制文本框，如图 27-31 所示。

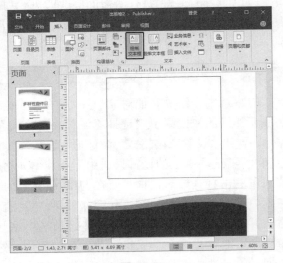

图 27-31

02 创建文本框后，选择并右击文本框，在

弹出的快捷菜单中选择"设置文本框格式"命令，如图 27-32 所示。

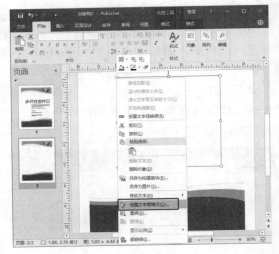

图 27-32

03 弹出"设置文本框格式"对话框，如图 27-33 所示。用户可在该对话框的选项卡中向文本框添加填充和轮廓线等。另外，还可以单击"颜色和线条"选项卡中的"艺术型边框"按钮，弹出"艺术型边框"对话框。

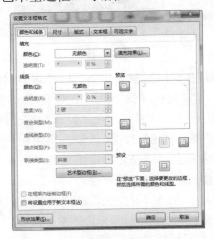

图 27-33

"艺术型边框"并不是在文本框周围添加单色线条，而是应用由小图形组成的边框。这些图形的范围很广，既包括带来正式装饰感的几何形状，也包括让人备感轻松的小图形。可供使用的"艺术型边框"设计方案适合许多情况，所以几乎可以用到任何出版物中，包括邀请函和贺卡。

如图 27-34 所示，在对话框左侧的"可供使用的边框"列表框中进行选择，可预览任何边框。所选边框设计方案会使用其默认设置显示在右侧的"预览"区域。默认情况下，Publisher 会伸展边框图形，以便更完全地填充边框区域。如果要关闭此功能，可选中对话框右下角的"不伸展图片"单选按钮。每个边框都有一个默认尺寸，并显示在预览区域。如果想自己控制边框宽度，可在继续操作之前，取消选中"总应用默认尺寸"复选框。

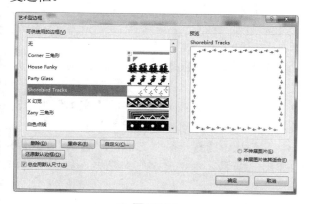

图 27-34

用户也可以使用硬盘上存储的任何图形或可用的剪贴画创建自己的艺术型边框。在"艺术型边框"对话框中，单击"自定义"按钮，在弹出的"创建自定义边框"对话框中单击"选择图片"按钮，接着弹出"插入图片"对话框，选择已保存的图片(单击"浏览"链接)，或者在 Office.com 剪贴画中搜索剪贴画图像，或者下载 OneDrive 中的文件，然后单击"插入"按钮，Publisher 会将图片转换为边框。在"命名自定义边框"对话框中为新边框输入名称，然后单击"确定"按钮。新边框会显示在"艺术型边框"对话框中的"可供使用的边框"列表框中。选中该边框并单击"删除"按钮，可从列表框中删除边框。

27.5.2　首字下沉

将文章或段落的第一个字或词设置为首字下沉，可以使用户注意到该文章或段落。将字或词设置为首字下沉将增加其尺寸，使其高于文本的第一行或使前几行环绕它，或者可能两种效果同时出现。所选的首字下沉样式也可以使用对比色或其他文本格式，使其更加美观。

在文章中创建首字下沉的具体操作步骤如下。

01 选择文本框，然后单击需要添加首字下沉的段落，如图 27-35 所示。

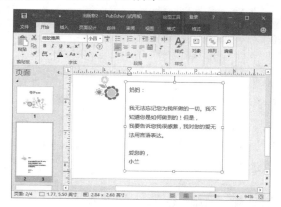

图 27-35

02 切换到"文本框工具"|"格式"选项卡，然后单击"版式"组中的"首字下沉"按钮，"首字下沉"库将显示出来，如图 27-36 所示。注意，在屏幕分辨率较低时，可能需要单击"版式"按钮，再单击"首字下沉"按钮。

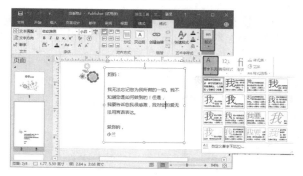

图 27-36

03 将鼠标指针移到一种首字下沉样式上。文档中的"实时预览"显示了首字下沉应用到段落后的效果。

04 单击一种首字下沉样式将其应用，效果如图 27-37 所示。

 选择"首字下沉"下拉面板左上角的"无首字下沉"样式，可从段落中去除首字下沉效果。

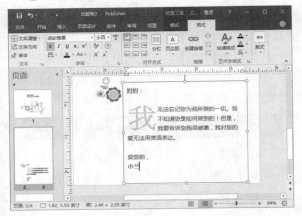

图 27-37

如果可用的首字下沉样式都无法满足需要，可以选择"首字下沉"下拉面板中的"自定义首字下沉"命令，弹出"首字下沉"对话框，其中显示了用于创建自定义首字下沉效果或自定义已应用的首字下沉效果的设置，如图 27-38 所示。可在该对话框中设置首字下沉的位置、大小和字符外观等。当尝试各种设置的组合时，右侧的"预览"框中将会显示段落在使用自定义首字下沉后的效果。单击"确定"按钮，应用自定义首字下沉，然后关闭对话框。

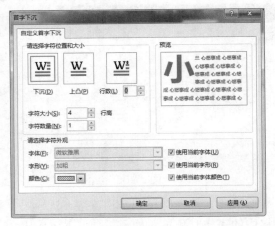

图 27-38

27.5.3 艺术字

一些 Office 应用程序的最近几个版本都包含"艺术字"功能，这种功能可将单词或短语转换为色彩斑斓的图形对象。例如，在新闻稿中，不必单纯使用一个标题，可以创建迷人的"艺术字"

对象，如图 27-39 所示。

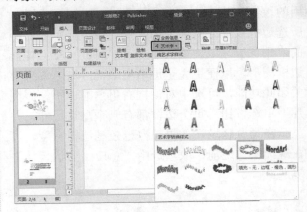

图 27-39

要在出版物中创建艺术字对象，具体操作步骤如下。

01 单击"插入"选项卡的"文本"组中的"艺术字"按钮，此时将显示"艺术字"库。

02 从中选择一种"艺术字"样式，此时将会弹出"编辑艺术字文字"对话框，如图 27-40 所示。

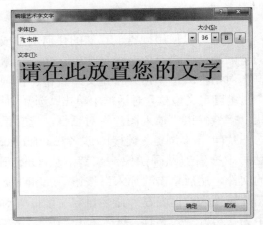

图 27-40

03 输入艺术字文字，并根据需要调整其字体、字号和属性。

04 单击"确定"按钮，艺术字对象会显示在出版物中，现在可以根据需要调整其大小和位置。

选择任何艺术字对象时，都会出现"艺术字工具"|"格式"选项卡。它提供了用于编辑艺术字文字、更改艺术字样式和形状等功能。根据需要使用这里的设置来完成艺术字对象的设计和定位。

27.5.4 文本格式和版式工具

在"文本框工具"|"格式"选项卡中提供了一些之前版本中不具备的文本润色设置，如图 27-41 所示。其中包括"阴影""大纲""阴文"和"阳文"等效果，可以应用到所选文本。这些效果会影响可读性，所以应该谨慎使用，最

好只用在头条新闻、广告、标题和其他想要强调某个词或短语的环境。当字体有这些功能时，可通过"版式"组中的"编号样式""连字""样式集""花体"和"样式选择"选项适用它们。可使用不同的字体尝试这个组中的各种选项，以了解可以实现哪些版式润色效果。

图 27-41

27.6 使用母版页

母版页可以包含出版物中多个页面上重复使用的设计和版式元素。在创建出版物时使用母版页，能够为出版物提供一致的外观，同时使用户需要在一个位置创建或更新某些元素，而避免了在每个页面上进行重复操作。

在 Publisher 中，新的母版页可以从头开始建立，也可以通过复制现有的母版页来创建。母版页可以创建为单页，也可以是双页，单页母版和双页母版之间可以进行相互转换。

27.6.1 创建母版页和页眉页脚

母版页可以通过自己的创建来使用，具体的操作步骤如下。

01 启动 Publisher 应用程序，在"视图"选项卡的"视图"组中单击"母版页"按钮，如图 27-42 所示。

02 进入母版页，如图 27-43 所示。

03 在母版页视图中单击"页面设计"选项卡的"页面背景"组中的"背景"按钮，在弹出的下拉面板中选择"其他背景"命令，如图 27-44 所示。

04 在弹出的对话框中选中"图片或纹理填充"单选按钮，单击"文件"按钮，如图 27-45 所示。

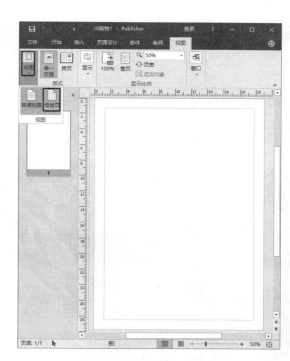

图 27-42

05 在弹出的"插入图片"对话框中选择"单页.png"文件，单击"插入"按钮，如图 27-46 所示。

06 插入背景后的效果如图 27-47 所示。

07 在"母版页"选项卡的"母版页"组中单击"添加母版页"按钮，在弹出的"新建母版页"对话框中使用默认的参数，单击"确定"按钮，如图 27-48 所示。

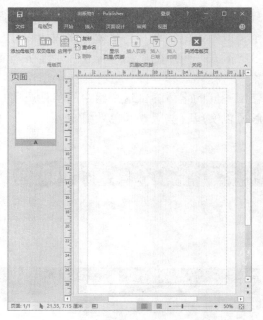

图 27-43

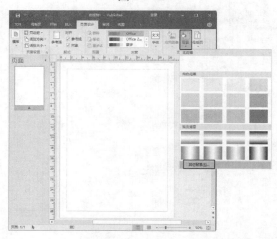

图 27-44

图 27-45

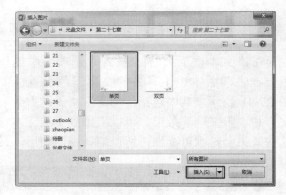

图 27-46

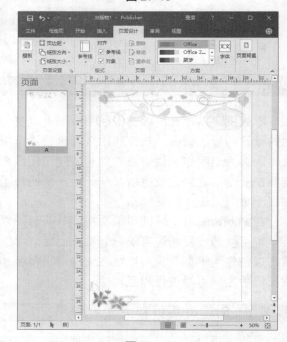

图 27-47

08 添加母版页后，单击"页面设计"选项卡的"页面背景"组中的"背景"按钮，在弹出的下拉面板中选择"其他背景"命令，在弹出的对话框中选中"图片或纹理填充"单选按钮，单击"文件"按钮，如图 27-49 所示。

09 在弹出的"插入图片"对话框中选择"双页.png"文件，单击"插入"按钮，如图 27-50 所示。

10 插入母版页后的效果如图 27-51 所示。

11 在"母版页"选项卡的"页眉和页脚"组中单击"显示页眉/页脚"按钮，然后在母版页插入的页眉中输入文本，如图 27-52 所示。

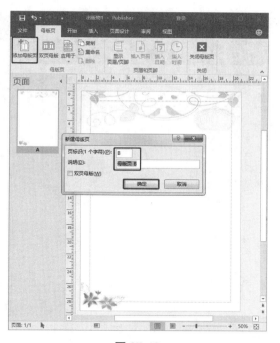

图 27-48

图 27-49

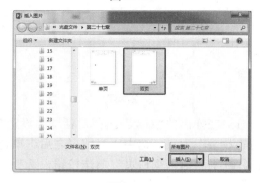

图 27-50

12 调整页眉中文字的字体、字号以及位置，

效果如图 27-53 所示。

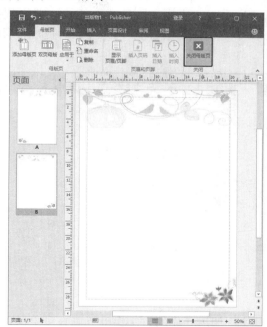

图 27-51

图 27-52

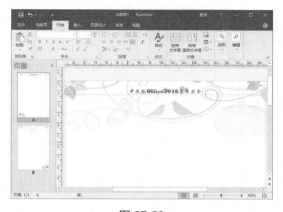

图 27-53

13 在母版页中选择页脚，并单击"插入页码"按钮，插入页码，如图 27-54 所示。该页码显示为#符号，在普通视图中可以显示为正常的顺序数字。

页"命令，如图 27-57 所示。

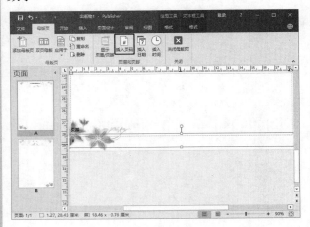

图 27-54

14 使用同样的方法为母版页 B 页中插入页眉和页脚，并在"页脚"中插入页码，调整页码的对齐方式，如图 27-55 所示。

图 27-55

27.6.2 应用母版页

模板创建完成后，可以使用母版页来制作相同版式的出版物。应用母版页的具体操作步骤如下。

01 继续上一节的制作，单击"视图"选项卡的"视图"组中的"普通视图"按钮，切换到普通视图，如图 27-56 所示。

02 单击"插入"选项卡的"页面"组中的"页面"按钮，在弹出的下拉菜单中选择"插入

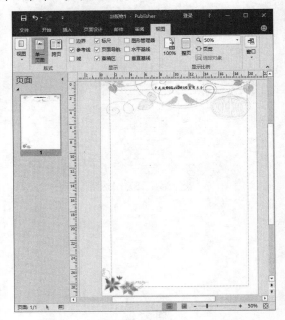

图 27-56

图 27-57

03 在弹出的"插入页面"对话框中设置"新页面的数量"为 1，选中"当前页之后"单选按钮，并选中"插入空白页"单选按钮，选择"母版页"为 B 版，如图 27-58 所示。

04 插入的页面如图 27-59 所示。

图 27-58

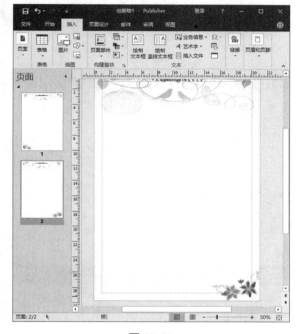

图 27-59

27.7　预览和发送电子邮件

当用户以电子邮件形式发送页面时，邮件将以 HTML 格式发送，邮件收件人无须安装 Office Publisher 即可查看邮件。发送的页面将显示在电子邮件的正文中。

发送邮件之前，用户可以进行预览。该页面将显示在当前的 Web 浏览器中。

> 要以电子邮件形式发送单个页面或在发送前进行预览，必须在计算机上安装 Microsoft Office Outlook 或 Windows Mail。

要预览邮件在发送时的显示效果，选择"文

件"|"共享"命令，进入"共享"面板中，如图 27-60 所示。在该面板中选择"电子邮件预览"选项后，当前邮件将显示在用户的浏览器中，如图 27-61 所示。

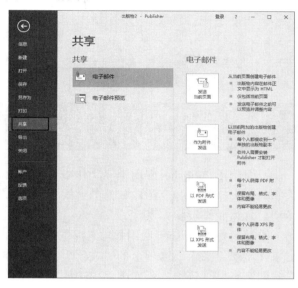

图 27-60

图 27-61

要发送邮件，选择"文件"|"共享"命令，在"共享"面板中选择"电子邮件"选项，然后在最右侧选择以什么方式发送电子邮件。

选择合适的发送文件类型后，打开 Outlook 应用程序，设置"收件人"和"主题"，输入或选择收件人的电子邮件地址，如图 27-62 所示。单击"发送"按钮，发送出版物。

图 27-62

27.8 典型案例1——制作电子邮件出版物

下面使用 Publisher 应用程序制作电子教程出版物的单页排版，并介绍以邮件的方式发送该出版物，具体操作步骤如下。

01 运行 Publisher 应用程序，新建一个空白出版物，在"插入"选项卡的"文本"组中单击"绘制文本框"按钮，在如图 27-63 所示的位置绘制文本框，并在文本框中输入文本，设置文本属性。

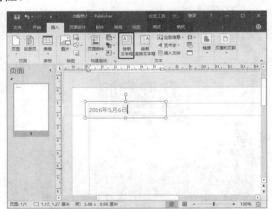

图 27-63

02 单击"插入"选项卡的"插图"组中的"图片"按钮，在弹出的"插入图片"对话框中选择需要添加的"Publisher 图标"图像，单击"插入"按钮，如图 27-64 所示。

03 继续使用"绘制文本框"按钮，在如图 27-65 所示的位置创建文本框，并在文本框中输入文本，设置文本的字体和大小。

04 单击"插入"选项卡的"插图"组中的

"图片占位符"按钮，在如图 27-66 所示的位置添加图片占位符。

图 27-64

图 27-65

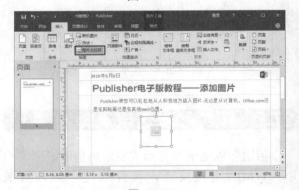

图 27-66

05 单击占位符图标，在弹出的对话框中选择需要插入的图像，如图 27-67 所示。

06 使用同样的方法，添加文本框和图像占位符，如图 27-68 所示。

07 制作完成的单页教程出版物如图 27-69 所示。用户可以使用相同的方法，插入文本框和图像占位符继续完善教程出版物，这里就不详细介绍了。

图 27-67

图 27-68

图 27-69

08 选择"文件"|"共享"命令,在"共享"面板中选择"电子邮件"选项,在最右侧单击"以 PDF 形式发送"按钮,如图 27-70 所示。

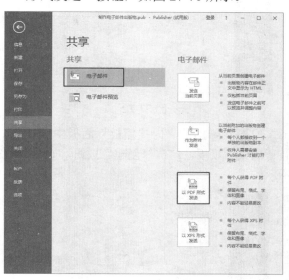

图 27-70

09 在弹出的 Outlook 应用程序中设置"收件人"和"主题",单击"发送"按钮,即可发送邮件,如图 27-71 所示。

图 27-71

27.9 典型案例 2——制作并打印菜单

下面介绍如何使用 Publisher 应用程序制作菜单出版物,具体操作步骤如下。

01 启动 Publisher 应用程序,选择"文件"|"新建"命令,在"新建"面板中选择"内置"下的"菜谱"模板,如图 27-72 所示。

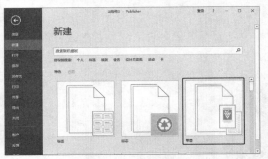

图 27-72

02 在弹出的"内置模板"面板中选择一个合适的菜谱模板,单击"创建"按钮,如图 27-73 所示。

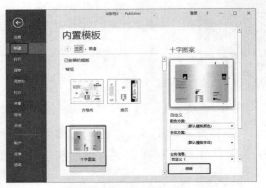

图 27-73

03 创建的模板如图 27-74 所示。

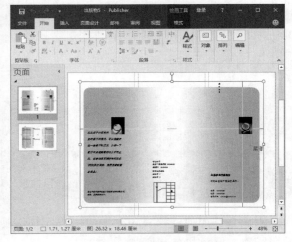

图 27-74

04 选择需要更换的图片,在"图片工具"| "格式"选项卡的"插入"组中单击"图片"按钮,如图 27-75 所示。

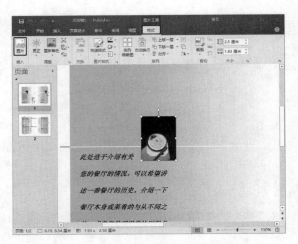

图 27-75

05 在弹出的"插入图片"对话框中选择合适的图片,单击"插入"按钮,如图 27-76 所示。

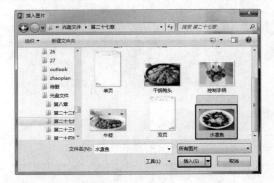

图 27-76

06 更换图像后的效果如图 27-77 所示。

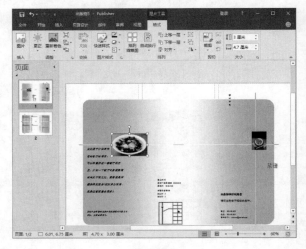

图 27-77

07 使用同样的方法,修改图片和文本框内容，并删除一些不需要的文本框，如图 27-78 所示。

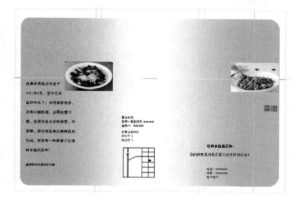

图 27-78

08 使用同样的方法，修改内页中的文本框内容，删除并添加合适的表格，制作出菜单，如图 27-79 所示。

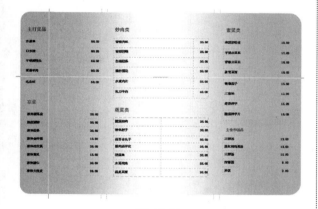

图 27-79

09 选择"文件"|"打印"命令，在"打印"面板中设置合适的参数打印即可，如图 27-80 所示。这里就不详细介绍了。

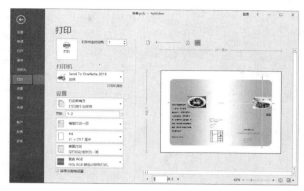

图 27-80

27.10　本章小结

本章主要介绍了如何使用 Publisher 应用程序制作并排版出版物，以及讲述了如何调整文本框、图片、图形、表格和特殊效果，如何调整和使用母版页，如何预览和发送电子邮件。

通过对本章的学习，用户可以学会如何使用 Publisher 应用程序创建并排版出版物。

OneNote

篇

管理任何项目时所面临的挑战之一是如何将所有的信息收集到手边，以方便使用。这通常需要在不同的程序中做笔记、跟踪任务、创建数据文件、查看 Web 信息以及处理其他活动。存储所有的文件或在屏幕上打开许多程序窗口从来不是令人满意的管理项目信息的方法。Microsoft OneNote 提供了一种十分巧妙的解决方案，允许以一种便于访问的方式收集笔记和其他类型的信息。

第28章 OneNote 笔记本

OneNote 的设计目的是作为数字形式的三环活页夹。使用三环活页夹时，可以添加和重排页面、在页面上撰写文字、在页面上粘贴剪切的文章，甚至可以在杂志或报表页面上打孔，把它们添加到活页夹。还可以添加塑料套管，使笔记本的功能更加多样，从而能在笔记本中添加非纸材料。

OneNote 同样是功能多样，可在一个中心位置跟踪各种数字信息。可将各种类型的信息添加到 OneNote 笔记本中，包括笔记、Outlook 任务、图片、文件、屏幕剪辑、音频或视频记录、关于会议的详细信息、从网页复制的信息等。但 OneNote 的最出色之处是使用户可以同时查看和使用所有信息，而不需要打开多个文件和排列多个窗口。

在管理与特定项目或客户、调研主题或感兴趣的主题等相关的信息时，上述功能使得 OneNote 成为一个理想工具。OneNote 功能丰富，对每个人都可以提供帮助，十分有用。

◎ 如果要参加许多集思广益或者制定行动计划的会议，OneNote 是跟踪这类会议的理想工具。OneNote 可以快速灵活地组织信息，所以很容易添加所需的笔记和任务。当会议讨论的内容发生变化时，还可以直接跳到所需的信息。

◎ 如果经常处理调研项目，需要收集各种来源的信息，那么 OneNote 为统计数据、引用和有帮助的文档提供了一个优秀的中央存储区。

◎ 如果喜欢头脑风暴或跟踪想法随着时间的变化，OneNote 可以帮助将信息汇总在一起，使全局情况保持清晰。甚至可以把自己的想法录制为音频，这样就不会受到打字速度的影响。

◎ 如果你是一名学生，需要把每节课的笔记和信息收集在一起，可使用 OneNote 收集所有的笔记和课程安排信息，以便能够做好准备。

◎ 如果需要在多台计算机上使用笔记，或与其他用户共享笔记，OneNote 允许将笔记本放到共享网络位置甚至 USB 驱动器上。通过这种方式，OneNote 使你能够随身携带自己的工作或让其他用户参与进来。

28.1 OneNote 概览

OneNote 将信息划分到笔记本、分区和页中。添加到笔记本的每个分区类似于该笔记本文件夹中的一个文件，该文件存储分区中页的信息。

在 OneNote 窗口中，这种安排表现为左上角的"单击以查看其他笔记本"按钮，它用于显示当前笔记本的名称；单击该按钮，然后单击列出的某个笔记本以改为查看该笔记本，并且会显示该笔记本的分区，如图 28-1 所示。所选笔记本的分区选项卡会出现在页区域的上方。单击分区选项卡可以选中该分区，右侧将显示该分区中页的选项卡。单击页选项卡可显示该页的内容。与其他 Office 应用程序一样，OneNote 还包含一个功能区，其中提供了几个选项卡和许多选项。

图 28-1

默认情况下，在第一次启动 OneNote 时，所创建的新笔记本会包含一个名为"快速笔记"的分区,其中包含一些描述性的说明,帮助用户开始使用 OneNote。向下滚动"OneNote:一站式笔记管理平台"页面以阅读它所提供的有用信息。页面上的第一条指令甚至提示写入或输入自己的姓名,以便进行实践。该页面也包括各种指向简短视频的链接,这些视频帮助用户掌握使用 OneNote 的更多知识。

默认情况下,OneNote 功能区是折叠起来的,要显示功能区,可以双击任何功能区选项卡;再次双击某个选项卡会重新折叠功能区。

如果希望关闭任何打开的笔记本,可以单击"单击以查看其他笔记本"按钮,右击笔记本的名称,在弹出的快捷菜单中选择"关闭此笔记本"命令。要关闭当前的笔记本,只需单击左上角的笔记本名称,然后选择"关闭此笔记本"命令。用户可以随时使用以下方法重新打开一个笔记本:选择"文件"|"打开"命令,在"从其他位置打开"列表中选择一个位置,单击"浏览"按钮,在弹出的"打开笔记本"对话框中导航并选择笔记本文件夹,然后单击"打开"按钮。

28.2 创建笔记本

用户可为任何项目、客户、主题、研究主题或其他目的创建笔记本。因为每个笔记本表示一个文件夹,所以只要系统有足够的存储空间,可以创建任意多个笔记本。在 OneNote 中创建新笔记本的操作步骤如下。

01 选择"文件"|"新建"命令,Backstage 视图会提示选择在哪个位置存储新笔记本。

02 选择"新笔记本"面板下的"这台电脑"选项,以指定要在本地计算机上存储笔记本,Backstage 视图会提示为笔记本命名。

03 在"笔记本名称"文本框中输入笔记本的名称。图 28-2 显示了笔记本创建过程(如果要在默认文件夹以外的文件夹中创建笔记本,例如共享网络文件夹,可以单击"在不同文件夹中创建"按钮,然后在"创建新的笔记本"对话框中导航到所需的位置,单击"创建"按钮)。

图 28-2

04 单击"创建笔记本"按钮,新笔记本将会出现在屏幕上,准备供用户使用。

新笔记本将包含一个名为 New Section 1 的分区,该分区包含一个名为 Untitled Page 的空白页。

> **提示** 创建笔记本后,通过右击左上角的笔记本名称并从快捷菜单中选择"重命名"命令,可以重新命名笔记本。根据需要更改"显示名称"文本框的内容,然后单击"确定"按钮。

28.3 创建分区

笔记本中的每个新分区就像添加到三环活页夹中的标签分隔片。分区可以区分其中的页,并为它们提供图标。例如,如果为客户信息创建了一个笔记本,那么可以为每个客户创建一个新分区。如果为学校学习创建了一个笔记本,那么可以为当前学期中的每门课程创建一个分区。

在笔记本中添加新分区的操作步骤如下。

01 单击 📖 记录 ▾ (单击以查看其他笔记本)按钮,然后单击要添加分区的笔记本的名称,此时将显示所选笔记本的内容。

02 单击最右边的分区选项卡右侧的 + (创建新分区)图标,此时会出现一个新的分区选项卡,其临时名称会突出显示,如图 28-3 所示。

03 输入新分区的名称,并按 Enter 键,完成的分区将会显示,等待添加页、笔记和其他内容。

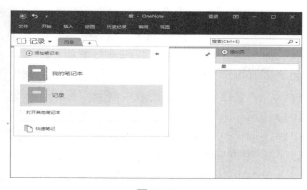

图 28-3

28.4 创建页

创建的每个新分区默认情况下都包含一个名为"无标题页"的新空白页。用户可以根据需要添加页，以便进一步组织笔记本中的信息。例如，在客户的分区中，可以为涉及该客户的每个项目添加一个页。在一门课程的分区中，可为每次作业、报告或者考试创建一个页。因为单击页选项卡就可以在页之间进行切换，所以将笔记划分到更多的页中实际上可以节省时间，因为用户可以通过单击选项卡跳转到需要的信息，而不必反复滚动很长的文档。

添加页的具体操作步骤如下。

01 单击"单击以查看其他笔记本"按钮，然后单击要添加页的笔记本名称，此时将显示所选笔记本的内容，如图 28-4 所示。

图 28-4

02 在笔记本的顶部，单击要添加页的分区的分区选项卡。该分区中页的选项卡会显示在右侧。

03 单击页选项卡区域顶部的"添加页"左侧加号按钮，或按 Ctrl+N 组合键；或者，可以指向两个现有页面之间的位置，然后单击显示在左侧的加号按钮，以在现有的页面之间插入新页，此时将显示新的页选项卡。

04 为页输入一个新名称，然后按 Enter 键。如图 28-5 所示，输入的名称同时出现在页选项卡和新页面的标题区域。

图 28-5

> **注意** 在 OneNote 中，并不需要保存工作，OneNote 会自动保存。可使用"文件 1 导出"命令为当前笔记本文件创建一个副本。

用户也可以使用模板创建页。OneNote 中有几十种特殊用途的模板，可用来做课堂笔记、保存会议记录、创建计划以及应用一个漂亮的页设计等。单击"插入"选项卡的"页面"组中的"页面模板"按钮，在弹出的下拉菜单中选择"页面模板"命令，此时会显示一个"模板"任务窗格。单击任意一个类别旁边的三角形可以选择该类别，然后单击一个模板即可。OneNote 会立即使用该模板的设计插入一个页，还可以单击页面中的"Office.com 上的模板"以在线搜索模板。选择完成后，单击窗格右上角的"关闭"按钮将其关闭，如图 28-6 所示。

图 28-6

28.5 插入笔记

添加到笔记本分区的每个新页都像一个白石板，可以在上面加入笔记、随意写下的内容和任务等。向笔记本添加笔记可能是一项最常用的功能。本节将介绍在帮助捕捉重要的想法时，OneNote 比便笺好在哪里。

28.5.1 普通笔记

在 OneNote 中，可在页面的任何地方添加笔记，并不一定拘泥于传统做法，自上而下进行添加。用户只需要在页面的任何地方单击，输入笔记文本(如图 28-7 所示)，然后在完成后单击笔记的外部。在笔记中，可以根据需要按 Enter 键，并且当输入至少一个文本字符后，按 Tab 键可以在笔记中创建表格单元格。完成某个笔记后，还可以在以后任何时候单击该笔记，将插入点放入其中，并对笔记进行修改。

图 28-7

28.5.2 带标记的笔记

标记笔记可以为笔记分配一个类别和图标，如"待办事项"标记、"重要"标记、"问题"标记、"电话号码"标记或"创意"标记。标记图标显示在笔记旁边，这样通过快速浏览页就可以确定笔记包含哪种信息。从后面介绍的内容可以了解到，还可以按组查看带标记的笔记。

首先单击要添加标记的笔记，在功能区的"开始"选项卡的"标记"组中单击"标记此笔记"库的"其他"按钮，然后在弹出的下拉列表中选择要应用的标记。用户可在创建笔记时或以后的任何时候分配标记。要在创建笔记时分配标记，可单击页，将插入点定位到要显示笔记的位置，然后单击"标记"组中的"其他"按钮，最后在弹出的下拉列表中选择要使用的标记类型，此时会显示带有标记图标的笔记容器。输入笔记文本，然后在笔记的外部单击以完成笔记。

要向现有笔记分配标记，可单击该笔记以显示其笔记容器。然后单击"开始"选项卡的"标记"组中的"标记此笔记"库的"其他"按钮，并在弹出的下拉列表中选择一种标记类型(如图 28-8 所示)。注意，底部的"删除标记"选项会删除前面应用的标记。然后单击笔记的外部。

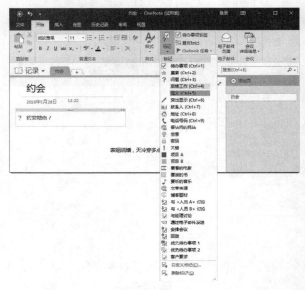

图 28-8

还可以将笔记转换为带有复选框的待办事项。为此，选择笔记容器，然后单击"开始"选项卡的"标记"组中的"待办事项标签"按钮。如果容器包含选项列表，则会在每一选项旁边显示一个复选框。如要将某一选项标记为完成，可以单击空的复选框以在其中显示复选标记。

28.5.3 额外的书写空间

虽然可通过在分区中创建新页来增加信息空间，不过也可以扩展页中可用的书写空间，使页中可以容纳更多的笔记或更多的项。要添加更多书写空间，切换到功能区的"插入"选项卡，然后单击"插入"组中的"插入空间"按钮，向下拖动页，直到向下箭头指针由单箭头变成分层箭头，然后单击页，OneNote 将在页中添加更多空间。如果不在新空间添加任何内容就向上滚动，额外的空间将会消失。

28.5.4 设置信息格式

在功能区的"开始"选项卡中包含一个"普通文本"组，其中提供了各种格式设置选项。这些设置的作用与在 Word 中一样。可在笔记容器内拖动选中文本，然后通过弹出的迷你工具栏或"开始"选项卡只对选中的文本应用格式。或者，可以单击笔记容器的标题栏选择所有笔记文本，然后应用所需的格式。

> 注意：OneNote 提供了与 Word 相同的一些基本样式。选择要应用样式的笔记文本，打开"开始"选项卡的"样式"组中的"样式"库，然后单击要应用的样式即可。

还可以做出的其他格式更改之一是更改分区的选项卡颜色。右击选项卡，在弹出的快捷菜单中选择"节颜色"命令，然后单击想要应用的颜色。

28.6 插入图片或文件

如果需要捕捉的内容已经存在于 OneNote 外部的某个文件中，可以插入该信息。插入信息的方法与打开文件十分相似：执行一个命令，然后导航到保存要插入文件的文件夹，最后选择并插入文件。

当插入图片时，图片会出现在 OneNote 页上，然后就可以根据需要移动或调整其大小。用户可以插入图片来展现外观和自己的想法，或在以后演示其他某个文档(在 OneNote 中可以复制和粘贴图片)，其具体操作步骤如下。

01 在页面中要插入项的位置单击。

02 切换到"插入"选项卡，然后根据需要插入的项目类型，单击相应的按钮，如图 28-9 所示。

图 28-9

◎ 单击"图像"组中的"图片"按钮，此时会弹出"插入图片"对话框，用于选择要插入的图片。

◎ 单击"图像"组中的"联机图片"按钮，此时会弹出"插入图片"对话框，从中可以使用Office.com剪贴画或Bing图像搜索来查找图片，或者插入来自OneDrive 的图片文件。

◎ 单击"文件"组中的"文件附件"按钮，此时会弹出"选择要插入的一个或一组文件"对话框，从中可以选择要插入的一个或多个文件。

◎ 单击"文件"组中的"文件打印样式"按钮，此时会弹出"选择要插入的文档"对话框，从中可以选择要打印和显示的文件。

03 导航到保存所需文件的文件夹，并选择文件。

04 单击"插入"按钮，图片、文件图标或打印文件会显示在页面上，如图 28-10 所示。

图 28-10

28.7 在页面中撰写内容

如果有 Tablet PC 或者计算机连接了笔输入设备,可选择使用触笔创建手写的备注(也称为墨迹),其具体操作步骤如下。

01 在要添加所选笔记的页面中,切换到功能区的"绘图"选项卡。

02 在"工具"组中单击"笔库"中的"其他"按钮,然后选择要使用的笔,触笔将使用所选的笔,如图 28-11 所示。

图 28-11

03 使用触笔进行书写,以创建笔记,笔记文本会显示在页面上,如图 28-12 所示。

04 单击"工具"组中的"键入"按钮,关闭笔触笔输入,触笔恢复鼠标功能。

注意　如果不使用笔输入设备,那么也可以借助常规的鼠标使用墨迹功能。但是,因为使用鼠标进行书写比较困难,所以建议用户尽量使用笔输入设备书写。

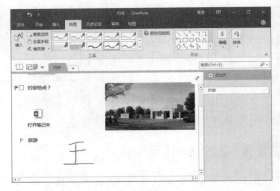

图 28-12

如果想要将手写的笔记转换为文本,可以在笔记上移动鼠标,使笔记容器显示出来。单击(或轻触)笔记容器的上边缘以选中所有笔记内容,然后单击"绘图"选项卡的"转换"组中的"文本墨迹"按钮,如图 28-13 所示。此时会将选定笔记容器和墨迹转换为文本的相同笔记,如图 28-14 所示。在必要时,通过这种方式将笔记转换为文本以便以后进行编辑。

图 28-13

图 28-14

28.8　导出与发送文件

使用导出和发送命令可以将 OneNote 文件以提供的格式方式进行发送或导出。当用户以电子邮件形式发送页时，邮件将以 HTML 格式发送。如图 28-15 所示为"导出"窗口；如图 28-16 所示为"发送"窗口。

图 28-15

图 28-16

用户可以根据需要导出和发送文件，这里就不详细介绍了。

28.9　典型案例——制作婚礼备忘录

使用 OneNote 应用程序制作记录记事本的具体操作步骤如下。

01 新建笔记本，如图 28-17 所示。

02 在记事本中新建页，命名为"假日约会"，输入标题为"婚礼备忘录"，在内容中的任何位置输入"婚礼地点"，在"开始"选项卡的"标记"组中选择标记为"待办事项"和"地址"，并输入"婚纱"内容，设置其标记为"待办事项"，如图 28-18 所示。

图 28-17

图 28-18

03 在"插入"选项卡的"文件"组中单击"文件附件"按钮，如图 28-19 所示。

图 28-19

04 在弹出的"选择要插入的一个或一组文件"对话框中选择一个"婚礼流程.docx"文件，单击"插入"按钮，如图 28-20 所示。

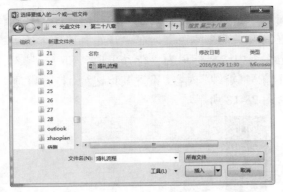

图 28-20

05 在弹出的"插入文件"对话框中单击"附加文件"按钮，如图 28-21 所示。

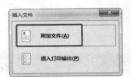

图 28-21

06 插入的附件如图 28-22 所示。

图 28-22

07 继续为记事本添加内容，单击"插入"选项卡的"图像"组中的"图片"按钮，在弹出的"插入图片"对话框中选择"浪漫.jpg"文件，如图 28-23 所示。

08 插入图像后，可以通过图片周围的控制手柄调整图像的大小，如图 28-24 所示。

09 单击"插入"选项卡的"时间戳"组中的"日期"按钮，如图 28-25 所示。这样，一个简单的记事本就制作完成了。

图 28-23

图 28-24

图 28-25

28.10 本章小结

本章主要介绍了如何使用 OneNote 应用程序来使生活变得更加井井有条。同时还介绍了使用 OneNote 的优点，以及 OneNote 如何组织信息，如何创建笔记本、分区和页，以便使用最合适自己需要的方法来安排信息，并简单地讲述插入图片、文本、发送、导出等内容。

通过对本章的学习，用户可以掌握如何使用 OneNote 来关注日常消息。

综合实战

—— 篇 ——

本篇将通过两个综合案例详细介绍如何使用 Office 中的各个组件进行常规工作。

第29章 综合案例——未来五年的销售方案

本章介绍使用 Word 来制作未来三年的销售方案,其中将主要介绍文字样式、表格和 SmartArt 图形。

29.1 输入文本并设置样式

下面介绍为文档输入文本,设置文本的样式,并修改样式。

01 新建一个空白文档,在文档中输入文本,如图 29-1 所示。

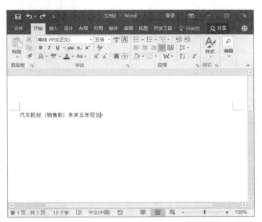

图 29-1

02 框选文本,切换到"开始"选项卡的"样式"组中,从中选择"标题 1"样式,将该文本作为标题 1,如图 29-2 所示。

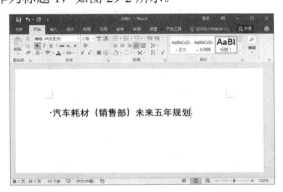

图 29-2

03 单击"开始"选项卡的"样式"组右下角的⊡(样式)按钮,打开"样式"窗格,从中单击"标题 1"右侧的下三角按钮,在弹出的下拉菜单中选择"修改"命令,如图 29-3 所示。

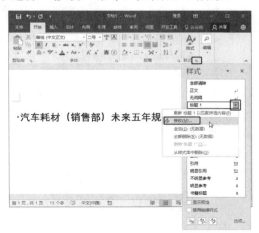

图 29-3

04 弹出"修改样式"对话框,如图 29-4 所示。

图 29-4

05 单击"格式"按钮,在弹出的下拉菜单中选择"段落"命令,如图 29-5 所示。

06 弹出"段落"对话框,从中设置"常规"选项组中的"对齐方式"为"居中";在"间距"选项组中设置"段前"和"段后"参数为 0 行,如图 29-6 所示。单击"确定"按钮,调整段落的样式。

07 返回到"修改样式"对话框,单击"格式"按钮,在弹出的下拉菜单中选择"字体"命令，如图 29-7 所示。

图 29-5

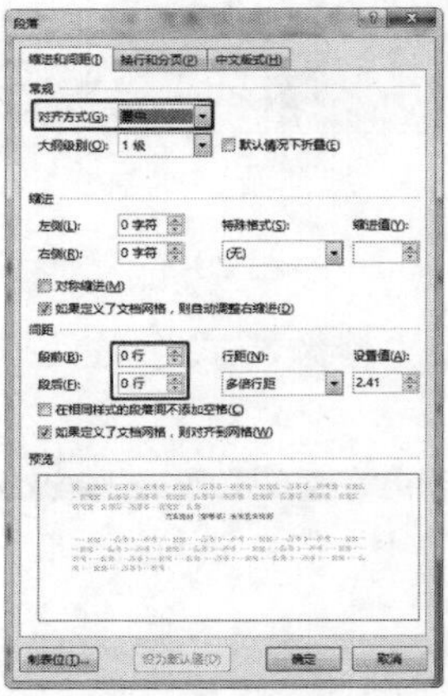

图 29-6

图 29-8

文本的样式为"标题 2"，如图 29-9 所示。

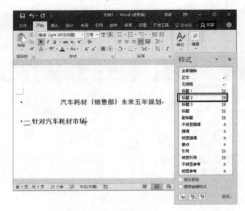

图 29-9

10 单击"标题 2"右侧的下三角按钮，在弹出的下拉菜单中选择"修改"命令，弹出"修改样式"对话框，单击"格式"按钮，在弹出的下拉菜单中选择"段落"命令，如图 29-10 所示。

图 29-7

08 在弹出的"字体"对话框中，设置"字形"为"加粗"，设置"字号"为"三号"，设置"字体颜色"为深蓝色，如图 29-8 所示。

09 完成标题的设置。继续输入文本，设置

图 29-10

11 弹出"段落"对话框，从中设置"常规"选项组中的"对齐方式"为"左对齐"；在"间距"选项组中设置"段前"和"段后"参数为 0 磅，如图 29-11 所示。单击"确定"按钮，调整段落 2 的样式。

图 29-11

12 返回到"修改样式"对话框，单击"格式"按钮，在弹出的下拉菜单中选择"字体"命令，如图 29-12 所示。

图 29-12

13 在弹出的"字体"对话框中，设置"字形"为"加粗"，设置"字号"为"四号"，设置"字体颜色"为黑色，单击"确定"按钮，如图 29-13 所示。

14 完成标题 2 的设置后，可以为其重新选

择一种字体，这里选择"黑体"，如图 29-14 所示。

图 29-13

图 29-14

15 继续输入文本，设置样式为"正文"，如图 29-15 所示。

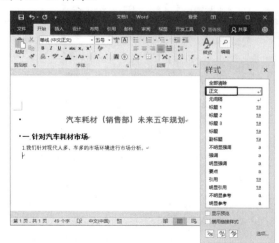

图 29-15

16 打开正文的"修改样式"对话框,从中选择"格式"按钮,在弹出的下拉菜单中选择"段落"命令,如图 29-16 所示。

图 29-16

17 弹出"段落"对话框,从中设置"缩进"选项组中的"特殊格式"为"首行缩进";在"间距"选项组中设置"段前"和"段后"参数为 0 行,单击"确定"按钮,如图 29-17 所示。

图 29-17

18 继续输入文本,如图 29-18 所示。

19 将光标放置到"标题 2"的文本上,单击"开始"选项卡的"剪贴板"组中的 (格式刷)按钮,如图 29-19 所示。

20 刷出"标题 2"的样式,继续创建文本,如图 29-20 所示。

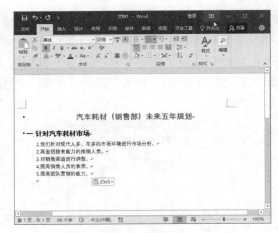

图 29-18

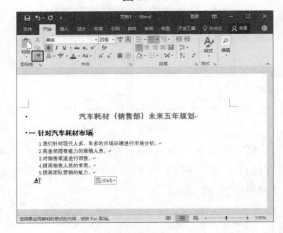

图 29-19

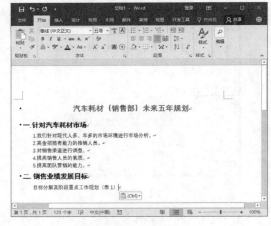

图 29-20

21 继续输入文本,并框选文本,单击"开始"选项卡的"字体"组中的 **B**(加粗)按钮;再单击"段落"中的 ≡(居中对齐)按钮,如图 29-21

所示。

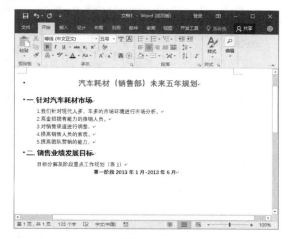

图 29-21

29.2 插入表格

下面为文档插入表格。

01 单击"插入"选项卡的"表格"组中的(表格)按钮，在弹出的下拉面板中移动鼠标选择表格区域，自动生成表格，如图 29-22 所示。

图 29-22

02 在插入的表格中输入文本，选择表格内容，右击，在弹出的快捷菜单中选择"平均分布各列"命令，如图 29-23 所示。

03 继续输入内容，选择"说明"列下的空白单元格，右击，在弹出的快捷菜单中选择"合并单元格"命令，如图 29-24 所示。

04 合并单元格之后输入文本，如图 29-25

所示。

图 29-23

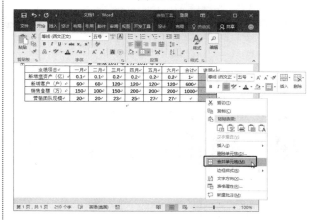

图 29-24

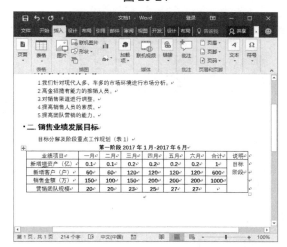

图 29-25

05 选择合并单元格中的文本，切换到"布局"选项卡的"页面设置"组中，单击▦(文字方向)按钮，在弹出的下拉列表中选择"垂直"选项，如图 29-26 所示。

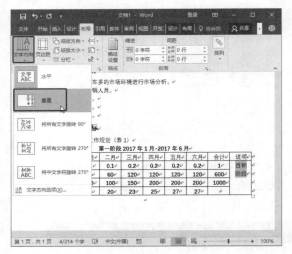

图 29-26

06 选择表格中的全部内容，单击"开始"选项卡的"段落"组中的▤(居中)按钮，单击**B**(加粗)按钮，设置文本为粗体，如图 29-27 所示。

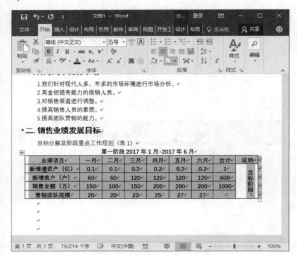

图 29-27

07 继续输入文本，如图 29-28 所示。

08 选择表格及文本，按 Ctrl+C 组合键，将选择的内容进行复制，如图 29-29 所示。

09 将鼠标指针指定在文档的最后，按 Ctrl+V 组合键,将复制的内容粘贴到指定的位置,修改表格中的内容(此处将复制内容共粘贴两

次), 如图 29-30 所示。

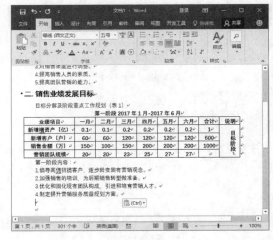

图 29-28

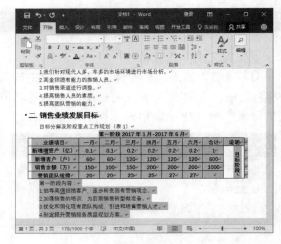

图 29-29

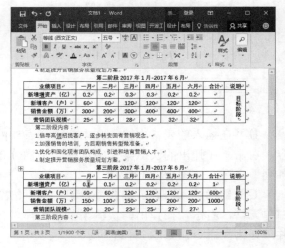

图 29-30

29.3 插入页眉/页脚

下面为文档插入页眉和页脚。

01 单击"插入"选项卡的"页眉和页脚"组中的(页眉)按钮，在弹出的下拉面板中选择一个合适的页眉样式，如图 29-31 所示。

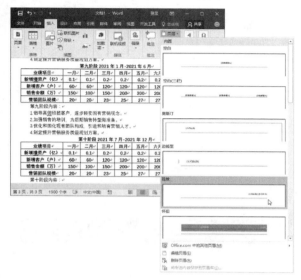

图 29-31

02 进入页眉设置窗口中，输入页眉，如图 29-32 所示。

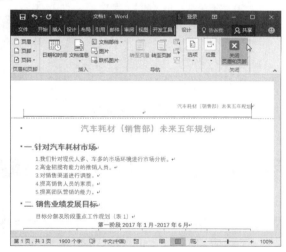

图 29-32

03 切换到"页眉和页脚工具"|"设计"选项卡的"位置"组中，设置(页眉顶端距离)参

数为 2.1 厘米，如图 29-33 所示。

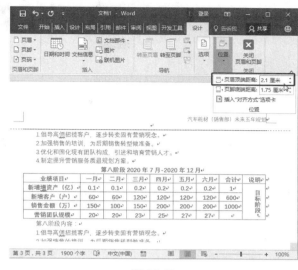

图 29-33

04 选择页眉文本，设置页眉的字体、大小，并进行加粗，如图 29-34 所示。

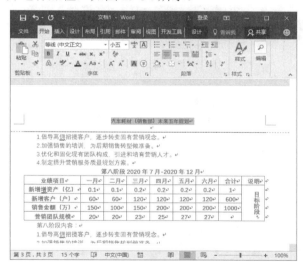

图 29-34

05 设置完成页眉后，单击"页眉和页脚工具|设计"选项卡的"关闭"组中的(关闭)按钮。

06 单击"插入"选项卡的"页眉和页脚"组中的(页脚)按钮，在弹出的下拉面板中选择一个合适的页脚样式，如图 29-35 所示。

07 在页脚处输入文本后，单击(关闭)按钮，如图 29-36 所示。

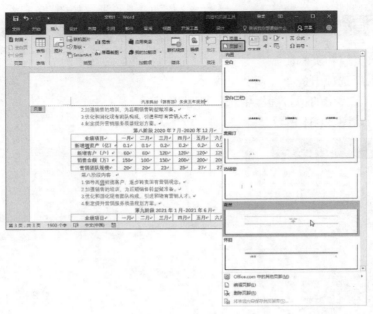

图 29-35

图 29-36

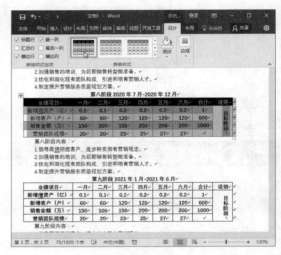

图 29-37

29.4 设置表格样式

下面简单介绍一下为表格施加一种样式。

01 在文档中选择表格，单击"表格工具|设计"选项卡的"表格样式"组中的一种样式，如图 29-37 所示。

02 使用同样的方法设置其他表格。

29.5 插入 SmartArt 图形

下面介绍为文档插入 SmartArt 图形。

01 在文档中输入二级标题内容，通过"格式刷"工具应用样式，如图 29-38 所示。

02 单击"插入"选项卡的"插图"组中的 SmartArt 按钮，弹出"选择 SmartArt 图形"对话框，如图 29-39 所示。

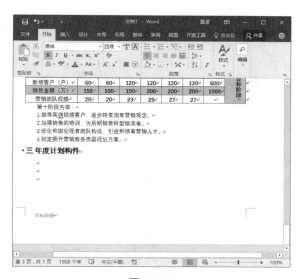

图 29-38

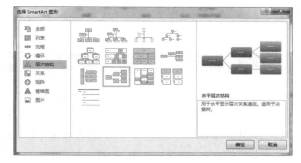

图 29-39

03 在该对话框的左侧列表框中选择"层次结构"选项，在中间列表框中选择一种合适的图形，单击"确定"按钮，效果如图 29-40 所示。

图 29-40

04 将图形插入到文档中后，删除不需要的图形，然后在图形的文本框中输入文本，如图 29-41 所示。

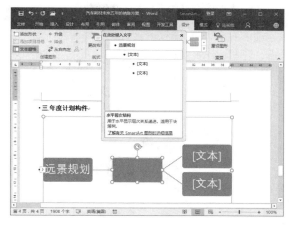

图 29-41

05 在同一级别后的文本中按 Enter 键，创建新图形，完成的文本图形的创建和内容的填写，如图 29-42 所示。

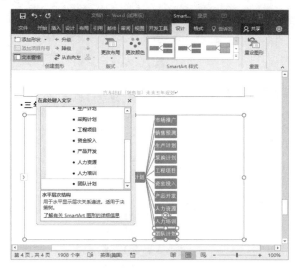

图 29-42

06 切换到"SmartArt 工具"|"设计"|"SmartArt 样式"组中，从中选择合适的样式，调整图形底部的控制手柄，调整 SmartArt 图形的大小，如图 29-43 所示。

07 切换到"SmartArt 工具"|"设计"|"SmartArt 样式"组中，单击"更改颜色"按钮，选择一个合适的颜色，如图 29-44 所示。

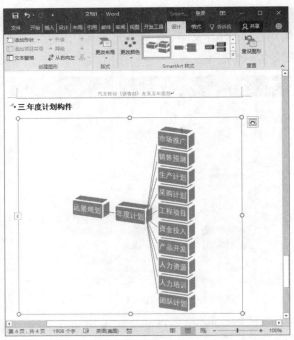

图 29-43

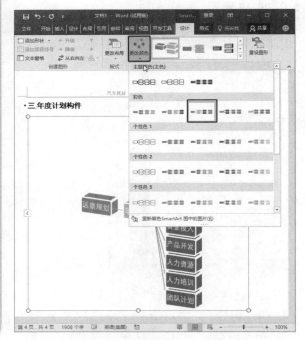

图 29-44

08 切换到"SmartArt 工具"|"格式"|"艺术字样式"组中，从中选择一种艺术字，如图 29-45 所示。

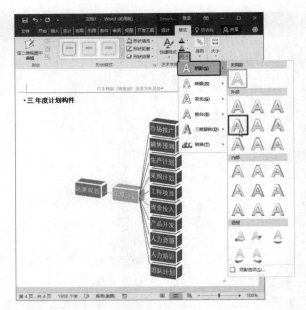

图 29-45

29.6　设置背景水印

下面介绍为文档设置一个背景水印效果。

01 单击"设计"选项卡的"页面背景"组中的◙(水印)按钮，在弹出的下拉面板中选择"自定义水印"命令，如图 29-46 所示。

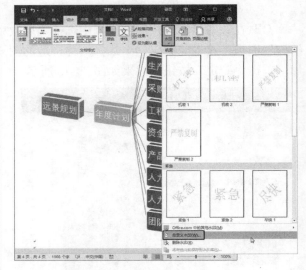

图 29-46

02 在弹出的"水印"对话框中选中"文字水印"单选按钮，设置"文字"为"保密文件"、"字体"为"宋体"、"字号"为"自动"，设置"颜色"为红色，单击"应用"按钮，如图 29-47 所示。然后"取消"按钮就会变为"关闭"按钮，单击"关闭"按钮，关闭该对话框。

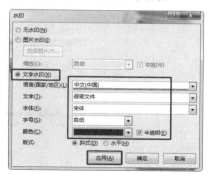

图 29-47

03 设置水印后的效果如图 29-48 所示。

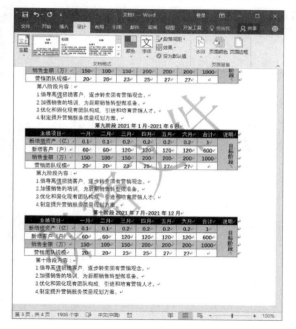

图 29-48

29.7　页面设置

下面简单介绍一下页面的设置。

01 单击"布局"选项卡的"页面设置"组右下角的 (页面设置)按钮，弹出"页面设置"对话框，如图 25-49 所示。

02 选择"纸张"选项卡，从中设置"纸张"为 A4，其他设置可以根据自己的情况进行修改和

设置，如图 29-50 所示。然后单击"确定"按钮即可。

图 29-49

图 29-50

29.8　保存文档

下面将制作完成的文档进行保存。

01 选择"文件"|"保存"命令，在打开的"另存为"面板中单击"浏览"按钮，如图 29-51 所示。

02 在弹出的"另存为"对话框中选择一个

存储路径，并为文件命名，然后选择一个保存类型，单击"保存"按钮，即可对文档进行保存。

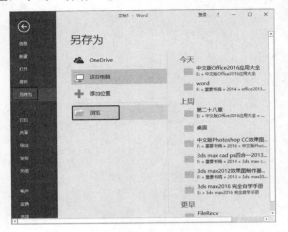

图 29-51

29.9　打印文档

下面简单介绍一下如何打印文档。

01 选择"文件打印"命令，打开"打印"面板，如图 29-52 所示。

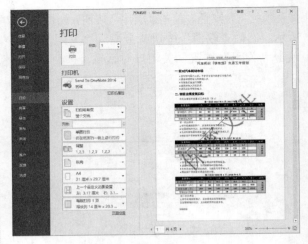

图 29-52

02 在该面板的右侧显示为打印预览，在左侧的选项中可以设置打印参数，根据情况进行设置即可。

第30章 综合案例——家长会演示文稿

本章介绍使用 PowerPoint 结合 Excel 制作家长会演示文稿，其中将涉及创建、编辑、转场、动画、链接、动作等。

30.1 创建幻灯片

首先介绍如何创建幻灯片。

01 运行 PowerPoint 应用程序，在打开的"新建"面板中，选择一个合适的模板，如图 30-1 所示。

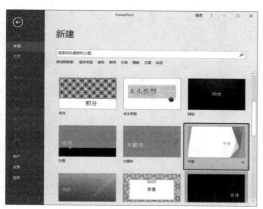

图 30-1

02 在弹出的对话框中选择一种合适的色调，单击"创建"按钮，如图 30-2 所示。

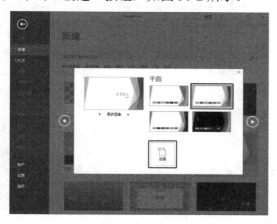

图 30-2

03 在演示文稿中添加标题和副标题，如图 30-3 所示。

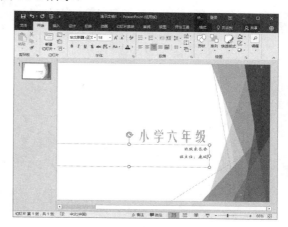

图 30-3

04 单击"插入"选项卡的"幻灯片"组中的 (新建幻灯片)按钮，在弹出的下拉面板中选择"标题和内容"幻灯片，如图 30-4 所示。

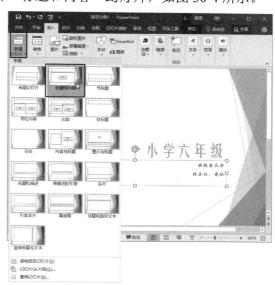

图 30-4

05 在第 2 张幻灯片中输入标题和文本内容，如图 30-5 所示。

06 切换到"插入"选项卡的"幻灯片"组中，单击 (新建幻灯片)按钮，在弹出的下拉面板中选择"标题和内容"幻灯片，如图 30-6 所示。

07 在第 3 张幻灯片中输入标题和文本内容，如图 30-7 所示。

图 30-5

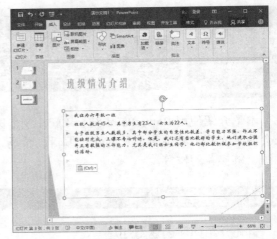

图 30-7

图 30-6

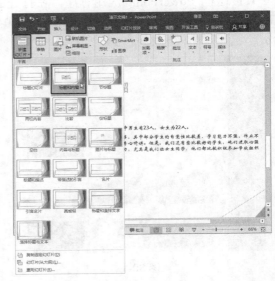

图 30-8

08　切换到"插入"选项卡的"幻灯片"组中，单击▤(新建幻灯片)按钮，在弹出的下拉面板中选择"标题和内容"幻灯片，如图 30-8 所示。

09　在第 4 张幻灯片中输入标题和文本内容，然后在文本内容中单击▦(表格)按钮，如图 30-9 所示。

10　在弹出的"插入表格"对话框中设置"列数"为 3、"行数"为 5，单击"确定"按钮，如图 30-10 所示。

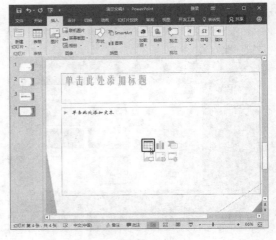

图 30-9

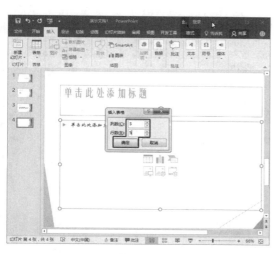

图 30-10

11 插入表格后，在表格中输入信息，如图 30-11 所示。

图 30-11

12 全选表格内容，切换到"开始"选项卡的"字体"组中，从中设置字体的大小为 20，如图 30-12 所示。

13 继续单击"插入"选项卡的"幻灯片"组中的 (新建幻灯片)按钮，在弹出的下拉面板中选择"标题和内容"幻灯片，如图 30-13 所示。

14 在第 5 张幻灯片中单击文本内容中的 (表格)按钮，在弹出的"插入表格"对话框中设置"列数"为 2、"行数"为 10，如图 30-14 所示。

15 在新建的单元格中输入信息，如图 30-15 所示。

图 30-12

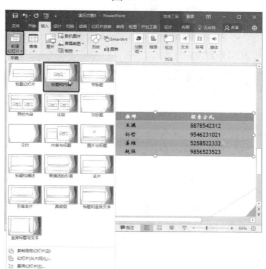

图 30-13

图 30-14

容，如图 30-22 所示。

图 30-15

16 选择表格，设置表格文本的大小为 20，如图 30-16 所示。

图 30-16

17 新建第 6 张幻灯片，输入标题和文本内容，如图 30-17 所示

18 新建第 7 张幻灯片，输入标题和文本内容，如图 30-18 所示。

19 新建第 8 张幻灯片，输入标题和文本内容，如图 30-19 所示。

20 新建第 9 张幻灯片，输入标题和文本内容，如图 30-20 所示。

21 新建第 10 张幻灯片，输入标题和文本内容，如图 30-21 所示。

22 新建第 11 张幻灯片，输入标题和文本内

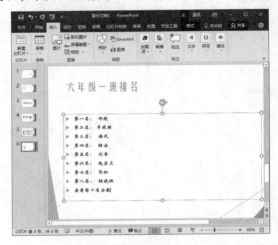

图 30-17

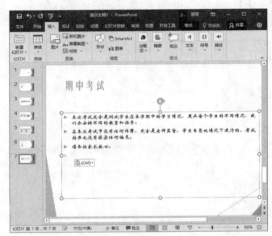

图 30-18

图 30-19

图 30-20

图 30-21

图 30-22

23 新建第 12 张幻灯片,输入标题和文本内容,如图 30-23 所示。

图 30-23

30.2 设置转场效果

创建完幻灯片后,接下来为幻灯片设置专场效果。

01 选择第 1 张幻灯片,切换到"切换"选项卡的"切换到此幻灯片"组中选择转场效果为"涡流",如图 30-24 所示。

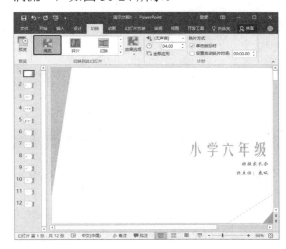

图 30-24

02 切换到"切换"选项卡的"计时"组中,从中单击 (声音)右侧的下三角按钮,在弹出的下拉列表中选择"风铃",如图 30-25 所示。

图 30-25

03 设置转场后,单击 (全部应用)按钮,应用转场动画到所有幻灯片,如图 30-26 所示。

图 30-26

30.3 设置动画

设置专场动画后,接下来设置幻灯片中元素的动画。

01 选择第 1 张幻灯片,从中选择标题文本框,如图 30-27 所示。

02 切换到"动画"选项卡的"动画"组中,从中设置进入动画为"淡出"效果,如图 30-28 所示。

03 设置 (开始)为"上一动画之后",如图 30-29 所示。

图 30-27

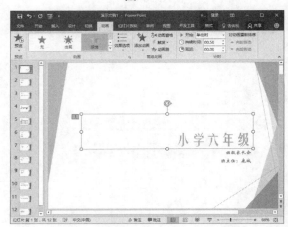

图 30-28

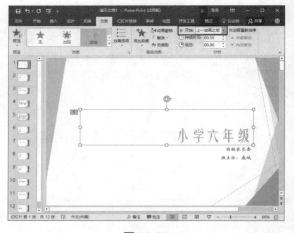

图 30-29

04 在第 1 张幻灯片中选择副标题,然后设置强调动画为"画笔颜色",如图 30-30 所示。

图 30-30

05 设置 ▶(开始)为"上一动画之后"，如图 30-31 所示。

图 30-31

06 选择第 2 张幻灯片中的标题，如图 30-32 所示。

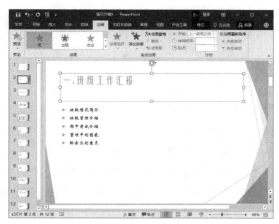

图 30-32

07 切换到"动画"选项卡的"动画"组中，从中设置进入动画为"飞入"，如图 30-33 所示。

图 30-33

08 设置 ▶(开始)为"上一动画之后"，如图 30-34 所示。然后单击 (动画刷)按钮。

图 30-34

09 使用"动画刷"设置其他幻灯片中的标题和文本内容的动画效果，如图 30-35 所示。

图 30-35

30.4 设置链接

接下来设置幻灯片中的超链接和动作。

01 选择第 2 张幻灯片，然后选择如图 30-36 所示的文本，单击"插入"选项卡的"链接"组中的 🌐(超链接)按钮。

图 30-36

02 在弹出的"插入超链接"对话框中选择"链接到"列表框中的"本文档中的位置"，在"请选择文档中的位置"列表框中选择第 3 张幻灯片中的标题，如图 30-37 所示。

图 30-37

03 选择第 2 张幻灯片中的第二行文本，单击"插入"选项卡的"链接"组中的 🌐(超链接)按钮，如图 30-38 所示。

04 在弹出的"插入超链接"对话框中选择"链接到"列表框中的"本文档中的位置"，在"请选择文档中的位置"列表框中选择第 4 张幻灯片中的标题，如图 30-39 所示。

05 选择第 2 张幻灯片中的第三行文本，单击"插入"选项卡的"链接"组中的 🌐(超链接)

按钮，如图 30-40 所示。

图 30-38

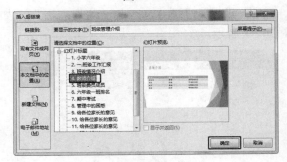

图 30-39

图 30-40

06 在弹出的"插入超链接"对话框中选择"链接到"列表框中的"本文档中的位置"，在"请选择文档中的位置"列表框中选择第 7 张幻灯片中的标题，如图 30-41 所示。

07 选择第 2 张幻灯片中的第四行文本，单击"插入"选项卡的"链接"组中的 🌐(超链接)按钮，如图 30-42 所示。

08 在弹出的"插入超链接"对话框中选择

"链接到"列表框中的"本文档中的位置"，在"请选择文档中的位置"列表框中选择第 8 张幻灯片中的标题，如图 30-43 所示。

图 30-41

图 30-42

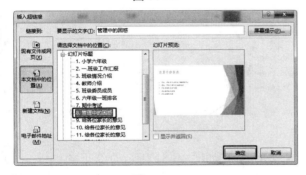

图 30-43

09 选择第 2 张幻灯片中的第五行文本，单击"插入"选项卡的"链接"组中的🌐(超链接)按钮，如图 30-44 所示。

10 在弹出的"插入超链接"对话框中选择"链接到"列表框中的"本文档中的位置"，在"请选择文档中的位置"列表框中选择第 9 张幻灯片中的标题，如图 30-45 所示。

11 选择第 6 张幻灯片，在内容中选择如图 30-46 所示的文本，为其设置链接分数工作表即可。

图 30-44

图 30-45

图 30-46

30.5 制作工作簿

下面介绍制作前十名的排名数据工作簿。

01 运行 Excel 应用程序，新建一个空白工作簿，如图 30-47 所示。

图 30-47

02 新建工作簿后，在单元格中输入文本数据，并选择如图 30-48 所示的单元格。

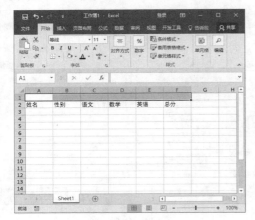

图 30-48

03 在选择的单元格上右击，在弹出的工具面板中单击▤(合并后居中)按钮，如图 30-49 所示。

图 30-49

04 在合并单元格后的单元格中输入文本，如图 30-50 所示。

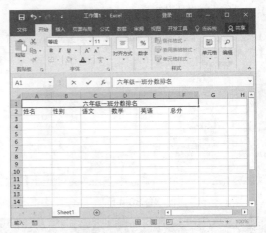

图 30-50

05 在 A3：E17 单元格区域中输入姓名、性别和数据，如图 30-51 所示。

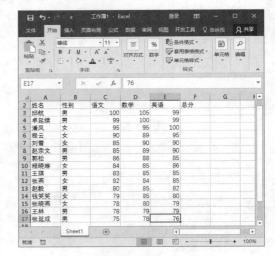

图 30-51

06 选择如图 30-52 所示的单元格。

07 切换到"公式"选项卡的"函数库"组中，从中单击Σ(自动求和)按钮，如图 30-53 所示。

08 使用自动填充功能，拖动 F3 单元格快速复制手柄，快速填充求和数据，如图 30-54 所示。

09 制作完成后按 Ctrl+S 组合键，弹出"另存为"面板，从中单击"浏览"按钮，如图 30-55 所示。

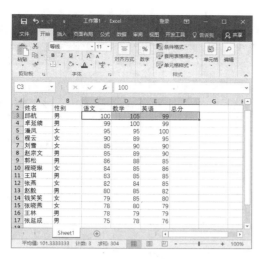

图 30-52

图 30-53

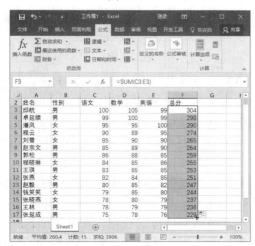

图 30-54

图 30-55

10 在弹出的"另存为"对话框中选择一个合适的存储路径，并为文件命名，单击"保存"按钮，如图 30-56 所示。

图 30-56

30.6 链接数据表

接下来将设置幻灯片中的文本链接到工作表。

01 选择第 6 张幻灯片中如图 30-57 所示的文本，单击"插入"选项卡的"链接"组中的🌐(超链接)按钮。

02 在弹出的"插入超链接"对话框中选择"链接到"列表框中的"现有文件或网页"，从中选择"当前文件夹"，然后选择保存的工作表，如图 30-58 所示。

钮，如图 30-60 所示。

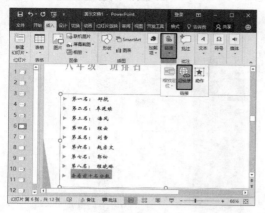

图 30-57

图 30-58

03 设置好链接后，文本的颜色发生了变化，并添加下划线，如图 30-59 所示。

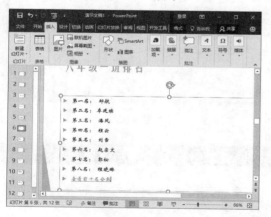

图 30-59

30.7 创建动作按钮

接下来将介绍为幻灯片创建动作按钮。

01 单击"插入"选项卡的"插图"组中的 (形状)按钮，在弹出的下拉面板中单击"动作按钮"选择组中的 (动作按钮：后退或前一项)按

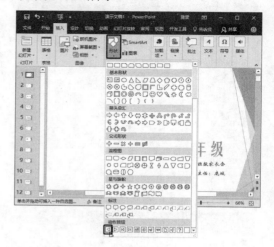

图 30-60

02 在第 1 张幻灯片中创建形状，弹出"操作设置"对话框，从中选中"超链接到"单选按钮，在其下面的下拉列表中选择"上一张幻灯片"选项，单击"确定"按钮，如图 30-61 所示。

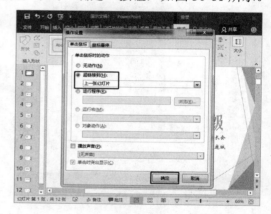

图 30-61

03 继续在第 1 张幻灯片中绘制 (动作按钮：前进或下一项)动作按钮，弹出"操作设置"对话框，从中选中"超链接到"单选按钮，在其下面的下拉列表中选择"下一张幻灯片"选项，单击"确定"按钮，如图 30-62 所示。

04 在第 1 张幻灯片中绘制 (动作按钮：第一张)动作按钮，弹出"操作设置"对话框，从中选中"超链接到"单选按钮，在其下面选择"第一张幻灯片"选项，单击"确定"按钮，如图 30-63 所示。

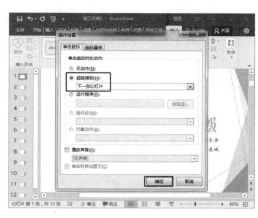

图 30-62

图 30-63

05 在幻灯片中选择动作按钮，切换到"格式"选项卡的"大小"组中，从中设置相同的大小均为 0.6 厘米，如图 30-64 所示。

图 30-64

06 选择 3 个动作按钮，按 Ctrl+C 组合键，切换到第 2 张幻灯片中，按 Ctrl+V 组合键，将动作按钮粘贴到幻灯片，如图 30-65 所示。

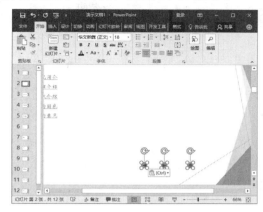

图 30-65

07 使用同样的方法复制动作按钮到其他幻灯片中。

08 播放幻灯片查看动作和链接，如图 30-66 所示。

图 30-66